Höhere Analysis durch Anwendungen lernen

T0239099

Matthias Kunik · Piotr Skrzypacz

Höhere Analysis durch Anwendungen lernen

Für Studierende der Mathematik, Physik und Ingenieurwissenschaften

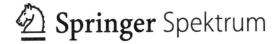 Springer Spektrum

apl. Prof. Dr. Matthias Kunik
Otto-von-Guericke-Universität
Magdeburg, Deutschland
matthias.kunik@ovgu.de

Dr. Piotr Skrzypacz
Magdeburg, Deutschland
piotr.skrzypacz@ovgu.de
piotr.skrzypacz@mathematik.uni-magdeburg.de

ISBN 978-3-658-02265-5 ISBN 978-3-658-02266-2 (eBook)
DOI 10.1007/978-3-658-02266-2

Die Deutsche Nationalbibliothek verzeichnet diese Publikation in der Deutschen Nationalbibliografie; detaillierte bibliografische Daten sind im Internet über http://dnb.d-nb.de abrufbar.

Springer Spektrum
© Springer Fachmedien Wiesbaden 2014
Das Werk einschließlich aller seiner Teile ist urheberrechtlich geschützt. Jede Verwertung, die nicht ausdrücklich vom Urheberrechtsgesetz zugelassen ist, bedarf der vorherigen Zustimmung des Verlags. Das gilt insbesondere für Vervielfältigungen, Bearbeitungen, Übersetzungen, Mikroverfilmungen und die Einspeicherung und Verarbeitung in elektronischen Systemen.

Die Wiedergabe von Gebrauchsnamen, Handelsnamen, Warenbezeichnungen usw. in diesem Werk berechtigt auch ohne besondere Kennzeichnung nicht zu der Annahme, dass solche Namen im Sinne der Warenzeichen- und Markenschutz-Gesetzgebung als frei zu betrachten wären und daher von jedermann benutzt werden dürften.

Planung und Lektorat: Ulrike Schmickler-Hirzebruch | Barbara Gerlach

Gedruckt auf säurefreiem und chlorfrei gebleichtem Papier.

Springer Spektrum ist eine Marke von Springer DE. Springer DE ist Teil der Fachverlagsgruppe Springer Science+Business Media
www.springer-spektrum.de

Vorwort

Dieses Lehrbuch behandelt thematisch geordnete Anwendungen und Aufgaben mit kompletten Lösungen zur mehrdimensionalen Integrationstheorie, Fourier-Analysis und Funktionentheorie sowie zu ebenen Potentialproblemen aus der Elektrostatik und Strömungsmechanik. Einleitungen zu Beginn jeder Lektion fassen dabei die theoretischen Grundlagen zum eigenständigen Bearbeiten der Aufgaben zusammen, und zahlreiche Skizzen dienen dem anschaulichen Verständnis des Stoffes.

Die hier behandelten Anwendungsthemen waren nicht nur für die historische Entwicklung der klassischen Analysis von Bedeutung, sondern sind zeitlos und somit auch heute für das tiefere Verständnis der Theorie hilfreich. Darüber hinaus waren viele von diesen Anwendungen eine wichtige Triebkraft zur Weiterentwicklung der mathematischen Grundlagen, insbesondere in der höheren Analysis.

Dieses Buch ist somit für Leser geschrieben, die sich von reizvollen Anwendungsthemen inspirieren lassen möchten, besonders für Studierende und Lehrende der mathematischen und naturwissenschaftlichen Disziplinen.

Wir betrachten beispielsweise das Unschärfeprinzip von Heisenberg für den harmonischen Oszillator in der Quantenmechanik als Anwendung fundamentaler Sätze der Fourier-Analysis. Die Funktionentheorie hat ebenfalls wichtige Beziehungen zur Fourier-Analysis und beschäftigt sich mit den Eigenschaften komplex differenzierbarer Funktionen. Dadurch werden im Komplexen analytische Beziehungen zwischen Funktionen sichtbar, die im Reellen scheinbar ohne Zusammenhang nebeneinander stehen. Deutlich sehen wir dies beim Studium spezieller Funktionen wie der Gammafunktion und der Riemannschen Zetafunktion für Probleme der analytischen Zahlentheorie. Darüber hinaus verwenden wir das funktionentheoretische Verpflanzungsprinzip zur Lösung ebener Potential- und Strömungsprobleme sowie für das Studium zweier Modelle der hyperbolischen Geometrie in der Ebene.

In diesem Buch wird dem Leser auch die Bedeutung der an Problemlösungen orientierten historischen Entwicklung der Mathematik verdeutlicht, etwa bei der Entwicklung der Differential- und Integralrechnung. Die konkreten Problemstellungen aus Mathematik, Physik und Technik haben die abstrakten mathematischen Grundlagen entscheidend vorangetrieben. Aus demselben Grund ist es auch heute für Studierende von Vorteil, dem Geist der ursprünglichen Pionierarbeiten wieder nachzu-spüren, um gebietsübergreifende Zusammenhänge besser zu verstehen.

Bei der Auswahl der Aufgaben haben wir gelegentlich in größeren Abständen ein und dasselbe Thema in verschiedenen Variationen mehrfach aufgegriffen und dabei mit einem entsprechend ausgebauten mathematischen Apparat weiter vertieft. Wir präsentieren hier kein weiteres Standardlehrbuch zu den Grundvorlesungen Analysis, da es hiervon bereits genug hervorragende Werke gibt. Wir nennen vor allem die Lehrbücher zur Analysis von Meyberg und Vachenauer [31, 32], von Walter [40, 41], Heuser [18, 19], Königsberger [26, 27], Otto Forster [13, 14, 15], und zur Funktionentheorie die Werke von Jänich [24], Fischer, Lieb [11] und Remmert [34, 35]. Sehr empfehlenswert sind auch die mathematisch etwas anspruchsvolle-ren Bücher von Triebel [39] und Rudin [37]. Wir können daher in den Einleitungen zu den Lektionen 1-5 und bei der Einführung in die Funktionentheorie in Lektion 8 die bekannten Lehrsätze ohne Beweise zusammenstellen. Stattdessen behandeln wir die Fourier-Analysis in den Lektionen 6 und 7 sowie die Anwendungsthemen zur Funktionentheorie in Lektion 9 ausführlicher.

Mit diesem Buch möchten wir die Rolle der klassischen Analysis nicht als Hilfs-wissenschaft für Ingenieure und Naturwissenschaftler beleuchten, sondern als ei-genständige Kunst und Geisteswissenschaft, deren Inspirationsquelle allerdings in ihren Anwendungen liegt.

Wir danken unseren Kollegen, die uns wichtige Ratschläge und Unterstützung für die Entstehung dieses Buches gegeben haben, insbesondere Herrn Professor Hans-Christoph Grunau für zahlreiche Anregungen und wertvolle Materialien zur Funk-tionentheorie. Vor allem möchten wir den Professoren Lutz Tobiska und Gerald Warnecke ganz herzlich danken.

Nicht zuletzt danken wir dem Lektorat des Springer Spektrum Verlags, namentlich Frau Ulrike Schmickler-Hirzebruch sowie Frau Barbara Gerlach.

Magdeburg, 4. Oktober 2013   *Matthias Kunik* und *Piotr Skrzypacz*

Inhaltsverzeichnis

Lektion 1
Riemann-Integrale

1.1 Eigentliche und uneigentliche Riemann-Integrale

Bereits in der Antike wurden durch Archimedes von Syrakus (287-212 v.Chr.) neben der Parabel- und Kreisquadratur schon Oberfläche und Volumen spezieller Rotations- und Schnittkörper berechnet. Archimedes war damit seiner Zeit unglaublich voraus. Angeregt durch eine große Fülle naturwissenschaftlicher und technischer Probleme wurde aber die Differential- und Integralrechnung erst durch Isaac Newton (1643-1727) und Gottfried Wilhelm Leibniz (1646-1716) zu einer systematischen Wissenschaft entwickelt, der sogenannten Infinitesimalrechnung, woraus sich ein lang anhaltender Prioritätsstreit entwickelte. Der im Wesentlichen noch bis heute benutzte „calculus differentialis et integralis" mit Notationen wie

$$\frac{\mathrm{d}y}{\mathrm{d}x} \quad \text{und} \quad \int y\,\mathrm{d}x$$

geht allerdings auf Leibniz zurück.

Bernhard Riemann (1826-1866) befasste sich 1854 in seiner Habilitationsschrift „Ueber die Darstellbarkeit einer Function durch eine trigonometrische Reihe" mit Fourier-Reihen. Diese Arbeit enthält eine Definition des nach ihm benannten Integrals:

Definition 1.1: Das Riemann-Integral
Es sei $f : [a,b] \to \mathbb{R}$ eine Funktion. Wir definieren für eine beliebige Intervallzerlegung

$$Z : a = x_0 < x_1 < \ldots < x_n = b$$

in Teilintervalle $J_k := [x_{k-1}, x_k]$, $k = 1, \ldots, n$, deren Feinheitsmaß

$$\Delta(Z) := \max_{1 \le k \le n} |J_k|$$

mit den Intervall-Längen $|J_k| := x_k - x_{k-1}$. Zur Zerlegung Z wählen wir Zwischenstellen $\xi_k \in J_k$, $k = 1, \ldots n$, und bilden die sogenannte Zwischensumme

$$S(f, Z, \xi_1, \ldots \xi_n) := \sum_{k=1}^{n} f(\xi_k) |J_k|.$$

Wir nennen dann f auf $[a,b]$ Riemann-integrierbar, wenn für alle Zerlegungsfolgen $Z_1, Z_2, Z_3, \ldots$ mit $\lim\limits_{k \to \infty} \Delta(Z_k) = 0$ unabhängig von der Wahl der Zwischenstellen zu $Z_1, Z_2, Z_3, \ldots$ die zugehörige Folge obiger Zwischensummen konvergiert. Der Grenzwert ist dann das Riemannsche Integral $\int\limits_a^b f(x)\, \mathrm{d}x$.   □

Bemerkung: Ist $f : [a,b] \to \mathbb{C}$ mit $f = u + \mathrm{i}v$ und $u = \mathrm{Re}(f)$ bzw. $v = \mathrm{Im}(f)$ komplexwertig, so ist f genau dann Riemann-integrierbar (auf $[a,b]$), wenn es u und v sind, und in diesem Falle setzt man natürlich

$$\int\limits_a^b f(x)\, \mathrm{d}x = \int\limits_a^b u(x)\, \mathrm{d}x + \mathrm{i} \int\limits_a^b v(x)\, \mathrm{d}x.$$

Die prinzipiellen Schwierigkeiten, die bei der Konvergenz von Fourier-Reihen auftreten, lassen sich mit diesem Integralbegriff allerdings nur in Spezialfällen lösen. □

Wir führen nun einen für die gesamte Integrationstheorie wichtigen Begriff ein.

Definition 1.2: Nullmengen im $\mathbb{R}^n$
(a) Gegeben ist im $\mathbb{R}^n$ ein n-dimensionaler, achsenparalleler Quader

$$Q := [a_1, b_1] \times \cdots \times [a_n, b_n]$$

mit den positiven Kantenlängen $b_k - a_k > 0$, a_k, $b_k \in \mathbb{R}$, $k = 1, \ldots, n$. Dann bezeichnet $|Q| := \prod\limits_{k=1}^{n} (b_k - a_k)$ sein Volumen.
(b) Eine Teilmenge $M \subset \mathbb{R}^n$ heißt Nullmenge im $\mathbb{R}^n$, $n \geq 1$, wenn es zu jedem $\varepsilon > 0$ eine höchstens abzählbar unendliche Folge von n-dimensionalen Quadern Q_j gibt, die M überdecken und eine Volumensumme $\leq \varepsilon$ besitzen, d.h.

$$M \subseteq \bigcup_j Q_j, \quad \sum_j |Q_j| \leq \varepsilon.$$

□

Bemerkung: Man kann für die Überdeckung einer Nullmenge M anstelle der Quader auch andere geometrische Figuren verwenden, deren Volumenmaßzahl bekannt ist.   □

Beispiel 1.3: Das Cantorsche Diskontinuum als überabzählbare Nullmenge

Für die nun folgende einfache Konstruktion einer überabzählbaren Nullmenge gehen wir von einem beliebigen kompakten Geradensegment aus, etwa dem Intervall $C_1 := [0,1]$ auf der reellen Achse. Wir schneiden das offene Intervall der Länge $1/3$ aus der Mitte von C_1 heraus und nennen die neu entstandene Menge C_2. Weiter ent-

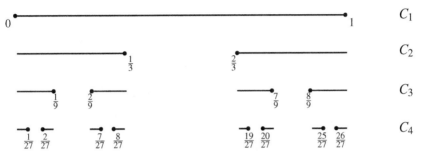

Abbildung 1.1: Die ersten vier Schritte zur Approximation des Cantorschen Diskontinuums. Die jeweils neu hinzugekommenen Randpunkte sind markiert und mit dem zugehörigen Zahlenwert versehen.

fernen wir jeweils ein offenes Stück der Länge $(1/3)^2$ aus der Mitte der zwei neuen Intervalle von C_2, und bezeichnet die neue Menge mit C_3. Wenn wir endlos oft so verfahren, dass jeweils die offenen Mittelintervalle der Länge $(1/3)^n$ aus C_n entfernt werden, so erhalten wir das sogenannte *Cantorsche Diskontinuum* $C := \bigcap\limits_{n=1}^{\infty} C_n$, siehe Abbildung 1.1 für die ersten vier Approximationsschritte. Die Menge C ist als Durchschnitt der abgeschlossenen Mengen C_n wiederum abgeschlossen. Als beschränkte und abgeschlossene Menge in $\mathbb{R}$ ist sie sogar kompakt. Aus dieser Konstruktion folgt, dass das Cantorsche Diskontinuum genau die Zahlen enthält, die eine triadische Darstellung der Form

$$\sum_{k=1}^{\infty} \frac{a_k}{3^k} \quad \text{mit} \quad a_k \in \{0,2\}$$

ermöglichen. Damit ist C eine überabzählbare Menge.

Die Menge C_n besteht aus 2^{n-1} disjunkten und abgeschlossenen Intervallen der Länge $\frac{1}{3^{n-1}}$. Das Längenmaß von C_n ist somit

$$|C_n| = \left(\frac{2}{3}\right)^{n-1}.$$

Da $\lim\limits_{n\to\infty} |C_n| = 0$ gilt, ist das Cantorsche Diskontinuum eine Nullmenge in $\mathbb{R}$. Wie jede abgeschlossene Nullmenge besteht C nur aus Randpunkten.

Eine analoge Konstruktion einer überabzählbaren Nullmenge ist auch in höheren Dimensionen möglich. So ist z.B. eine zweidimensionale Variante des Cantorschen Diskontinuums in Abbildung 1.2 dargestellt. Das abgeschlossene gleichseitige Drei-

Abbildung 1.2: Sierpiński-Dreieck als Variante des Cantorschen Diskontinuums in der Ebene.

eck T_1 mit der Kantenlänge $a > 0$ und der Fläche $\frac{\sqrt{3}}{4}a^2$ wird in vier zueinander kongruente und zum Ausgangsdreieck T_1 ähnliche Dreiecke geteilt, deren Eckpunkte die Seitenmittelpunkte des Ausgangsdreiecks sind. Hiervon entfernen wir das mittlere offene Dreieck. Auf diese Weise entsteht die abgeschlossene Menge T_2. Die verbliebenen drei Dreiecke von T_2 werden nach derselben Prozedur behandelt. Auf diese Weise entsteht im n-ten Iterationsschritt eine abgeschlossene Menge T_n. Das sogenannte *Siepiński-Dreieck* T definieren wir als Durchschnitt $T = \bigcap\limits_{n=1}^{\infty} T_n$. Die Menge T_n besteht genau aus 3^{n-1} gleichseitigen Dreiecken der Kantenlänge $\frac{a}{2^{n-1}}$, die höchstens Eckpunkte gemeinsam haben. Folglich ist

$$|T_n| = \frac{\sqrt{3}}{4}a^2 \left(\frac{3}{4}\right)^{n-1}$$

die Flächenmaßzahl von T_n mit $\lim\limits_{n\to\infty} |T_n| = 0$. Damit ist T eine kompakte Nullmenge im $\mathbb{R}^2$. Diese besteht ebenfalls nur aus Randpunkten.

Eine andere Variante des Cantorschen Diskontinuums in der Ebene lernen wir am Ende des Abschnitts 8.5 kennen.

Der Begründer der Mengenlehre G. Cantor (1845-1918) hat das nach ihm benannte Diskontinuum im Jahre 1883 eingeführt, und W. Sierpiński (1882-1969) war ein polnischer Mathematiker, der wie Cantor wichtige Beiträge zu den Grundlagen der Mathematik geleistet hat. Das nach ihm benannte Dreieck hat W. Sierpiński im Jahre 1915 beschrieben.   □

Ein wichtige Charakterisierung Riemann-integrierbarer Funktionen, siehe Heuser [18, Abschnitt X, §84], erhält man mit dem

Satz 1.4: Integrabilitätskriterium von Lebesgue
Die Funktion f ist genau dann auf dem Intervall $[a,b]$ Riemann-integrierbar, wenn sie dort beschränkt ist und die Gesamtheit ihrer Unstetigkeitsstellen eine Nullmenge ist.   □

Ein einfacher Spezialfall ist die Integration stetiger Funktionen $f : [a,b] \to \mathbb{R}$, die auch direkter aus der Tatsache gewonnen werden kann, dass jede stetige Funktion mit kompaktem Definitionsbereich, wie hier f auf dem Intervall $[a,b]$, bereits gleichmäßig stetig ist. Hier lässt sich die wichtigste Brücke zwischen der Differential-und Integralrechnung auf besonders einfache Weise schlagen:

Satz 1.5: Hauptsatz der Differential- und Integralrechnung
Die Funktion $F : [a,b] \to \mathbb{R}$ mit $y = F(x)$ soll auf dem Intervall $[a,b]$ stetig differenzierbar sein, d.h. es soll F stetig und auf (a,b) differenzierbar mit stetiger Ableitung $f := F'$ sein, und f soll sich stetig auf $[a,b]$ fortsetzen lassen. Dann gilt

$$\int_a^b f(x)\,\mathrm{d}x = [F(x)]_a^b := F(b) - F(a).$$

□

Die Integration stetiger Funktionen dehnen wir in der folgenden Lektion zunächst auf Doppelintegrale über sogenannte Normalbereiche aus, und den Hauptsatz der Differential- und Integralrechnung in der Lektion 3 zum Gaußschen Integralsatz der Ebene.

Dass die Definition 1.1 des Riemann-Integrals zu kurz greift, sieht man schon an den beiden sinnvollen Beispielen

$$\int_1^\infty \frac{\mathrm{d}u}{u^2} = \lim_{T\to\infty} \int_1^T \frac{\mathrm{d}u}{u^2} = \lim_{T\to\infty} \left(1 - \frac{1}{T}\right) = 1$$

bzw.

$$\int\limits_0^1 \frac{dx}{2\sqrt{x}} = \lim_{\varepsilon \downarrow 0} \int\limits_\varepsilon^1 \frac{dx}{2\sqrt{x}} = \lim_{\varepsilon \downarrow 0} \left(1 - \sqrt{\varepsilon}\right) = 1\,.$$

Beides sind sogenannte uneigentliche Riemann-Integrale, im ersten Falle, da der Integrationsbereich nicht mehr beschränkt ist, und im zweiten Falle, da der Integrand $\frac{1}{2\sqrt{x}}$ unbeschränkt ist, und somit nach dem Lebesgueschen Kriterium keine Riemann-integrierbare Funktion mehr darstellt. Nun lassen sich aber mit der Substitution $u = \dfrac{1}{\sqrt{x}}$ die beiden oben stehenden Integrale ineinander überführen, so dass es nahe liegt, beide Arten uneigentlicher Riemann-Integrale gleichberechtigt zu behandeln. Hierzu betrachten wir als ersten Schritt die

Definition 1.6: Uneigentliche Riemann-Integrale
Gegeben ist ein offenes Intervall (a,b), wobei diesmal $a = -\infty$ bzw. $b = +\infty$ zugelassen sind, sowie eine Funktion $f : (a,b) \to \mathbb{R}$. Es sei $[\alpha_n, \beta_n]$ eine Folge endlicher Teilintervalle mit $a < \alpha_n < \beta_n < b$ und $\lim\limits_{n \to \infty} \alpha_n = a$ bzw. $\lim\limits_{n \to \infty} \beta_n = b$, so dass f auf allen Teilintervallen $[\alpha_n, \beta_n]$ Riemann-integrierbar sein soll. Weiter nehmen wir an, dass für jede dieser Intervallfolgen der Grenzwert

$$\int\limits_a^b f(x)\,dx := \lim_{n \to \infty} \int\limits_{\alpha_n}^{\beta_n} f(x)\,dx$$

existieren soll. Dann heißt das links stehende Integral konvergent.
Ist überdies $a = -\infty$ oder $b = \infty$ oder f auf (a,b) unbeschränkt, so nennt man $\int_a^b f(x)\,dx$ ein uneigentliches Riemann-Integral. Das uneigentliche Riemann-Integral $\int_a^b f(x)\,dx$ heißt absolut konvergent, wenn das uneigentliche Integral $\int_a^b |f(x)|\,dx$ konvergiert, also endlich ist.   □

Bemerkung: (Eigentliche) Riemann-Integrale sind nach dem Lebesgueschen Kriterium auch absolut konvergent, d.h. mit $f : [a,b] \to \mathbb{R}$ ist auch $|f| : [a,b] \to \mathbb{R}$ Riemann-integrierbar auf $[a,b]$. Sowohl für eigentliche als auch für uneigentliche absolut konvergente Riemann-Integrale gilt die integrale Dreiecksungleichung

$$\int\limits_a^b f(x)\,dx \leq \int\limits_a^b |f(x)|\,dx\,.$$

Henri Lebesgue (1875-1941) präsentierte in seiner Doktorarbeit 1902 die Theorie eines allgemeineren nach ihm benannten Integrals, das die Formulierung leistungsfähiger Konvergenzsätze sehr allgemeiner Art für seine Integrale ermöglichte. Auch hierbei war die Entwicklung der Fourier-Analysis, die durch die Lebesguesche

Theorie beträchtlich erweitert werden konnte, eine wichtige treibende Kraft. Dieser Integralbegriff hat sich bis heute als wesentliche Grundlage der Analysis durchgesetzt. Die wichtigsten Ergebnisse seiner Theorie stellen wir in der Einleitung zur Lektion 4 vor. Wir nehmen aber schon hier vorweg, dass die Lebesgue-Theorie die gebräuchlichste Theorie ist, die das Riemann-Integral sowie absolut konvergente uneigentliche Riemann-Integrale beinhaltet.   □

1.2 Aufgaben

Aufgabe 1.1: Die Integration wichtiger Sprungfunktionen
Es bezeichne $k = \lfloor x \rfloor$ den ganzzahligen Anteil einer reellen Zahl x, also die größte ganze Zahl $k \in \mathbb{Z}$ mit $k \leq x$.
Man berechne für die Funktionen $f, g : \mathbb{R} \to \mathbb{R}$ mit

$$f(x) := \begin{cases} 1, & 0 < x \leq 1 \\ 0, & \text{sonst} \end{cases} \quad \text{bzw.} \quad g(x) := x - \lfloor x \rfloor - \frac{1}{2}$$

die eigentlichen Riemann-Integrale

$$F(x) := \int_0^x f(t)\,dt \quad \text{bzw.} \quad G(x) := \int_0^x g(t)\,dt\,.$$

Man skizziere für $-1 \leq x \leq 2$ die Kurven $y = f(x)$ bzw. $y = F(x)$ sowie $y = g(x)$ bzw. $y = G(x)$.

Lösung:

(i) Für $f(x) = \begin{cases} 1, & 0 < x \leq 1 \\ 0, & \text{sonst} \end{cases}$ ist $F(x) := \int_0^x f(t)\,dt = \begin{cases} 0, & x \leq 0 \\ x, & 0 < x \leq 1 \\ 1, & x > 1\,. \end{cases}$

Die Funktionen f und F sind in Abbildung 1.3 dargestellt.

(ii) Für $g(x) = x - \lfloor x \rfloor - \frac{1}{2}$ ist $g(x) = g(x+1)$, $\int_0^1 (t - \frac{1}{2})\,dt = 0$, und somit ist

$G(x) := \int_0^x g(t)\,dt$ eine 1-periodische Funktion. Für $0 < x \leq 1$ ist

$$G(x) = \int_0^x (t - \frac{1}{2})\,dt = \frac{x^2}{2} - \frac{x}{2} = \frac{x(x-1)}{2}\,,$$

und somit gilt für alle $x \in \mathbb{R}$:

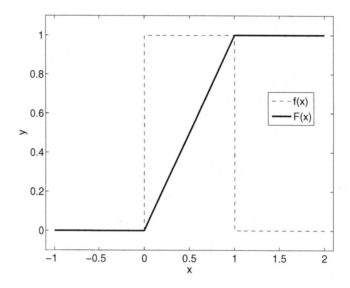

Abbildung 1.3: Graphen der Funktionen f und F

$$G(x) = \frac{(x - \lfloor x \rfloor) \cdot (x - \lfloor x \rfloor - 1)}{2}.$$

Die Funktionen g und G sind in Abbildung 1.4 dargestellt.

Aufgabe 1.2: Eigentliche und uneigentliche Riemann-Integrale
Welche der folgenden Integrale sind

(a) eigentliche Riemann-Integrale,
(b) uneigentliche, absolut konvergente Riemann-Integrale,
(c) uneigentliche, aber keine absolut konvergente Riemann-Integrale,
(d) divergente Integrale, die sich keinem der Fälle (a) bis (c) zuordnen lassen?

(i) $I_1(n) := \int_0^1 x^n \log x \, dx, \; n \in \mathbb{N},$ (ii) $I_2 := \int_0^1 \log x \, dx,$

(iii) $I_3(n) := \int_0^\infty x^n e^{-x} \, dx, \; n \in \mathbb{N}_0,$ (iv) $I_4 := \int_{-\infty}^\infty \frac{\sin x}{x} \, dx,$

(v) $I_5 := \int_{-\infty}^\infty \left(\frac{\sin x}{x}\right)^2 dx,$ (vi) $I_6 := \int_0^\infty \cos(x^2) \, dx,$

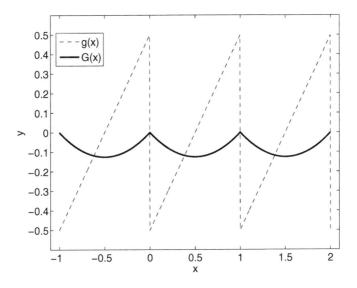

Abbildung 1.4: Graphen der Funktionen g und G

(vii) $I_7 := \int_0^1 \dfrac{\mathrm{d}x}{\log x}$, (viii) $I_8 := \int_0^\infty \dfrac{\mathrm{d}x}{x^2}$,

(ix) $I_9 := \int_0^1 \dfrac{x-1}{\log x}\,\mathrm{d}x$, (x) $I_{10} := \int_2^\infty \dfrac{\mathrm{d}x}{x \log^2 x}$.

Man berechne schließlich die konvergenten Integrale I_1 bis I_3 sowie I_{10}.

Lösung:

(i) $I_1(n) = \int\limits_0^1 x^n \log x\,\mathrm{d}x$ ist für $n \in \mathbb{N}$ ein eigentliches Riemann-Integral, denn wegen

$$\lim_{x \downarrow 0} x^n \log x = \lim_{x \uparrow 1} x^n \log x = 0$$

ist der Integrand $x^n \log x$ beschränkt und stetig. Wir erhalten mittels partieller Integration

$$I_1(n) = \frac{1}{n+1} \int_0^1 \frac{d}{dx}\left(x^{n+1}\right) \log x \, dx = \underbrace{\frac{1}{n+1} \left[x^{n+1} \log x\right]_0^1}_{=0} - \underbrace{\frac{1}{n+1} \int_0^1 x^{n+1} \frac{1}{x} \, dx}_{=\frac{1}{n+1}}$$

$$= -\frac{1}{(n+1)^2} \, .$$

(ii) $I_2 = \int_0^1 \log x \, dx$ ist ein uneigentliches, absolut konvergentes Riemann-Integral mit $|\log x| = -\log x$ für $0 < x < 1$ sowie

$$\lim_{x \downarrow 0} \log x = -\infty, \quad \lim_{x \uparrow 1} \log x = 0,$$

$$\int_0^1 \log x \, dx = \lim_{\varepsilon \downarrow 0} \int_\varepsilon^1 \log x \, dx = \lim_{\varepsilon \downarrow 0} \left[x \log x - x\right]_\varepsilon^1$$

$$= -1 - \lim_{\varepsilon \downarrow 0} \left(\varepsilon \log \varepsilon - \varepsilon\right) = -1 \, .$$

(iii) $I_3(n) = \int_0^\infty x^n e^{-x} \, dx$, $n \in \mathbb{N}_0$, ist ein uneigentliches, absolut konvergentes Riemann-Integral, da für genügend großes $x \geq x_0 > 0$ sicherlich $e^{-x} \leq \frac{1}{x^{n+2}}$ gilt mit

$$\int_{x_0}^\infty x^n e^{-x} \, dx \leq \int_{x_0}^\infty \frac{dx}{x^2} = \frac{1}{x_0} < \infty \, .$$

Es ist

$$I_3(n) = -\int_0^\infty x^n \left(\frac{d}{dx} e^{-x}\right) dx$$

$$= -\underbrace{\left[x^n e^{-x}\right]_0^\infty}_{=0} + n \cdot \int_0^\infty x^{n-1} e^{-x} \, dx$$

$$= n \cdot I_3(n-1) \quad \text{für} \quad n \geq 1 \, .$$

Mit $I_3(0) = 1$ folgt hieraus mittels vollständiger Induktion

$$I_3(n) = n! \quad \forall n \in \mathbb{N} \, .$$

(iv) $I_4 = \int_{-\infty}^\infty \frac{\sin x}{x} \, dx$ ist uneigentliches Integral, aber kein absolut konvergentes Riemann-Integral. Zunächst ist

$$\lim_{x \to 0} \frac{\sin x}{x} = \lim_{x \to 0} \frac{1}{x} \left(x - \frac{x^3}{3!} + \frac{x^5}{5!} \mp \cdots \right) = 1 \,,$$

und aufgrund der Symmetrie $\dfrac{\sin(-x)}{-x} = \dfrac{\sin x}{x}$ genügt es, diese Behauptung für das

Integral $I_4^+ := \displaystyle\int\limits_0^\infty \frac{\sin x}{x} \, dx$ zu beweisen. Für $0 < \beta < \beta'$ folgt:

$$\int\limits_\beta^{\beta'} \frac{\sin x}{x} \, dx = \int\limits_\beta^{\beta'} \left(-\frac{1}{x} \right) \left(\frac{d}{dx} \cos x \right) dx$$

$$= -\left[\frac{\cos x}{x} \right]_\beta^{\beta'} - \int\limits_\beta^{\beta'} \frac{\cos x}{x^2} \, dx$$

$$= -\frac{\cos \beta'}{\beta'} + \frac{\cos \beta}{\beta} - \int\limits_\beta^{\beta'} \frac{\cos x}{x^2} \, dx \,,$$

also wegen $|\cos x| \le 1$

$$\left| \int\limits_\beta^{\beta'} \frac{\sin x}{x} \, dx \right| \le \frac{1}{\beta} + \frac{1}{\beta'} + \int\limits_\beta^{\beta'} \frac{dx}{x^2} = \frac{2}{\beta} \to 0 \quad \text{für } \beta, \, \beta' \to \infty \,.$$

Die Integrale I_4, I_4^+ sind also konvergent (nach dem allgemeinen Konvergenzkriterium, das dem Cauchyschen Kriterium für konvergente Folgen entspricht), aber *nicht* absolut, denn für jedes $k \in \mathbb{N}_0$ und $u \in [0, \pi]$ gilt wegen $|\sin(u + \pi k)| = \sin u \ge 0$:

$$\int\limits_{\pi k}^{\pi(k+1)} \frac{|\sin x|}{x} \, dx = \int\limits_0^\pi \frac{\sin u}{u + k\pi} \, du \quad (\text{Substitution } x = u + k\pi)$$

$$\ge \frac{1}{\pi(k+1)} \int\limits_0^\pi \sin u \, du = \frac{2}{\pi(k+1)}$$

und somit wegen der Divergenz der harmonischen Reihe:

$$\int\limits_0^\infty \frac{|\sin x|}{x} \, dx = \sum_{k=0}^\infty \int\limits_{\pi k}^{\pi(k+1)} \frac{|\sin x|}{x} \, dx \ge \frac{2}{\pi} \cdot \sum_{k=0}^\infty \frac{1}{k+1} = +\infty \,.$$

(v) $I_5 = \displaystyle\int_{-\infty}^{\infty} \left(\frac{\sin x}{x}\right)^2 dx$ ist absolut konvergentes, uneigentliches Riemann-Integral:

Es ist nach der Regel von L'Hospital $\displaystyle\lim_{x\to 0}\left(\frac{\sin x}{x}\right)^2 = 1$, und wieder genügt es,

$$I_5^+ := \int_0^{\infty} \left(\frac{\sin x}{x}\right)^2 dx = \int_0^1 \left(\frac{\sin x}{x}\right)^2 dx + \int_1^{\infty} \left(\frac{\sin x}{x}\right)^2 dx$$

zu betrachten. Es ist $\displaystyle\int_0^1 \left(\frac{\sin x}{x}\right)^2 dx$ ein eigentliches Riemann-Integral, und die Konvergenz des zweiten Integrals folgt sofort aus

$$\int_1^{\infty} \frac{\sin^2 x}{x^2}\, dx \le \int_1^{\infty} \frac{1}{x^2}\, dx = 1 < +\infty\,.$$

(vi) $I_6 = \displaystyle\int_0^{\infty} \cos(x^2)\, dx$ ist konvergent: Für $0 < \beta < \beta'$ folgt

$$\int_{\beta}^{\beta'} \cos(x^2)\, dx = \int_{\beta}^{\beta'} \frac{1}{2x}\left(\frac{d}{dx}\sin(x^2)\right) dx$$

$$= \frac{\sin(x^2)}{2x}\Big|_{\beta}^{\beta'} + \int_{\beta}^{\beta'} \frac{\sin(x^2)}{2x^2}\, dx$$

$$= \frac{\sin(\beta'^2)}{2\beta'} - \frac{\sin(\beta^2)}{2\beta} + \int_{\beta}^{\beta'} \frac{\sin(x^2)}{2x^2}\, dx$$

und somit

$$\left|\int_{\beta}^{\beta'} \cos(x^2)\, dx\right| \le \frac{1}{2\beta'} + \frac{1}{2\beta} + \frac{1}{2}\int_{\beta}^{\beta'} \frac{dx}{x^2} = \frac{1}{\beta} \to 0 \quad \text{für } \beta,\ \beta' \to \infty\,.$$

Das Integral konvergiert aber nicht absolut, denn für jedes $k \in \mathbb{N}$ gilt:

$$\int\limits_{\sqrt{\pi(k-\frac{1}{2})}}^{\sqrt{\pi(k+\frac{1}{2})}} \left| \cos(x^2) \right| dx \underset{x^2=u}{=} \int\limits_{\pi(k-\frac{1}{2})}^{\pi(k+\frac{1}{2})} \frac{|\cos(u)|}{2\sqrt{u}} du \underset{u=v+\pi\cdot k}{=} \int\limits_{-\pi/2}^{\pi/2} \frac{\cos v}{2\sqrt{v+\pi k}} dv$$

$$\geq \frac{1}{2\sqrt{\pi(k+\frac{1}{2})}} \int\limits_{-\pi/2}^{\pi/2} \cos v\, dv = \frac{1}{\sqrt{\pi(k+\frac{1}{2})}}\,.$$

Hieraus folgt

$$\int\limits_0^\infty |\cos(x^2)|\, dx \geq \int\limits_0^{\sqrt{\pi/2}} \cos(x^2)\, dx + \sum_{k=1}^\infty \frac{1}{\sqrt{\pi(k+\frac{1}{2})}} = +\infty\,.$$

(vii) $I_7 := \int\limits_0^1 \dfrac{dx}{\log x}\, dx$ ist divergentes Integral, denn für $x > 0$ ist $\log x \leq x - 1$ und mithin für $0 < x < 1$:

$$\log\frac{1}{x} = -\log x = |\log x| \leq \frac{1}{x} - 1 = \frac{1-x}{x}, \qquad \frac{1}{|\log x|} \geq \frac{x}{1-x}\,,$$

$$-I_7 = \int\limits_0^1 \frac{dx}{|\log x|} \geq \int\limits_0^1 \frac{x}{1-x} dx = -1 + \int\limits_0^1 \frac{dx}{1-x}$$

mit $\lim\limits_{\beta\uparrow 1} \int\limits_0^{\beta} \dfrac{dx}{1-x} = \lim\limits_{\beta\uparrow 1} \log\dfrac{1}{1-\beta} = +\infty$.

(viii) $I_8 := \int\limits_0^\infty \dfrac{1}{x^2}\, dx$ ist divergentes Integral wegen

$$\lim_{\varepsilon\downarrow 0} \int\limits_\varepsilon^1 \frac{dx}{x^2} = \lim_{\varepsilon\downarrow 0} \left[-\frac{1}{x}\right]_\varepsilon^1 = \lim_{\varepsilon\downarrow 0} \left(-1 + \frac{1}{\varepsilon}\right) = +\infty\,,$$

wonach auch $\int\limits_0^\infty \dfrac{dx}{x^2} = +\infty$ gilt, da der Integrand $\dfrac{1}{x^2}$ für $x > 0$ positiv ist.

(ix) $I_9 := \int\limits_0^1 \dfrac{x-1}{\log x}\, dx$ ist eigentliches Riemann-Integral wegen

$$\lim_{x\downarrow 0} \log x = -\infty,\ \lim_{x\downarrow 0} \frac{1}{\log x} = 0 \ \text{bzw.}\ \lim_{x\uparrow 1} \frac{x-1}{\log x} \underset{\text{L'Hospital}}{=} \lim_{x\uparrow 1} \frac{1}{\frac{1}{x}} = 1\,.$$

(x) $I_{10} = \int_2^\infty \dfrac{dx}{x\log^2 x} = \left[-\dfrac{1}{\log x}\right]_2^\infty = \dfrac{1}{\log 2}$ ist absolut konvergentes, uneigentliches Riemann-Integral.

Bemerkung: Die Auswertung weiterer dieser Integrale erfolgt in späteren Lektionen.   □

Aufgabe 1.3: Nullmengen und Riemann-Integral
Man zeige die folgenden Aussagen:

(a) Eine abzählbar unendliche Vereinigung M von Nullmengen M_j des $\mathbb{R}^n$, $j \in \mathbb{N}$, ist wieder eine Nullmenge des $\mathbb{R}^n$, und insbesondere sind die abzählbaren Teilmengen des $\mathbb{R}^n$ Nullmengen im $\mathbb{R}^n$.

(b) Die Funktion $f : [0,1] \to \mathbb{R}$ mit

$$f(x) := \begin{cases} 1 & , x \in \mathbb{Q} \\ 0 & , \text{sonst} \end{cases}$$

ist nicht Riemann-integrierbar auf dem Intervall $[0,1]$. Hierbei bezeichnet $\mathbb{Q}$ die Menge der rationalen Zahlen.

Lösung:

(a) Für jedes $\varepsilon > 0$ existiert eine Überdeckung der Nullmenge M_j mit Quadern Q_{jk}, $j \in \mathbb{N}$ und k aus einer höchstens abzählbaren Indexmenge J_j, so dass

$$M_j \subseteq \bigcup_{k \in J_j} Q_{jk}$$

mit $\sum_{k \in J_j} |Q_{jk}| \leq \frac{\varepsilon}{2^j}$. Für die abzählbare Vereinigung der Nullmengen gilt dann

$$M = \bigcup_{j \in \mathbb{N}} M_j \subseteq \bigcup_{j \in \mathbb{N}} \bigcup_{k \in J_j} Q_{jk}$$

mit

$$\sum_{j=1}^\infty \sum_{k \in J_j} |Q_{jk}| \leq \sum_{j=1}^\infty \frac{\varepsilon}{2^j} = \varepsilon$$

Nach Definition 1.2 ist M somit eine Nullmenge. Alle abzählbare Mengen im $\mathbb{R}^n$ lassen sich als abzählbare Vereinigung einpunktiger Mengen schreiben. Da insbesondere die einpunktigen Mengen Nullmengen sind, folgt daraus der zweite Teil der Behauptung.

(b) Wir zeigen, dass die Menge der Unstetigkeitsstellen von $f : [0,1] \to \mathbb{R}$ mit dem gesamten Definitionsintervall $[0,1]$ dieser Funktion zusammenfällt und somit auch überabzählbar ist. Hierzu benutzen wir die wohl bekannte Tatsache, dass zwischen je zwei reellen Zahlen sowohl eine rationale als auch eine irrationale Zahl liegt, d.h. sowohl die rationalen Zahlen $\mathbb{Q}$ als auch die irrationalen Zahlen liegen dicht in $\mathbb{R}$. Es sei $x_* \in [0,1]$ beliebig und $(x_n)_{n\in\mathbb{N}}$ eine Folge rationaler Zahlen aus $[0,1]$ mit $\lim\limits_{n\to\infty} x_n = x_*$. Ebenso können wir aber auch eine Folge $(y_n)_{n\in\mathbb{N}}$ irrationaler Zahlen aus $[0,1]$ mit $\lim\limits_{n\to\infty} y_n = x_*$ finden. Wäre f in x_* stetig, so müsste nach dem Folgenkriterium für stetige Funktionen einerseits gelten:

$$f(x_*) = \lim_{n\to\infty} f(x_n) = 1,$$

und andererseits

$$f(x_*) = \lim_{n\to\infty} f(y_n) = 0,$$

was ein Widerspruch ist. Hieraus folgt, dass $[0,1]$ die Menge der Unstetigkeitsstellen von f bildet. Somit ist die Funktion f nach dem Lebesgueschen Integrabilitätskriterium, Satz 1.4, nicht Riemann-integrierbar.

Aufgabe 1.4: Der Wallissche Produktsatz für $\pi/2$
Man zeige der Reihe nach:

(a) Für jede natürliche Zahl $k \in \mathbb{N}$ ist

$$\int_0^{\pi/2} \sin^{2k+1}(x)\,dx \leq \int_0^{\pi/2} \sin^{2k}(x)\,dx \leq \int_0^{\pi/2} \sin^{2k-1}(x)\,dx.$$

(b) Für jede natürliche Zahl $n \geq 2$ ist

$$I_n := \int_0^{\pi/2} \sin^n(x)\,dx = \frac{n-1}{n} \int_0^{\pi/2} \sin^{n-2}(x)\,dx.$$

Hinweis: Man integriere einmal partiell und beachte $\cos^2 x = 1 - \sin^2 x$.

(c) Die Wallissche Produktdarstellung für $\pi/2$:

$$\pi/2 = \lim_{k\to\infty} \prod_{j=1}^{k} \frac{(2j)^2}{(2j)^2 - 1}.$$

Hinweis: Schreibe die Ungleichung in (a) auf und berechne mit (b) die dort vorkommenden drei Integrale.

Lösung:

(a) Für $0 \leq x \leq \frac{\pi}{2}$ ist $0 \leq \sin x \leq 1$, und somit

$$\sin^{2k+1}(x) \leq \sin^{2k}(x) \leq \sin^{2k-1}(x) \, .$$

Hiermit folgt die Behauptung aus der Monotonie des Integrals.

(b) Für $n \geq 2$ ist

$$I_n = \int_0^{\pi/2} \sin^n(x) \, dx = -\int_0^{\pi/2} \left(\frac{d}{dx} \cos x \right) \sin^{n-1}(x) \, dx$$

$$= -\left[\cos(x) \cdot \sin^{n-1}(x) \right]_0^{\pi/2} + \int_0^{\pi/2} \cos^2(x) \cdot (n-1)\sin^{n-2}(x) \, dx$$

$$\underset{n \geq 2}{=} 0 + (n-1) \int_0^{\pi/2} \left(1 - \sin^2(x) \right) \sin^{n-2}(x) \, dx$$

$$= (n-1)I_{n-2} - (n-1)I_n \, .$$

Hieraus folgt $(1 + n - 1)I_n = (n-1)I_{n-2}$, d.h. $I_n = \frac{n-1}{n}I_{n-2}$ für alle $n \geq 2$.

(c) Es ist $I_0 = \int_0^{\pi/2} dx = \frac{\pi}{2}$, $I_1 = \int_0^{\pi/2} \sin x \, dx = 1$ und somit nach (b):

$$\int_0^{\pi/2} \sin^{2k+1}(x) \, dx = \prod_{m=1}^{k} \frac{2m}{2m+1} = \frac{2}{3} \cdot \frac{4}{5} \cdot \ldots \cdot \frac{2k}{2k+1},$$

$$\int_0^{\pi/2} \sin^{2k}(x) \, dx = \frac{\pi}{2} \cdot \prod_{m=1}^{k} \frac{2m-1}{2m} = \frac{\pi}{2} \cdot \frac{1}{2} \cdot \frac{3}{4} \cdot \ldots \cdot \frac{2k-1}{2k},$$

$$\int_0^{\pi/2} \sin^{2k-1}(x) \, dx = \prod_{m=1}^{k-1} \frac{2m}{2m+1} = \frac{2}{3} \cdot \frac{4}{5} \cdot \ldots \cdot \frac{2k-2}{2k-1}.$$

Hieraus folgen

$$\frac{1}{1} \cdot \frac{2}{3} \cdot \frac{4}{5} \cdot \ldots \cdot \frac{2k}{2k+1} \leq \frac{\pi}{2} \cdot \frac{1}{2} \cdot \frac{3}{4} \cdot \ldots \cdot \frac{2k-1}{2k} \leq \frac{1}{1} \cdot \frac{2}{3} \cdot \frac{4}{5} \cdot \ldots \cdot \frac{2k-2}{2k-1} \cdot \frac{2k}{2k},$$

$$\left(\frac{2}{1}\right)^2 \cdot \left(\frac{4}{3}\right)^2 \cdot \ldots \cdot \left(\frac{2k}{2k-1}\right)^2 \cdot \frac{1}{2k+1} \le \frac{\pi}{2} \le \left(\frac{2}{1}\right)^2 \cdot \left(\frac{4}{3}\right)^2 \cdot \ldots \cdot \left(\frac{2k}{2k-1}\right)^2 \cdot \frac{1}{2k}.$$

Die linke Seite der letzten Ungleichung ist $\prod_{j=1}^{k} \frac{(2j)^2}{(2j)^2-1}$. Aus $\frac{1}{2k+1} = \frac{1}{2k} \cdot \frac{1}{1+\frac{1}{2k}}$

und $\lim\limits_{k\to\infty} \frac{1}{1+\frac{1}{2k}} = 1$ erhalten wir das Gewünschte.

Bemerkung: Das Wallissche Produkt wurde 1655 von John Wallis entdeckt. Bei $k = 10^5$ ist die Approximation $3.\underline{1415}848\ldots$ nur auf 4 Dezimalstellen genau. $\quad\Box$

Aufgabe 1.5: Die Eulersche Summenformel, Teil I

Es sei $n \in \mathbb{N}$ eine natürliche Zahl. Die Funktion $f : [0,n] \to \mathbb{C}$ besitze auf dem Intervall $[0,n]$ eine stetige Ableitung. Man zeige der Reihe nach:

(a) $\displaystyle\int_{k-1}^{k} \left(x - \lfloor x \rfloor - \frac{1}{2}\right) f'(x)\,dx = \frac{f(k)+f(k-1)}{2} - \int_{k-1}^{k} f(x)\,dx \quad \forall k = 1,\ldots,n.$

(b) $\displaystyle\sum_{k=m}^{n} f(k) = \int_{m}^{n} f(x)\,dx + \frac{f(m)+f(n)}{2} + \int_{m}^{n} \left(x - \lfloor x \rfloor - \frac{1}{2}\right) f'(x)\,dx$

für jede ganze Zahl $m \ge 0$ mit $0 \le m < n$.

Hinweis: Für (a) wende man partielle Integration an, und für (b) summiere man die Gleichungen in (a) von $k = m+1$ bis $k = n$ auf.

Lösung:

(a) Für $k-1 < x < k$ ist $x - \lfloor x \rfloor - \frac{1}{2} = x - k + \frac{1}{2}$, also mit partieller Integration:

$$\int_{k-1}^{k} \left(x - \lfloor x \rfloor - \frac{1}{2}\right) f'(x)\,dx$$

$$= \int_{k-1}^{k} \left(x - k + \frac{1}{2}\right) f'(x)\,dx$$

$$= \left[\left(x - k + \frac{1}{2}\right) f(x)\right]_{x=k-1}^{x=k} - \int_{k-1}^{k} 1 \cdot f(x)\,dx$$

$$= \frac{1}{2}f(k) + \frac{1}{2}f(k-1) - \int_{k-1}^{k} f(x)\,dx.$$

(b) Durch Summation erhalten wir die Behauptung:

$$\int_m^n \left(x - \lfloor x \rfloor - \frac{1}{2}\right) f'(x) \, dx = \sum_{k=m+1}^{n} \int_{k-1}^{k} \left(x - \lfloor x \rfloor - \frac{1}{2}\right) f'(x) \, dx$$

$$= \frac{1}{2} \sum_{k=m+1}^{n} (f(k) + f(k-1)) - \int_m^n f(x) \, dx$$

$$= \sum_{k=m}^{n} f(k) - \frac{f(m) + f(n)}{2} - \int_m^n f(x) \, dx \,.$$

Bemerkung: Die Eulersche Summationsformel wird in Aufgabe 1.7 verfeinert.   □

Aufgabe 1.6: Bernoulli-Zahlen

Für $n \in \mathbb{N}$ definieren wir die Funktionen $\beta_n : \mathbb{R} \to \mathbb{R}$ rekursiv gemäß

$$\beta_1(x) := x - \lfloor x \rfloor - \frac{1}{2} \quad \text{und} \quad \beta_{n+1}(x) := \int_0^x \beta_n(t) \, dt + \int_0^1 t \beta_n(t) \, dt, \quad n \in \mathbb{N},$$

sowie die Bernoulli-Zahlen $B_0 := 1$, $B_1 := -\frac{1}{2}$, $B_n := n! \beta_n(0)$, letztere für alle $n \geq 2$. Man zeige der Reihe nach:

(a) Die β_n erfüllen für alle $n \in \mathbb{N}$ die Bedingung $\int_0^1 \beta_n(x) \, dx = 0$. Alle Funktionen β_n, $n \in \mathbb{N}$, sind dabei 1-periodisch.
Hinweis: Verwende vollständige Induktion und betrachte zum Beweis der 1-Periodizität für jede ganze Zahl k und $x \in (k, k+1)$ den Ausdruck

$$\frac{d}{dx} \left(\beta_{n+1}(x+1) - \beta_{n+1}(x)\right).$$

(b) Für $0 \leq x < 1$ und jedes $n \in \mathbb{N}$ gilt

$$\beta_n(x) = \frac{1}{n!} \sum_{k=0}^{n} \binom{n}{k} B_k x^{n-k}.$$

(c) Die Bernoulli-Zahlen lassen sich für $n \geq 2$ mit $B_0 = 1$ aus der Rekursionsformel $\sum_{k=0}^{n-1} \binom{n}{k} B_k = 0$ gewinnen und sind zudem die Koeffizienten in der Taylor-Entwicklung

$$\frac{x}{e^x - 1} = \sum_{k=0}^{\infty} \frac{B_k}{k!} x^k, \tag{1.1}$$

die für hinreichend kleines $|x|$ gilt. Dabei ist $B_{2n+1} = 0$ für alle $n \in \mathbb{N}$.

Lösung:

Für $n \in \mathbb{N}$ sind die Funktionen $\beta_n : \mathbb{R} \to \mathbb{R}$ rekursiv definiert durch

$$\beta_1(x) := x - \lfloor x \rfloor - \frac{1}{2}, \quad \beta_{n+1}(x) := \int_0^x \beta_n(t)\,dt + \int_0^1 t\beta_n(t)\,dt,$$

und die Bernoulli-Zahlen:

$$B_0 := 1, \quad B_1 := -\frac{1}{2}, \quad B_n := n!\beta_n(0) \quad \text{für} \quad n \geq 2.$$

Wir halten zunächst fest:

1.) β_1 hat für $x \in \mathbb{Z}$ Sprungunstetigkeiten, β_1 ist 1-periodisch mit $\beta_1(x) = x - \frac{1}{2}$ für $0 \leq x < 1$, und es gilt $\int_0^1 \beta_1(t)\,dt = 0$ (vgl. Aufgabe 1.1).

2.) β_{n+1} ist für $n \geq 1$ überall stetig und für $x \in (k, k+1)$, $k \in \mathbb{Z}$, stetig differenzierbar mit $\beta'_{n+1}(x) = \beta_n(x)$.

3.) Für $n \in \mathbb{N}$ gilt mit partieller Integration:

$$\int_0^1 t\beta_n(t)\,dt = \int_0^1 t \frac{d}{dt}\left(\int_0^t \beta_n(\vartheta)\,d\vartheta\right) dt$$

$$= \left[t \cdot \int_0^t \beta_n(\vartheta)\,d\vartheta\right]_{t=0}^{t=1} - \int_0^1 1 \cdot \left(\int_0^t \beta_n(\vartheta)\,d\vartheta\right) dt$$

$$= \int_0^1 \beta_n(\vartheta)\,d\vartheta - \int_0^1 \left(\int_0^t \beta_n(\vartheta)\,d\vartheta\right) dt.$$

(a) Für alle $n \in \mathbb{N}$ zeigen wir nun induktiv die Aussage

$$\mathscr{A}(n) :\Longleftrightarrow \left[\int_0^1 \beta_n(x)\,dx = 0 \text{ und } \beta_n \text{ ist 1-periodisch}\right].$$

Nach 1.) stimmt die Aussage für $n = 1$. Nehmen wir die Gültigkeit von $\mathscr{A}(n)$ für ein $n \in \mathbb{N}$ an, so folgt zunächst aus 3.):

$$\int\limits_0^1 \beta_{n+1}(x)\,dx = \int\limits_0^1 \left(\int\limits_0^x \beta_n(t)\,dt \right) dx + \int\limits_0^1 t\beta_n(t)\,dt$$

$$= \int\limits_0^1 \left(\int\limits_0^x \beta_n(t)\,dt \right) dx - \int\limits_0^1 \left(\int\limits_0^t \beta_n(\vartheta)\,d\vartheta \right) dt$$

$$= 0\,.$$

Für $k \in \mathbb{Z}$ und $x \in (k, k+1)$ ist überdies nach 2.):

$$\frac{d}{dx}\left(\beta_{n+1}(x+1) - \beta_{n+1}(x)\right) = \beta_n(x+1) - \beta_n(x) = 0\,,$$

da wir nach Induktionsannahme die 1-Periodizität von β_n verwenden dürfen. Nun ist aber $\beta_{n+1}(x+1) - \beta_{n+1}(x)$ für alle $x \in \mathbb{R}$ stetig, also auch konstant:

$$\beta_{n+1}(x+1) - \beta_{n+1}(x) = C \in \mathbb{R} \quad \text{für alle } x \in \mathbb{R}\,.$$

Wir setzen speziell $x = 0$ und erhalten aus der Rekursion für $\beta_{n+1}(x)$:

$$C = \beta_{n+1}(1) - \beta_{n+1}(0) = \int\limits_0^1 \beta_n(t)\,dt = 0\,,$$

d.h. auch β_{n+1} ist 1-periodisch, und mithin gilt auch $\mathscr{A}(n+1)$, womit (a) gezeigt ist.

(b) Nach 1.) stimmt diese Aussage für $n = 1$. Nun gilt einerseits

$$\frac{d}{dx}\beta_{n+1}(x) = \beta_n(x)\,, \tag{1.2}$$

und andererseits, wenn man die Aussage induktiv für ein $n \in \mathbb{N}$ annimmt:

$$\frac{d}{dx}\left(\frac{1}{(n+1)!} \sum_{k=0}^{n+1} \binom{n+1}{k} B_k x^{n+1-k} \right)$$

$$= \frac{1}{(n+1)!} \sum_{k=0}^{n} (n+1-k)\cdot\binom{n+1}{k} B_k x^{n-k}$$

$$= \frac{1}{(n+1)!} \sum_{k=0}^{n} (n+1)\cdot\binom{n}{k} B_k x^{n-k} \tag{1.3}$$

$$= \frac{1}{n!} \sum_{k=0}^{n} \binom{n}{k} B_k x^{n-k} = \beta_n(x)\,,$$

so dass nach (1.2) und (1.3) für $0 \le x < 1$ gilt:

$$\beta_{n+1}(x) = \widetilde{C} + \frac{1}{(n+1)!} \sum_{k=0}^{n+1} \binom{n+1}{k} B_k x^{n+1-k} .$$

Durch Einsetzen von $x = 0$ folgt mit $\beta_{n+1}(0) = \dfrac{B_{n+1}}{(n+1)!}$ sofort $\widetilde{C} = 0$, womit (b) gezeigt ist.

(c) Die für $n \geq 2$ gültige Rekursion $\sum_{k=0}^{n-1} \binom{n}{k} B_k = 0$ folgt mit der Stetigkeit von β_n und Teilaufgabe (b) sofort aus $\beta_n(0) = \beta_n(1)$. Für hinreichend kleines $|x|$ bilden wir mit lauter absolut konvergenten Reihen das Cauchy-Produkt

$$(e^x - 1) \cdot \sum_{k=0}^{\infty} \frac{B_k}{k!} x^k = \sum_{k=1}^{\infty} \frac{x^k}{k!} \cdot \sum_{k=0}^{\infty} \frac{B_k}{k!} x^k$$

$$= x \sum_{k=0}^{\infty} \frac{x^k}{(k+1)!} \cdot \sum_{k=0}^{\infty} \frac{B_k}{k!} x^k = x \sum_{n=0}^{\infty} \left(\sum_{k=0}^{n} \frac{B_k}{(n+1-k)! \cdot k!} \right) x^n$$

$$= \sum_{n=1}^{\infty} \left(\sum_{k=0}^{n-1} \frac{B_k}{(n-k)! \cdot k!} \right) x^n = \sum_{n=1}^{\infty} \left(\sum_{k=0}^{n-1} \binom{n}{k} B_k \right) \frac{x^n}{n!} = x ,$$

woraus die gesuchte Taylor-Entwicklung folgt $\dfrac{x}{e^x - 1} = \sum_{k=0}^{\infty} \dfrac{B_k}{k!} x^k = 1 - \dfrac{x}{2} + \sum_{k=2}^{\infty} \dfrac{B_k}{k!} x^k$.

Die Funktion $f(x) := \dfrac{x}{e^x - 1} + \dfrac{x}{2} = \dfrac{x}{2} \cdot \dfrac{e^x + 1}{e^x - 1}$ ist aber *gerade*, $f(x) = f(-x)$, und somit ist $B_{2n+1} = 0$ für alle $n \in \mathbb{N}$.

Bemerkung: Wir zeigen erst im Rahmen der Funktionentheorie, dass der Konvergenzradius der sogenannten Bernoullischen Potenzreihe (1.1) genau 2π ist. $\qquad\square$

Aufgabe 1.7: Die Eulersche Summenformel, Teil II

Es seien $m \leq n$ ganze Zahlen. Die Funktion $f : [m,n] \to \mathbb{C}$ sei auf dem Intervall $[m,n]$ für eine beliebige Zahl $L \in \mathbb{N}_0$ mindestens $2L + 1$ mal stetig differenzierbar. Man zeige mit Verwendung der Aufgaben 1.5 und 1.6 die allgemeine Eulersche Summenformel

$$\sum_{k=m}^{n} f(k) = \int_m^n f(x)\,dx + \frac{f(m) + f(n)}{2}$$

$$+ \sum_{\lambda=1}^{L} \frac{B_{2\lambda}}{(2\lambda)!} \left[f^{(2\lambda-1)}(n) - f^{(2\lambda-1)}(m) \right] + \int_m^n \beta_{2L+1}(x) f^{(2L+1)}(x)\,dx .$$

Hinweis: Man wende Induktion mit zweimaliger partieller Integration an.

Lösung:

Für alle Zahlen $m, n \in \mathbb{Z}$ mit $m \leq n$ gilt nach Aufgabe 1.5 mit $\beta_1(x) := x - \lfloor x \rfloor - \frac{1}{2}$

$$\sum_{k=m}^{n} f(k) = \int_{m}^{n} f(x)\,dx + \frac{f(m) + f(n)}{2} + \int_{m}^{n} \beta_1(x) f'(x)\,dx. \tag{S_0}$$

Das haben wir dort zwar nur für $0 \leq m$ und $m < n$ gezeigt, (S_0) gilt aber trivialerweise auch für $m = n$. Die Beziehung $m \geq 0$ wird ebenfalls nicht benötigt, wenn man die stetige, $(2L+1)$-malige Differenzierbarkeit von f auf $[m, n]$ voraussetzt. Die Summenformel (S_0) bildet daher den Induktionsanfang mit $L := 0$ zu der für alle $L \in \mathbb{N}_0$ zu beweisenden Summenformel:

$$\sum_{k=m}^{n} f(k) = \int_{m}^{n} f(x)\,dx + \frac{f(m) + f(n)}{2}$$

$$+ \sum_{\lambda=1}^{L} \frac{B_{2\lambda}}{(2\lambda)!} [f^{(2\lambda-1)}(n) - f^{(2\lambda-1)}(m)] + \int_{m}^{n} \beta_{2L+1}(x) f^{(2L+1)}(x)\,dx. \tag{S}$$

Für $L = 0$ ist dabei zu beachten, dass dann $\sum_{\lambda=1}^{L} \frac{B_{2\lambda}}{(2\lambda)!} [f^{(2\lambda-1)}(n) - f^{(2\lambda-1)}(m)]$ die leere Summe mit Wert 0 darstellt.

Angenommen, die Formel (S) stimmt für einen gewissen Wert von $L \in \mathbb{N}_0$ (Induktionsannahme). Dann wissen wir aus der Aufgabe 1.6 Folgendes:

1. β_{2L+2} ist Stammfunktion zu β_{2L+1}, d.h. $\beta'_{2L+2} = \beta_{2L+1}$
2. $\dfrac{B_{2L+2}}{(2L+2)!} = \beta_{2L+2}(m) = \beta_{2L+2}(n)$ (1-Periodizität von β_{2L+2})
3. β_{2L+3} ist Stammfunktion zu β_{2L+2}, d.h. $\beta'_{2L+3} = \beta_{2L+2}$
4. $\dfrac{B_{2L+3}}{(2L+3)!} = \beta_{2L+3}(m) = \beta_{2L+3}(n) = 0$ (1-Periodizität von β_{2L+3})

Die zweimalige partielle Integration ergibt:

$$\int_{m}^{n} \beta_{2L+1}(x) f^{(2L+1)}(x)\,dx \underset{1.,2.}{=} \frac{B_{2L+2}}{(2L+2)!} \left(f^{(2L+1)}(n) - f^{(2L+1)}(m) \right)$$

$$- \int_{m}^{n} \beta_{2L+2}(x) f^{(2L+2)}(x)\,dx$$

$$= \frac{B_{2L+2}}{(2L+2)!} \left(f^{(2L+1)}(n) - f^{(2L+1)}(m) \right) - \beta_{2L+3}(n) f^{(2L+2)}(n)$$

$$+ \beta_{2L+3}(m) f^{(2L+2)}(m) + \int_{m}^{n} \beta_{2L+3}(x) f^{(2L+3)}(x)\,dx.$$

Zusammenfassend haben wir noch aus 3. und 4. erhalten:

$$\int\limits_m^n \beta_{2L+1}(x) f^{(2L+1)}(x) \, dx$$

$$= \frac{B_{2L+2}}{(2L+2)!} \left(f^{(2L+1)}(n) - f^{(2L+1)}(m) \right) + \int\limits_m^n \beta_{2L+3}(x) f^{(2L+3)}(x) \, dx \, .$$

Daraus folgt die Gültigkeit der Formel für $L+1$ (Induktionsschritt), so dass (S) für *alle* $L \in \mathbb{N}_0$ gilt.

Bemerkung: Wählt man $f(x) = x^p$, $p \in \mathbb{N}$, $m = 0$, so ergibt sich die Summenformel

von J. Bernoulli: $\displaystyle\sum_{k=1}^n k^p = \frac{n^p}{2} + \frac{1}{p+1} \sum_{k=0}^{\lfloor p/2 \rfloor} \binom{p+1}{2k} B_{2k} \, n^{p+1-2k} \quad \forall n \in \mathbb{N}.$ $\qquad\square$

Aufgabe 1.8: Die Stirlingsche Formel

(a) Man schreibe den Wallisschen Produktsatz in der Form

$$\sqrt{2\pi} = \lim_{n\to\infty} \left(\sqrt{\frac{2}{n}} \prod_{k=1}^n \frac{2k}{2k-1} \right) .$$

(b) Wir definieren die positive Zahlenfolge $(c_n)_{n\in\mathbb{N}}$ gemäß $n! = n^{n+\frac{1}{2}} e^{-n} c_n$. Man wende die Eulersche Summenformel aus Aufgabe 1.7 für $L := 1$ auf die Summe $\log n! = \sum\limits_{k=1}^n \log k$ an, und folgere daraus die Konvergenz der Zahlenfolge $(c_n)_{n\in\mathbb{N}}$.

(c) Man zeige

$$\frac{c_n^2}{c_{2n}} = \sqrt{\frac{2}{n}} \prod_{k=1}^n \frac{2k}{2k-1} \, ,$$

und folgere daraus die *Stirlingsche Formel*

$$\lim_{n\to\infty} \frac{n!}{n^n e^{-n} \sqrt{2\pi n}} = 1 \, . \tag{1.4}$$

Lösung:

(a) Nach Aufgabe 1.4 gilt $\frac{\pi}{2} = \lim\limits_{n\to\infty} \left(\frac{1}{2n} \prod\limits_{k=1}^n \frac{(2k)^2}{(2k-1)^2} \right)$. Multiplizieren wir beide Seiten mit 4 und gehen anschliessend zur Quadratwurzel über, so ist die Behauptung schon gezeigt.

(b) Nach Aufgabe 1.6(c) ist $B_2 = \frac{1}{6}$. Mit $f(x) = \log x$, $f'(x) = \frac{1}{x}$, $f''(x) = -\frac{1}{x^2}$, $f'''(x) = \frac{2}{x^3}$ folgt für $L = 1$ aus der Eulerschen Summenformel in Aufgabe 1.7:

$$\log n! = \sum_{k=1}^{n} \log k = \int_{1}^{n} \log x \, dx + \frac{\log 1 + \log n}{2} + \frac{1}{12}\left(\frac{1}{n} - 1\right) + \int_{1}^{n} \frac{2\beta_3(x)}{x^3} \, dx$$

$$= n \log n - n + 1 + \frac{1}{2}\log n + \frac{1}{12}\left(\frac{1}{n} - 1\right) + 2\int_{1}^{n} \frac{\beta_3(x)}{x^3} \, dx.$$

Somit gilt

$$\log c_n = \log n! - \left(n + \frac{1}{2}\right)\log n + n$$

$$= 1 + \frac{1}{12}\left(\frac{1}{n} - 1\right) + 2\int_{1}^{n} \frac{\beta_3(x)}{x^3} \, dx.$$

Das letzte Integral ist für $n \to \infty$ konvergent, da die 1-periodische Funktion $\beta_3(x)$ beschränkt ist. Somit ist $\log c_n$ und folglich auch $c_n > 0$ für $n \to \infty$ konvergent.

(c) Es ist für $n \in \mathbb{R}$:

$$\frac{c_n^2}{c_{2n}} = \frac{(n!)^2}{n^{2n+1}e^{-2n}} \cdot \frac{(2n)^{2n+1/2}e^{-2n}}{(2n)!} = \sqrt{\frac{2}{n}} \cdot \frac{2^{2n}(n!)^2}{(2n)!}$$

$$= \sqrt{\frac{2}{n}} \prod_{k=1}^{n} \frac{2k}{2k-1}.$$

Aus $\lim\limits_{n\to\infty} \dfrac{c_n^2}{c_{2n}} = c$ (Teil (b)) sowie $\lim\limits_{n\to\infty}\left(\sqrt{\dfrac{2}{n}} \prod_{k=1}^{n} \dfrac{2k}{2k-1}\right) = \sqrt{2\pi}$ (Teil (a)) folgt

$$c = \sqrt{2\pi}$$

und die *Stirlingsche Formel* für die Fakultät

$$\lim_{n\to\infty} \frac{n!}{n^n e^{-n}\sqrt{2\pi n}} = 1.$$

Sie wird auch in der *asymptotischen Form* geschrieben:

$$n! \sim n^n e^{-n}\sqrt{2\pi n} \quad \text{für } n \to \infty.$$

Lektion 2
Doppelintegrale

2.1 Doppelintegrale über einem Normalbereich

Wir wollen das Integral für eine reellwertige, stetige Funktion mit zwei reellen Veränderlichen x, y einführen. Motiviert wird dies durch folgendes Beispiel:
Auf dem Rechteck $\mathscr{R} := [a,b] \times [c,d]$ in der x,y-Ebene sei die Funktion $f : \mathscr{R} \to \mathbb{R}$ definiert, dort stetig und nicht negativ. Gesucht ist das Volumen V des „Zylinders" über dem Rechteck $\mathscr{R}$, das von dem Deckel $z = f(x,y)$ nach oben berandet ist, siehe Abbildung 2.1. Dieses Volumen ist gegeben durch das sogenannte Doppelintegral

$$V := \iint_{\mathscr{R}} f(x,y)\, \mathrm{d}x\, \mathrm{d}y$$

mit dem Integrationsbereich $\mathscr{R}$. Wir führen nun das Doppelintegral für den allgemeineren Fall ein, dass das Rechteck $\mathscr{R}$ durch einen sogenannten Normalbereich G bezüglich einer der Koordinatenachsen x bzw. y ersetzt wird, und verzichten dabei noch auf die Bedingung $f \geq 0$.

Definition 2.1: Normalbereiche im $\mathbb{R}^2$
1. Gegeben sind ein Intervall $[a,b]$ mit $a \leq b$ sowie zwei stetige Funktionen $g_-, g_+ : [a,b] \to \mathbb{R}$ mit $g_-(x) \leq g_+(x)$ für alle $x \in [a,b]$. Dann heißt die kompakte Menge

$$B := \{(x,y) \in \mathbb{R}^2 : a \leq x \leq b,\ g_-(x) \leq y \leq g_+(x)\}$$

   ein Normalbereich bezüglich der x-Achse, siehe Abbildung 2.2.
2. Sind neben $c \leq d$ auch zwei stetige Funktionen $h_-, h_+ : [c,d] \to \mathbb{R}$ mit $h_-(y) \leq h_+(y)$ für alle $y \in [c,d]$ gegeben, so heißt die kompakte Menge

$$B := \{(x,y) \in \mathbb{R}^2 : c \leq y \leq d,\ h_-(y) \leq x \leq h_+(y)\}$$

   ein Normalbereich bezüglich der y-Achse, siehe Abbildung 2.3. $\qquad\square$

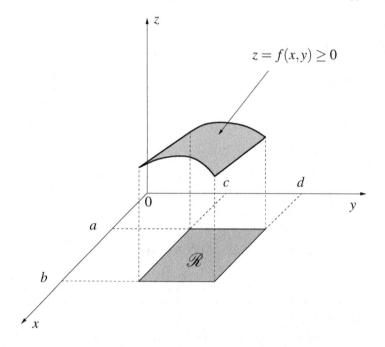

Abbildung 2.1: „Zylinder" über dem Rechteck $\mathscr{R}$

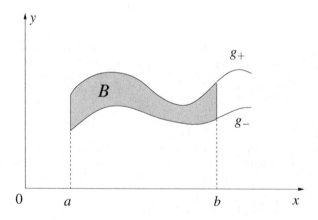

Abbildung 2.2: Normalbereich bezüglich der x-Achse

Wir definieren nun das Doppelintegral einer stetigen Funktion über einem Normal-bereich als Schachtelung zweier eindimensionaler Riemann-Integrale. Dies hat den Vorteil, dass man hiermit sofort eine Fülle von Doppelintegralen auf eine sehr ein-fache Art berechnen kann:

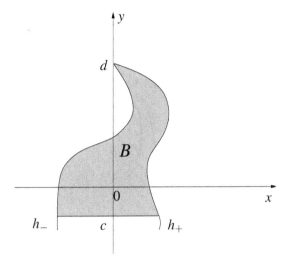

Abbildung 2.3: Normalbereich bezüglich der y-Achse

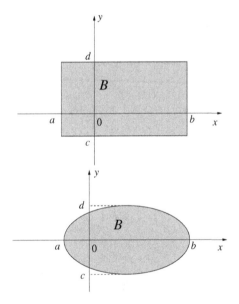

Abbildung 2.4: Normalbereiche bezüglich beider Achsen

Definition 2.2: Doppelintegral über einem Normalbereich

Es sei $f : B \to \mathbb{R}$ auf dem Normalbereich B stetig. Wir definieren das Doppelintegral von f über B

(a) im Falle, dass B ein Normalbereich bezüglich der x- Achse ist, gemäß

$$\iint\limits_{B} f(x,y)\,dy\,dx := \int\limits_{a}^{b} \left(\int\limits_{g_{-}(x)}^{g_{+}(x)} f(x,y)\,dy \right) dx,$$

(b) und im Falle, dass B ein Normalbereich bezüglich der y- Achse ist, gemäß

$$\iint\limits_{B} f(x,y)\,dx\,dy := \int\limits_{c}^{d} \left(\int\limits_{h_{-}(y)}^{h_{+}(y)} f(x,y)\,dx \right) dy.$$

$\square$

Bei dieser Definition haben wir das Doppelintegral über einem Normalbereich bezüglich der x-Achse bzw. der y-Achse klar voneinander unterschieden, indem wir im ersten Falle $\iint\limits_{B} f(x,y)\,dy\,dx$ und im zweiten Falle $\iint\limits_{B} f(x,y)\,dx\,dy$ schreiben. Man achte also hierbei auf die Reihenfolge der Integrationsvariablen. Der folgende wichtige Satz zeigt nun, dass beide Integrale übereinstimmen, wenn B ein Normalbereich bezüglich beider Achsen ist, siehe das achsenparallele Rechteck und die Ellipse in Abbildung 2.4 als Beispiele.

Satz 2.3: Satz von Fubini für Doppelintegrale
Es sei

$$B = \{(x,y) \in \mathbb{R}^2 : a \leq x \leq b,\ g_{-}(x) \leq y \leq g_{+}(x)\}$$
$$= \{(x,y) \in \mathbb{R}^2 : c \leq y \leq d,\ h_{-}(y) \leq x \leq h_{+}(y)\}$$

ein Normalbereich bezüglich beider Achsen und $f : B \to \mathbb{R}$ sei stetig. Dann gilt

$$\int\limits_{a}^{b} \left(\int\limits_{g_{-}(x)}^{g_{+}(x)} f(x,y)\,dy \right) dx = \int\limits_{c}^{d} \left(\int\limits_{h_{-}(y)}^{h_{+}(y)} f(x,y)\,dx \right) dy.$$

$\square$

Dieser Satz lässt sich mit mäßigem Aufwand schon im Rahmen der Theorie des Riemann-Integrals beweisen, man benötigt hierzu im Wesentlichen die Aussage, dass jede stetige Funktion auf einem Kompaktum bereits gleichmäßig stetig ist. Er wird jedoch in der Regel in viel allgemeinerer Form direkt im Rahmen der Lebesgueschen Integrationstheorie bewiesen, siehe Lektion 4.

Bemerkungen zum Doppelintegral:

(1) Das Doppelintegral ist in jedem Falle wohldefiniert: Ist z.B. B ein Normalbereich bezüglich der x-Achse, so ist $f(x,y)$ bei festgehaltenem $x \in [a,b]$ ein in y

stetiger Ausdruck, so dass das innere Integral bereits im Riemannschen Sinne existiert. Das innere Integral ist seinerseits ein in x stetiger Ausdruck, so dass auch das äußere Integral gebildet werden kann. Die Klammern um das innere Integral pflegt man auch ohne Gefahr fortzulassen.

(2) Aufgrund des Fubinischen Satzes schreiben wir im Folgenden auch dann ohne Verwechslungsgefahr das Doppelintegral in der Form $\iint\limits_B f(x,y)\,\mathrm{d}x\,\mathrm{d}y$, wenn B kein Normalbereich bezüglich der x-Achse ist.

(3) Der Satz von Fubini für Doppelintegrale lässt sich noch ohne die Lebesguesche Integrationstheorie mit moderatem Aufwand beweisen. Hierbei wird entscheidend von der Tatsache Gebrauch gemacht, dass stetige Funktionen mit kompaktem Definitionsbereich bereits gleichmäßig stetig sind. Ebenfalls im Rahmen der Riemannschen Integrationstheorie erhält man die endliche Gebietsadditivität für Doppelintegrale, worunter folgendes zu verstehen ist: Wird ein Normalbereich B irgendwie so in Normalbereiche $B_1,\dots,B_n$ zerlegt, dass $B = \bigcup\limits_{k=1}^{n} B_k$ gilt und sich die Normalbereiche B_k nur in ihren Randpunkten schneiden, so gilt

$$\iint\limits_B f(x,y)\,\mathrm{d}x\,\mathrm{d}y = \sum_{k=1}^{n} \iint\limits_{B_k} f(x,y)\,\mathrm{d}x\,\mathrm{d}y.$$

Dies ist das Analogon zur bekannten Intervalladditivität für Einfachintegrale. Die Additivität unter möglichst allgemeinen, auch abzählbar unendlichen Gebietszerlegungen sowie die anderen grundlegenden Sätze der Integrationstheorie im $\mathbb{R}^n$ lassen sich allerdings erst im Rahmen der Lebesgueschen Theorie meistern, siehe Lektion 4.

(4) Der Jordaninhalt $|B|$, auch Flächeninhalt oder kurz Inhalt eines Normalbereiches B, ist gegeben durch das spezielle Doppelintegral

$$|B| := \iint\limits_B 1\,\mathrm{d}x\,\mathrm{d}y.$$

Ist B ein Normalbereich bezüglich der x-Achse, so wird

$$|B| = \int\limits_a^b (g_+(x) - g_-(x))\,\mathrm{d}x.$$

(5) Für $f \geq 0$ ist $\iint\limits_B f(x,y)\,\mathrm{d}y\,\mathrm{d}x$ bzw. $\iint\limits_B f(x,y)\,\mathrm{d}x\,\mathrm{d}y$ das Volumen eines Zylinders im $\mathbb{R}^3$ über der Grundfläche B mit oberem Deckel $z = f(x,y)$. $\square$

Die Definition von Gebieten im $\mathbb{R}^n$ werden wir im Folgenden oft verwenden.

Definition 2.4: Gebiete im $\mathbb{R}^n$

Eine nichtleere offene Teilmenge M des $\mathbb{R}^n$ wird *Gebiet* genannt, wenn sich M nicht als Vereinigung zweier disjunkter, offener und nichtleerer Teilmengen darstellen lässt. Dies ist die topologische Zusammenhangseigenschaft einer offenen Menge des $\mathbb{R}^n$.   □

Im Folgenden bedeutet $|\underline{z}|$ die Euklidische Norm eines Vektors $\underline{z} \in \mathbb{R}^n$.

2.2 Aufgaben

Aufgabe 2.1: Gebiete im $\mathbb{R}^2$

Es sei $G \subseteq \mathbb{R}^2$ eine nichtleere offene Menge. Man zeige:
G ist genau dann ein Gebiet gemäß Definition 2.4, wenn es zu je zwei Punkten $\underline{z}_0$ und $\underline{z}$ aus G stets einen *achsenparallelen Polygonzug* gibt, der $\underline{z}_0$ mit $\underline{z}$ verbindet und ganz in G liegt, siehe Abbildung 2.5.

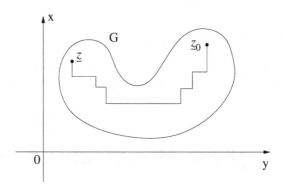

Abbildung 2.5: Achsenparalleler Polygonzug von $\underline{z}_0$ nach $\underline{z}$ in G

Lösung:

Wir definieren die folgende Relation R_G zwischen zwei Punkten $\underline{z}_0, \underline{z} \in G$:
Es soll $\underline{z}_0 R_G \underline{z}$ genau dann gelten, wenn es einen achsenparallelen Polygonzug gibt, der $\underline{z}_0$ mit $\underline{z}$ verbindet und ganz in G liegt. Wir zeigen zunächst, dass R_G eine Äquivalenzrelation ist:

(i) R_G ist reflexiv: Es sei $\underline{z}_0 \in G$, $B_r(\underline{z}_0) := \{\underline{z} \in \mathbb{R}^2 : |\underline{z} - \underline{z}_0| < r\}$ und $r > 0$ so klein, dass $B_r(\underline{z}_0) \subseteq G$ gilt. Wähle einen geschlossenen Polygonzug von $\underline{z}_0$ nach $\underline{z}_0$ gemäß Abbildung 2.6. Wir haben dann $\underline{z}_0 R_G \underline{z}_0$ für alle $\underline{z}_0 \in G$.

(ii) Offensichtlich ist R_G symmetrisch.

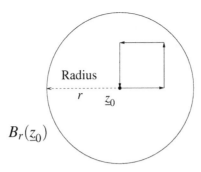

Abbildung 2.6: Geschlossener Polygonzug von $\underline{z}_0$ nach $\underline{z}_0$ in der offenen Kugel $B_r(\underline{z}_0)$

(iii) R_G ist transitiv, da die Zusammensetzung zweier achsenparalleler Polygonzüge von $\underline{z}_0$ nach $\underline{z}_1$ und $\underline{z}_1$ nach $\underline{z}_2$ in G wieder einen solchen Polygonzug liefert. Dies ist in Abbildung 2.7 illustriert.

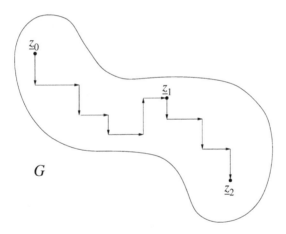

Abbildung 2.7: Zusammengesetzter Polygonzug von $\underline{z}_0$ nach $\underline{z}_1$ und von $\underline{z}_1$ nach $\underline{z}_2$

Somit zerfällt G in disjunkte Äquivalenzklassen. Wir zeigen nun, dass diese Äquivalenzklassen sogar Gebiete sind, d.h. sie sind offen und zusammenhängend gemäß Definition 2.4. Es sei $K \subseteq G$ solch eine Äquivalenzklasse mit einem Repräsentanten $\underline{z}_0 \in K$. Da G offen ist, gibt es ein $r > 0$ mit $B_r(\underline{z}_0) = \{\underline{z} \in \mathbb{R}^2 : |\underline{z} - \underline{z}_0| < r\} \subseteq G$ und zu jedem $\underline{z} \in B_r(\underline{z}_0)$ einen achsenparallelen Polygonzug von $\underline{z}_0$ nach $\underline{z}$ in dieser Kugel, siehe Abbildung 2.8. Somit gilt $B_r(\underline{z}_0) \subseteq K$, und K ist offen. Wäre K nicht zusammenhängend, so hätten wir offene, disjunkte und nichtleere Mengen $U, V \subseteq \mathbb{C}$ mit $\underline{z}_0 \in U$, $\underline{z} \in V$ und $U \cup V = K$, sowie nach der Definition von K

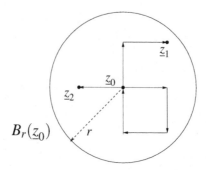

Abbildung 2.8: Polygonzug von $\underline{z}_0$ nach $\underline{z}_0$ bzw. nach $\underline{z}_1$ und $\underline{z}_2$ in der offenen Kugel $B_r(\underline{z}_0)$

einen achsenparallelen Polygonzug $\gamma : [a,b] \to K$ mit $\gamma(a) = \underline{z}_0$ und $\gamma(b) = \underline{z}$. Für $t_* := \inf\{t \in [a,b] : \gamma(t) \in V\}$ ist $a < t_* < b$, denn γ ist stetig und V offen. Da U offen ist, gilt $\gamma(t_*) \notin \overline{U}$. Folglich ist $\gamma(t_*) \in V$ und somit auch $\gamma(t_* - \varepsilon) \in V$ für hinreichend kleines $\varepsilon > 0$, da V offen ist. Dies steht im Widerspruch zur Definition von t_*. Also ist K zusammenhängend, und G genau dann ein Gebiet, wenn es nur eine einzige Äquivalenzklasse gibt.

Bemerkung: Das Ergebnis dieser Aufgabe läßt sich analog für höhere Dimensionen zeigen. Da man die komplexe Zahlenebene $\mathbb{C}$ mit dem $\mathbb{R}^2$ identifizieren kann, wird diese Charakterisierung des Gebietszusammenhangs insbesondere in der Funktionentheorie verwendet.   □

Aufgabe 2.2: Konstante Funktionen auf Gebieten
Es sei $G \subseteq \mathbb{R}^2$ ein Gebiet und $u : G \to \mathbb{R}$ eine C^1-Funktion mit verschwindenden partiellen Ableitungen $u_x = u_y = 0$. Man zeige, dass u konstant ist.
Hinweis: Man verwende das Ergebnis der Aufgabe 2.1.

Lösung: Es sei $G \subseteq \mathbb{R}^2$ ein Gebiet und $u : G \to \mathbb{R}$ eine C^1-Funktion mit $u_x = u_y = 0$. Die achsenparallelen Strecken S_1 von $(x_0, y_0) \in G$ nach $(x_0 + h_x, y_0) \in G$ sowie S_2 von $(x_0, y_0) \in G$ nach $(x_0, y_0 + h_y) \in G$ mit $h_x, h_y > 0$ mögen ganz in G liegen. Dann gilt nach dem Mittelwertsatz der Differentialrechnung für geeignet gewählte Zahlen $0 < \xi_1 < h_x$ und $0 < \xi_2 < h_y$:

$$u(x_0 + h_x, y_0) = u(x_0, y_0) + h_x \cdot u_x(x_0 + \xi_1, y_0) = u(x_0, y_0),$$
$$u(x_0, y_0 + h_y) = u(x_0, y_0) + h_y \cdot u_y(x_0, y_0 + \xi_2) = u(x_0, y_0).$$

Folglich ist u auf S_1 und S_2 konstant, und somit ist u auch auf allen achsenparallelen Polygonzügen in G konstant. Da G ein Gebiet ist, muß u nach Aufgabe 2.1 konstant sein.

Aufgabe 2.3: Doppelintegrale
Man berechne die folgenden Doppelintegrale im $\mathbb{R}^2$, wobei zuerst die jeweiligen Normalbereiche B zu bestimmen und zu skizzieren sind:

(a) $\iint\limits_B \dfrac{x^2}{y^2}\,\mathrm{d}x\mathrm{d}y$, wobei B durch $x = 2$, $y = x$ und $xy = 1$ begrenzt wird,

(b) $\iint\limits_B \sin(x+y)\,\mathrm{d}x\mathrm{d}y$, wobei B durch $x = 0$, $y = \pi$ und $y = x$ begrenzt wird.

Lösung: (a) Der in Abbildung 2.9 skizzierte Normalbereich bzgl. der x-Achse ist

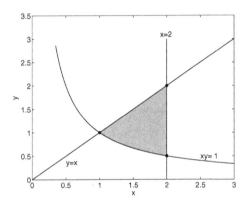

Abbildung 2.9: Der Normalbereich B aus Teilaufgabe 2.3(a)

$$B = \left\{ (x,y) \in \mathbb{R}^2 : 1 \le x \le 2,\ \frac{1}{x} \le y \le x \right\}.$$

Für das Integral ergibt sich

$$\iint\limits_B \frac{x^2}{y^2}\,\mathrm{d}x\mathrm{d}y = \int\limits_1^2 \left(\int\limits_{\frac{1}{x}}^{x} \frac{x^2}{y^2}\,\mathrm{d}y \right) \mathrm{d}x = \int\limits_1^2 \left[-\frac{x^2}{y} \right]_{y=\frac{1}{x}}^{y=x} \mathrm{d}x$$

$$= \int\limits_1^2 (x^3 - x)\,\mathrm{d}x = \left[\frac{1}{4}x^4 - \frac{1}{2}x^2 \right]_1^2 = (4-2) - \left(\frac{1}{4} - \frac{1}{2} \right) = \frac{9}{4}.$$

(b) Der in Abbildung 2.10 skizzierte Normalbereich bzgl. der x-Achse ist

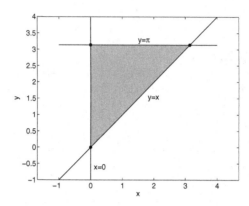

Abbildung 2.10: Der Normalbereich B aus Teilaufgabe 2.3(b).

$$B = \{(x,y) \in \mathbb{R}^2 : 0 \leq x \leq \pi, \ x \leq y \leq \pi\}.$$

Für das Integral ergibt sich

$$\iint_B \sin(x+y)\,dx\,dy = \int_0^\pi \left(\int_x^\pi \sin(x+y)\,dy \right) dx = \int_0^\pi [-\cos(x+y)]_{y=x}^{y=\pi}\,dx$$

$$= \int_0^\pi \left(-\cos(x+\pi) + \cos(2x) \right) dx$$

$$= \int_0^\pi \left(\cos(x) + \cos(2x) \right) dx = \left[\sin(x) + \frac{1}{2}\sin(2x) \right]_0^\pi = 0.$$

Aufgabe 2.4: Gewichtsmittelpunkt eines ebenen Gebietes

Die Schwerpunktkoordinaten $S = (x_s, y_s)$ eines ebenen Gebietes G bestimmt man über

$$x_s = \frac{1}{|G|} \iint_G x\,dx\,dy, \qquad y_s = \frac{1}{|G|} \iint_G y\,dx\,dy,$$

wenn $|G|$ der Flächeninhalt von G ist. Man bestimme den Schwerpunkt des Flächenstückes, das durch die Gerade $y = x$ und die Parabel $y = 4x - x^2$ begrenzt wird. Ist G ein Normalbereich bzgl. beider Achsen ?

Lösung:

G ist ein Normalbereich bzgl. der x-Achse,

$$G = \{(x,y) \in \mathbb{R}^2 : 0 \le x \le 3, \ x \le y \le 4x - x^2\}.$$

G ist *auch* ein Normalbereich bzgl. der y-Achse,

$$G = \{(x,y) \in \mathbb{R}^2 : 0 \le y \le 4, \ h_-(y) \le x \le h_+(y)\},$$

mit $h_-, h_+ : [0,4] \to \mathbb{R}$, wobei $h_-(y) = 2 - \sqrt{4-y}$ und

$$h_+(y) = \begin{cases} y & \text{für} \quad 0 \le y \le 3, \\ 2 + \sqrt{4-y} & \text{für} \quad 3 < y \le 4. \end{cases}$$

Die Funktionen $h_\pm$ sind stetig. Somit ist G ein Normalbereich bzgl. beider Achsen,

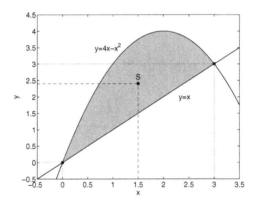

Abbildung 2.11: Der Normalbereich ist begrenzt durch die Gerade $y = x$ und die Parabel $y = 4x - x^2$.

siehe Abbildung 2.11. Die Integralberechnung mit G als Normalbereich bzgl. der y-Achse ist in unserem Beispiel komplizierter. Der Flächeninhalt von G bestimmt sich aus

$$|G| = \iint_G dx\,dy = \int_0^3 \left(\int_x^{4x-x^2} 1\,dy \right) dx$$

$$= \int_0^3 (3x - x^2)\,dx = \left[\frac{3}{2}x^2 - \frac{1}{3}x^3 \right]_0^3$$

$$= \frac{3}{2} \cdot 3^2 - \frac{1}{3} \cdot 3^3 = \frac{9}{2}.$$

Die Koordinaten des Gewichtsmittelpunktes ergeben sich aus den Integralmitteln:

$$x_s = \frac{1}{|G|} \iint_G x\,dx\,dy = \frac{2}{9} \int_0^3 \left(\int_x^{4x-x^2} x\,dy \right) dx = \frac{2}{9} \int_0^3 x(3x - x^2)\,dx$$

$$= \frac{2}{9} \int_0^3 (3x^2 - x^3)\,dx = \frac{2}{9} \left[x^3 - \frac{1}{4}x^4 \right]_0^3$$

$$= \frac{2}{9} \left(27 - \frac{81}{4} \right) = \frac{3}{2},$$

$$y_s = \frac{1}{|G|} \iint_G y\,dx\,dy = \frac{2}{9} \int_0^3 \left(\int_x^{4x-x^2} y\,dy \right) dx = \frac{1}{9} \int_0^3 [y^2]_{y=x}^{y=4x-x^2}\,dx$$

$$= \frac{1}{9} \int_0^3 \left((4x - x^2)^2 - x^2 \right) dx$$

$$= \frac{1}{9} \int_0^3 (x^4 - 8x^3 + 15x^2)\,dx$$

$$= \frac{1}{9} \left(\frac{1}{5} \cdot 3^5 - 2 \cdot 3^4 + 5 \cdot 3^3 \right) = \frac{12}{5}.$$

Der Schwerpunkt von G ist $(x_s, y_s) = \left(\frac{3}{2}, \frac{12}{5} \right)$.

Lektion 3
Wegintegrale

3.1 Wegintegrale, der Gaußsche Integralsatz der Ebene

In dieser Lektion wollen wir den Hauptsatz der Differential- und Integralrechnung

$$\int_a^b F'(x)\, dx = F(b) - F(a)$$

in angemessener Weise auf Doppelintegrale verallgemeinern. Hierbei wird der Begriff des Wegintegrals benötigt, auch Kurvenintegral genannt. Obwohl wir Wegintegrale zunächst nur in der Ebene betrachten, führen wir sie für spätere Zwecke geeignet gleich im $\mathbb{R}^n$ ein. Wir beginnen zunächst mit der Definition von speziellen Integrationswegen.

Definition 3.1: Spezielle Integrationswege
Für $n \in \mathbb{N}$ und $t \in [a,b]$ heißt die Abbildung $\underline{\gamma} : [a,b] \to \mathbb{R}^n$ mit

$$\underline{\gamma}(t) := \big(\gamma_1(t), \gamma_2(t), \ldots, \gamma_n(t)\big)^T$$

ein spezieller Integrationsweg mit Komponenten $\gamma_1, \ldots, \gamma_n : [a,b] \to \mathbb{R}$, wenn gilt:

(a) Alle Wegkomponenten $\gamma_1, \ldots, \gamma_n : [a,b] \to \mathbb{R}$ sind stetig auf $[a,b]$ und im Inneren (a,b) von $[a,b]$ sogar stetig differenzierbar.
(b) Das (möglicherweise uneigentliche) Riemann-Integral

$$|\underline{\gamma}| := \int_a^b \sqrt{\dot{\gamma_1}(t)^2 + \ldots + \dot{\gamma_n}(t)^2}\, dt < \infty,$$

die sogenannte Weglänge von $\underline{\gamma}$, existiert. $\qquad\square$

Bemerkungen:

(1) Spezielle Integrationswege sind eine leichte Verallgemeinerung der stetig differenzierbaren Wege.
(2) Der Bogen bzw. die Spur eines Weges ist definiert als die Punktmenge

$$\mathrm{Sp}(\underline{\gamma}) := \{\underline{\gamma}(t) : t \in [a,b]\}.$$

Die Länge des Bogens stimmt nur dann mit der Weglänge überein, wenn der Weg $\underline{\gamma}$ seinen Bogen nur einfach durchläuft.   □

Beispiel: Für $r > 0$ ist durch $\underline{\gamma} : [-r,r] \to \mathbb{R}^2$ mit

$$\underline{\gamma}(t) := \begin{pmatrix} \gamma_1(t) \\ \gamma_2(t) \end{pmatrix} = \begin{pmatrix} t \\ \sqrt{r^2 - t^2} \end{pmatrix}$$

ein spezieller Integrationsweg gegeben, der einen Halbkreisbogen der Länge

$$L := |\underline{\gamma}| = \int\limits_{-r}^{r} \sqrt{1^2 + \left(\frac{-t}{\sqrt{r^2 - t^2}}\right)^2}\, dt = \int\limits_{-r}^{r} \frac{r}{\sqrt{r^2 - t^2}}\, dt = r\left[\arcsin\frac{t}{r}\right]_{-r}^{r} = \pi r$$

parametrisiert. Der Integralwert bleibt bei unbeschränktem Integranden $\frac{r}{\sqrt{r^2 - t^2}}$ endlich, so dass sich die Bogenlänge L als uneigentliches Riemann-Integral darstellen läßt.   □

Für einige Anwendungen sind spezielle Integrationswege eine allzu starke Einschränkung. Durch das stetige Aneinanderfügen solcher Einzelwege führen wir nun allgemeine Integrationswege ein, die etwa Polygonzüge beinhalten:

Definition 3.2: Integrationswege, Wegsumme und Weglänge
Sind auf den $m \geq 1$ Intervallen $[a_0, a_1]$, $[a_1, a_2]$, ... , $[a_{m-1}, a_m]$ spezielle Integrationswege $\underline{\gamma}_1, \underline{\gamma}_2, ..., \underline{\gamma}_m$ im $\mathbb{R}^n$ gegeben mit

$$\underline{\gamma}_j(a_j) = \underline{\gamma}_{j+1}(a_j) \qquad \forall j = 1, ..., m-1,$$

d.h. der Endpunkt von $\underline{\gamma}_j$ stimmt mit dem Anfangspunkt von $\underline{\gamma}_{j+1}$ überein, so nennt man $\underline{\gamma} : [a_0, a_m] \to \mathbb{R}^n$ mit $\underline{\gamma}(t) = \underline{\gamma}_j(t)$ für $a_{j-1} \leq t \leq a_j$ die Summe der Wege $\underline{\gamma}_1$, $\underline{\gamma}_2, ..., \underline{\gamma}_m$, und schreibt dafür auch

$$\underline{\gamma} = \underline{\gamma}_1 \oplus \cdots \oplus \underline{\gamma}_m.$$

Im Folgenden bezeichnen wir $\underline{\gamma}$ als Integrationsweg. Wir definieren die Weglänge von $\underline{\gamma}$ durch

$$|\underline{\gamma}| = |\underline{\gamma}_1| + \ldots + |\underline{\gamma}_m|.$$

□

Bemerkung: Wir betrachten die beiden Wege γ, $\tilde{\gamma} \colon \mathbb{R} \to \mathbb{R}^2$ mit

$$\underline{\gamma}(t) := \begin{pmatrix} t^3 \\ |t|^3 \end{pmatrix}, \quad \underline{\tilde{\gamma}}(s) := \begin{pmatrix} s \\ |s| \end{pmatrix},$$

von denen der erste Weg γ stetig differenzierbar ist und der zweite nicht, obwohl beide Wege vermöge der Substitution $s = t^3$ denselben Bogen

$$\mathrm{Sp}(\underline{\gamma}) = \left\{ \begin{pmatrix} s \\ |s| \end{pmatrix} : s \in \mathbb{R} \right\}$$

mit einer Ecke bei $t = s = 0$ haben, wobei $\dot{\tilde{\gamma}}(0) = \underline{0}$ gilt. Will man dies vermeiden, so muss man die sogenannten regulären Wege γ einführen, für die überall $\dot{\gamma} \neq \underline{0}$ ist. Da wir jedoch Integrationswege betrachten, dürfen die zugehörigen Bögen Ecken besitzen, so dass die Regularität der Wege an dieser Stelle nicht erforderlich ist. $\quad\square$

Jetzt können wir den Begriff des Wegintegrals einführen:

Definition 3.3: Das Wegintegral
Es sei $\gamma = \underline{\gamma}_1 \oplus \ldots \oplus \underline{\gamma}_m \colon [a,b] \to \mathbb{R}^n$ ein Integrationsweg, zusammengesetzt aus den speziellen Integrationswegen

$$\underline{\gamma}_j = \left(\gamma_{1j}, \gamma_{2j}, \ldots, \gamma_{nj} \right)^T \colon [a_{j-1}, a_j] \to \mathbb{R}^n, \ j = 1, \ldots, m.$$

Außerdem sei $\underline{F} = \left(F_1, F_2, \ldots F_n \right)^T \colon \Gamma \to \mathbb{R}^n$ eine stetige $\mathbb{R}^n$-wertige Funktion auf dem zu γ gehörigen Bogen $\Gamma := \mathrm{Sp}(\gamma)$. Dann heißt

$$\int_{\underline{\gamma}} \underline{F}(\underline{x}) \cdot \mathrm{d}\underline{x} := \sum_{j=1}^{m} \sum_{k=1}^{n} \int_{a_{j-1}}^{a_j} F_k(\underline{\gamma}_j(t)) \, \dot{\gamma}_{kj}(t) \, \mathrm{d}t$$

das Wegintegral von $\underline{F}$ längs γ. $\quad\square$

Wir fassen die Eigenschaften der Wegintegrale kurz zusammen:

(1) Ist $\underline{\gamma} = \left(\gamma_1, \gamma_2, \ldots, \gamma_n \right)^T \colon [a,b] \to \mathbb{R}^n$ ein spezieller Integrationsweg, so hat man im Allgemeinen ein uneigentliches Riemann-Integral

$$\int_{\underline{\gamma}} \underline{F}(\underline{x}) \cdot \mathrm{d}\underline{x} = \int_a^b \underline{F}(\underline{\gamma}(t)) \cdot \dot{\underline{\gamma}}(t) \, \mathrm{d}t,$$

wobei man nach Stieltjes auch $\mathrm{d}\underline{\gamma}(t)$ anstelle von $\dot{\underline{\gamma}}(t) \, \mathrm{d}t$ schreibt.

(2) Für zusammengesetztes $\underline{\gamma} = \underline{\gamma}_1 \oplus \ldots \oplus \underline{\gamma}_m : [a,b] \to \mathbb{R}^n$ muss man sich einfach die Formel

$$\int\limits_{\underline{\gamma}} \underline{F}(\underline{x}) \cdot d\underline{x} = \sum_{j=1}^{m} \int\limits_{\underline{\gamma}_j} \underline{F}(\underline{x}) \cdot d\underline{x}$$

einprägen, was auch in der folgenden Form geschrieben wird:

$$\int\limits_{\underline{\gamma}} \underline{F}(\underline{x}) \cdot d\underline{x} = \int\limits_{a}^{b} \underline{F}(\underline{\gamma}(t)) \cdot d\underline{\gamma}(t).$$

(3) Wegintegrale sind unabhängig von der Wahl der Parametrisierung, es gilt folgende Substitutionsregel: Es sei $\underline{\gamma} : [a,b] \to \mathbb{R}^n$ ein Integrationsweg und $\varphi : [c,d] \to [a,b]$ streng monoton wachsend sowie stetig differenzierbar mit $\varphi(c) = a$ und $\varphi(d) = b$. Dann gilt

$$\int\limits_{\underline{\gamma}} \underline{F}(\underline{x}) \cdot d\underline{x} = \int\limits_{\underline{\gamma} \circ \varphi} \underline{F}(\underline{x}) \cdot d\underline{x}.$$

(4) Für Wegintegrale gilt die Standardabschätzung

$$\left| \int\limits_{\underline{\gamma}} \underline{F}(\underline{x}) \cdot d\underline{x} \right| \leq \left| \underline{\gamma} \right| \max_{\underline{x} \in \mathrm{Sp}(\underline{\gamma})} |\underline{F}(\underline{x})| .$$

(5) Das Wegintegral für einen punktförmigen Probekörper, der zum Zeitpunkt $t \in [t_1, t_2]$ in einem statischen Kraftfeld $\underline{F} = \underline{F}(\underline{x})$ die Position $\underline{\gamma}(t)$ besitzt, lässt sich als diejenige Arbeit interpretieren, die nötig ist, um den Körper vom Ort $\underline{x}_1 = \underline{\gamma}(t_1)$ zum Ort $\underline{x}_2 = \underline{\gamma}(t_2)$ längs $\underline{\gamma}$ zu überführen.

Bemerkung: Ist der Integrationsweg γ in der Substitutionsregel sogar stetig differenzierbar, so kann mit Verwendung des Riemannschen Integrals auch noch auf die Monotonie von φ verzichtet werden. Erst in der Lektion 4 werden wir uns von solchen technischen Einschränkungen, die durch den Gebrauch des Riemann-Integrals bedingt sind, befreien. $\square$

Nun kommen wir zu einer wichtigen Verallgemeinerung des Hauptsatzes der Differential- und Integralrechnung, dem Gaußschen Integralsatz der Ebene, dessen Beweis man (zumindest im Falle eines Normalbereiches bezüglich beider Achsen) im Lehrbuch von Heuser [19, §XXIV, 207.1 Satz] findet:

Satz 3.4: Der Gaußsche Integralsatz der Ebene
Es sei B ein Normalbereich bzgl. der x-Achse mit

$$B = \{(x,y) \in \mathbb{R}^2 : a \leq x \leq b, \ g_-(x) \leq y \leq g_+(x)\},$$

und die Randfunktionen $g_- \leq g_+$ seien so beschaffen, dass $\underline{\gamma}_\pm : [a,b] \to \partial B$ mit

$$\underline{\gamma}_\pm(x) = \begin{pmatrix} x \\ g_\pm(x) \end{pmatrix}$$

beides Integrationswege sind. Es sei $U \supset B$ eine offene Menge und

$$\underline{F} = \begin{pmatrix} F_1 \\ F_2 \end{pmatrix} : U \to \mathbb{R}^2$$

ein stetig differenzierbares Vektorfeld auf U. Dessen Komponenten schreiben wir mit $(x,y) \in U$ in der Form $F_1 = F_1(x,y)$ bzw. $F_2 = F_2(x,y)$. Dann lässt sich das Volumenintegral der Divergenz von $\underline{F}$ wie folgt aus dem Wegintegral über den Rand ∂B von B bestimmen:

$$\iint\limits_{B} \left(\frac{\partial F_1}{\partial x} + \frac{\partial F_2}{\partial y} \right) \mathrm{d}x\,\mathrm{d}y = \int\limits_{\partial B} (F_1 \, \mathrm{d}y - F_2 \, \mathrm{d}x).$$

Eine entsprechende Aussage gilt auch für einen Normalbereich bezüglich der y-Achse. $\qquad\square$

Erläuterung: Die Schreibweise

$$\int\limits_{\partial B} (F_1 \, \mathrm{d}y - F_2 \, \mathrm{d}x)$$

für das Wegintegral ist dabei so zu verstehen, dass man den Rand von B genau einmal mit positiver Orientierung durchläuft. Abgesehen von diesen beiden Einschränkungen liefert dann die Substitutionsregel für Wegintegrale für alle möglichen Parametrisierungen von ∂B denselben Wert des Wegintegrals. $\qquad\square$

Der Gaußsche Integralsatz in der Ebene kann in der Funktionentheorie dazu verwendet werden, um die Integrationstheorie vom Reellen ins Komplexe zu erweitern. Hierzu wird der sogenannte Cauchysche Integralsatz aus dem Gaußschen Integralsatz in der Ebene hergeleitet.

Wie für die Überführungsarbeit in einem Gravitationsfeld hängt das Wegintegral in einem allgemeinen Gradientenfeld nur von Anfangs- und Endpunkt ab. Man nennt daher solche Gradientenfelder auch konservativ. Hierzu zitieren wir eine hinreichende Bedingung für die Existenz einer Potentialfunktion:

Satz 3.5: Charakterisierung der Gradientenfelder auf sternförmigen Gebieten
Es sei $\Omega \subseteq \mathbb{R}^n$, $n \geq 2$ ein sternförmiges Gebiet , d.h. es gebe ein „Sternzentrum"
$\underline{x}^* \in \Omega$, so dass die Verbindungsstrecke

$$[\underline{x}^*, \underline{x}] = \{\underline{x}^* + t\,(\underline{x} - \underline{x}^*) \,:\, 0 \leq t \leq 1\}$$

für alle $\underline{x} \in \Omega$ ganz in Ω liegt. Es sei $\underline{F} : \Omega \to \mathbb{R}^n$ ein C^1-Vektorfeld mit der Kom-
ponentendarstellung $\underline{F} = (f_1, \ldots, f_n)^T$. Genau dann ist $\underline{F}$ ein Gradientenfeld, d.h.
genau dann gibt es ein C^2-Skalarfeld $\psi : \Omega \to \mathbb{R}$ mit $\underline{F} = \nabla \psi$, wenn die folgenden
Integrabilitätsbedingungen gelten:

$$\frac{\partial f_j}{\partial x_k}(\underline{x}) = \frac{\partial f_k}{\partial x_j}(\underline{x}) \qquad \forall j, k = 1, \ldots, n \quad \forall \underline{x} \in \Omega. \tag{3.1}$$

$\square$

Bemerkung: Im Fall $n = 3$ lässt sich dieses Kriterium durch die Rotationsfreiheit
des Feldes $\underline{F}$ ausdrücken, d.h.

$$\mathrm{rot}\,\underline{F} = \underline{0}, \tag{3.2}$$

wobei die Rotation des Vektorfeldes $\underline{F}$ gegeben ist durch

$$\mathrm{rot}\,\underline{F} = \nabla \times \underline{F} = \begin{vmatrix} \underline{e}_1 & \underline{e}_2 & \underline{e}_3 \\ \dfrac{\partial}{\partial x_1} & \dfrac{\partial}{\partial x_2} & \dfrac{\partial}{\partial x_3} \\ f_1 & f_2 & f_3 \end{vmatrix} = \begin{pmatrix} \dfrac{\partial f_3}{\partial x_2} - \dfrac{\partial f_2}{\partial x_3} \\ \dfrac{\partial f_1}{\partial x_3} - \dfrac{\partial f_3}{\partial x_1} \\ \dfrac{\partial f_2}{\partial x_1} - \dfrac{\partial f_1}{\partial x_2} \end{pmatrix} \in \mathbb{R}^3. \tag{3.3}$$

Hierbei bezeichnen wir mit $\underline{e}_j$ für $j = 1, 2, 3$ die Einheitsvektoren des $\mathbb{R}^3$. Der Beweis von Satz 3.5 basiert auf folgender expliziter Formel zur Bestimmung einer
Potentialfunktion $\psi : \Omega \to \mathbb{R}$, nämlich

$$\psi(\underline{x}) = \int_0^1 \underline{F}\,(\underline{x}^* + t\,(\underline{x} - \underline{x}^*)) \cdot (\underline{x} - \underline{x}^*)\, \mathrm{d}t. \tag{3.4}$$

Im Lehrbuch von Heuser [19, §XXI, 182.2 Satz] wird $\nabla \psi = \underline{F}$ ausführlich gezeigt.
Die Bestimmung von Potentialfunktionen in der Ebene findet in der Funktionen-
theorie ihren natürlichen Rahmen. In Aufgabe 8.3 wird auf einem sternförmigen
Gebiet in der komplexen Zahlenebene eine zu (3.4) analoge Potentialformel der
Funktionentheorie bewiesen. $\square$

3.2 Aufgaben

Aufgabe 3.1: Das Wegintegral in einem Gradientenfeld

Es sei $\Omega \subseteq \mathbb{R}^n$ ein Gebiet. Die skalare Potentialfunktion $\varphi : \Omega \to \mathbb{R}$ sei stetig differenzierbar und erzeuge das Gradientenfeld

$$\underline{F}(\underline{x}) := -\underline{\nabla}\varphi(\underline{x}) = - \begin{pmatrix} \dfrac{\partial \varphi}{\partial x_1}(\underline{x}) \\ \vdots \\ \dfrac{\partial \varphi}{\partial x_n}(\underline{x}) \end{pmatrix}. \tag{3.5}$$

(a) Man zeige, dass für jeden in Ω gelegenen stetig differenzierbaren Integrationsweg $\underline{\gamma} : [a,b] \to \Omega$ die Beziehung gilt:

$$-\int_{\underline{\gamma}} \underline{F} \cdot \mathrm{d}\underline{x} = \varphi(\underline{\gamma}(b)) - \varphi(\underline{\gamma}(a)).$$

(b) Man zeige, dass auf dem ebenen Gebiet $\Omega := \mathbb{R}^2 \setminus \{\underline{0}\}$ das Vektorfeld

$$\underline{F}(x_1, x_2) := - \begin{pmatrix} \dfrac{x_1}{x_1^2 + x_2^2} \\ \dfrac{x_2}{x_1^2 + x_2^2} \end{pmatrix}$$

eine Darstellung (3.5) als Gradientenfeld erlaubt, und bestimme eine erzeugende Potentialfunktion $\varphi : \Omega \to \mathbb{R}$.

Lösung:

(a) Im Wegintegral wird mit der Parametrisierung $\underline{\gamma} : [a,b] \to \Omega$ für den Integranden $\underline{F}(\underline{x}) = -\underline{\nabla}\varphi(\underline{x})$ gesetzt. Nach der Kettenregel und dem Hauptsatz der Integralrechnung folgt:

$$-\int_{\underline{\gamma}} \underline{F} \cdot \mathrm{d}\underline{x} = \int_a^b \underline{\nabla}\varphi(\underline{\gamma}(t)) \cdot \underline{\dot{\gamma}}(t)\, \mathrm{d}t = \int_a^b \frac{\mathrm{d}}{\mathrm{d}t}\big(\varphi(\underline{\gamma}(t))\big)\, \mathrm{d}t$$

$$= \varphi(\underline{\gamma}(b)) - \varphi(\underline{\gamma}(a)).$$

Dieses Ergebnis gilt auch für einen beliebigen Integrationsweg im Sinne der Definition 3.2.

(b) Das gegebene Vektorfeld

$$\underline{F}(x_1, x_2) := \begin{pmatrix} F_1(x_1, x_2) \\ F_2(x_1, x_2) \end{pmatrix} = - \begin{pmatrix} \dfrac{x_1}{x_1^2 + x_2^2} \\ \dfrac{x_2}{x_1^2 + x_2^2} \end{pmatrix}$$

erfüllt in $\Omega = \mathbb{R}^2 \setminus \{\underline{0}\}$ die Integrabilitätsbedingung:

$$\frac{\partial F_1}{\partial x_2} = \frac{2 x_1 x_2}{(x_1^2 + x_2^2)^2} = \frac{\partial F_2}{\partial x_1}.$$

Das zu bestimmende Potential $\varphi : \Omega \to \mathbb{R}$ genügt dann der Beziehung

$$- \frac{\partial \varphi}{\partial x_1} = F_1 = - \frac{x_1}{x_1^2 + x_2^2},$$

so dass

$$\varphi(x_1, x_2) = \int \frac{x_1}{x_1^2 + x_2^2} \, \mathrm{d}x_1 + \lambda(x_2) = \frac{1}{2} \log (x_1^2 + x_2^2) + \lambda(x_2)$$

$$= \log \sqrt{x_1^2 + x_2^2} + \lambda(x_2)$$

mit einer noch zu bestimmenden Funktion $\lambda(x_2)$ gilt. Partielle Differentiation nach x_2 und Vergleich mit F_2 ergibt die Forderung

$$\frac{\partial \lambda}{\partial x_2} = 0,$$

also $\lambda(x_2) \equiv C$ mit einer Konstanten $C \in \mathbb{R}$. Die erzeugende Potentialfunktion ist $\varphi(x_1, x_2) = \log \sqrt{x_1^2 + x_2^2} + C$, was man mittels Rechenprobe sofort bestätigt.

Aufgabe 3.2: Der Gaußsche Integralsatz der Ebene

(a) Ist B ein Normalbereich in der Ebene mit stetig differenzierbaren Berandungs-funktionen, so gilt bei positiv orientiertem Rand für seinen Flächeninhalt die Formel

$$|B| = \frac{1}{2} \int\limits_{\partial B} x \, \mathrm{d}y - y \, \mathrm{d}x.$$

Man zeige diese Beziehung zuerst allgemein und wende sie sodann auf den Bereich B an, der von der Ellipse $\dfrac{x^2}{a^2} + \dfrac{y^2}{b^2} = 1$ mit $a, b > 0$ eingeschlossen wird. Wähle $x(t) := a \cos t$, $y(t) := b \sin t$ mit $t \in [0, 2\pi]$ für die Parametrisierung von ∂B.

(b) Berechne mit dem Gaußschen Satz für die Kreisscheibe B um den Nullpunkt mit Radius $r > 0$ das positiv orientierte Wegintegral

$$\int_{\partial B} e^x \sin y \, dx + e^x \cos y \, dy.$$

Lösung:

(a) Nach dem Gaußschen Satz gilt mit $F_1(x,y) = x$, $F_2(x,y) = y$:

$$\frac{1}{2} \int_{\partial B} x \, dy - y \, dx = \frac{1}{2} \iint_B \left(\frac{\partial}{\partial x} x + \frac{\partial}{\partial y} y \right) dx \, dy$$

$$= \frac{1}{2} \iint_B (1+1) \, dx \, dy$$

$$= \iint_B dx \, dy = |B|.$$

Für die Fläche einer Ellipse $\dfrac{x^2}{a^2} + \dfrac{y^2}{b^2} = 1$, $a, b > 0$ ergibt sich dann mit der Parametrisierung $x(t) := a \cos t$, $y(t) := b \sin t$ und $t \in [0, 2\pi]$:

$$|B| = \frac{1}{2} \int_{\partial B} x \, dy - y \, dx = \frac{1}{2} \int_0^{2\pi} (x(t) \dot{y}(t) - y(t) \dot{x}(t)) \, dt$$

$$= \frac{1}{2} \int_0^{2\pi} (ab \cos^2 t + ab \sin^2 t) \, dt$$

$$= \frac{1}{2} \int_0^{2\pi} ab \, dt = \pi ab.$$

(b) Wir wenden den Gaußschen Satz auf das Vektorfeld

$$F_1(x,y) = e^x \cos y, \quad F_2(x,y) = -e^x \sin y$$

an und beachten dabei

$$\frac{\partial F_1}{\partial x} + \frac{\partial F_2}{\partial y} = e^x \cos y - e^x \cos y = 0.$$

Es folgt

$$\int_{\partial B} e^x \sin y \, dx + e^x \cos y \, dy = \iint_B (e^x \cos y - e^x \cos y) \, dx \, dy = 0.$$

Aufgabe 3.3: Die integrale Form einer Erhaltungsgleichung

Wir betrachten für $t \geq 0$ und $x \in \mathbb{R}$ Felder u, $f : [0,\infty) \times \mathbb{R} \to \mathbb{R}$, $u = u(t,x)$ eine Dichte und $f = f(t,x)$ ihr Fluss, die folgende Erhaltungsgleichung in integraler Form für jeden Normalbereich $B \subset [0,\infty) \times \mathbb{R}$ bzgl. der t-Achse erfüllen sollen, der den Bedingungen des Gaußschen Satzes genügt:

$$\int_{\partial B} u \, dx - f \, dt = 0.$$

(a) Die Felder u, f seien in einer hinreichend kleinen Umgebung des Punktes $P_0 = (t_0, x_0) \in (0,\infty) \times \mathbb{R}$ stetig differenzierbar. Man zeige, dass dann in P_0 die folgende Erhaltungsgleichung in differentieller Form gilt:

$$\frac{\partial u}{\partial t} + \frac{\partial f}{\partial x} = 0.$$

(b) Für $t \geq 0$ ist die Weltlinie eines Stoßes, der sich mit konstanter Geschwindigkeit $s \in \mathbb{R}$ ausbreitet, in der Form $x(t) = s \cdot t$ gegeben. Die Felder u, f seien vor und hinter der Stoßfront jeweils konstant, also für konstante Werte $u_\pm$, $f_\pm \in \mathbb{R}$ von der Form

$$u(t,x) := \begin{cases} u_- &, x \leq s \cdot t \\ u_+ &, x > s \cdot t \end{cases}, \quad f(t,x) := \begin{cases} f_- &, x \leq s \cdot t \\ f_+ &, x > s \cdot t \end{cases}.$$

Man zeige, dass dann aus der integralen Form der Erhaltungsgleichung die sogenannte *Sprungbedingung von Rankine-Hugoniot* folgt:

$$s \cdot (u_+ - u_-) = f_+ - f_-.$$

Hinweis: Wähle geeignete Normalbereiche B bzgl. der t-Achse, die in dem Zeitintervall $0 \leq t \leq T$ die Weltlinie des Stoßes enthalten.

Lösung:

Gegeben sind u, $f : [0,\infty) \times \mathbb{R} \to \mathbb{R}$ $u = u(t,x)$ ein „Dichtefeld" und $f = f(t,x)$ der zugehörige „Fluß" mit

$$\int_{\partial B} u \, dx - f \, dt = 0 \qquad (3.6)$$

für jeden Normalbereich $B \subset [0,\infty) \times \mathbb{R}$ bzgl. der t-Achse, der den Bedingungen des Gaußschen Satzes genügt.

(a) Die Felder u, f seien in kleiner, kreisförmigen Umgebung B_0 (ein Normalbereich) von $P_0 = (t_0, x_0) \in (0,\infty) \times \mathbb{R}$ stetig differenzierbar. Wir nehmen nun $\frac{\partial u}{\partial t}(t_0, x_0) + \frac{\partial f}{\partial x}(t_0, x_0) > 0$ an, und führen diese Annahme zum Widerspruch:

Wegen der *stetigen* Differenzierbarkeit der Felder u, f können wir die Kreisscheibe B_0 um P_0 so klein machen, dass im gesamten Inneren von B_0 gilt:

$$\frac{\partial u}{\partial t}(t,x) + \frac{\partial f}{\partial x}(t,x) > 0 \quad \forall (t,x) \in B_0 \, .$$

Aus dem Gaußschen Satz folgt dann im Widerspruch zu (3.6):

$$\iint\limits_{B_0} \left(\frac{\partial u}{\partial t} + \frac{\partial f}{\partial x} \right) \mathrm{d}t \, \mathrm{d}x = \int\limits_{\partial B_0} u \, \mathrm{d}x - f \, \mathrm{d}t > 0 \, .$$

Die Annahme $\dfrac{\partial u}{\partial t}(t_0,x_0) + \dfrac{\partial f}{\partial x}(t_0,x_0) < 0$ wird analog zum Widerspruch geführt.

(b) Wähle für jedes $\varepsilon > 0$ den Normalbereich

$$B_\varepsilon := \{(t,x) : 0 \leq t \leq T \text{ und } s \cdot t - \varepsilon \leq x \leq s \cdot t + \varepsilon\}$$

bzgl. der t-Achse, $T > 0$ eine fest gewählte Endzeit und s die konstante Stoßgeschwindigkeit. Es wird ∂B_ε mit der Wegsumme $\underline{\gamma}_1 \oplus \underline{\gamma}_2 \oplus \underline{\gamma}_3 \oplus \underline{\gamma}_4$ wie in Abbildung 3.1 parametrisiert:

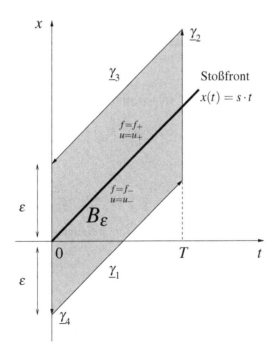

Abbildung 3.1: Normalbereich B_ε für die Sprungbedingung von Rankine-Hugoniot

$$\gamma_1(t) = \begin{pmatrix} t \\ s \cdot t - \varepsilon \end{pmatrix}, \quad \gamma_3(t) = \begin{pmatrix} T - t \\ s \cdot (T - t) + \varepsilon \end{pmatrix}, \quad 0 \le t \le T,$$

$$\gamma_2(x) = \begin{pmatrix} T \\ s \cdot T + x \end{pmatrix}, \quad \gamma_4(x) = \begin{pmatrix} 0 \\ -x \end{pmatrix}, \quad -\varepsilon \le x \le \varepsilon.$$

Damit erhalten wir für das Wegintegral

$$\int_{\partial B_\varepsilon} u \, dx - f \, dt$$

$$= \int_0^T (u_- \cdot s - f_-) \, dt + \int_{-\varepsilon + s \cdot T}^{\varepsilon + s \cdot T} u(T, x) \, dx - \int_0^T (u_+ \cdot s - f_+) \, dt - \int_{-\varepsilon}^{\varepsilon} u(0, x) \, dx$$

$$= T \, (u_- \cdot s - f_-) + \varepsilon (u_- + u_+) - T \, (u_+ \cdot s - f_+) - \varepsilon (u_- + u_+)$$

$$= -T \, [s \cdot (u_+ - u_-) - (f_+ - f_-)] = 0.$$

Hieraus folgt wegen $T > 0$:

$$s \cdot (u_+ - u_-) - (f_+ - f_-) = 0.$$

Dies ist die bekannte *Sprungbedingung von Rankine-Hugoniot*. Diese Beziehung spielt eine wichtige Rolle in der Theorie hyperbolischer Erhaltungsgleichungen, die Phänomene der Entstehung und Ausbreitung von Stoßwellen beschreiben, beispielsweise für die Eulerschen Gleichungen der kompressiblen Gasdynamik.

Zusatz 3.1: Hyperbelfunktionen
Für spätere Anwendungen sind die Hyperbelfunktionen

$$\sinh, \cosh, \tanh : \mathbb{R} \to \mathbb{R}$$

von Bedeutung:

$$\sinh x = \frac{e^x - e^{-x}}{2}, \quad \cosh x = \frac{e^x + e^{-x}}{2}, \quad \tanh x = \frac{\sinh x}{\cosh x} = \frac{e^x - e^{-x}}{e^x + e^{-x}}.$$

Hieraus erhält man für alle $x, y \in \mathbb{R}$ mühelos die Beziehungen

$$\cosh^2 x - \sinh^2 x = 1, \quad \cosh x = \sqrt{1 + \sinh^2 x} \ge 1$$

sowie die *Additionstheoreme:*

$$\sinh(x \pm y) = \sinh x \cosh y \pm \cosh x \sinh y,$$
$$\cosh(x \pm y) = \cosh x \cosh y \pm \sinh x \sinh y.$$

Setzt man die Hyperbelfunktionen sowie ihre Additionstheoreme auf den komplexen Zahlenbereich fort, so kann man unschwer feststellen, dass sie genau den trigonometrischen Funktionen und ihren Additionstheoremen entsprechen. Insbesondere gelten für alle $x \in \mathbb{R}$ die Beziehungen

$$\sin(\mathrm{i}x) = \mathrm{i}\sinh(x) \quad \text{und} \quad \cos(\mathrm{i}x) = \cosh(x).$$

Die sinh-Funktion liefert als Umkehrfunktion die sogenannte Area-Funktion arsinh : $\mathbb{R} \to \mathbb{R}$ mit

$$\operatorname{arsinh} u := \log(u + \sqrt{1+u^2}).$$

Mit Hilfe dieser Umkehrfunktion schreiben wir das Additionstheorem für sinh mit

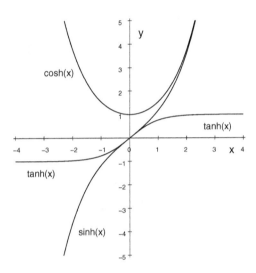

Abbildung 3.2: Die Hyperbelfunktionen sinh, cosh, tanh.

den Umbenennungen $u = \sinh x$, $v = \sinh y$ auch in folgender Form:

$$\operatorname{arsinh} u \pm \operatorname{arsinh} v = \operatorname{arsinh}\left(u\sqrt{1+v^2} \pm v\sqrt{1+u^2}\right).$$

Die Hyperbelfunktionen werden im anschließenden Zusatz zum Magnetfeld eines stromdurchflossenen Leiters und beim Studium der hyperbolischen Geometrie verwendet.

Zusatz 3.2: Das Magnetfeld eines stromdurchflossenen Leiters

Fließt durch einen auf der z-Achse liegenden Draht

$$\mathscr{L} = \{(x,y,z) \in \mathbb{R}^3 : x = y = 0\}$$

ein konstanter Strom $J \in \mathbb{R} \setminus \{0\}$, so erzeugt dieser ein Magnetfeld der Stärke

$$\underline{H}(x,y,z) := \frac{J}{2\pi} \cdot \frac{1}{x^2 + y^2} \begin{pmatrix} -y \\ x \\ 0 \end{pmatrix} .$$

(a) Man berechne das Wegintegral $\int_C \underline{H}(\underline{x}) \cdot d\underline{x}$, wobei C die geschlossene Kreiskur-
ve in der (x,y)-Ebene mit dem Koordinatenursprung als Mittelpunkt und mit
dem Radius $r > 0$ ist, die in mathematisch positivem Umlaufsinn durchlaufen
werde.

(b) Man prüfe, dass das Vektorfeld $\underline{H}$ die folgenden magnetostatischen Gleichungen erfüllt:

$$\mathrm{rot}\,\underline{H} = \underline{0} \quad \text{und} \quad \nabla \cdot \underline{H} = 0 .$$

Bemerkung: Das Vektorfeld $\underline{H}$ erfüllt somit die differenzielle Integrabilitätsbedingung (3.1) bzw. (3.2).

(c) Ist $\underline{H}$ ein Potentialfeld?

Lösung:

(a) Mit der Kreisparametrisierung

$$C: [0,2\pi] \to \begin{pmatrix} x(t) \\ y(t) \\ z(t) \end{pmatrix} = \begin{pmatrix} r\cos t \\ r\sin t \\ 0 \end{pmatrix} , \quad r > 0 ,$$

bekommen wir

$$\int_C \underline{H}(\underline{x}) \cdot d\underline{x}$$

$$= \frac{J}{2\pi} \int_0^{2\pi} \left(\frac{-r\sin t}{r^2 \cos^2 t + r^2 \sin^2 t} \cdot (-r\sin t) + \frac{r\cos t}{r^2 \cos^2 t + r^2 \sin^2 t} \cdot r\cos t + 0 \right) dt$$

$$= \frac{J}{2\pi} \int_0^{2\pi} \frac{r^2 (\sin^2 t + \cos^2 t)}{r^2 (\sin^2 t + \cos^2 t)} \, dt = \frac{J}{2\pi} \int_0^{2\pi} dt = J \neq 0 .$$

(b) Es seien

$$\underline{e}_1 = \begin{pmatrix} 1 \\ 0 \\ 0 \end{pmatrix} , \quad \underline{e}_2 = \begin{pmatrix} 0 \\ 1 \\ 0 \end{pmatrix} , \quad \underline{e}_3 = \begin{pmatrix} 0 \\ 0 \\ 1 \end{pmatrix}$$

die kartesischen Einheitsvektoren. Das Magnetfeld erfüllt die differenzielle Integrabilitätsbedingung

$$\text{rot}\,\underline{H} = \begin{vmatrix} \underline{e}_1 & \underline{e}_2 & \underline{e}_3 \\ \dfrac{\partial}{\partial x} & \dfrac{\partial}{\partial y} & \dfrac{\partial}{\partial z} \\ -\dfrac{J}{2\pi}\cdot\dfrac{y}{x^2+y^2} & \dfrac{J}{2\pi}\cdot\dfrac{x}{x^2+y^2} & 0 \end{vmatrix}$$

$$= \underline{e}_1\cdot 0 - \underline{e}_2\cdot 0 + \underline{e}_3\cdot\frac{J}{2\pi}\left(\frac{x^2+y^2-2x^2}{(x^2+y^2)^2}+\frac{x^2+y^2-2y^2}{(x^2+y^2)^2}\right)$$

$$= \underline{0}.$$

Das Magnetfeld ist auch divergenzfrei:

$$\nabla\cdot\underline{H} = \frac{J}{2\pi}\left\{\frac{\partial}{\partial x}\left(\frac{-y}{x^2+y^2}\right)+\frac{\partial}{\partial y}\left(\frac{x}{x^2+y^2}\right)+\frac{\partial}{\partial z}0\right\}$$

$$= \frac{J}{2\pi}\left\{-\frac{(-y)\cdot 2x}{(x^2+y^2)^2}-\frac{x\cdot 2y}{(x^2+y^2)^2}+0\right\} = 0.$$

(c) $\underline{H}$ ist nach dem Aufgabenteil (a) wegen $\int_C \underline{H}\cdot d\underline{x} \neq 0$ kein Potentialfeld. Das Vektorfeld $\underline{H}$ ist auf einem nicht sternförmigen Bereich $\mathbb{R}^3\setminus\mathscr{L}$ definiert. Die Integrabilitätsbedingungen sind nur notwendige aber keine hinreichenden Bedingungen für ein Potentialfeld. Setzt man aber zusätzlich die Sternförmigkeit des Gebietes voraus, so werden sie auch hinreichend.

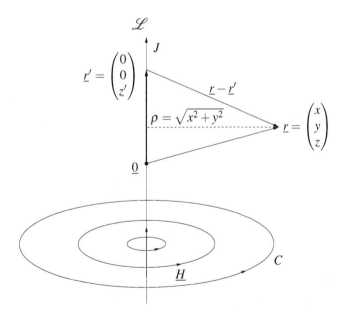

Abbildung 3.3: Feldlinien des stromdurchflossenen Leiters

Bemerkung: Nach dem *Biot-Savartschen Gesetz* ist das Magnetfeld eines unendlich langen Leiters für konstanten Strom J in Richtung von $\mathscr{L}$ gegeben durch

$$\underline{H}(\underline{r}) = \frac{J}{4\pi} \int_{\mathscr{L}} \frac{\mathrm{d}\underline{r}' \times (\underline{r} - \underline{r}')}{|\underline{r} - \underline{r}'|^3} \, .$$

Wir wollen zeigen, dass dieses Gesetz auf die Formel der Aufgabenstellung zurückführt. Hierbei setzen wir zunächst

$$\underline{r} = \begin{pmatrix} x \\ y \\ z \end{pmatrix}, \quad \underline{r}' = \begin{pmatrix} 0 \\ 0 \\ z' \end{pmatrix} \in \mathscr{L},$$

und beachten im Folgenden, dass $\underline{r}$ ein konstanter Ortsvektor ist, zu dem die magnetische Feldstärke berechnet werden muss. Im Biot-Savart-Integral wird mit Hilfe der Integrationsvariablen $z' \in \mathbb{R}$ über den gesamten Leiter $\mathscr{L}$ integriert. Hierzu schreiben wir den Differenzvektor $\underline{r} - \underline{r}'$ in Zylinderkoordinaten um. Wir definieren zuvor die folgenden Größen, die nur von $\underline{r}$ abhängen, aber nicht von der Integrationsvariablen z':

$$\rho := \sqrt{x^2 + y^2}, \quad \underline{e}_\rho = \frac{1}{\sqrt{x^2 + y^2}} \begin{pmatrix} x \\ y \\ 0 \end{pmatrix}, \quad \underline{e}_\varphi = \frac{1}{\sqrt{x^2 + y^2}} \begin{pmatrix} -y \\ x \\ 0 \end{pmatrix}, \quad \underline{e}_z = \begin{pmatrix} 0 \\ 0 \\ 1 \end{pmatrix}.$$

Wir erhalten dann für den Differenzvektor $\underline{r} - \underline{r}'$ bzw. für $\mathrm{d}\underline{r}'$ die Darstellungen

$$\underline{r} - \underline{r}' = \rho \underline{e}_\rho + (z - z')\underline{e}_z, \quad \mathrm{d}\underline{r}' = \mathrm{d}z' \underline{e}_z.$$

Für das Biot-Savart-Integral ergibt sich $\underline{H}(\underline{r}) = \dfrac{J}{4\pi} \rho \, \underline{e}_\varphi \displaystyle\int_{-\infty}^{+\infty} \dfrac{\mathrm{d}z'}{(\rho^2 + (z' - z)^2)^{3/2}} .$

Daraus folgt mit der Substitution $z' - z = \rho \sinh u$ (siehe Zusatz 3.1 zu Hyperbelfunktionen)

$$\underline{H}(\underline{r}) = \frac{J}{4\pi} \rho \, \underline{e}_\varphi \int_{-\infty}^{+\infty} \frac{\rho \cosh u}{(\rho \cosh u)^3} \, \mathrm{d}u = \frac{J}{4\pi\rho} \underline{e}_\varphi \int_{-\infty}^{+\infty} \frac{\mathrm{d}u}{\cosh^2 u}$$

$$= \frac{J}{4\pi\rho} \underline{e}_\varphi \left[\tanh u \right]_{-\infty}^{+\infty} = \frac{J}{4\pi\rho} \underline{e}_\varphi \, 2 = \frac{J}{2\pi\rho} \underline{e}_\varphi = \frac{J}{2\pi(x^2 + y^2)} \begin{pmatrix} -y \\ x \\ 0 \end{pmatrix}.$$

Abschließend möchten wir noch bemerken, dass in einer allgemeineren Fassung der Biot-Savart-Integralformel eine ortsabhängige Stromstärke auftreten kann, die dann unter dem Integral stehen muss. In unserem Fall durfte die als konstant angenommene Stromstärke J jedoch vor das Integral gezogen werden. $\qquad\qquad\square$

Lektion 4
Lebesgue-Integrale

4.1 Grundlagen der Lebesgueschen Integrationstheorie

Mit $\mathscr{P}(\mathbb{R}^n)$ bezeichnen wir für eine natürliche Zahl n die Potenzmenge des $\mathbb{R}^n$, d.h. die Menge aller Teilmengen des $\mathbb{R}^n$ einschließlich der leeren Menge $\emptyset$.

Definition 4.1: σ-Algebra

Eine Mengenfamilie $\Sigma \subseteq \mathscr{P}(\mathbb{R}^n)$ heißt eine σ-Algebra auf $\mathbb{R}^n$, wenn die folgenden drei Abgeschlossenheitseigenschaften erfüllt sind:

(1) $\emptyset, \mathbb{R}^n \in \Sigma$,

(2) $A \in \Sigma \Rightarrow \mathbb{R}^n \setminus A \in \Sigma$,

(3) gehören die (nicht notwendig voneinander verschiedenen) Mengen A_k mit $k \in \mathbb{N}$ alle zu Σ, so gilt auch $\bigcup_{k \in \mathbb{N}} A_k \in \Sigma$. $\qquad\square$

Bemerkung: Das Symbol σ soll an die Abgeschlossenheit von Σ unter *abzählbaren* Vereinigungen erinnern. In Verbindung mit den ersten beiden Axiomen ergibt sich auch sofort die Abgeschlossenheit von Σ unter abzählbarer Durchschnittsbildung. $\qquad\square$

Definition 4.2: Borelsche σ-Algebra

(a) Die kleinste σ-Algebra auf $\mathbb{R}^n$, die alle offenen Mengen des $\mathbb{R}^n$ enthält, heißt die *Borelschen σ-Algebra* $\mathscr{B}(\mathbb{R}^n)$ auf $\mathbb{R}^n$. Sie ist der wohldefinierte Durchschnitt aller σ-Algebren Σ auf dem $\mathbb{R}^n$, für die Σ jeweils alle offenen Mengen enthält.

(b) Die Mengen $A \in \mathscr{B}(\mathbb{R}^n)$ werden auch die *Borel-messbaren* Teilmengen des $\mathbb{R}^n$ genannt. $\qquad\square$

Bemerkung: $\mathscr{B}(\mathbb{R}^n)$ ist die von den offenen Mengen des $\mathbb{R}^n$ erzeugte σ-Algebra. Ebenso gut können zur Erzeugung von $\mathscr{B}(\mathbb{R}^n)$ auch die abgeschlossenen Mengen als Komplemente der offenen verwendet werden.   □

Wir erinnern nun an den Begriff der Nullmenge aus Definition 1.2. Die σ-Algebra der Borel-messbaren Teilmengen des $\mathbb{R}^n$ hat den Nachteil, dass sie nicht alle Null-mengen des $\mathbb{R}^n$ enthält. Der folgende Satz beinhaltet aber die sogenannte Ver-vollständigung der Borelschen σ-Algebra zur σ-Algebra der Lebesgue-messbaren Teilmengen des $\mathbb{R}^n$, die dann kurz messbare Teilmengen genannt werden, und ga-rantiert für diese eine allgemeine Maßfunktion:

Satz 4.3: Lebesguesches Maß

Eine Teilmenge $A \subseteq \mathbb{R}^n$ werde (Lebesgue)-messbar genannt, wenn es eine Null-menge N bzgl. des $\mathbb{R}^n$ sowie ein $A' \in \mathscr{B}(\mathbb{R}^n)$ gibt mit $A = A' \cup N$. Das System der (Lebesgue)-messbaren Teilmengen des $\mathbb{R}^n$ bezeichnen wir mit $\mathscr{M}(\mathbb{R}^n)$. Dann gilt: Es ist $\mathscr{M}(\mathbb{R}^n)$ eine σ-Algebra, die sogenannte Lebesguesche σ-Algebra. Auf ihr gibt es genau eine Abbildung $\lambda : \mathscr{M}(\mathbb{R}^n) \to \mathbb{R}_0^+ \cup \{+\infty\}$ mit den folgenden drei Eigenschaften:

(a) $\lambda(A) = 0 \Leftrightarrow A$ ist Nullmenge,

(b) $\lambda \left(\bigcup_{k=1}^{\infty} A_k \right) = \sum_{k=1}^{\infty} \lambda(A_k)$, wenn $A_k \in \mathscr{M}(\mathbb{R}^n)$ für alle $k \in \mathbb{N}$ ist und die A_k paar-weise disjunkte Mengen sind, also $A_j \cap A_k = \emptyset$ für $j \neq k$ gilt.

(c) $\lambda(I) = |I|$, falls I ein achsenparalleler Quader mit Volumen $|I|$ im $\mathbb{R}^n$ ist, siehe Definition 1.2(a).

Die Abbildung λ wird dann *Lebesguesches Maß* genannt, und anstelle von $\lambda(A)$ schreiben wir auch $|A|$.   □

Definition 4.4: Meßbare Funktionen

Wir setzen $\overline{\mathbb{R}} := \mathbb{R} \cup \{-\infty, +\infty\}$. Eine Funktion $f : \mathbb{R}^n \to \overline{\mathbb{R}}$ heißt *messbar*, wenn für alle $\alpha \in \mathbb{R}$ die Menge $\{\underline{x} \in \mathbb{R}^n : f(\underline{x}) < \alpha\}$ messbar ist. Hierbei werden mit $\alpha \in \mathbb{R}$ für die Symbole $\pm\infty$ die Ungleichungen $-\infty < \alpha < +\infty$ vereinbart.   □

Bemerkung: In dem folgenden Satz wird gezeigt, dass praktisch jede in Anwendun-gen vorkommende Funktion $f : \mathbb{R}^n \to \overline{\mathbb{R}}$ messbar ist. Dabei werden einige wichtige Abgeschlossenheitseigenschaften für messbare Funktionen aufgelistet.   □

Satz 4.5: Eigenschaften der meßbaren Funktionen

Im Folgenden betrachten wir Funktionen $f, f_k, g : \mathbb{R}^n \to \overline{\mathbb{R}}, k \in \mathbb{N}$. Wir sagen, dass f und g fast überall gleich sind und schreiben dann $f = g$ f.ü., wenn die Menge $\{\underline{x} \in \mathbb{R}^n : f(\underline{x}) \neq g(\underline{x})\}$ eine Nullmenge im $\mathbb{R}^n$ ist, siehe Definition 1.2.

(a) Jede Nullmenge A des $\mathbb{R}^n$ liegt in $\mathscr{M}(\mathbb{R}^n)$. Ist g messbar und $f = g$ f.ü., dann ist auch f messbar.

(b) Jedes stetige f ist messbar.

(c) Sind die f_k messbar, dann auch $\max(f_1, ..., f_m)$, $\min(f_1, ..., f_m)$, $m \in \mathbb{N}$, sowie die Funktionen f und g mit

$$f(\underline{x}) := \sup_{k \in \mathbb{N}} f_k(\underline{x}), \quad g(\underline{x}) := \inf_{k \in \mathbb{N}} f_k(\underline{x}), \quad \underline{x} \in \mathbb{R}^n.$$

(d) Mit f sind auch die Funktionen $|f|$, $f^+ := \max(f,0)$, $f^- := \max(-f,0)$ und αf, $\alpha \in \mathbb{R}$, messbar.

(e) Ist $A \in \mathcal{M}(\mathbb{R}^n)$, so ist die charakteristische Funktion $\chi_A : \mathbb{R}^n \to \mathbb{R}$ messbar, wobei

$$\chi_A(\underline{x}) := \begin{cases} 1, & \underline{x} \in A, \\ 0, & \text{sonst}. \end{cases}$$

(f) Es seien $f : \mathbb{R}^n \to \mathbb{R}$ und $g : \mathbb{R}^n \to \overline{\mathbb{R}}$ messbar, also f ohne die Werte $\pm\infty$. Wir vereinbaren für alle $\alpha \in \mathbb{R}$ die Definitionen $\alpha \pm \infty := \pm\infty$, $0 \cdot (\pm\infty) := 0$, $\alpha \cdot (\pm\infty) := \pm\infty$ falls $\alpha > 0$, sowie $\alpha \cdot (\pm\infty) := \mp\infty$ falls $\alpha < 0$. Dann sind auch die punktweise definierten Funktionen $\alpha f + \beta g$ mit reellen Konstanten $\alpha, \beta \in \mathbb{R}$ sowie $f \cdot g$ messbar. $\qquad\square$

Die Lebesguesche Integrationstheorie basiert auf drei Grundprinzipien:

- Statt wie beim Riemann-Integral das Definitionsgebiet einer integrierbaren Funktion zu unterteilen, zerlegen wir für die Einführung des Lebesgue-Integrals den Wertebereich des Integranden.
- Es werden die Grundeigenschaften des Lebesgueschen Maßes λ verwendet, insbesondere die sogenannte σ-Additivität von λ in Satz 4.3 (b).
- Lebesgue-Integrale sind stets absolut konvergent.

Definition 4.6: Lebesgue-Integral
Wir betrachten eine messbare Funktion $f : \mathbb{R}^n \to \overline{\mathbb{R}}$.

(a) Ist $f \geq 0$ nicht negativ, so nennt man f (Lebesgue-) integrierbar genau dann, wenn es eine obere Schranke S gibt, so dass für alle $N \in \mathbb{N}$ und beliebige reelle Zahlen $0 \leq f_1 < f_2 < ... < f_{N+1}$ die folgende Ungleichung besteht:

$$\sum_{k=1}^{N} f_k \cdot \lambda \left(\{ x \in \mathbb{R}^n : f_k \leq f(\underline{x}) < f_{k+1} \} \right) \leq S.$$

Dann definiert man das (Lebesgue-) Integral $\int_{\mathbb{R}^n} f(\underline{x}) \, dx$ von f als Supremum der links stehenden Summe bzgl. aller Zerlegungen $0 \leq f_1 < f_2 < ... < f_{N+1}$, wobei N alle natürlichen Zahlen durchläuft.

(b) Definiert man, bei Verzicht auf die Forderung $f \geq 0$, $f^+ := \max(f,0)$, $f^- := \max(-f,0)$ wie in Satz 4.5 (d), so heißt f Lebesgue-integrierbar genau dann, wenn die nicht negativen Funktionen f^+ und f^- (Lebesgue-) integrierbar sind, und das (Lebesgue-) Integral von f ist in diesem Falle definiert gemäß

$$\int_{\mathbb{R}^n} f(\underline{x}) \, dx := \int_{\mathbb{R}^n} f^+(\underline{x}) \, dx - \int_{\mathbb{R}^n} f^-(\underline{x}) \, dx.$$

$\qquad\square$

Bemerkungen:

(1) Man sieht leicht ein, dass die Mengen

$$\{\underline{x} \in \mathbb{R}^n : f_k \le f(\underline{x}) < f_{k+1}\}$$

im Teil (a) dieser Definition alle messbar sind.

(2) Der Teil (b) sichert die absolute Konvergenz des Lebesgue-Integrals.

(3) Ein integrierbares g kann höchstens auf einer Nullmenge die Werte $\pm\infty$ annehmen. Gilt für zwei messbare Funktion $f = g$ f.ü. und ist g integrierbar, so ist auch f integrierbar mit demselben Integralwert wie g. Aus diesem Grund reicht es für die Lebesguesche Integrationstheorie in den meisten Fällen, messbare bzw. integrierbare Funktionen $f : \mathbb{R}^n \to \mathbb{R}$ anstelle von $f : \mathbb{R}^n \to \overline{\mathbb{R}}$ zu betrachten.

(4) Für eine messbare Menge $A \subseteq \mathbb{R}^n$ gilt $|A| = \int\limits_{\mathbb{R}^n} \chi_A(\underline{x}) \, \mathrm{d}x$.   □

Sprechen wir hier oder im Folgenden ohne weiteren Zusatz über Integrierbarkeit, so meinen wir stets Lebesgue-Integrierbarkeit. Der Zusatz „Lebesgue" wird dann nur an den Stellen hervorgehoben, wo eine Verwechslung mit dem Riemann-Integral vermieden werden soll.

Bedeutet es eine Einschränkung, für den Integrationsbereich der Lebesgue-Integrale stets nur den $\mathbb{R}^n$ zu verwenden? Die Antwort lautet *nein*:

Satz 4.7: Bereichsintegrale
Ist die Funktion $f : \mathbb{R}^n \to \overline{\mathbb{R}}$ integrierbar und die Menge $A \in \mathscr{M}(\mathbb{R}^n)$ messbar, so ist auch $f \cdot \chi_A : \mathbb{R}^n \to \overline{\mathbb{R}}$ integrierbar. In diesem Falle ist somit das folgende Bereichsintegral wohldefiniert

$$\int\limits_A f(\underline{x}) \, \mathrm{d}x := \int\limits_{\mathbb{R}^n} f(\underline{x}) \chi_A(\underline{x}) \, \mathrm{d}x,$$

und wir nennen f bzw. die Einschränkung $f|_A$ auch auf A integrierbar.   □

Beachte: Wir verwenden hier wieder die Konvention $0 \cdot (\pm\infty) = 0$.

In den folgenden Sätzen wird aufgezeigt, dass es sich beim Lebesgueschen Integral um eine weitreichende Verallgemeinerung der Riemann-Integrale bzw. der Doppelintegrale stetiger Funktionen bzgl. eines Normalbereiches handelt.

Satz 4.8: Einfache Eigenschaften des Lebesgue-Integrals

(a) Jede Riemann-integrierbare Funktion $g : [a,b] \to \mathbb{R}$ ist auch Lebesgue-integrierbar, und das Riemannsche Integral von g ist mit dem Lebesgue-Integral von g identisch. Ist weiter $B \subset \mathbb{R}^2$ ein Normalbereich (bzgl. der x- oder y-Achse) und $f : B \to \mathbb{R}$ stetig, so ist f auch Lebesgue-integrierbar auf B, und das Doppelintegral von f über B ist mit dem Lebesgueschen Bereichsintegral von f über B identisch.

(b) Die Funktionen f, $g : \mathbb{R}^n \to \mathbb{R}$ seien Lebesgue-integrierbar und α, β reelle Konstanten. Dann ist auch $\alpha f + \beta g$ Lebesgue-integrierbar mit

$$\int_{\mathbb{R}^n} (\alpha f(\underline{x}) + \beta g(\underline{x}))\, dx = \alpha \int_{\mathbb{R}^n} f(\underline{x})\, dx + \beta \int_{\mathbb{R}^n} g(\underline{x})\, dx.$$

Dies ist die sogenannte *Linearität* des Lebesgue-Integrals.

(c) Die Funktionen f, $g : \mathbb{R}^n \to \overline{\mathbb{R}}$ seien Lebesgue-integrierbar und für fast alle $\underline{x} \in \mathbb{R}^n$ gelte $f(\underline{x}) \le g(\underline{x})$. Dann ist auch

$$\int_{\mathbb{R}^n} f(\underline{x})\, dx \le \int_{\mathbb{R}^n} g(\underline{x})\, dx.$$

Dies ist die sogenannte *Monotonie* des Lebesgue-Integrals. $\qquad\square$

Die folgenden vier Sätze sind grundlegend für die gesamte Integrationstheorie.

Satz 4.9: Satz von der monotonen Konvergenz (B. Levi)

Es sei $(f_k)_{k\in\mathbb{N}}$ eine punktweise monoton wachsende Folge reeller, nicht negativer und integrierbarer Funktionen auf dem $\mathbb{R}^n$, und es gelte für alle $k \in \mathbb{N}$:

$$\int_{\mathbb{R}^n} f_k(\underline{x})\, dx \le S, \quad S \in \mathbb{R}^+ \text{ eine Konstante}.$$

Dann konvergiert $(f_k)_{k\in\mathbb{N}}$ für fast alle $\underline{x} \in \mathbb{R}^n$ punktweise gegen eine integrierbare Funktion $f : \mathbb{R}^n \to \overline{\mathbb{R}}$, und es gilt

$$\sup_{k\in\mathbb{N}} \int_{\mathbb{R}^n} f_k(\underline{x})\, dx = \int_{\mathbb{R}^n} f(\underline{x})\, dx \le S.$$

$\qquad\square$

Satz 4.10: Satz von der majorisierten Konvergenz (H. L. Lebesgue)

Es sei $(f_k)_{k\in\mathbb{N}}$ eine fast überall punktweise gegen eine Funktion $f : \mathbb{R}^n \to \overline{\mathbb{R}}$ konvergente Folge messbarer Funktionen auf dem $\mathbb{R}^n$, also

$$f(\underline{x}) = \lim_{k\to\infty} f_k(\underline{x}) \quad \text{für fast alle } \underline{x} \in \mathbb{R}^n.$$

Außerdem gebe es eine integrierbare Funktion $F : \mathbb{R}^n \to \overline{\mathbb{R}}$ mit

$$|f_k(\underline{x})| \le |F(\underline{x})| \quad \forall k \in \mathbb{N}\ \forall \underline{x} \in \mathbb{R}^n,$$

eine sogenannte Majorante für die Funktionenfolge $(f_k)_{k\in\mathbb{N}}$. Dann sind auch die Funktionen f_k und f integrierbar, und es gilt

$$\lim_{k\to\infty} \int\limits_{\mathbb{R}^n} f_k(\underline{x})\,\mathrm{d}x = \int\limits_{\mathbb{R}^n} f(\underline{x})\,\mathrm{d}x.$$

☐

Bemerkung: Obwohl wir den Konvergenzsatz von Lebesgue auf dem $\mathbb{R}^n$ formuliert haben, gilt er auch allgemeiner auf einem messbaren Integrationsbereich.   ☐

Die Schreibweise des Lebesgueschen Integrals als Mehrfachintegral gemäß

$$\int\limits_{\mathbb{R}^n} f(\underline{x})\,\mathrm{d}x = \int\limits_{\mathbb{R}} \cdots \int\limits_{\mathbb{R}} f(\underline{x})\,\mathrm{d}x_1 \ldots \mathrm{d}x_n,$$

siehe auch Satz 2.3 zu dem Doppelintegral, wird durch den Vertauschungssatz von Fubini gerechtfertigt:

Satz 4.11: Satz von Fubini (Vertauschung der Integrationsreihenfolge)

Für beliebige natürliche Zahlen n und m bezeichnen wir die Punkte des $\mathbb{R}^{n+m}$ mit $\underline{w} = (\underline{x}, \underline{y}) = (x_1,...,x_n,y_1,...,y_m)$. Die Funktion $f : \mathbb{R}^{(n+m)} \to \overline{\mathbb{R}}$ sei integrierbar. Dann ist für fast alle $\underline{x} \in \mathbb{R}^n$ der Funktionsausdruck $f(\underline{x},\underline{y})$ bzgl. $\underline{y} \in \mathbb{R}^m$ integrierbar und zudem das Integral $\int\limits_{\mathbb{R}^m} f(\underline{x},\underline{y})\,\mathrm{d}y$ bzgl. $\underline{x}$ integrierbar, wobei gilt:

$$\int\limits_{\mathbb{R}^{n+m}} f(\underline{w})\,\mathrm{d}w = \int\limits_{\mathbb{R}^n}\int\limits_{\mathbb{R}^m} f(\underline{x},\underline{y})\,\mathrm{d}y\,\mathrm{d}x = \int\limits_{\mathbb{R}^m}\int\limits_{\mathbb{R}^n} f(\underline{x},\underline{y})\,\mathrm{d}x\,\mathrm{d}y.$$

☐

Auch der folgende Satz ist grundlegend für die Integralberechnung im $\mathbb{R}^n$. Er überträgt mit einer zusätzlichen Invertierbarkeitsvoraussetzung die Substitutionsregel für Einfachintegrale auf den mehrdimensionalen Fall. Wir gehen dabei von den in Satz 4.7 eingeführten Bereichsintegralen aus und benötigen zunächst einige Vorbemerkungen:

Es seien $V, W \subseteq \mathbb{R}^n$ offene und nichtleere Mengen. Wir betrachten einen C^1-Diffeomorphismus $T : V \to W$ von V auf W, d.h. eine bijektive Abbildung von V auf W, die mitsamt ihrer Umkehrabbildung einmal stetig differenzierbar ist (Transformation).

Wir schreiben T in Komponenten aus gemäß

$$T = \begin{pmatrix} T_1 \\ \vdots \\ T_n \end{pmatrix}.$$

Die Jacobi-Matrix ∇T von T ist dann für alle $\underline{\xi} \in V$ definiert gemäß

$$\nabla T\left(\underline{\xi}\right) = \frac{\partial T}{\partial \underline{\xi}} = \frac{\partial\left(T_1,\ldots,T_n\right)}{\partial\left(\xi_1,\ldots,\xi_n\right)} := \begin{pmatrix} \frac{\partial T_1}{\partial \xi_1}(\underline{\xi}) & \cdots & \frac{\partial T_1}{\partial \xi_n}(\underline{\xi}) \\ \vdots & \ddots & \vdots \\ \frac{\partial T_n}{\partial \xi_1}(\underline{\xi}) & \cdots & \frac{\partial T_n}{\partial \xi_n}(\underline{\xi}) \end{pmatrix}.$$

Da $T : V \to W$ ein C^1-Diffeomorphismus von V auf W ist, lässt sich zeigen, dass die Jacobi-Determinate $\mathrm{Det}(\nabla T)$ nirgendwo auf V verschwindet.

Satz 4.12: Transformationssatz (Substitutionsregel)
Es seien $V, W \subseteq \mathbb{R}^n$ offene und nichtleere Mengen und $T : V \to W$ ein C^1-Diffeomorphismus von V auf W. Eine Funktion $f : W \to \mathbb{R}$ ist genau dann integrierbar über W, wenn $(f \circ T)\, |\mathrm{Det}(\nabla T)|$ über V integrierbar ist, und in diesem Falle gilt:

$$\int\limits_W f(\underline{w})\, \mathrm{d}\underline{w} = \int\limits_V f(T(\underline{\xi}))\, |\mathrm{Det}(\nabla T(\underline{\xi}))|\, \mathrm{d}\underline{\xi}.$$

$\square$

Im Folgenden besprechen wir einige Anwendungen zur Lebesgueschen Integrationstheorie.

Beispiel 4.13: $\chi_{\mathbb{Q}}$ ist nur Lebesgue-integrierbar
Wir betrachten die charakteristische Funktion $\chi_{\mathbb{Q}} : \mathbb{R} \to \mathbb{R}$ mit

$$\chi_{\mathbb{Q}}(x) := \begin{cases} 1 \,, & x \in \mathbb{Q} \\ 0 \,, & \text{sonst.} \end{cases}$$

Wir haben für die charakteristische Funktion der abzählbaren Menge $\mathbb{Q} \cap [0,1]$ mit Hilfe des Lebesgueschen Integrabilitätskriteriums gezeigt, dass sie nicht auf dem kompakten Intervall $[0,1]$ Riemann-integrierbar sein kann, siehe Aufgabe 1.3. Dagegen zeigen wir nun, dass $\chi_{\mathbb{Q}}$ sogar auf ganz $\mathbb{R}$ Lebesgue-integrierbar ist. $\mathbb{Q}$ ist als abzählbare Menge auch Nullmenge im $\mathbb{R}$, und somit ist das Lebesguesche Maß von $\mathbb{Q}$ sowie von jeder Teilmenge von $\mathbb{Q}$ gleich Null. Wir wenden Definition 4.6 an, wählen für beliebiges $N \in \mathbb{N}$ beliebige reelle Zahlen $0 \leq f_1 < f_2 < \ldots < f_{N+1}$, und beachten, dass für alle $k \geq 2$ gilt:

$$\{x \in \mathbb{R} : \; f_k \leq \chi_{\mathbb{Q}}(x) < f_{k+1}\} \subseteq \mathbb{Q},$$

und somit unter Beachtung von $f_k > 0$ für alle $k \geq 2$:

$$\lambda\left(\{x \in \mathbb{R} : f_k \le \chi_{\mathbb{Q}}(x) < f_{k+1}\}\right) = 0.$$

Folglich ist

$$\sum_{k=1}^{N} f_k \lambda\left(\{x \in \mathbb{R} : f_k \le \chi_{\mathbb{Q}}(x) < f_{k+1}\}\right) = f_1 \lambda\left(\{x \in \mathbb{R} : f_1 \le \chi_{\mathbb{Q}}(x) < f_2\}\right)$$

$$= \begin{cases} 0 \cdot \infty, & \text{für } f_1 = 0, \\ f_1 \cdot 0, & \text{für } f_1 > 0. \end{cases}$$

Aufgrund der Vereinbarung $0 \cdot \infty = 0$ in Satz 4.5 (f) erhalten wir in beiden Fällen für die endliche Summe stets den Wert Null. Somit folgt aus Definition 4.6:

$$\int_{\mathbb{R}} \chi_{\mathbb{Q}}(x)\,\mathrm{d}x = 0.$$

$\square$

Als eine wichtige Anwendung des Konvergenzsatzes von Lebesgue beweisen wir den

Satz 4.14: Differentiation unter dem Integral

Für eine meßbare Menge $A \subseteq \mathbb{R}^n$ betrachte man eine Abbildung $f : (a,b) \times A \to \mathbb{R}$ mit folgenden Eigenschaften:

(i) Für jedes feste $t \in (a,b)$ ist die Abbildung $\underline{x} \mapsto f(t,\underline{x})$, $\underline{x} \in A$, also $f(t,\cdot)$, integrierbar auf A.

(ii) Für jedes feste $\underline{x} \in A$ ist die Abbildung $t \mapsto f(t,\underline{x})$, $t \in (a,b)$, also $f(\cdot,\underline{x})$, differenzierbar bezüglich t.

(iii) Es gibt ein integrierbares $g : A \to \mathbb{R}$, so dass $\left|\frac{\partial f}{\partial t}(t,\underline{x})\right| \le g(\underline{x})$ für alle $t \in (a,b)$ und alle $\underline{x} \in A$.

Dann ist $F : (a,b) \to \mathbb{R}$ mit $F(t) := \int_A f(t,\underline{x})\,\mathrm{d}x$ überall auf (a,b) nach t differenzierbar, die Abbildung $\frac{\partial f}{\partial t}(t,\cdot)$ integrierbar für jedes feste $t \in (a,b)$, und es gilt

$$\frac{\mathrm{d}}{\mathrm{d}t} \int_A f(t,\underline{x})\,\mathrm{d}x = \int_A \frac{\partial f}{\partial t}(t,\underline{x})\,\mathrm{d}x.$$

$\square$

Beweis: Es sei $t \in (a,b)$ und $(t_k)_{k \in \mathbb{N}}$ eine in (a,b) gegen t konvergente Folge mit $t_k \ne t$ für alle $k \in \mathbb{N}$. Dann ist

$$\frac{F(t) - F(t_k)}{t - t_k} = \int_A \frac{f(t,\underline{x}) - f(t_k,\underline{x})}{t - t_k}\,\mathrm{d}x$$

aufgrund der Linearität des Lebesgue-Integrals. Nach dem Mittelwertsatz der Differentialrechnung gibt es zu jedem k ein (i.a. von t, t_k und $\underline{x}$ abhängiges) $t_k^* \in (a,b)$ mit $\frac{f(t,\underline{x}) - f(t_k,\underline{x})}{t - t_k} = \frac{\partial f}{\partial t}(t_k^*,\underline{x})$ und $\lim_{k \to \infty} t_k^* = t$, so dass nach Voraussetzung (iii) gilt

$$\left| \frac{f(t,\underline{x}) - f(t_k,\underline{x})}{t - t_k} \right| = \left| \frac{\partial f}{\partial t}(t_k^*,\underline{x}) \right| \leq g(\underline{x}) \quad \forall \underline{x} \in A.$$

Also ist nach dem Satz von Lebesgue auch

$$\lim_{k \to \infty} \frac{f(t,\underline{x}) - f(t_k,\underline{x})}{t - t_k} = \frac{\partial f}{\partial t}(t,\underline{x})$$

integrierbar bezüglich $\underline{x} \in A$ mit

$$\frac{\mathrm{d}F}{\mathrm{d}t}(t) = \lim_{k \to \infty} \frac{F(t) - F(t_k)}{t - t_k} = \lim_{k \to \infty} \int_A \frac{f(t,\underline{x}) - f(t_k,\underline{x})}{t - t_k} \, \mathrm{d}x = \int_A \frac{\partial f}{\partial t}(t,\underline{x}) \, \mathrm{d}x.$$

∎

Beispiel 4.15: Integralberechnung mit Hilfe des Differentiationssatzes
Mit Hilfe des Satzes 4.14 wollen wir die folgende Identität zeigen:

$$\int_0^1 \frac{x^t - 1}{\log x} \, \mathrm{d}x = \log(t + 1) \quad \forall t \geq 0. \tag{4.1}$$

Zum Nachweis können wir o.B.d.A. von $t > 0$ ausgehen. Der Integrand $\frac{x^t-1}{\log x}$ ist bei festem $t > 0$ stetig in $(0,1)$ und beschränkt wegen

$$\lim_{x \uparrow 1} \frac{x^t - 1}{\log x} \underset{\text{L'Hospital}}{=} \lim_{x \uparrow 1} \frac{t\, x^{t-1}}{\frac{1}{x}} = \lim_{x \uparrow 1} t\, x^t = t$$

und $\lim_{x \downarrow 0} \frac{x^t-1}{\log x} = 0$. Damit ist die linke Seite von (4.1) ein eigentliches Riemann Integral, also auch ein Lebesgue-Integral. Die Ableitung des Integranden nach dem Parameter t ist $\frac{\partial}{\partial t}\left(\frac{x^t-1}{\log x} \right) = \frac{x^t \log x}{\log x} = x^t$, also auch Lebesgue-integrierbar in $(0,1)$ für jedes $t > 0$. Als Lebesgue-Majorante kann $g(x) = 1$ gewählt werden, denn $0 < x^t < 1$ für alle $x \in (0,1)$ und $t > 0$. Damit können wir Satz 4.14 anwenden:

$$\frac{\mathrm{d}}{\mathrm{d}t} \int_0^1 \frac{x^t - 1}{\log x} \, \mathrm{d}x = \int_0^1 x^t \, \mathrm{d}x = \left[\frac{1}{t+1} x^{t+1} \right]_{x=0}^{x=1} = \frac{1}{t+1}.$$

Daraus folgt unmittelbar

$$\int\limits_0^1 \frac{x^t - 1}{\log x}\, dx = \int\limits_0^t \frac{1}{s+1}\, ds + C = \log(t+1) + C,$$

wobei $C \in \mathbb{R}$ eine Integrationskonstante bezeichnet. Die Integrationskonstante C ergibt im Limes $t \downarrow 0$, z.B. mit Hilfe des Satzes 4.9, den Wert 0, und damit ist die Behauptung bewiesen. Im Spezialfall $t = 1$ erhält man den Wert des Integrals (ix) aus der Aufgabe 1.2:

$$\int\limits_0^1 \frac{x - 1}{\log x}\, dx = \log 2.$$

$\square$

Beispiel 4.16: Integralberechnung mit Hilfe des Satzes von Fubini

Durch Anwendung des Satzes von Fubini lässt sich das folgende Parameter-Integral bestimmen:

$$\int\limits_0^\infty \frac{e^{-at} - e^{-bt}}{t}\, dt \qquad a, b > 0.$$

Wir beachten, dass der Integrand gleich dem Integral $\int\limits_a^b e^{-yt}\, dy$ ist. Aus dem Satz von Fubini folgt dann

$$\int\limits_0^\infty \frac{e^{-at} - e^{-bt}}{t}\, dt = \int\limits_0^\infty \int\limits_a^b e^{-yt}\, dy\, dt = \int\limits_a^b \int\limits_0^\infty e^{-yt}\, dt\, dy$$

$$= \int\limits_a^b \lim_{T \to \infty} \left[-\frac{1}{y} e^{-yt} \right]_{t=0}^{t=T}\, dy = \int\limits_a^b \frac{1}{y}\, dy = \log \frac{b}{a}.$$

Mit Hilfe der Substitution $t = -\log x$ erhält man daraus abermals den Wert des Integrals (ix) aus der Aufgabe 1.2:

$$\int\limits_0^1 \frac{x - 1}{\log x}\, dx = \int\limits_0^\infty \frac{e^{-t} - e^{-2t}}{t}\, dt = \log 2.$$

$\square$

Beispiel 4.17: Anwendung des Transformationssatzes

(a) Es sei $B_R(\underline{0}) := \{ (x, y) \in \mathbb{R}^2 : \ x^2 + y^2 < R^2 \}$ die offene Kreisscheibe um den Nullpunkt und mit dem Radius $R > 0$. Wir wollen mittels Polarkoordinaten das Integral von $f(x, y) := (x^2 + y^2) e^{-(x^2 + y^2)}$ über $B_R(\underline{0})$ berechnen. Wir verwenden Polarkoordinaten mit der folgenden Transformation:

$$T(r,\varphi) := r \begin{pmatrix} \cos\varphi \\ \sin\varphi \end{pmatrix} = \begin{pmatrix} x \\ y \end{pmatrix}, \quad r > 0, \ \varphi \in (0, 2\pi).$$

Die Jacobi-Matrix lautet dann

$$\nabla T = \frac{\partial(x,y)}{\partial(r,\varphi)} = \begin{pmatrix} \cos\varphi & -r\sin\varphi \\ \sin\varphi & r\cos\varphi \end{pmatrix},$$

und ihre Determinante ist $\mathrm{Det}(\nabla T) = r$. Das Volumenelement in Polarkoordinaten ist somit

$$\mathrm{d}x\,\mathrm{d}y = r\,\mathrm{d}r\,\mathrm{d}\varphi.$$

Mit dem Schlitz $S := \{(x,y) \in \mathbb{R}^2 : x \geq 0, \ y \in \mathbb{R}\}$ und der offenen Kreisscheibe $B_R(\underline{0})$ definieren wir die geschlitzte offene Kreisscheibe $W = B_R(\underline{0}) \setminus S$. Es ist W das diffeomorphe Bild des folgenden Bereiches V in Polarkoordinaten:

$$V = \{(r,\varphi): \quad 0 < r < R, \ 0 < \varphi < 2\pi\}.$$

Aus dem Transformationssatz folgt durch Anwendung des Satzes von Fubini und durch partielle Integration, da S eine Nullmenge im $\mathbb{R}^2$ ist:

$$\iint\limits_{B_R(\underline{0})} (x^2 + y^2)\mathrm{e}^{-(x^2+y^2)}\,\mathrm{d}x\,\mathrm{d}y = \iint\limits_{W} (x^2 + y^2)\mathrm{e}^{-(x^2+y^2)}\,\mathrm{d}x\,\mathrm{d}y$$

$$= \iint\limits_{V} r^2 \mathrm{e}^{-r^2}\, r\,\mathrm{d}r\,\mathrm{d}\varphi = \int\limits_0^{2\pi}\int\limits_0^R r^2 \frac{\mathrm{d}}{\mathrm{d}r}\left(-\frac{1}{2}\mathrm{e}^{-r^2}\right)\mathrm{d}r\,\mathrm{d}\varphi$$

$$= 2\pi\left[-\frac{1}{2}r^2\mathrm{e}^{-r^2}\right]_0^R + 2\pi\int\limits_0^R r\mathrm{e}^{-r^2}\,\mathrm{d}r$$

$$= -\pi R^2\mathrm{e}^{-R^2} + 2\pi\int\limits_0^R \frac{\mathrm{d}}{\mathrm{d}r}\left(-\frac{1}{2}e^{-r^2}\right)\mathrm{d}r$$

$$= -\pi R^2\mathrm{e}^{-R^2} + 2\pi\left[-\frac{1}{2}\mathrm{e}^{-r^2}\right]_0^R = \pi - \pi(1+R^2)\mathrm{e}^{-R^2}.$$

Durch Grenzübergang erhalten wir daraus auch $\iint\limits_{\mathbb{R}^2}(x^2+y^2)\mathrm{e}^{-(x^2+y^2)}\,\mathrm{d}x\,\mathrm{d}y = \pi$.

(b) Wir wollen den Flächeninhalt einer Figur bestimmen, die für eine Konstante $a > 0$ von der Lemniskate

$$\{(x,y) \in \mathbb{R}^2 : \ (x^2 + y^2)^2 = 2a^2(x^2 - y^2)\}$$

begrenzt wird. Aus obiger Gleichung erkennt man leicht, dass die Lemniskate symmetrisch bezüglich der Koordinatenachsen ist. Es reicht also den Flächeninhalt des offenen Bereiches W zu bestimmen, der im ersten Quadranten liegt, und diesen dann mit 4 zu multiplizieren, siehe Abbildung 4.1. Die Gleichung

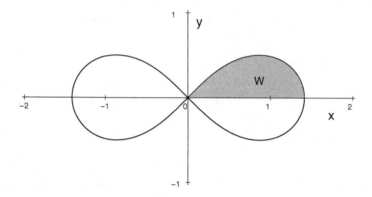

Abbildung 4.1: Lemniskate mit $a = 1$

der Lemniskate, beschränkt auf den ersten Quadranten, lautet in Polarkoordinaten

$$r = a\sqrt{2\cos(2\varphi)} \quad \text{für} \quad 0 \le \varphi \le \frac{\pi}{4}.$$

Es ist W das diffeomorphe Bild des folgenden Bereiches V in Polarkoordinaten:

$$V = \left\{ (r,\varphi): \ 0 < \varphi < \frac{\pi}{4}, \ 0 < r < a\sqrt{2\cos(2\varphi)} \right\}.$$

Damit folgt aus dem Transformationssatz durch Anwendung des Satzes von Fubini:

$$|W| = \iint\limits_{W} 1 \cdot \mathrm{d}x\,\mathrm{d}y = \iint\limits_{V} 1 \cdot r\,\mathrm{d}r\,\mathrm{d}\varphi = \int\limits_{0}^{\frac{\pi}{4}} \left(\int\limits_{0}^{a\sqrt{2\cos(2\varphi)}} r\,\mathrm{d}r \right) \mathrm{d}\varphi$$

$$= a^2 \int\limits_{0}^{\frac{\pi}{4}} \cos(2\varphi)\,\mathrm{d}\varphi = \frac{a^2}{2}.$$

Der gesuchte Flächeninhalt ist dann gleich $4 \cdot |W| = 2a^2$. $\square$

Bemerkung: Man beachte, dass der Transformationssatz selten für sich allein angewendet wird, sondern meistens in Kombination mit dem Satz von Fubini. Dies wird sich auch im nachfolgenden Aufgabenteil zeigen. $\square$

4.2 Aufgaben

Aufgabe 4.1: Lebesgue-Integrale
Welche der Integrale aus Aufgabe 1.2 sind Lebesgue-Integrale?

Lösung:
Eigentliche Riemann-Integrale sind auch Lebesgue-Integrale, und uneigentliche Riemann-Integrale sind genau dann Lebesgue-Integrale, wenn Sie absolut konvergieren.

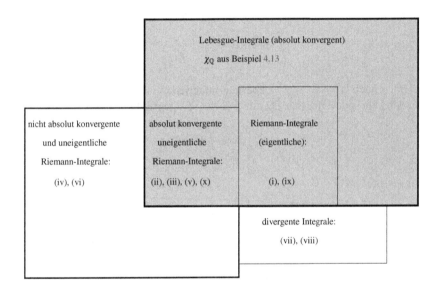

Abbildung 4.2: Klassifizierung der Integrale

Wir erhalten somit aus der Lösung der Aufgabe 1.2 die Lebesgue-Integrale:

(i), (ii), (iii), (v), (ix) und (x), siehe Abbildung 4.2.

Aufgabe 4.2: Absolute Integrierbarkeit und Dreiecksungleichung
Es sei $f : \mathbb{R}^n \to \overline{\mathbb{R}}$ Lebesgue-integrierbar. Man zeige, dass auch $|f| : \mathbb{R}^n \to \overline{\mathbb{R}}$ Lebesgue-integrierbar ist, und die folgende (integrale) Dreiecksungleichung gilt:

$$\left| \int_{\mathbb{R}^n} f(\underline{x})\, dx \right| \le \int_{\mathbb{R}^n} |f(\underline{x})|\, dx.$$

Lösung:

Es gilt $f = f^+ - f^-$ bzw. $|f| = f^+ + f^-$ mit

$$f^+ = \max(f, 0) \geq 0 \quad \text{und} \quad f^- = \max(-f, 0) \geq 0.$$

Aus der Linearität und Monotonie der Lebesgue-Integrale folgt also

$$\int_{\mathbb{R}^n} f(\underline{x}) \, dx = \int_{\mathbb{R}^n} f^+(\underline{x}) \, dx - \int_{\mathbb{R}^n} f^-(\underline{x}) \, dx$$

$$\leq \int_{\mathbb{R}^n} f^+(\underline{x}) \, dx \leq \int_{\mathbb{R}^n} \left(f^+(\underline{x}) + f^-(\underline{x}) \right) \, dx$$

$$= \int_{\mathbb{R}^n} |f(\underline{x})| \, dx.$$

Dass mit f auch $|f| = f^+ + f^-$ Lebesgue-integrierbar ist, folgt sofort aus der Definition des Lebesgue-Integrals. Da mit f auch $-f$ integrierbar ist, gilt entsprechend

$$-\int_{\mathbb{R}^n} f(\underline{x}) \, dx \leq \int_{\mathbb{R}^n} |f(\underline{x})| \, dx,$$

also insgesamt

$$\left| \int_{\mathbb{R}^n} f(\underline{x}) \, dx \right| \leq \int_{\mathbb{R}^n} |f(\underline{x})| \, dx.$$

Aufgabe 4.3: Sätze von B. Levi und H. L. Lebesgue für Reihen
Folgen und Reihen sind abgesehen von verschiedenen Schreibweisen dasselbe. Man formuliere die Konvergenzsätze von Levi bzw. Lebesgue für Funktionenreihen, d.h. für

$$f_m(\underline{x}) := \sum_{k=1}^{m} a_k(\underline{x}), \quad \underline{x} \in \mathbb{R}^n, \, m \in \mathbb{N}.$$

Lösung:
Satz von B. Levi:
Sei $\{a_k(\underline{x})\}_{k \in \mathbb{N}}$ eine Folge reeller, nichtnegativer und integrierbarer Funktionen auf dem $\mathbb{R}^n$, und es gelte für alle $m \in \mathbb{N}$

$$\sum_{k=1}^{m} \int_{\mathbb{R}^n} a_k(\underline{x}) \, dx \leq S \quad \text{mit einer Konstanten } S \in \mathbb{R}^+.$$

Dann konvergiert die Folge der Partialsummen $\sum\limits_{k=1}^{m} a_k(\underline{x})$ für $m \to \infty$ fast überall

punktweise gegen eine integrierbare Grenzfunktion $\sum\limits_{k=1}^{\infty} a_k(\underline{x})$ und es gilt:

$$\sum_{k=1}^{\infty} \int_{\mathbb{R}^n} a_k(\underline{x}) \, dx = \int_{\mathbb{R}^n} \sum_{k=1}^{\infty} a_k(\underline{x}) \, dx. \qquad (4.2)$$

□

Satz von Lebesgue:
Es sei $(a_k(\underline{x}))_{k \in \mathbb{N}}$ eine Folge messbarer Funktionen, so dass die Partialsummen $\sum\limits_{k=1}^{m} a_k(\underline{x})$ fast überall punktweise gegen die Grenzfunktion $\sum\limits_{k=1}^{\infty} a_k(\underline{x})$ konvergieren. Außerdem gebe es eine integrierbare Majoranten-Funktion $F : \mathbb{R}^n \to \bar{\mathbb{R}}$ mit

$$| \sum_{k=1}^{m} a_k(\underline{x})| \leq |F(\underline{x})| \quad \text{für alle } m \in \mathbb{N} \text{ und } \underline{x} \in \mathbb{R}^n.$$

Dann sind auch die Funktionen $\sum\limits_{k=1}^{m} a_k(\underline{x})$ und $\sum\limits_{k=1}^{\infty} a_k(\underline{x})$ integrierbar, und es gilt (4.2). □

Bemerkung: Der Konvergenzsatz von Lebesgue ist für die meisten Anwendungen wichtiger. Man präge sich daher diesen Satz besonders gut ein. □

Aufgabe 4.4: Konvergenz gegen ein Diracsches Punktmaß
Es sei $\varphi : \mathbb{R} \to \mathbb{R}$ stetig und beschränkt und $u : \mathbb{R} \to \mathbb{R}$ integrierbar mit $\int\limits_{\mathbb{R}} u(x) \, dx = 1$.
Wir definieren die Funktionenfolge $(u_n(x))_{n \in \mathbb{N}}$ mit $u_n(x) := nu(nx)$ für alle $n \in \mathbb{N}$. Man zeige:

(a) $\int\limits_{\mathbb{R}} u_n(x) \, dx = 1 \quad \forall n \in \mathbb{N}$,

(b) $\lim\limits_{n \to \infty} \int\limits_{\mathbb{R}} u_n(x) \varphi(x) \, dx = \varphi(0)$.

Lösung:

(a) Für die Funktionenfolge $(u_n(x))_{n \in \mathbb{N}}$ erhalten wir mit der Substitution $z = nx$ und mit $\int\limits_{\mathbb{R}} u(z) \, dz = 1$:

$$\int_{\mathbb{R}} u_n(x) \, dx = \int_{\mathbb{R}} n u(nx) \, dx = \int_{\mathbb{R}} u(z) \, dz = 1 \quad \forall n \in \mathbb{N}.$$

(b) Mit obiger Substitution bekommen wir

$$\int\limits_{\mathbb{R}} u_n(x)\varphi(x)\,\mathrm{d}x = \int\limits_{\mathbb{R}} n\,u(nx)\varphi(x)\,\mathrm{d}x = \int\limits_{\mathbb{R}} u(z)\varphi(\frac{z}{n})\,\mathrm{d}z.$$

Aus der Beschränktheit $\varphi(x) \leq M \;\forall x \in \mathbb{R}$ erhalten wir die folgende Abschätzung für die Funktionenfolge $u(z)\varphi(\frac{z}{n})$:

$$|u(z)\varphi(\frac{z}{n})| \leq M|u(z)| \quad \forall z \in \mathbb{R}.$$

Die rechts stehende Majorante ist integrierbar, weil u nach der Voraussetzung integrierbar ist. Außerdem konvergiert diese Funktionenfolge punktweise, da φ stetig ist:

$$\lim_{n\to\infty} u(z)\varphi(\frac{z}{n}) = u(z)\varphi(0).$$

Nach dem Satz von Lebesgue bekommen wir dann

$$\lim_{n\to\infty} \int\limits_{\mathbb{R}} u(z)\varphi(\frac{z}{n})\,\mathrm{d}z = \int\limits_{\mathbb{R}} u(z)\varphi(0)\,\mathrm{d}z = \varphi(0)\int\limits_{\mathbb{R}} u(z)\,\mathrm{d}z = \varphi(0).$$

Bemerkung: Wir sagen, die Funktionenfolge der u_n konvergiere im obigen Sinne gegen das Diracsche Punktmaß.   □

Aufgabe 4.5: Integration mittels Kugelkoordinaten

Es sei $K_\rho^+ := \{ (x,y,z) \in \mathbb{R}^3 : x^2 + y^2 + z^2 < \rho^2, z > 0 \}$ die obere Hälfte der Kugel mit Radius $\rho > 0$ um den Koordinatenursprung $(0,0,0)$. Man berechne mittels Kugelkoordinaten das Integral von $f(x,y,z) := x^2 + y^2 + yz$ über K_ρ^+.

Lösung:

Wir verwenden Kugelkoordinaten mit der folgenden Transformation:

$$T(r,\varphi,\vartheta) := r \begin{pmatrix} \cos\varphi\sin\vartheta \\ \sin\varphi\sin\vartheta \\ \cos\vartheta \end{pmatrix} = \begin{pmatrix} x \\ y \\ z \end{pmatrix}, \quad r > 0,\; \varphi \in (0,2\pi),\; \vartheta \in (0,\pi).$$

Die Jacobi-Matrix lautet dann

$$\nabla T = \frac{\partial(x,y,z)}{\partial(r,\varphi,\vartheta)} = \begin{pmatrix} \cos\varphi\sin\vartheta & -r\sin\varphi\sin\vartheta & r\cos\varphi\cos\vartheta \\ \sin\varphi\sin\vartheta & r\cos\varphi\sin\vartheta & r\sin\varphi\cos\vartheta \\ \cos\vartheta & 0 & -r\sin\vartheta \end{pmatrix},$$

und ihre Determinante ist $\mathrm{Det}\,(\nabla T) = -r^2\sin\vartheta$. Das Volumenelement in Kugelkoordinaten ist somit $\mathrm{d}x\,\mathrm{d}y\,\mathrm{d}z = r^2\sin\vartheta\,\mathrm{d}r\,\mathrm{d}\varphi\,\mathrm{d}\vartheta$.

Die Einschränkung der Integration auf die Halbkugel K_ρ^+ ergibt mit $\vartheta \in (0, \frac{\pi}{2})$:

$$\int\limits_{K_\rho^+} (x^2 + y^2 + yz) \, \mathrm{d}x\,\mathrm{d}y\,\mathrm{d}z$$

$$= \int\limits_0^\rho \int\limits_0^{2\pi} \int\limits_0^{\pi/2} \left(r^2 \cdot \sin^2 \vartheta + r^2 \cdot \sin \varphi \cdot \sin \vartheta \cdot \cos \vartheta \right) \cdot r^2 \cdot \sin \vartheta \, \mathrm{d}\vartheta \, \mathrm{d}\varphi \, \mathrm{d}r$$

$$= \int\limits_0^\rho r^4 \, \mathrm{d}r \cdot \int\limits_0^{\pi/2} \int\limits_0^{2\pi} \left(\sin^3 \vartheta + \sin \varphi \cdot \sin^2 \vartheta \cdot \cos \vartheta \right) \, \mathrm{d}\varphi \, \mathrm{d}\vartheta$$

$$= \frac{1}{5} \rho^5 \cdot 2\pi \cdot \int\limits_0^{\pi/2} \sin^3 \vartheta \, \mathrm{d}\vartheta = \frac{1}{5} \rho^5 \cdot 2\pi \cdot \int\limits_0^{\pi/2} (1 - \cos^2 \vartheta) \sin \vartheta \, \mathrm{d}\vartheta$$

$$= \frac{1}{5} \rho^5 \cdot 2\pi \cdot \left[-\cos \vartheta + \frac{1}{3} \cos^3 \vartheta \right]_0^{\pi/2} = \frac{2}{5} \rho^5 \pi (1 - \frac{1}{3}) = \frac{4}{15} \pi \rho^5 .$$

Aufgabe 4.6: Die Gaußsche Normalverteilung

Die Punkte $\underline{x} \in \mathbb{R}^n$ schreiben wir in der Form $\underline{x} = (x_1, \ldots, x_n)$, d.h. für $k = 1, \ldots, n$ sei x_k die k-te Komponente von $\underline{x}$. Eine messbare Funktion $f : \mathbb{R}^n \to \mathbb{R}_0^+$, für welche die Lebesgue-Integrale

$$\int\limits_{\mathbb{R}^n} f(\underline{x}) \, \mathrm{d}x = 1 ,$$

und

$$\bar{x}_k := \int\limits_{\mathbb{R}^n} x_k f(\underline{x}) \, \mathrm{d}x, \quad \sigma_k^2 = \int\limits_{\mathbb{R}^n} (x_k - \bar{x}_k)^2 f(\underline{x}) \, \mathrm{d}x > 0$$

existieren, nennt man in der Statistik eine Wahrscheinlichkeitsdichte mit Erwartungswert $\bar{\underline{x}} = (\bar{x}_1, \ldots, \bar{x}_n)$ und Varianzen $\sigma_k^2 > 0$, wobei $\sigma_k > 0$ ist. Die Größen $\sigma_k > 0$ heißen Standardabweichungen.

(a) Man berechne mit Hilfe von Polarkoordinaten zunächst das Integral

$$\int\limits_{\mathbb{R}^2} e^{-(x^2+y^2)} \, \mathrm{d}x\,\mathrm{d}y$$

und zeige hiermit für das Gaußsche Fehlerintegral die Formel:

$$\int\limits_0^\infty e^{-t^2} \, \mathrm{d}t = \frac{1}{2} \sqrt{\pi} .$$

Hinweis: Man verwende auch den Satz von Fubini.

(b) Man zeige mit Hilfe von (a), dass die Abbildung $\varphi : \mathbb{R}^n \to \mathbb{R}_0^+$ mit

$$\varphi(\underline{x}) = (2\pi)^{-\frac{n}{2}}\, e^{-|\underline{x}|^2/2}$$

eine Wahrscheinlichkeitsdichte mit Erwartungswert $\bar{\underline{x}} = \underline{0} \in \mathbb{R}^n$ und Varianzen $\sigma_k^2 = 1$ ist. Man nennt φ die Dichte der *normierten Gaußschen Normalverteilung* im $\mathbb{R}^n$.

(c) Wir definieren für gegebenes $\bar{\underline{x}} \in \mathbb{R}^n$ und $\sigma > 0$ die Abbildung $\varphi_{\bar{\underline{x}},\sigma} : \mathbb{R}^n \to \mathbb{R}$ mit

$$\varphi_{\bar{\underline{x}},\sigma}(\underline{x}) = \left(2\pi\sigma^2\right)^{-\frac{n}{2}} \exp\left(-\frac{|\underline{x} - \bar{\underline{x}}|^2}{2\sigma^2}\right) = \frac{1}{\sigma^n}\, \varphi\left(\frac{\underline{x} - \bar{\underline{x}}}{\sigma}\right).$$

Man zeige, dass $\varphi_{\bar{\underline{x}},\sigma}$ eine Wahrscheinlichkeitsdichte mit Erwartungswert $\bar{\underline{x}}$ und Varianzen $\sigma_k^2 = \sigma^2$ ist, die der *Gaußschen Normalverteilung*.

Lösung:

(a) Das Integral existiert, denn

$$\int_0^\infty e^{-t^2}\, dt \le \int_0^\infty g(t)\, dt = 1 + e^{-1} \quad \text{mit} \quad g(t) := \begin{cases} 1, & \text{für } t \le 1 \\ e^{-t}, & \text{für } t > 1. \end{cases}$$

Ebenso einfach bestätigt man die Integrierbarkeit der Funktion $f : \mathbb{R}^2 \to \mathbb{R}^+$ mit $f(x,y) := e^{-(x^2+y^2)}$. Daher folgt aus der Transformationsregel mit Verwendung von Polarkoordinaten einerseits

$$\int_{\mathbb{R}^2} f(x,y)\, dx\, dy = \int_0^{2\pi}\int_0^\infty r e^{-r^2}\, dr\, d\varphi$$

$$= 2\pi \int_0^\infty \left(-\frac{1}{2}\right) \frac{d}{dr}\left[e^{-r^2}\right]\, dr$$

$$= -\pi\left[e^{-r^2}\right]_0^\infty = \pi.$$

Andererseits gilt nach dem Satz von Fubini

$$\int_{\mathbb{R}^2} f(x,y)\, dx\, dy = 4\int_0^\infty\int_0^\infty e^{-x^2} e^{-y^2}\, dx\, dy = 4\left(\int_0^\infty e^{-x^2}\, dx\right)^2.$$

Durch Vergleich beider Auswertungen erhält man

$$\int_0^\infty e^{-x^2}\, dx = \frac{\sqrt{\pi}}{2},$$

und nach der Variablensubstitution $x = t/\sqrt{2}$

$$\int_0^\infty e^{-t^2/2}\, dt = \int_0^\infty \sqrt{2}\, e^{-x^2}\, dx = \sqrt{2}\cdot\frac{\sqrt{\pi}}{2} = \sqrt{\frac{\pi}{2}}. \tag{4.3}$$

(b) Für die Funktion $\varphi(\underline{x})$ gilt

$$\int_{\mathbb{R}^n} \varphi(\underline{x})\, dx = \int_{\mathbb{R}^n} (2\pi)^{-\frac{n}{2}}\, e^{-|\underline{x}|^2/2}\, dx = \int_{\mathbb{R}^n} (2\pi)^{-\frac{n}{2}}\, e^{-\sum\limits_{i=1}^n x_i^2/2}\, dx_1 \ldots dx_n$$

$$= \int_{\mathbb{R}^n} \left(\prod_{i=1}^n \frac{1}{\sqrt{2\pi}} e^{-x_i^2/2} \right) dx_1 \ldots dx_n$$

$$\underset{\text{Fubini}}{=} \prod_{i=1}^n \int_{-\infty}^\infty \frac{1}{\sqrt{2\pi}} e^{-x_i^2/2}\, dx_i = \left(\int_{-\infty}^\infty \frac{1}{\sqrt{2\pi}} e^{-t^2/2}\, dt \right)^n$$

$$= \left(\sqrt{\frac{2}{\pi}} \int_0^\infty e^{-t^2/2}\, dt \right)^n \underset{(4.3)}{=} \left(\sqrt{\frac{2}{\pi}} \cdot \sqrt{\frac{\pi}{2}} \right)^n = 1.$$

Der Erwartungswert $\underline{x}$ wird analog mit Hilfe des Satzes von Fubini bestimmt. Da die Funktion $f : \mathbb{R} \to \mathbb{R}$, $f(t) = t e^{-t^2/2}$ ungerade ist, gilt

$$\bar{x}_k = \int_{\mathbb{R}^n} x_k\, \varphi(\underline{x})\, dx = \int_{\mathbb{R}^n} x_k\, (2\pi)^{-\frac{n}{2}}\, e^{-|\underline{x}|^2/2}\, dx$$

$$= \int_{\mathbb{R}^n} (2\pi)^{-\frac{n}{2}}\, x_k e^{-\sum\limits_{i=1}^n x_i^2/2}\, dx_1 \ldots dx_n$$

$$= \int_{\mathbb{R}^n} x_k \left(\prod_{i=1}^n \frac{1}{\sqrt{2\pi}} e^{-x_i^2/2} \right) dx_1 \ldots dx_n$$

$$\underset{\text{Fubini}}{=} \frac{1}{\sqrt{2\pi}} \underbrace{\int_{-\infty}^\infty x_k e^{-x_k^2/2}\, dx_k}_{=0} \cdot \prod_{\substack{i=1\\ i\neq k}}^n \int_{-\infty}^\infty \frac{1}{\sqrt{2\pi}} e^{-x_i^2/2}\, dx_i = 0.$$

Für die Varianzen ergibt sich wegen $\bar{x}_k = 0$:

$$\sigma_k^2 = \int\limits_{\mathbb{R}^n} x_k^2\, \varphi(\underline{x})\, dx = \int\limits_{\mathbb{R}^n} x_k^2\, (2\pi)^{-\frac{n}{2}}\, e^{-|\underline{x}|^2/2}\, dx$$

$$= \int\limits_{\mathbb{R}^n} (2\pi)^{-\frac{n}{2}}\, x_k^2\, e^{-\sum\limits_{i=1}^{n} x_i^2/2}\, dx_1 \ldots dx_n$$

$$= \int\limits_{\mathbb{R}^n} x_k^2 \left(\prod_{i=1}^{n} \frac{1}{\sqrt{2\pi}} e^{-x_i^2/2} \right) dx_1 \ldots dx_n\,,$$

und folglich gilt mit dem Satz von Fubini

$$\sigma_k^2 = \frac{1}{\sqrt{2\pi}} \int\limits_{-\infty}^{\infty} x_k^2 e^{-x_k^2/2}\, dx_k \cdot \prod_{\substack{i=1 \\ i\neq k}}^{n} \int\limits_{-\infty}^{\infty} \frac{1}{\sqrt{2\pi}} e^{-x_i^2/2}\, dx_i$$

$$= \frac{1}{(\sqrt{2\pi})^n} \left\{ \int\limits_{-\infty}^{\infty} (-t) \cdot \frac{d}{dt} \left(e^{-t^2/2} \right) dt \right\} \cdot \left(\int\limits_{-\infty}^{\infty} e^{-t^2/2}\, dt \right)^{n-1}$$

$$\underset{(4.3)}{=} \frac{1}{(\sqrt{2\pi})^n} \left\{ \left[-t e^{-t^2/2} \right]_{-\infty}^{+\infty} + \int\limits_{-\infty}^{\infty} e^{-t^2/2}\, dt \right\} \cdot (\sqrt{2\pi})^{n-1}$$

$$= \frac{1}{\sqrt{2\pi}} \int\limits_{-\infty}^{\infty} e^{-t^2/2}\, dt \underset{(4.3)}{=} \frac{1}{\sqrt{2\pi}} \cdot \sqrt{2\pi} = 1\,.$$

(c) Wir verwenden den Aufgabenteil (b) und berechnen mit der Substitution $\underline{x} = \sigma \cdot \underline{z} + \underline{\bar{x}} \in \mathbb{R}^n$, mit der Jacobi-Matrix

$$\nabla \underline{x} = \begin{pmatrix} \sigma & & 0 \\ & \ddots & \\ 0 & & \sigma \end{pmatrix}$$

und ihrer Determinante $\mathrm{Det}(\nabla \underline{x}) = \sigma^n$ gemäß der Transformationsregel die Integrale. Man beachte im Folgenden $\varphi(\underline{z}) = \varphi_{\underline{\bar{x}}, \sigma}(\sigma \underline{z} + \underline{\bar{x}}) \cdot \sigma^n$, mit $\underline{z}, \underline{\bar{x}} \in \mathbb{R}^n$.

$$\int\limits_{\mathbb{R}^n} \varphi_{\underline{\bar{x}}, \sigma}(\underline{x})\, dx = \int\limits_{\mathbb{R}^n} \varphi_{\underline{\bar{x}}, \sigma}(\sigma \cdot \underline{z} + \underline{\bar{x}}) \cdot \sigma^n\, dz = \int\limits_{\mathbb{R}^n} \frac{1}{\sigma^n} \varphi(\underline{z}) \cdot \sigma^n\, dz$$

$$= \int\limits_{\mathbb{R}^n} \varphi(\underline{z})\, dz = 1\,,$$

$$\int\limits_{\mathbb{R}^n} x_k \varphi_{\bar{x},\sigma}(\underline{x})\,\mathrm{d}x = \int\limits_{\mathbb{R}^n} x_k \varphi_{\bar{x},\sigma}(\sigma\cdot\underline{z}+\bar{x})\cdot\sigma^n\,\mathrm{d}z = \int\limits_{\mathbb{R}^n}(\sigma\cdot z_k+\bar{x}_k)\varphi(\underline{z})\,\mathrm{d}z$$

$$= \sigma\cdot\int\limits_{\mathbb{R}^n} z_k\varphi(\underline{z})\,\mathrm{d}z + \bar{x}_k\cdot\int\limits_{\mathbb{R}^n}\varphi(\underline{z})\,\mathrm{d}z\,,$$

$$= \sigma\cdot 0 + \bar{x}_k\cdot 1 = \bar{x}_k\,,$$

$$\int\limits_{\mathbb{R}^n}(x_k-\bar{x}_k)^2\varphi_{\bar{x},\sigma}(\underline{x})\,\mathrm{d}x = \int\limits_{\mathbb{R}^n}(\sigma\cdot z_k+\bar{x}_k-\bar{x}_k)^2\varphi_{\bar{x},\sigma}(\sigma\cdot\underline{z}+\bar{x})\cdot\sigma^n\,\mathrm{d}z$$

$$= \sigma^2\cdot\int\limits_{\mathbb{R}^n} z_k^2\varphi(\underline{z})\,\mathrm{d}z$$

$$= \sigma^2\,.$$

Aufgabe 4.7: Die Gamma- und die Zeta-Funktion

Für $s > 0$ definieren wir die Gamma-Funktion gemäß

$$\Gamma(s) := \int\limits_0^\infty t^{s-1}\mathrm{e}^{-t}\,\mathrm{d}t\,,$$

sowie für $s > 1$ die Zeta-Funktion als unendliche Reihe

$$\zeta(s) := \sum_{k=1}^\infty \frac{1}{k^s}\,.$$

(a) Man zeige, dass das oben definierte Integral für die Gamma-Funktion sowie die Reihe für die Zeta-Funktion konvergent sind.

(b) Man zeige $\Gamma(s+1) = s\,\Gamma(s)\ \forall s > 0$ und $\Gamma(n) = (n-1)!\ \forall n \in \mathbb{N}$.

(c) Man zeige für alle $s > 1$:

$$\int\limits_0^\infty \frac{t^{s-1}}{\mathrm{e}^t-1}\,\mathrm{d}t = \Gamma(s)\,\zeta(s)\,.$$

Hinweis: Für $t > 0$ gilt die geometrische Reihendarstellung

$$\frac{1}{\mathrm{e}^t-1} = \frac{\mathrm{e}^{-t}}{1-\mathrm{e}^{-t}} = \sum_{k=1}^\infty \mathrm{e}^{-kt}\,,$$

die zusammen mit dem Konvergenzsatz von Lebesgue für den Nachweis von (c) verwendet werden kann.

Bemerkung: Die tiefere Bedeutung der Gamma- und Zeta-Funktion wird erst in der Funktionentheorie sichtbar, wo wir diese Funktionen, abgesehen von auftretenden Polstellen, auf die komplexe Zahlenebene fortsetzen werden. □

Lösung:

(a) Man beachte, dass für $0 < s < 1$ und $t \downarrow 0$ der positive Integrand in dem Gamma-Integral eine integrierbare Singularität hat. Es gilt

$$\Gamma(s) = \int\limits_0^\infty t^{s-1}\mathrm{e}^{-t}\,\mathrm{d}t = \int\limits_0^1 t^{s-1}\mathrm{e}^{-t}\,\mathrm{d}t + \int\limits_1^\infty t^{s-1}\mathrm{e}^{-t}\,\mathrm{d}t$$

$$\leq \int\limits_0^1 t^{s-1}\,\mathrm{d}t + \int\limits_1^\infty t^{s-1}\mathrm{e}^{-t}\,\mathrm{d}t = \frac{1}{s} + \int\limits_1^\infty t^{s-1}\mathrm{e}^{-t}\,\mathrm{d}t\,.$$

Für hinreichend großes $t_0 > 1$ gilt für alle $t > t_0$ die Abschätzung

$$t^{s-1}\mathrm{e}^{-t} \leq \frac{1}{t^2}\,.$$

Damit bekommen wir

$$\Gamma(s) \leq \frac{1}{s} + \int\limits_1^{t_0} t^{s-1}\mathrm{e}^{-t}\,\mathrm{d}t + \int\limits_{t_0}^\infty \frac{1}{t^2}\,\mathrm{d}t < \infty\,.$$

Die Zeta-Funktion ist wohldefiniert für $s > 1$, denn

$$\zeta(s) = 1 + \sum_{k=2}^\infty \frac{1}{k^s} \leq 1 + \int\limits_1^\infty \frac{1}{t^s}\,\mathrm{d}t = 1 + \left[\frac{1}{1-s} \cdot \frac{1}{t^{s-1}}\right]_1^\infty = 1 + \frac{1}{s-1} < \infty\,.$$

(b) Partielle Integration liefert

$$\int\limits_\varepsilon^R t^s\mathrm{e}^{-t}\,\mathrm{d}t = \left[-t^s\mathrm{e}^{-t}\right]_\varepsilon^R + s\int\limits_\varepsilon^R t^{s-1}\mathrm{e}^{-t}\,\mathrm{d}t\,,$$

woraus durch Grenzübergang

$$\int\limits_0^\infty t^s\mathrm{e}^{-t}\,\mathrm{d}t = s\int\limits_0^\infty t^{s-1}\mathrm{e}^{-t}\,\mathrm{d}t$$

folgt, also $\Gamma(s+1) = s\Gamma(s)$. Da $\Gamma(1) = \lim\limits_{R\to\infty} \int\limits_0^R \mathrm{e}^{-t}\,\mathrm{d}t = \lim\limits_{R\to\infty}(1 - \mathrm{e}^{-R}) = 1$, gilt mit obiger Rekursion für $n \in \mathbb{N}$:

$$\Gamma(n+1) = n\Gamma(n) = n(n-1)\Gamma(n-1) = n(n-1)\cdot\ldots\cdot 1\cdot\Gamma(1) = n!\,.$$

Siehe hierzu auch Aufgabe 1.2 (iii).

Beachte: Mit der Substitution $z = \sqrt{t}$ erhalten wir $\int\limits_0^\infty t^{-\frac{1}{2}} e^{-t} \, dt = 2 \int\limits_0^\infty e^{-z^2} \, dz$. Aus der

Lösung der Aufgabe 4.6(a) folgt dann $\Gamma(\frac{1}{2}) = 2 \cdot \frac{\sqrt{\pi}}{2} = \sqrt{\pi}$.

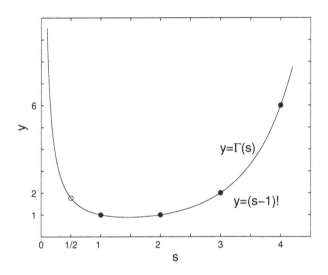

Abbildung 4.3: Die Gamma-Funktion interpoliert die Fakultät.

(c) Die Funktionenreihe $f_m : \mathbb{R}_+ \to \mathbb{R}$, $f_m(t) = \sum\limits_{k=1}^{m} t^{s-1} e^{-kt}$ konvergiert punktweise

gegen $F(t) = t^{s-1} \sum\limits_{k=1}^{\infty} e^{-kt} = t^{s-1} \cdot \dfrac{e^{-t}}{1 - e^{-t}} = \dfrac{t^{s-1}}{e^t - 1}$. Die f_m sind integrierbar und es

gilt $|f_m(t)| \leq F(t)$ für alle $m \in \mathbb{N}$. Die Integrierbarkeit der Majorante $F(t)$ folgt aus
dem Vergleichskriterium: Wir beachten hierfür, dass es ein t_0 mit $1 < t_0 < \infty$ gibt,
so dass $e^t - 1 \geq t^{s+1}$ für alle $t \geq t_0$ gilt. Für das Integral ergibt sich dann

$$\int\limits_0^\infty \frac{t^{s-1}}{e^t - 1} \, dt = \int\limits_0^{t_0} \frac{t^{s-1}}{t + \frac{t^2}{2!} + \frac{t^3}{3!} + \dots} \, dt + \int\limits_{t_0}^\infty \frac{t^{s-1}}{e^t - 1} \, dt$$

$$\leq \int\limits_0^{t_0} t^{s-2} \, dt + \int\limits_{t_0}^\infty \frac{1}{t^2} \, dt$$

$$= \left[\frac{1}{s-1} t^{s-1} \right]_{t=0}^{t=t_0} + \left[-\frac{1}{t} \right]_{t_0}^\infty$$

$$\underset{s>1}{=} \frac{1}{s-1} t_0^{s-1} + \frac{1}{t_0} < \infty.$$

Nach dem Satz von Lebesgue für die Funktionenreihen, siehe Aufgabe 4.3, und mittels Substitution gilt dann

$$\int_0^\infty \frac{t^{s-1}}{e^t - 1}\, dt = \sum_{k=1}^\infty \int_0^\infty t^{s-1} e^{-kt}\, dt = \sum_{k=1}^\infty \int_0^\infty \frac{1}{k} \left(\frac{z}{k}\right)^{s-1} e^{-z}\, dz$$

$$= \sum_{k=1}^\infty \frac{1}{k^s} \int_0^\infty z^{s-1} e^{-z}\, dz = \Gamma(s)\,\zeta(s).$$

Aufgabe 4.8: Euler-Mascheronische Konstante γ

(a) Mit der Eulerschen Summenformel aus Aufgabe 1.5 zeige man die folgende Beziehung für die harmonische Reihe:

$$\sum_{k=1}^n \frac{1}{k} = \log n + \frac{1 + 1/n}{2} - \int_1^n \frac{x - \lfloor x \rfloor - \frac{1}{2}}{x^2}\, dx.$$

Hieraus folgere man die Existenz des Grenzwertes

$$\gamma := \lim_{n \to \infty} \left\{ \sum_{k=1}^n \frac{1}{k} - \log n \right\}.$$

Man bezeichnet γ als die *Euler-Mascheronische Konstante*.

(b) Mit Hilfe der allgemeinen Eulerschen Summenformel aus Aufgabe 1.7 leite man den folgenden Ausdruck zur Berechnung von γ her:

$$\gamma = \frac{1}{2} + \sum_{\lambda=1}^L \frac{B_{2\lambda}}{2\lambda} - (2L+1)! \int_1^\infty \frac{\beta_{2L+1}(x)}{x^{2L+2}}\, dx, \tag{4.4}$$

wobei $L \in \mathbb{N}_0$ und $B_{2\lambda}$ die Bernoullischen Zahlen sind. Die 1-periodische Funktion $\beta_{2L+1}(x)$ ist in Aufgabe 1.6 erklärt.

(c) Man zeige mittels Reihenentwicklung die Eulersche Identität:

$$\gamma = 1 - \sum_{n=2}^\infty \frac{\zeta(n) - 1}{n} \tag{4.5}$$

Hinweis: Man verwende die Darstellungen

$$\log(n) - \log(n-1) = -\log(1 - 1/n) = \sum_{k=1}^\infty \frac{1}{k\, n^k} \quad \forall n \in \mathbb{N},\ n \geq 2.$$

Lösung:

(a) Aus der Grundform der Eulerschen Summenformel, siehe Aufgabe 1.5, erhalten wir für $f : [1,n] \to \mathbb{R}$ mit $f(x) = \frac{1}{x}$

$$\sum_{k=1}^{n} \frac{1}{k} = \int_{1}^{n} \frac{dx}{x} + \frac{1+1/n}{2} - \int_{1}^{n} \frac{x - \lfloor x \rfloor - \frac{1}{2}}{x^2} \, dx,$$

also

$$\sum_{k=1}^{n} \frac{1}{k} = \log n + \frac{1+1/n}{2} - \int_{1}^{n} \frac{x - \lfloor x \rfloor - \frac{1}{2}}{x^2} \, dx.$$

Da $\beta_1(x) = x - \lfloor x \rfloor - \frac{1}{2}$ beschränkt ist, existiert das Integral $\int_{1}^{\infty} \frac{x - \lfloor x \rfloor - \frac{1}{2}}{x^2} \, dx$. Nach dem Grenzübergang $n \to \infty$ erhalten wir aus der Summenformel

$$\lim_{n \to \infty} \left\{ \sum_{k=1}^{n} \frac{1}{k} - \log n \right\} = \lim_{n \to \infty} \left\{ \frac{1+1/n}{2} - \int_{1}^{n} \frac{x - \lfloor x \rfloor - \frac{1}{2}}{x^2} \, dx \right\}$$

$$= \frac{1}{2} - \int_{1}^{\infty} \frac{x - \lfloor x \rfloor - \frac{1}{2}}{x^2} \, dx.$$

Die Euler-Mascheronische Konstante

$$\gamma = \frac{1}{2} - \int_{1}^{\infty} \frac{x - \lfloor x \rfloor - \frac{1}{2}}{x^2} \, dx$$

gehört zu den wichtigsten Konstanten der Mathematik. Es ist bis heute eine offene Frage, ob γ irrational ist oder nicht.

Bemerkung: Die Existenz des Grenzwertes $\gamma = \lim\limits_{n \to \infty} \left\{ \sum\limits_{k=1}^{n} \frac{1}{k} - \log n \right\}$ sieht man leicht anhand der Abbildung 4.4.

(b) Wir wenden die verallgemeinerte Eulersche Summenformel auf die Funktion $f(x) = \frac{1}{x}$ an, und erhalten

$$\sum_{k=1}^{n} \frac{1}{k} = \log n + \frac{1+1/n}{2} + \sum_{\lambda=1}^{L} \frac{B_{2\lambda}}{(2\lambda)!} \left[\frac{(-1)^{2\lambda-1}(2\lambda-1)!}{n^{2\lambda}} - (-1)^{2\lambda-1}(2\lambda-1)! \right]$$

$$+ \int_{1}^{n} \frac{(-1)^{2L+1}(2L+1)! \beta_{2L+1}(x)}{x^{2L+2}} \, dx$$

$$= \log n + \frac{1+1/n}{2} + \sum_{\lambda=1}^{L} \frac{B_{2\lambda}}{2\lambda} \left[1 - \frac{1}{n^{2\lambda}} \right] - (2L+1)! \int_{1}^{n} \frac{\beta_{2L+1}(x)}{x^{2L+2}} \, dx.$$

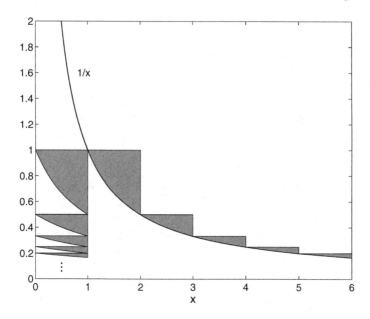

Abbildung 4.4: Die graue Fläche $\gamma_n = \sum\limits_{k=1}^{n} \frac{1}{k} - \int\limits_{1}^{n} \frac{1}{x}\,dx$ rechts von $x = 1$ bleibt für alle $n \in \mathbb{N}$ kleiner als 1, siehe die verschobene Fläche im Streifen $0 < x < 1$.

Die Funktionen $\beta_n(x)$ sind 1-periodisch, und für jedes $0 \le x < 1$ und $n \in \mathbb{N}$ gilt $\beta_n(x) = \frac{1}{n!} \sum\limits_{k=0}^{n} \binom{n}{k} B_k x^{n-k}$, siehe Aufgabe 1.6. Daraus folgt, dass β_n für alle $n \in \mathbb{N}$ beschränkt ist, und damit existiert das Integral $\int\limits_{1}^{\infty} \frac{\beta_{2L+1}(x)}{x^{2L+2}}\,dx$ für alle $L \in \mathbb{N}_0$. Führen wir den Grenzübergang durch, so erhalten wir aus der verallgemeinerten Summenformel

$$\lim_{n \to \infty} \left\{ \sum_{k=1}^{n} \frac{1}{k} - \log n \right\}$$

$$= \lim_{n \to \infty} \left\{ \frac{1+1/n}{2} + \sum_{\lambda=1}^{L} \frac{B_{2\lambda}}{2\lambda} - \sum_{\lambda=1}^{L} \frac{B_{2\lambda}}{2\lambda} \frac{1}{n^{2\lambda}} - (2L+1)! \int_{1}^{n} \frac{\beta_{2L+1}(x)}{x^{2L+2}}\,dx \right\}$$

$$= \frac{1}{2} + \sum_{\lambda=1}^{L} \frac{B_{2\lambda}}{2\lambda} - (2L+1)! \int_{1}^{\infty} \frac{\beta_{2L+1}(x)}{x^{2L+2}}\,dx.$$

Die Formel

$$\gamma = \frac{1}{2} + \sum_{\lambda=1}^{L} \frac{B_{2\lambda}}{2\lambda} - (2L+1)! \int_{1}^{\infty} \frac{\beta_{2L+1}(x)}{x^{2L+2}} \, dx$$

stellt einen Zusammenhang zwischen den Bernoulli-Zahlen und der Euler-Mascheronischen Konstanten her.

(c) Mit der Teleskopsumme

$$-\log n = \sum_{k=2}^{n} \left[\log(k-1) - \log k\right] = \sum_{k=2}^{n} \log\left(1 - \frac{1}{k}\right) \quad \forall n \in \mathbb{N}$$

und mit der Potenzreihenentwicklung der Logarithmusfunktion

$$\log\left(1 - \frac{1}{k}\right) = -\sum_{m=1}^{\infty} \frac{1}{m k^m}$$

erhalten wir

$$\gamma = \lim_{n \to \infty} \left\{ \sum_{k=1}^{n} \frac{1}{k} - \log n \right\} = 1 + \lim_{n \to \infty} \sum_{k=2}^{n} \left(\frac{1}{k} + \log\left(1 - \frac{1}{k}\right) \right)$$

$$= 1 + \sum_{k=2}^{\infty} \left(\frac{1}{k} - \frac{1}{k} - \sum_{m=2}^{\infty} \frac{1}{m k^m} \right) = 1 - \sum_{k=2}^{\infty} \sum_{m=2}^{\infty} \frac{1}{m k^m}$$

$$= 1 - \sum_{m=2}^{\infty} \frac{1}{m} \sum_{k=2}^{\infty} \frac{1}{k^m} = 1 - \sum_{m=2}^{\infty} \frac{\zeta(m) - 1}{m} .$$

Die Reihenfolge der Summation darf dabei vertauscht werden, weil die Doppelreihe $\sum_{k=2}^{\infty} \sum_{m=2}^{\infty} \frac{1}{m k^m}$ absolut konvergent ist. Die Formel (4.5) stellt eine Beziehung zwischen der Euler-Mascheronischen Konstanten und der ζ-Funktion her. Diese Formel wird in Lektion 9 bei der Theorie der Γ-Funktion noch erheblich verbessert.

Aufgabe 4.9: Bestimmung des allgemeinen Gaußschen Fehlerintegrals mit Hilfe der Hauptachsentransformation
Die Matrix $A \in \mathbb{R}^{n \times n}$ sei symmetrisch und positiv definit.

(a) Der kleinste Eigenwert von A sei λ_*, und der größte λ^*. Da A symmetrisch und positiv definit ist, gilt sicherlich $0 < \lambda_* < \lambda^*$. Man zeige

$$\lambda_* |\underline{x}|^2 \leq \underline{x}^T A \underline{x} \leq \lambda^* |\underline{x}|^2, \quad \lambda_* = \min_{\underline{x} \in \mathbb{R}^n \setminus \{\underline{0}\}} \frac{\underline{x}^T A \underline{x}}{|\underline{x}|^2}, \quad \lambda^* = \max_{\underline{x} \in \mathbb{R}^n \setminus \{\underline{0}\}} \frac{\underline{x}^T A \underline{x}}{|\underline{x}|^2} .$$

(b) Man berechne das Integral $\int_{\mathbb{R}^n} \exp\left(-\frac{1}{2} \underline{x}^T A \underline{x} \right) \, dx$, nachdem man sich zuvor von seiner Wohldefiniertheit überzeugt hat.

Hinweise: Man wende auf die symmetrische und positiv definite Matrix A eine $SO(n)$-Hauptachsentransformation an. Gemäß der linearen Algebra ist hiernach die Existenz einer Drehmatrix $T \in SO(n)$ garantiert, so dass gilt

$$D = \begin{pmatrix} \lambda_1 & & 0 \\ & \ddots & \\ 0 & & \lambda_n \end{pmatrix} = T^{-1}AT.$$

Hierbei sind $\lambda_1, \ldots, \lambda_n$ die Eigenwerte der Matrix A, die allesamt *positiv* sind. Für den Teil (b) überlege man sich, was das Produkt der Eigenwerte von A ist.

Lösung:

(a) Die Eigenwerte der symmetrischen positiv definiten Matrix $A \in \mathbb{R}^{n \times n}$ seien $\lambda_i > 0$, $i = 1, \ldots, n$. Die zu Eigenwerten $\lambda_* = \min\limits_{1 \le i \le n} \lambda_i$, $\lambda^* = \max\limits_{1 \le i \le n} \lambda_i$ gehörenden Eigenvektoren seien $\underline{x}_*$ bzw. $\underline{x}^*$. Die Matrix A besitzt eine Hauptachsentransformation $T \in SO(n)$ mit

$$T^T = T^{-1} \quad \text{und} \quad D = \begin{pmatrix} \lambda_1 & & 0 \\ & \ddots & \\ 0 & & \lambda_n \end{pmatrix} = T^{-1}AT.$$

Mit der Substitution $T\underline{y} = \underline{x}$ erhalten wir mit $\underline{x} = (x_1, \ldots, x_n)^T \in \mathbb{R}^n$ und $\underline{y} = (y_1, \ldots, y_n)^T \in \mathbb{R}^n$:

$$\underline{x}^T A \underline{x} = (T\underline{y})^T A T \underline{y} = \underline{y}^T \left(T^T A T \right) \underline{y} = \underline{y}^T D \underline{y} = \sum_{i=1}^n \lambda_i y_i^2.$$

Wir beachten außerdem

$$\lambda_* |\underline{x}|^2 \underset{T \in SO(n)}{=} \lambda_* |\underline{y}|^2 \le \sum_{i=1}^n \lambda_i y_i^2 \le \lambda^* |\underline{y}|^2 \underset{T \in SO(n)}{=} \lambda^* |\underline{x}|^2.$$

Aus den letzten beiden Beziehungen ergibt sich $\lambda_* \le \dfrac{\underline{x}^T A \underline{x}}{|\underline{x}|^2} \le \lambda^*$, d.h.

$$\lambda_* \le \min_{\underline{x} \in \mathbb{R}^n \setminus \{\underline{0}\}} \frac{\underline{x}^T A \underline{x}}{|\underline{x}|^2}, \quad \max_{\underline{x} \in \mathbb{R}^n \setminus \{\underline{0}\}} \frac{\underline{x}^T A \underline{x}}{|\underline{x}|^2} \le \lambda^*.$$

Wir dürfen hier min bzw. max schreiben: Setzt man nämlich speziell $\underline{x} := \underline{x}_*$ bzw. $\underline{x} := \underline{x}^*$ in die Quotienten ein und beachtet $A\underline{x}_* = \lambda_* \underline{x}_*$ bzw. $A\underline{x}^* = \lambda^* \underline{x}^*$, so werden die untere und obere Schranken angenommen, d.h.

$$\lambda_* = \frac{\underline{x}_*^T A \underline{x}_*}{|\underline{x}_*|^2}, \quad \lambda^* = \frac{\underline{x}^{*T} A \underline{x}^*}{|\underline{x}^*|^2}.$$

(b) Aus den Aufgaben 4.6, 4.9(a) und der Monotonie folgt die Existenz des Integrals

$$\int_{\mathbb{R}^n} \exp\left(-\frac{1}{2}\underline{x}^T A \underline{x}\right) dx \leq \int_{\mathbb{R}^n} \exp\left(-\frac{\lambda_*}{2}|\underline{x}|^2\right) dx$$

$$= \left(\frac{2\pi}{\lambda_*}\right)^{n/2} \int_{\mathbb{R}^n} \varphi_{0,1/\sqrt{\lambda_*}}(\underline{x}) \, dx = \left(\frac{2\pi}{\lambda_*}\right)^{n/2} < +\infty.$$

Der Integralwert wird mit Hilfe der orthogonalen Transformation T aus dem Aufgabenteil (a)

$$T\underline{y} = \underline{x}, \quad \frac{\partial \underline{x}}{\partial \underline{y}} = T, \quad |\mathrm{Det}(\frac{\partial \underline{x}}{\partial \underline{y}})| = |\mathrm{Det}\,T| = 1,$$

mit dem Satz von Fubini und mit der Aufgabe 4.6(a) bestimmt

$$\int_{\mathbb{R}^n} \exp\left(-\frac{1}{2}\underline{x}^T A \underline{x}\right) dx = \int_{\mathbb{R}^n} \exp\left(-\frac{1}{2}\sum_{i=1}^n \lambda_i y_i^2\right) \cdot 1 \, dy$$

$$\underset{\text{Fubini}}{=} \prod_{i=1}^n \int_{-\infty}^{+\infty} \exp\left(-\frac{1}{2}\lambda_i y_i^2\right) dy_i = \prod_{i=1}^n \frac{1}{\sqrt{\lambda_i}} \underbrace{\int_{-\infty}^{+\infty} \exp\left(-\frac{1}{2}z_i^2\right) dz_i}_{=\sqrt{2\pi}}$$

$$= \frac{1}{\sqrt{\prod_{i=1}^n \lambda_i}}(\sqrt{2\pi})^n = \frac{(\sqrt{2\pi})^n}{\sqrt{\mathrm{Det}\,A}},$$

denn

$$\mathrm{Det}A = \mathrm{Det}(TDT^{-1}) = \mathrm{Det}\,T \cdot \mathrm{Det}\,D \cdot \mathrm{Det}(T^{-1}) = \mathrm{Det}\,D$$

$$= \mathrm{Det}\begin{pmatrix} \lambda_1 & & 0 \\ & \ddots & \\ 0 & & \lambda_n \end{pmatrix} = \prod_{i=1}^n \lambda_i.$$

Zusatz 4.1: Bestimmung der Ellipsenfläche mit Hilfe der Transformationsregel
Die Fläche einer Ellipse

$$\mathscr{E} = \{(x_1, x_2) \in \mathbb{R}^2 : \frac{x_1^2}{a^2} + \frac{x_2^2}{b^2} \leq 1\},$$

$a, b > 0$, kann mit Hilfe der affinen Transformation $T : \mathbb{R}^2 \to \mathbb{R}^2$,

$$T(y_1, y_2) := \begin{pmatrix} ay_1 \\ by_2 \end{pmatrix} = \begin{pmatrix} a & 0 \\ 0 & b \end{pmatrix} \begin{pmatrix} y_1 \\ y_2 \end{pmatrix},$$

bestimmt werden. Wir setzen $\underline{x} = \begin{pmatrix} x_1 \\ x_2 \end{pmatrix} = T(y_1, y_2)$, und erhalten für die Jacobi-Matrix der Transformation T:

$$\nabla \underline{x} = \begin{pmatrix} a & 0 \\ 0 & b \end{pmatrix}.$$

Ihre Jacobi-Determinante ist $\mathrm{Det}(\nabla \underline{x}) = ab$. Der Urbildbereich der Ellipse $\mathcal{E}$ unter der affinen Transformation T ist der Einheitskreis

$$K = T^{-1}(\mathcal{E}) = \{(y_1, y_2) \in \mathbb{R}^2 : y_1^2 + y_2^2 \leq 1\}.$$

Nach der Transformationsregel gilt

$$|\mathcal{E}| = \iint_{\mathcal{E}} 1 \cdot \mathrm{d}x_1 \, \mathrm{d}x_2 = \iint_K 1 \cdot ab \cdot \mathrm{d}y_1 \, \mathrm{d}y_2 = ab \cdot \iint_K 1 \cdot \mathrm{d}y_1 \, \mathrm{d}y_2 = ab \cdot |K| = \pi ab.$$

Vergleiche dies mit dem alternativen Lösungsansatz der Aufgabe 3.2(a).

Zusatz 4.2: Kovarianzmatrix zur n-dimensionalen Gaußschen Verteilung

Nach der Aufgabe 4.9 ist für symmetrische positiv definite Matrix $A \in \mathbb{R}^{n \times n}$ die Abbildung $\varphi_{A, \overline{\underline{x}}} : \mathbb{R}^n \to \mathbb{R}$ mit $\overline{\underline{x}} \in \mathbb{R}^n$ und

$$\varphi_{A, \overline{\underline{x}}}(\underline{x}) := \sqrt{\frac{\mathrm{Det} A}{(2\pi)^n}} \cdot \exp\left(-\frac{1}{2}(\underline{x} - \overline{\underline{x}})^T A \, (\underline{x} - \overline{\underline{x}}) \right)$$

eine Wahrscheinlichkeitsdichte, d.h. $\int_{\mathbb{R}^n} \varphi_{A, \overline{\underline{x}}}(\underline{x}) \, \mathrm{d}x = 1$. Wir wollen die *Kovarianzmatrix* $V \in \mathbb{R}^{n \times n}$ mit Komponenten

$$V_{jk} = \int_{\mathbb{R}^n} (x_j - \overline{x}_j)(x_k - \overline{x}_k) \varphi_{A, \overline{\underline{x}}}(\underline{x}) \, \mathrm{d}x$$

berechnen. Zunächst ist, wie man durch Substitution $\underline{z} = \underline{x} - \overline{\underline{x}}$ sieht, $V_{jk} = \int_{\mathbb{R}^n} z_j z_k \varphi_{A, \underline{0}}(\underline{z}) \, \mathrm{d}z$. Wir verwenden nun die Notationen der Lösung von Aufgabe 4.9 und definieren den sogenannten *Cholesky-Faktor* M der Matrix A gemäß

$$M := \sqrt{D} \, T^{-1} \text{ mit } \sqrt{D} := \begin{pmatrix} \sqrt{\lambda_1} & & 0 \\ & \ddots & \\ 0 & & \sqrt{\lambda_n} \end{pmatrix}. \text{ Der Cholesky-Faktor erfüllt die wich-}$$

tige Beziehung $A = M^T M$. Mit der Substitution $\underline{z} = M^{-1}\underline{y}$, wobei $M^{-1} = (\tilde{m}_{jk})_{j,k=1,\dots,n}$ ist, erhalten wir aus Aufgabe 4.6:

$$V_{jk} = \sqrt{\frac{\mathrm{Det}\,A}{(2\pi)^n}} \int_{\mathbb{R}^n} (M^{-1}\underline{y})_j \cdot (M^{-1}\underline{y})_k \cdot \mathrm{e}^{-\frac{1}{2}|\underline{y}|^2} \cdot \frac{1}{|\mathrm{Det}\,M|}\,\mathrm{d}y$$

$$= \frac{1}{(2\pi)^{n/2}} \int_{\mathbb{R}^n} \left(\sum_{p=1}^n \tilde{m}_{jp} y_p \cdot \sum_{q=1}^n \tilde{m}_{kq} y_q \right) \mathrm{e}^{-\frac{1}{2}|\underline{y}|^2}\,\mathrm{d}y$$

$$= \sum_{p,q=1}^n \tilde{m}_{jp}\tilde{m}_{kq} \frac{1}{(2\pi)^{n/2}} \int_{\mathbb{R}^n} y_p y_q \mathrm{e}^{-\frac{1}{2}|\underline{y}|^2}\,\mathrm{d}y$$

$$= \sum_{p,q=1}^n \tilde{m}_{jp}\tilde{m}_{kq}\delta_{pq} = \sum_{l=1}^n \tilde{m}_{jl}\tilde{m}_{kl}\,.$$

Also ist die Kovarianzmatrix

$$V = M^{-1} \cdot (M^{-1})^T = (M^T \cdot M)^{-1} = A^{-1}\,.$$

Zusatz 4.3: Wichtige Integrale in der Fourier-Analysis und Optik
Im folgenden leiten wir wichtige uneigentliche Integrale her, die in der Fourier-Theorie und insbesondere der Optik von Bedeutung sind. In modernen Darstellungen werden diese Integrale meistens erst im Rahmen des komplexen Integrationskalküls der Funktionentheorie berechnet, was wir in den Lektionen zur Fourier-Analysis und Funktionentheorie ebenfalls tun werden. Hier zeigen wir jedoch, dass sich diese Integrale auch im Rahmen der reellen Analysis bestimmen lassen, und orientieren uns dabei an dem Originalwerk [25] des deutschen Physikers Gustav Kirchhoff (1824-1887).
Mit der Produktregel erhalten wir für $a \in \mathbb{R}$ folgende Identitäten:

$$\mathrm{e}^{-au}\cos u = -\int \mathrm{e}^{-au}\sin u\,\mathrm{d}u - a\int \mathrm{e}^{-au}\cos u\,\mathrm{d}u\,,$$

$$\mathrm{e}^{-au}\sin u = -a\int \mathrm{e}^{-au}\sin u\,\mathrm{d}u + \int \mathrm{e}^{-au}\cos u\,\mathrm{d}u\,,$$

aus denen sich ergibt

$$\int \mathrm{e}^{-au}\sin u\,\mathrm{d}u = -\mathrm{e}^{-au}\frac{a\sin u + \cos u}{1+a^2}\,,$$

$$\int \mathrm{e}^{-au}\cos u\,\mathrm{d}u = \mathrm{e}^{-au}\frac{\sin u - a\cos u}{1+a^2}\,.$$

Für $a > 0$ haben wir

$$\int_0^\infty e^{-au} \sin u \, du = \frac{1}{1+a^2},$$

$$\int_0^\infty e^{-au} \cos u \, du = \frac{a}{1+a^2}. \tag{4.6}$$

Nach dem Satz von Lebesgue gilt

$$\lim_{\alpha \to \infty} \int_0^\infty e^{-\alpha u} \frac{\sin u}{u} \, du = \int_0^\infty \lim_{\alpha \to \infty} \frac{e^{-\alpha u} \sin u}{u} \, du = 0, \tag{4.7}$$

wobei für alle $\alpha \geq 1$ der Ausdruck e^{-u} als Lebesguesche Majorante gewählt werden kann.

Die Integration der ersten Gleichung in (4.6) nach a in den Grenzen von 0 bis $\alpha \geq 1$ liefert für jedes feste $L > 0$

$$\int_0^\alpha \int_0^\infty e^{-au} \sin u \, du \, da = \int_0^\alpha \int_0^L e^{-au} \sin u \, du \, da$$

$$+ \int_0^\alpha \int_L^\infty e^{-au} \sin u \, du \, da = \arctan \alpha. \tag{4.8}$$

Wir dürfen auf das links stehende Integral in (4.8) nicht direkt den Satz von Fubini anwenden, da das Doppelintegral über seinem unbeschränkten Integrationsbereich nicht absolut konvergiert. Deshalb bilden wir für die vertauschte Integrationsreihenfolge mit der Konstanten $L > 0$ noch den Ausdruck

$$\int_0^\infty \int_0^\alpha e^{-au} \sin u \, da \, du = \int_0^L \int_0^\alpha e^{-au} \sin u \, da \, du + \int_L^\infty \int_0^\alpha e^{-au} \sin u \, da \, du$$

$$= \int_0^\infty \frac{1 - e^{-\alpha u}}{u} \sin u \, du. \tag{4.9}$$

Man beachte für das linke Doppelintegral in (4.9), dass wir in Aufgabe 1.2 die Existenz des uneigentlichen Riemann-Integrals $\int_0^\infty \frac{\sin u}{u} \, du$ gezeigt haben, das allerdings kein Lebesgue-Integral ist.

Nun subtrahieren wir (4.9) von (4.8) wobei wir für den beschränkten Integrationsbereich $0 < u < L$ und $0 < a < \alpha$ die Integrationsreihenfolge vertauschen dürfen, und werten die restlichen Integrale mit (4.6) aus:

$$\arctan\alpha - \int\limits_0^\infty \frac{1-e^{-\alpha u}}{u}\sin u\,\mathrm{d}u$$

$$= \int\limits_0^\alpha \int\limits_L^\infty e^{-au}\sin u\,\mathrm{d}u\,\mathrm{d}a - \int\limits_L^\infty \int\limits_0^\alpha e^{-au}\sin u\,\mathrm{d}a\,\mathrm{d}u \qquad (4.10)$$

$$= \int\limits_0^\alpha e^{-aL}\frac{a\sin L + \cos L}{1+a^2}\,\mathrm{d}a - \int\limits_L^\infty \frac{1-e^{-\alpha u}}{u}\sin u\,\mathrm{d}u.$$

Die linke Seite von (4.10) hängt nicht von L ab, und die rechte Seite besitzt für $L \to$ ∞ den Grenzwert 0: Wir haben schon gezeigt, dass das Integral $\int\limits_L^\infty \frac{1-e^{-\alpha u}}{u}\sin u\,\mathrm{d}u$

für $L \to \infty$ verschwindet, da $\int\limits_L^\infty \frac{\sin u}{u}\,\mathrm{d}u$ für $L \to \infty$ zu Null wird. Das andere Restin-

tegral schätzen wir dagegen folgendermaßen ab:

$$\left| \int\limits_0^\alpha e^{-aL}\frac{a\sin L + \cos L}{1+a^2}\,\mathrm{d}a \right| \le \int\limits_0^\alpha e^{-aL}\frac{a+1}{1+a^2}\,\mathrm{d}a \le 2\int\limits_0^\alpha e^{-aL}\,\mathrm{d}a \le \frac{2}{L}.$$

Wir erhalten somit aus (4.10) für $L \to \infty$ die Beziehung

$$\arctan\alpha = \int\limits_0^\infty \frac{1-e^{-\alpha u}}{u}\sin u\,\mathrm{d}u,$$

aus der wir mit (4.7) sofort den Grenzwert $\alpha \to \infty$ bilden können:

$$\lim_{\alpha\to\infty} \int\limits_0^\infty \frac{(1-e^{-\alpha u})\sin u}{u}\,\mathrm{d}u = \int\limits_0^\infty \frac{\sin u}{u}\,\mathrm{d}u = \lim_{\alpha\to\infty}\arctan\alpha = \frac{\pi}{2}. \qquad (4.11)$$

Hieraus folgt das für die Fourier-Analysis grundlegende *Dirichletsche Integral*:

$$\int\limits_0^\infty \frac{\sin u}{u}\,\mathrm{d}u = \frac{\pi}{2}. \qquad (4.12)$$

Mittels Produktintegration

$$\int \frac{\sin^2 u}{u^2}\, du = -\frac{\sin^2 u}{u} + \int \frac{2\sin u \cos u}{u}\, du$$

$$= -\frac{\sin^2 u}{u} + 2\int \frac{\sin(2u)}{(2u)}\, du$$

folgt mit der Substitution $v = 2u$ eine weitere wichtige Integralformel:

$$\int\limits_{-\infty}^{\infty} \frac{\sin v}{v}\, dv = \int\limits_{-\infty}^{\infty} \frac{\sin^2 u}{u^2}\, du = \pi. \tag{4.13}$$

Für jedes $u > 0$ folgt aus dem Gaußschen Fehlerintegral der Aufgabe 4.6(a) zunächst

$$\int\limits_{0}^{\infty} e^{-b^2 u}\, db = \frac{1}{2}\sqrt{\frac{\pi}{u}}.$$

Setzten wir $a = b^2$ mit $b > 0$ in die Formeln (4.6), integrieren dort bzgl. b in den Grenzen von 0 bis ∞, so erhalten wir analog wie bei der Herleitung der Beziehung (4.11) durch Vertauschung der Integrationsreihenfolge, bei der auch hier nicht direkt der Satz von Fubini benutzt werden darf:

$$\int\limits_{0}^{\infty}\int\limits_{0}^{\infty} e^{-b^2 u}\sin u\, du\, db = \frac{\sqrt{\pi}}{2}\int\limits_{0}^{\infty} \frac{\sin u}{\sqrt{u}}\, du = \int\limits_{0}^{\infty} \frac{db}{1+b^4},$$

$$\int\limits_{0}^{\infty}\int\limits_{0}^{\infty} e^{-b^2 u}\cos u\, du\, db = \frac{\sqrt{\pi}}{2}\int\limits_{0}^{\infty} \frac{\cos u}{\sqrt{u}}\, du = \int\limits_{0}^{\infty} \frac{b^2\, db}{1+b^4}. \tag{4.14}$$

In dem Integral auf der rechten Seite der ersten Gleichungen substituieren wir $b = \dfrac{1}{x}$ und erhalten damit die Gleichheit der beiden Integrale

$$\int\limits_{0}^{\infty} \frac{db}{1+b^4} = \int\limits_{\infty}^{0} \frac{-\frac{1}{x^2}}{1+\frac{1}{x^4}}\, dx = \int\limits_{0}^{\infty} \frac{b^2\, db}{1+b^4}.$$

Weiterhin haben wir

$$\int\limits_{0}^{\infty} \frac{db}{1+b^4} = \int\limits_{0}^{1} \frac{db}{1+b^4} + \int\limits_{1}^{\infty} \frac{db}{1+b^4} = \int\limits_{0}^{1} \frac{dx}{1+x^4} + \int\limits_{0}^{1} \frac{x^2}{1+x^4}\, dx = \int\limits_{0}^{1} \frac{1+x^2}{1+x^4}\, dx.$$

Mit $\dfrac{x^2+1}{x^4+1} = \dfrac{1}{(x\sqrt{2}+1)^2+1} + \dfrac{1}{(x\sqrt{2}-1)^2+1}$ haben wir für $|x| < 1$:

$$\int_0^x \frac{t^2+1}{t^4+1}\,dt = \frac{1}{\sqrt{2}}\left(\arctan\left(x\sqrt{2}+1\right)+\arctan\left(x\sqrt{2}-1\right)\right)$$

(4.15)

$$= \frac{1}{\sqrt{2}}\arctan\frac{x\sqrt{2}}{1-x^2}.$$

Die erste Gleichung in (4.15) erfordert keine Einschränkung an x, da der Integrand im links stehenden Integral regulär ist. Die Bedingung $|x| < 1$ ist dagegen für die zweite Gleichung in (4.15) erforderlich. Wir erhalten

$$\int_0^\infty \frac{db}{1+b^4} = \int_0^1 \frac{x^2+1}{x^4+1}\,dx = \frac{\pi}{2\sqrt{2}}.$$

(4.16)

Damit erhalten wir aus den Gleichungen (4.14) die uneigentlichen Riemann-Integrale:

$$\int_0^\infty \frac{\sin u}{\sqrt{u}}\,du = \int_0^\infty \frac{\cos u}{\sqrt{u}}\,du = \sqrt{\frac{\pi}{2}}.$$

Daraus ergeben sich mit $u = v^2$ die nach dem französischen Physiker und Ingenieur A.-J. Fresnel (1788-1827) benannten Integrale:

$$\int_0^\infty \sin\left(v^2\right)dv = \int_0^\infty \cos\left(v^2\right)dv = \frac{1}{2}\sqrt{\frac{\pi}{2}}.$$

Zusatz 4.4: Ein warnendes Beispiel zum falschen Gebrauch des Satzes von Fubini

Wir wollen zeigen:

$$\int_0^1 \left(\int_0^1 \frac{x-y}{(x+y)^3}\,dx\right)dy \neq \int_0^1 \left(\int_0^1 \frac{x-y}{(x+y)^3}\,dy\right)dx.$$

Es sei $I(\varepsilon_1, \varepsilon_2) := \int_{\varepsilon_2}^1 \int_{\varepsilon_1}^1 \frac{x-y}{(x+y)^3}\,dx\,dy$ mit $\varepsilon_1, \varepsilon_2 \in (0,1)$. Dann ist

$$I(\varepsilon_1,\varepsilon_2) = \int_{\varepsilon_2}^{1}\int_{\varepsilon_1}^{1} \frac{x-y}{(x+y)^3}\, dx\, dy = \int_{\varepsilon_2}^{1}\left(\int_{\varepsilon_1}^{1}\left(\frac{1}{(x+y)^2} - \frac{2y}{(x+y)^3}\right)dx\right)dy$$

$$= \int_{\varepsilon_2}^{1}\left(\left[-\frac{1}{x+y}\right]_{x=\varepsilon_1}^{x=1} + \left[\frac{y}{(x+y)^2}\right]_{x=\varepsilon_1}^{x=1}\right)dy$$

$$= \int_{\varepsilon_2}^{1}\left(-\frac{1}{1+y} + \frac{1}{\varepsilon_1+y} + \frac{y}{(1+y)^2} - \frac{y}{(\varepsilon_1+y)^2}\right)dy$$

$$= \int_{\varepsilon_2}^{1}\left(\frac{\varepsilon_1}{(\varepsilon_1+y)^2} - \frac{1}{(1+y)^2}\right)dy$$

$$= \frac{1}{2} - \frac{\varepsilon_1}{\varepsilon_1+1} + \frac{\varepsilon_1}{\varepsilon_1+\varepsilon_2} - \frac{1}{1+\varepsilon_2}.$$

Daraus folgt die Ungleichheit der Doppelintegrale

$$\int_0^1\int_0^1 \frac{x-y}{(x+y)^3}\, dx\, dy = \lim_{\varepsilon_2\downarrow0}\lim_{\varepsilon_1\downarrow0} I(\varepsilon_1,\varepsilon_2) = -\frac{1}{2},$$

$$\int_0^1\int_0^1 \frac{x-y}{(x+y)^3}\, dy\, dx = \lim_{\varepsilon_1\downarrow0}\lim_{\varepsilon_2\downarrow0} I(\varepsilon_1,\varepsilon_2) = \frac{1}{2}.$$

Der Satz von Fubini ist nicht anwendbar, da die Funktion $f(x,y) := \frac{x-y}{(x+y)^3}$ aufgrund der *Singularität* bei $x=y=0$ nicht integrierbar ist (weder im Sinne von Riemann noch von Lebesgue), obwohl die beiden Doppelintegrale existieren.

Lektion 5
Oberflächenintegrale

5.1 Oberflächenintegrale, Integralsätze von Gauß und Stokes

Definition 5.1: Flächenparametrisierung

Wir betrachten hier eine mindestens einmal stetig differenzierbare Abbildung

$$\Phi : V \to \mathbb{R}^3,$$

wobei der Parameterbereich $V \subseteq \mathbb{R}^2$ ein Gebiet ist. Wir nennen Φ eine Flächenparametrisierung, wenn zusätzlich gilt:

(i) Die partiellen Ableitungen

$$\frac{\partial \Phi}{\partial \xi_1}(\xi_1, \xi_2), \ \frac{\partial \Phi}{\partial \xi_2}(\xi_1, \xi_2) \in \mathbb{R}^3$$

sind an jeder Stelle $(\xi_1, \xi_2) \in V$ linear unabhängig.

(ii) Es sei für eine Folge $(\xi_1^{(n)}, \xi_2^{(n)}) \in V$, $n \in \mathbb{N}$, die Bildfolge $\Phi(\xi_1^{(n)}, \xi_2^{(n)})$ gegen einen Bildpunkt $\Phi(\xi_1, \xi_2)$ konvergent, wobei $(\xi_1, \xi_2) \in V$ ist. Dann konvergiert die obige Urbildfolge $(\xi_1^{(n)}, \xi_2^{(n)})$ gegen (ξ_1, ξ_2).

Die Punktmenge

$$\Phi(V) := \{\Phi(\xi_1, \xi_2) \in \mathbb{R}^3 : (\xi_1, \xi_2) \in V\}$$

heißt in diesem Fall das Flächenstück zur Parametrisierung Φ. □

Beachte: Zwischen Flächenparametrisierung und Flächenstück besteht also ein analoger Zusammenhang wie zwischen Weg und Bogen. Die Bedingung (ii) in obiger Definition impliziert die Injektivität der Parametrisierung Φ. In Abbildung 5.1 sehen wir jedoch ein Flächenstück, dessen Parametrisierung die Bedingung (ii) trotz Injektivität verletzt: Wir haben hier zwei Bildfolgen $\Phi(\underline{\xi}^{(n)})$ und $\Phi(\underline{\eta}^{(n)})$ illustriert, die beide gegen denselben Punkt einer Schnittkante S konvergieren sollen. Die Ur-

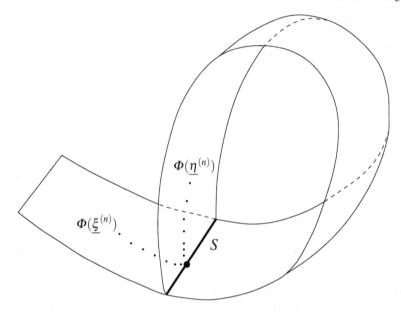

$$\Phi(\underline{\eta}^{(n)})$$

$$\Phi(\underline{\xi}^{(n)})$$

$$S$$

Abbildung 5.1: Verletzung der Bedingung (ii).

bildfolge $\underline{\xi}^{(n)}$ soll gegen einen inneren Punkt des Parameterbereichs V konvergieren, dagegen die zweite Urbildfolge $\underline{\eta}^{(n)}$ gegen einen Randpunkt von V.

Im Folgenden wollen wir keine Einführung in die allgemeine Integrationstheorie auf Mannigfaltigkeiten geben, sondern einige für das praktische Rechnen wichtige Spezialfälle zur Oberflächenintegration zusammentragen, die für unsere Anwendungen benötigt werden. Für den allgemeinen Zugang verweisen wir auf die Lehrbücher von Königsberger [27], Forster [15] und Walter [40, 41].

Wir betrachten zwei benachbarte Punkte $P = (\xi_1, \xi_2)$, $Q = (\xi_1 + \mathrm{d}\xi_1, \xi_2 + \mathrm{d}\xi_2)$ in V und definieren im Punkt P die beiden linear unabhängigen Vektoren

$$\underline{a}_1 := \frac{\partial \Phi}{\partial \xi_1}(\xi_1, \xi_2), \quad \underline{a}_2 := \frac{\partial \Phi}{\partial \xi_2}(\xi_1, \xi_2), \tag{5.1}$$

welche die Tangentenvektoren im Punkt P des Flächenstückes $\Phi(V)$ in Richtung der Koordinatenlinien $\xi_1 = \text{konstant}$ bzw. $\xi_2 = \text{konstant}$ darstellen, siehe Abbildung 5.2. Man nennt $\underline{a}_1, \underline{a}_2$ die Tangentenvektoren in $\Phi(P)$ zu $\xi_2 = \text{konstant}$ bzw. $\xi_1 = \text{konstant}$. Hierzu machen wir eine einfache heuristische Betrachtung, indem wir annehmen, dass die Punkte P und Q in V so dicht beisammen liegen, d.h.

$$|\mathrm{d}\xi_1| \ll 1 \quad \text{und} \quad |\mathrm{d}\xi_2| \ll 1,$$

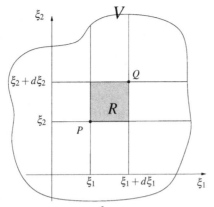

(a) Gebiet V im $\mathbb{R}^2$ ist der Parameterbereich der Koordinatenlinien des Flächenstückes $\Phi(V)$

$\downarrow \Phi$

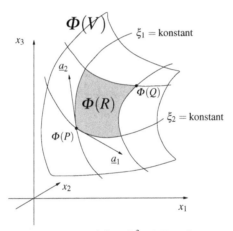

(b) Flächenstück $\Phi(V)$ im $\mathbb{R}^3$ mit Koordinatenlinien $\xi_2 =$ konstant bzw. $\xi_1 =$ konstant und Tangentenvektoren $\underline{a}_1, \underline{a}_2$ in $\Phi(P)$ zu den Koordinatenlinien.

Abbildung 5.2: Das reguläre Flächenstück.

dass die folgende Linearisierung von Φ im Punkt P ausreichend ist

$$\underbrace{\Phi(\xi_1 + \mathrm{d}\xi_1, \xi_2 + \mathrm{d}\xi_2)}_{=\Phi(Q)} - \underbrace{\Phi(\xi_1, \xi_2)}_{=\Phi(P)} \approx \underbrace{\frac{\partial \Phi}{\partial \xi_1}(\xi_1, \xi_2)\,\mathrm{d}\xi_1}_{=\underline{a}_1} + \underbrace{\frac{\partial \Phi}{\partial \xi_2}(\xi_1, \xi_2)\,\mathrm{d}\xi_2}_{=\underline{a}_2},$$

bei der die quadratischen und höheren Termen in $d\xi_1$ und $d\xi_2$ vernachlässigt werden. In diesem Fall wird das achsenparallele „infinitesimale" Rechteck R aus dem Parameterbereich V, das sich von P nach Q erstreckt, durch die Parametrisierung Φ lokal linear auf das von den Vektoren $\underline{a}_1 \, d\xi_1$, $\underline{a}_2 \, d\xi_2$ aufgespannte „infinitesimale" Parallelogramm abgebildet, obwohl Φ global gesehen hochgradig nichtlinear sein kann. Dies wird in Abbildung 5.3 verdeutlicht, in der das Flächenstück in jeder hinreichend kleinen Umgebung von $\Phi(P)$ beliebig wenig von der von $\underline{a}_1$ und $\underline{a}_2$ in $\Phi(P)$ aufgespannten Tangentialebene abweicht. Mit ds bezeichnen wir den

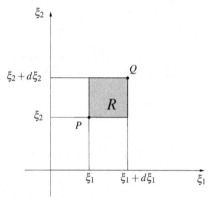

(a) Infinitesimaler Parameterbereich $R \subset V$ mit $|d\xi_1| \ll 1$ und $|d\xi_2| \ll 1$.

$\downarrow \Phi$

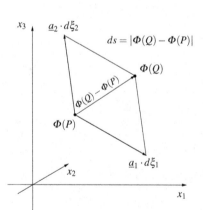

(b) Das infinitesimale Bild $\Phi(R)$ von R unter Φ als Parallelogramm im $\mathbb{R}^3$.

Abbildung 5.3: Der infinitesimale Parameterbereich und sein Bild

infinitesimalen Abstand der Flächenpunkte $\Phi(P)$, $\Phi(Q)$. Dann gilt in einer kleinen

Umgebung von P:

$$ds^2 = |\underline{a}_1 \, d\xi_1 + \underline{a}_2 \, d\xi_2|^2$$
$$= (\underline{a}_1 \cdot \underline{a}_1) \, d\xi_1^{\,2} + 2(\underline{a}_1 \cdot \underline{a}_2) \, d\xi_1 \, d\xi_2 + (\underline{a}_2 \cdot \underline{a}_2) \, d\xi_2^{\,2}.$$

Wir beachten die Definition der Tangentenvektoren $\underline{a}_1$, $\underline{a}_2$ in (5.1) und definieren in jedem Punkt $P = (\xi_1, \xi_2) \in V$ die Skalarprodukte

$$g_{\mu\nu}(\xi_1, \xi_2) := \frac{\partial \Phi}{\partial \xi_\mu}(\xi_1, \xi_2) \cdot \frac{\partial \Phi}{\partial \xi_\nu}(\xi_1, \xi_2), \quad \mu, \nu = 1, 2.$$

Diese bilden eine von (ξ_1, ξ_2) abhängige symmetrische und positiv definite 2×2 Matrix

$$G := \begin{pmatrix} g_{11} & g_{12} \\ g_{21} & g_{22} \end{pmatrix} \quad \text{mit} \quad g_{12} = g_{21},$$

und wir erhalten

$$ds^2 = g_{11}(\xi_1, \xi_2) d\xi_1^2 + 2g_{12}(\xi_1, \xi_2) \, d\xi_1 \, d\xi_2 + g_{22}(\xi_1, \xi_2) d\xi_2^{\,2}$$
$$= \begin{pmatrix} d\xi_1 \\ d\xi_2 \end{pmatrix}^T \cdot G \cdot \begin{pmatrix} d\xi_1 \\ d\xi_2 \end{pmatrix}$$

in einer infinitesimalen Umgebung des Punktes $P = (\xi_1, \xi_2)$. Die Matrix G bzw. die Gesamtheit ihrer Komponenten $g_{\mu\nu}$ heißt Metriktensor der Fläche. Mit seiner Hilfe lassen sich alle geometrischen Maßverhältnisse auf der Fläche im Prinzip ohne Bezug auf ihre Einbettung in den $\mathbb{R}^3$ beschreiben. Die Tensorkomponenten $g_{\mu\nu}$ sind also intrinsische, d.h. innere Größen der Fläche. Diese Idee wurde von C. F. Gauß 1827 in seinen „Disquisitiones generals circa superficies curvas" (allgemeine Untersuchungen über gekrümmte Flächen) zu einer systematischen Flächentheorie entwickelt. Später hat Riemann daraus seine Differentialgeometrie in einem n-dimensionalen Raum entwickelt, die er 1854 in seinem Habilitationskolloquium in Göttingen vortrug. Damit konnten auch c.a. 60 Jahre später die mathematischen Grundlagen zur Entwicklung der allgemeinen Gravitationstheorie von Einstein gelegt werden.

Wir kehren zum infinitesimalen Parallelogramm im Punkt $\Phi(P)$ zurück und berechnen seinen Flächeninhalt $dS(P)$, also den Inhalt eines infinitesimalen Flächenelementes zu P, gemäß

$$dS(P) = |\underline{a}_1 \times \underline{a}_2| \, d\xi_1 \, d\xi_2 = \left| \frac{\partial \Phi}{\partial \xi_1}(\xi_1, \xi_2) \times \frac{\partial \Phi}{\partial \xi_2}(\xi_1, \xi_2) \right| \, d\xi_1 \, d\xi_2.$$

Da $dS(P)$ eine intrinsische Größe der Fläche ist, lässt sie sich auch mit Hilfe des Metriktensors ausdrücken. Wir erhalten aus der linearen Algebra:

$$dS(P) = \sqrt{\mathrm{Det}\, G} \, d\xi_1 \, d\xi_2 = \sqrt{\left| \begin{matrix} g_{11} & g_{12} \\ g_{21} & g_{22} \end{matrix} \right|} \, d\xi_1 \, d\xi_2,$$

wobei

$$\sqrt{\mathrm{Det}\,G} = \left| \frac{\partial \Phi}{\partial \xi_1} \times \frac{\partial \Phi}{\partial \xi_2} \right|. \tag{5.2}$$

Eine wichtige Frage ist nun: Wie ändern sich die metrischen Tensorkomponenten $g_{\mu\nu}(\xi_1, \xi_2)$ bzw. die Determinante $\mathrm{Det}\,G(\xi_1, \xi_2)$, wenn man für dasselbe Flächenstück $\Phi(V)$ als Punktmenge des $\mathbb{R}^3$ eine andere Parametrisierung wählt, d.h. die alten Koordinaten ξ_1, ξ_2 durch neue ξ_1', ξ_2' so ersetzt, dass sich dabei das Flächenstück nicht ändert? Dieser Koordinatenwechsel wird durch einen beliebigen C^1-Diffeomorphismus $T : V' \to V$ zwischen offenen Gebieten V, V' beschrieben, also

$$T(\xi_1', \xi_2') = \begin{pmatrix} \xi_1(\xi_1', \xi_2') \\ \xi_2(\xi_1', \xi_2') \end{pmatrix},$$

so dass

$$\Phi' : V' \to \mathbb{R}^3 \text{ mit } \Phi'(\xi_1', \xi_2') := \Phi(T(\xi_1', \xi_2')) \text{ und } \Phi'(V') = \Phi(T(V')) = \Phi(V)$$

die neue Parametrisierung desselben Flächenstückes wird. Nach der Kettenregel gilt nun für $\kappa = 1, 2$:

$$\frac{\partial \Phi'}{\partial \xi_\kappa'}(\xi_1', \xi_2') = \sum_{\mu=1}^{2} \frac{\partial \Phi}{\partial \xi_\mu}(T(\xi_1', \xi_2')) \frac{\partial \xi_\mu}{\partial \xi_\kappa'}(\xi_1', \xi_2'),$$

und daher für den Metriktensor $g_{\kappa\lambda}' = g_{\kappa\lambda}'(\xi_1', \xi_2')$ in neuen Koordinaten ξ_1', ξ_2':

$$g_{\kappa\lambda}'(\xi_1', \xi_2') = \sum_{\mu,\nu=1}^{2} \frac{\partial \xi_\mu}{\partial \xi_\kappa'} \frac{\partial \xi_\nu}{\partial \xi_\lambda'} g_{\mu\nu}(T(\xi_1', \xi_2')).$$

Dieses Transformationsgesetz ist typisch für einen Tensor zweiter Stufe bezüglich der C^1-Diffeomorphismen. Bilden wir die transformierte Matrix

$$G' := \begin{pmatrix} g_{11}' & g_{12}' \\ g_{21}' & g_{22}' \end{pmatrix},$$

so können wir sie in Matrixform unter Weglassung aller Funktionsargumente auch so schreiben:

$$G' = \left(\frac{\partial \xi}{\partial \xi'} \right)^T \cdot G \cdot \left(\frac{\partial \xi}{\partial \xi'} \right). \tag{5.3}$$

Beim Übergang zur Determinante folgt daher

$$\mathrm{Det}\,G' = \left(\mathrm{Det}\,\frac{\partial \xi}{\partial \xi'} \right)^2 \cdot \mathrm{Det}\,G$$

bzw.

$$\sqrt{\mathrm{Det}\,G'} = \sqrt{\mathrm{Det}\,G} \cdot \left| \mathrm{Det}\,\frac{\partial \xi}{\partial \xi'} \right|. \tag{5.4}$$

Damit können wir nun das Oberflächenintegral unabhängig von der Wahl der Flächenparametrisierung definieren.

Definition 5.2: Oberflächenintegral
Es sei $f : \Phi(V) \to \mathbb{R}$ eine Funktion, für die $\tilde{f} : V \to \mathbb{R}$ mit

$$\tilde{f}(\xi_1, \xi_2) := f(\Phi(\xi_1, \xi_2)) \cdot \sqrt{\operatorname{Det} G(\xi_1, \xi_2)}$$

integrierbar auf dem Parameterbereich V ist. Dann heißt

$$\int\limits_{\Phi(V)} f(\underline{y}) \, \mathrm{d}S(\underline{y}) := \iint\limits_V f(\Phi(\xi_1, \xi_2)) \cdot \sqrt{\operatorname{Det} G(\xi_1, \xi_2)} \, \mathrm{d}\xi_1 \, \mathrm{d}\xi_2$$

das Oberflächenintegral von f bzgl. des Flächenstückes $\Phi(V)$. $\qquad\qquad\square$

Bemerkungen:

(1) Dank der Beziehung (5.4) und der Transformationsregel ist das Oberflächenintegral von der Wahl der Parametrisierung des Flächenstückes $\Phi(V)$ unabhängig.
(2) Man erinnere sich auch an (5.2), wonach

$$\sqrt{\operatorname{Det} G} = \left| \frac{\partial \Phi}{\partial \xi_1} \times \frac{\partial \Phi}{\partial \xi_2} \right|$$

auch mit dem Kreuzprodukt aus der Parametrisierung Φ berechnet werden kann, also ohne den Metriktensor.
(3) Wenn $\sqrt{\operatorname{Det} G}$ integrierbar über V ist, dann bezeichnet

$$|\Phi(V)| := \int\limits_{\Phi(V)} \mathrm{d}S(\underline{y}) = \iint\limits_V \sqrt{\operatorname{Det} G} \, \mathrm{d}\xi_1 \, \mathrm{d}\xi_2 \qquad\qquad (5.5)$$

den Flächeninhalt von $\Phi(V)$. Dies ist schon wegen (5.2) intuitiv klar, wenn man aufgrund der Additivität des Doppelintegrals den Parameterbereich V durch viele kleine achsenparallele Rechtecke R approximiert bzw. zerlegt.

Beispiel 5.3: Metriktensor der Sphäre im $\mathbb{R}^3$
Für einen festen Radius $r > 0$ parametrisieren wir die Oberfläche der Kugel $B_r(\underline{x}_0)$ mit $\underline{x}_0 = (x_0, y_0, z_0)$ bis auf eine Nullmenge bzgl. der Sphäre $\partial B_r(\underline{x}_0)$ gemäß

$$\Phi(\varphi, \vartheta) = \begin{pmatrix} x_0 \\ y_0 \\ z_0 \end{pmatrix} + \begin{pmatrix} r \cos \varphi \sin \vartheta \\ r \sin \varphi \sin \vartheta \\ r \cos \vartheta \end{pmatrix} , \quad \varphi \in (0, 2\pi), \ \vartheta \in (0, \pi).$$

Wir erhalten

$$\frac{\partial \Phi}{\partial \varphi} = \begin{pmatrix} -r\sin\varphi\sin\vartheta \\ +r\cos\varphi\sin\vartheta \\ 0 \end{pmatrix} , \quad \frac{\partial \Phi}{\partial \vartheta} = \begin{pmatrix} r\cos\varphi\cos\vartheta \\ r\sin\varphi\cos\vartheta \\ -r\sin\vartheta \end{pmatrix} ,$$

$$\frac{\partial \Phi}{\partial \varphi} \times \frac{\partial \Phi}{\partial \vartheta} = -r^2 \begin{pmatrix} \cos\varphi\sin^2\vartheta \\ \sin\varphi\sin^2\vartheta \\ \sin\vartheta\cos\vartheta \end{pmatrix} , \quad \left| \frac{\partial \Phi}{\partial \varphi} \times \frac{\partial \Phi}{\partial \vartheta} \right| = r^2\sin\vartheta .$$

Damit erhalten wir das sphärische Oberflächenintegral von f gemäß

$$\int_{\partial B_r(\underline{x_0})} f(\underline{y})\,dS(\underline{y}) = r^2 \int_0^{2\pi} \int_0^{\pi} f(r\cos\varphi\sin\vartheta, r\sin\varphi\sin\vartheta, r\cos\vartheta)\,\sin\vartheta\,d\vartheta\,d\varphi .$$

Der metrische Tensor der Sphäre ist für diese Koordinatenwahl gegeben durch

$$g_{11} = \left| \frac{\partial \Phi}{\partial \varphi} \right|^2 = r^2\sin^2\vartheta , \quad g_{12} = g_{21} = \frac{\partial \Phi}{\partial \varphi} \cdot \frac{\partial \Phi}{\partial \vartheta} = 0 , \quad g_{22} = \left| \frac{\partial \Phi}{\partial \vartheta} \right|^2 = r^2 ,$$

also

$$G = \begin{pmatrix} g_{11} & g_{12} \\ g_{21} & g_{22} \end{pmatrix} = \begin{pmatrix} r^2\sin^2\vartheta & 0 \\ 0 & r^2 \end{pmatrix} ,$$

und auch hier ist $\sqrt{\operatorname{Det} G} = r^2\sin\vartheta$. Der Flächeninhalt der Sphäre ist daher

$$\int_0^{\pi} \int_0^{2\pi} r^2\sin\vartheta\,d\varphi\,d\vartheta = 2\pi r^2 \int_0^{\pi} \sin\vartheta\,d\vartheta = 4\pi r^2 .$$

Schließlich heben wir noch hervor, dass bei Verwendung von Kugelkoordinaten die „zwiebelartige Integration" bzgl. der Kugel $B_r(\underline{x_0})$ gemäß folgender Formel möglich ist:

$$\int_{B_r(\underline{x_0})} f(\underline{y})\,dy = \int_0^r \left(\int_{\partial B_\rho(\underline{x_0})} f(\underline{y})\,dS(\underline{y}) \right) d\rho .$$

$\square$

Beispiel 5.4: Flächenberechnung einer Kugelkappe
Wir berechnen für einen „geodätischen Radius" $0 < r' < \pi r$ den Flächeninhalt der kompakten „sphärischen Kreisscheibe"

$$K_{r'} := \left\{ r \begin{pmatrix} \cos\varphi\sin\vartheta \\ \sin\varphi\sin\vartheta \\ \cos\vartheta \end{pmatrix} : 0 \le \varphi < 2\pi,\ 0 \le \vartheta \le \frac{r'}{r} \right\} \tag{5.6}$$

gemäß Abbildung 5.4, also einer Kugelkappe, deren „sphärischer Mittelpunkt" der Nordpol

$$N := \begin{pmatrix} 0 \\ 0 \\ r \end{pmatrix}$$

für $\vartheta = 0$ ist. Wir erhalten mit Hilfe des Metriktensors der Sphäre den Flächeninhalt

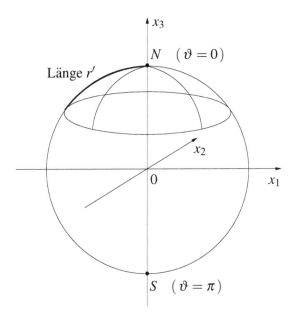

Abbildung 5.4: Die Kugelkappe mit dem spärischen Mittelpunkt im Nordpol.

$|K_{r'}|$ der Kugelkappe $K_{r'}$ aus (5.6)

$$|K_{r'}| = \int\limits_0^{\frac{r'}{r}} \int\limits_0^{2\pi} r^2 \sin\vartheta \, d\varphi \, d\vartheta = 2\pi r^2 \int\limits_0^{\frac{r'}{r}} \sin\vartheta \, d\vartheta$$

$$= 2\pi r^2 \left(1 - \cos\frac{r'}{r} \right) = 4\pi r^2 \sin^2\frac{r'}{2r}.$$

Bemerkungen:

(1) Aus $|K_{r'}| = 4\pi r^2 \sin^2\frac{r'}{2r}$ erhalten wir im Limes $r \to \infty$ die Euklidische Kreisformel $|K_{r'}| = \pi r'^2$ zurück.

(2) Für festes $r > 0$ erhalten wir im Grenzübergang $r' \to \pi \cdot r$ die Gesamtfläche $|K_{r'}| = 4\pi r^2$, denn $K_{r'}$ schöpft dann die gesamte Kugeloberfläche aus.

$\square$

Wir kommen nun zu den Integralsätzen von Gauß und Stokes im $\mathbb{R}^3$, die wir auch ohne Beweis formulieren. Für die Formulierung des Gaußschen Integralsatzes verallgemeinern wir die ebenen Normalbereiche, die wir für Doppelintegrale verwendet haben, wie in Fetzer, Fränkel [9, Abschnitt 3.3] auf den räumlichen Fall:

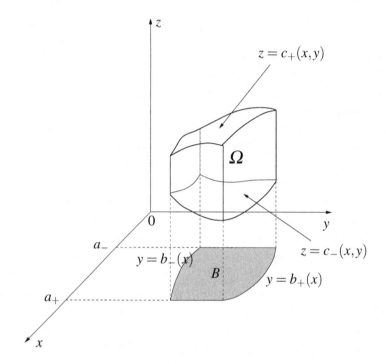

Abbildung 5.5: Ein Normalbereich im $\mathbb{R}^3$.

Definition 5.5: Normalbereiche im $\mathbb{R}^3$

(a) Gegeben sind Zahlen $a_- \leq a_+$, auf dem Intervall $[a_-, a_+]$ zwei stetige Funktionen $b_-(x) \leq b_+(x)$, die einen Normalbereich

$$B := \{(x,y) \in \mathbb{R}^2 : a_- \leq x \leq a_+, \quad b_-(x) \leq y \leq b_+(x)\}$$

definieren, sowie für $(x,y) \in B$ zwei stetige Funktionen $c_-(x,y) \leq c_+(x,y)$. Dann heißt

$$\Omega := \{(x,y,z) \in \mathbb{R}^3 : (x,y) \in B, \quad c_-(x,y) \leq z \leq c_+(x,y)\}$$

ein x,y,z Normalbereich (NB) im $\mathbb{R}^3$. Er ist eine kompakte Menge im $\mathbb{R}^3$. Analog sind y,x,z Normalbereiche usw. definiert, insgesamt sechs Sorten, so dass wir in allen sechs Fällen kurz von einem NB im $\mathbb{R}^3$ sprechen.

(b) Wir sagen, der NB Ω im $\mathbb{R}^3$ besitze glatte Berandungsfunktionen, wenn die Funktionen $b_\pm$ bzw. $c_\pm$ sogar auf einer offenen Umgebung von $[a_-, a_+] \subset \mathbb{R}$ bzw. auf einer offenen Umgebung von $B \subset \mathbb{R}^2$ definiert und dort mindestens einmal stetig differenzierbar sind. $\qquad\qquad\qquad\qquad\qquad\qquad\qquad\square$

Bemerkungen:

(1) Kugel bzw. achsenparallele Quader sind Normalbereiche bzgl. aller Achsenvertauschungen. Im Gegensatz zur Kugel besitzt der Quader glatte Berandungsfunktionen trotz auftretender Kanten. Die Kugel ist aber nicht gemäß Definition 5.5(b) darstellbar.

(2) Anstelle von $(x,y,z) \in \mathbb{R}^3$ schreiben wir auch $(x_1, x_2, x_3) \in \mathbb{R}^3$.

(3) Für jeden x_1, x_2, x_3 Normalbereich Ω gilt

$$\iiint\limits_{\Omega} f(x_1, x_2, x_3)\, dx_1\, dx_2\, dx_3 = \int\limits_{a_-}^{a_+} \int\limits_{b_-(x_1)}^{b_+(x_1)} \int\limits_{c_-(x_1,x_2)}^{c_+(x_1,x_2)} f(x_1, x_2, x_3)\, dx_3\, dx_2\, dx_1 \,,$$

analog für die anderen Normalbereiche. $\qquad\qquad\qquad\qquad\qquad\qquad\square$

Satz 5.6: Integralsatz von Gauß für Normalbereiche im $\mathbb{R}^3$, Divergenztheorem
Es sei Ω ein Normalbereich im $\mathbb{R}^3$ mit glatten Berandungsfunktionen im Sinne von Definition 5.5 (b). Dann ist auf jedem der sechs glatten Teilflächenstücke zu $\partial\Omega$ ein äußeres Normaleneinheitsvektorfeld $\underline{n}$ definiert. Das C^1-Vektorfeld $\underline{F}: U \to \mathbb{R}^3$, d.h. ein stetig differenzierbares Vektorfeld, sei auf einer offenen Menge $U \supset \Omega$ gegeben. Dann gilt

$$\int\limits_{\Omega} (\nabla \cdot \underline{F})(\underline{x})\, dx = \int\limits_{\partial\Omega} \underline{F}(\underline{y}) \cdot \underline{n}(\underline{y})\, dS(\underline{y})$$

$\qquad\qquad\qquad\qquad\qquad\qquad\qquad\qquad\qquad\qquad\qquad\qquad\qquad\qquad\square$

Bemerkungen:

(1) Die sechs gegebenenfalls auftretenden Kanten von $\partial\Omega$, auf denen das Vektorfeld $\underline{n}$ nicht definiert ist, bilden bzgl. der Oberflächenintegration eine Nullmenge. Sie spielen daher keine Rolle bei der Formulierung des Gaußschen Satzes.

(2) Ist $\underline{F} = -\nabla\varphi$ ein Gradientenfeld, so schreibt man auch $\underline{F} \cdot \underline{n} = -\dfrac{\partial\varphi}{\partial n}$.

(3) Anstelle von dS schreibt man auch oft do, und anstelle von $\underline{n}\,dS$ auch $d\underline{S}$, $d\mathbf{S}$, $d\underline{o}$ oder $d\mathbf{o}$.

(4) Die starke Voraussetzung aus Definition 5.5(b) für glatte Berandungsfunktionen kann soweit abgeschwächt werden, dass der Gaußsche Satz auch noch für einige weitere einfache Gebiete wie die Kugel gilt. $\qquad\qquad\qquad\qquad\qquad\square$

Wir kommen nun zum Integralsatz von Stokes, der wie der Gaußsche Integralsatz eine Verallgemeinerung des Hauptsatzes der Differential und Integralrechnung darstellt. Innerhalb einer offenen Menge U betrachten wir ein glattes Flächenstück B mit einem stückweise glatten Rand ∂B, das auch geschlossen sein darf und mit Hilfe eines stetigen Normaleneinheitsvektorfeldes $\underline{n} : B \to \mathbb{R}^3$, $|\underline{n}| = 1$, orientierbar ist.

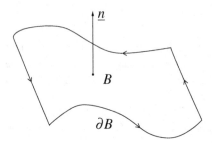

Abbildung 5.6: Das Flächenstück im $\mathbb{R}^3$ mit der positiv orientierten Randkurve.

Wir nehmen nun an, es lasse sich ∂B mit einem Integrationsweg $\underline{\gamma}$ und positiver Orientierung bzgl. des Normaleneinheitsvektorfeldes parametrisieren, siehe Abbildung 5.6.
Unter den oben genannten Voraussetzungen folgt dann

Satz 5.7: Stokesscher Integralsatz
Mit der Rotation $\nabla \times \underline{F}$ des Vektorfeldes $\underline{F}$ in (3.3) gilt

$$\int\limits_B (\nabla \times \underline{F})(\underline{y}) \cdot \underline{n}(\underline{y}) \, \mathrm{d}S(\underline{y}) = \int\limits_{\underline{\gamma}} \underline{F}(\underline{x}) \cdot \mathrm{d}\underline{x} = \int\limits_{\partial B} \underline{F}(\underline{x}) \cdot \mathrm{d}\underline{x}.$$

$\square$

Bemerkungen:

(a) Ist B ein Normalbereich in der x_1, x_2 Ebene, so reduziert sich der Stokessche Integralsatz auf den Gaußschen Integralsatz der Ebene:

$$\iint\limits_B \left(\frac{\partial F_2}{\partial x_1} - \frac{\partial F_1}{\partial x_2} \right) \mathrm{d}x_1 \, \mathrm{d}x_2 = \int\limits_{\partial B} F_1 \, \mathrm{d}x_1 + F_2 \, \mathrm{d}x_2 .$$

Hierbei ist $\underline{n} = \begin{pmatrix} 0 \\ 0 \\ 1 \end{pmatrix}$ und somit $(\nabla \times \underline{F}) \cdot \underline{n} = \frac{\partial F_2}{\partial x_1} - \frac{\partial F_1}{\partial x_2}$. Auch der Stokessche Satz hat zahlreiche Anwendungen in der Elektrodynamik und Strömungsmechanik.

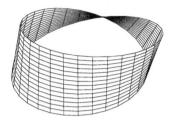

Abbildung 5.7: Das Möbiusband als nicht orientierbare Fläche im $\mathbb{R}^3$.

(b) Jede Parametrisierung $\boldsymbol{\Phi} : V \to \mathbb{R}^3$ aus Definition 5.1 bestimmt ein orientierbares Flächenstück $\boldsymbol{\Phi}(V) \subset \mathbb{R}^3$, da man auf $\boldsymbol{\Phi}(V)$ mittels des Kreuzproduktes der Tangentenvektoren $\underline{a}_1 = \frac{\partial \boldsymbol{\Phi}}{\partial \xi_1}(\xi_1, \xi_2)$, $\underline{a}_2 = \frac{\partial \boldsymbol{\Phi}}{\partial \xi_2}(\xi_1, \xi_2)$ in jedem Flächenpunkt $\underline{y} = \boldsymbol{\Phi}(\xi_1, \xi_2)$ gemäß

$$\underline{n} = \frac{\underline{a}_1 \times \underline{a}_2}{|\underline{a}_1 \times \underline{a}_2|}$$

ein stetiges Normaleneinheitsvektorfeld $\underline{n} : \boldsymbol{\Phi}(V) \to \mathbb{R}^3$ erhält. Das in Abbildung 5.7 dargestellte Möbiusband verletzt dagegen die Voraussetzung der Orientierbarkeit, d.h. es besitzt kein stetiges Normaleneinheitsvektorfeld $\underline{n}$. $\qquad \square$

5.2 Das Poincarésche Kreismodell der hyperbolischen Geometrie

In diesem Abschnitt wird die hyperbolische Geomerie zunächst für eine interessante Anwendung der Oberflächenintegration eingeführt. Das Studium dieser Geometrie werden wir später im Rahmen der Funktionentheorie im Abschnitt 9.1 weiter vertiefen.

Die hyperbolische Geometrie wurde um 1830 herum voneinander unabhängig von Gauß, Bolyai und Lobachevsky entwickelt. Diese Untersuchungen sind aus dem erfolglosen Bemühen hervorgegangen, das Euklidische Parallelenaxiom wie einen Lehrsatz mit Hilfe der übrigen geometrischen Grundannahmen zu beweisen. Wir entwickeln zwei Modelle der hyperbolischen Geometrie, beginnen hier erste Studien zunächst elementar, und dann später ausführlich mit den eleganten und weitreichenden Methoden der Funktionentheorie. Aus diesen Modellen ergibt sich dann auf einfache und natürliche Weise die Unabhängigkeit des Parallelenaxioms. Wir betrachten zuerst das sogenannte Poincarésche Kreismodell der hyperbolischen

Geometrie. Deren geometrische Objekte werden im Folgenden stets durch das Präfix "H" gekennzeichnet.

1.) H-Punkte sind die Menge aller Punkte $P = (x_1, x_2)$ des $\mathbb{R}^2$ im Inneren des Einheitskreises $E := \{(x_1, x_2) \in \mathbb{R}^2 : x_1^2 + x_2^2 < 1\}$.

2.) H-Randpunkte sind alle Punkte $P = (x_1, x_2)$ des $\mathbb{R}^2$ mit $x_1^2 + x_2^2 = 1$, die also auf der Einheitskreislinie liegen.

3.) H-Geraden g sind für festes $\varphi \in [0, 2\pi)$ entweder Geradensegmente im Inneren des Einheitskreises E von der Gestalt

$$g = \{(x_1, x_2) \in \mathbb{R}^2 : x_2 \cos \varphi - x_1 \sin \varphi = 0 \quad \text{und} \quad x_1^2 + x_2^2 < 1\},$$

d.h die Geradensegmente durch den Nullpunkt, oder es sind diejenigen auf E eingeschränkten Kreise, die den Rand ∂E von E orthogonal schneiden. Wir werden zeigen, dass durch zwei verschiedene H-Punkte genau eine H-Gerade verläuft. In Abbildung 5.8 sind zwei repräsentative H-Geraden g_1 und g_2 dargestellt.

4.) Der H-Winkel, unter dem sich zwei H-Geraden schneiden, stimmt mit dem Euklidischen Winkel überein, entsprechendes gilt auch für die H-Schnittwinkel zweier glatter Kurven im Inneren von E.

5.) Der H-Abstand $d(P, Q) \geq 0$ zweier H-Punkte $P = (x_1, x_2), Q = (y_1, y_2)$ ist für eine feste positive Konstante $a > 0$ gegeben durch

$$\sinh^2\left(\frac{d(P, Q)}{2a}\right) = \frac{(x_1 - y_1)^2 + (x_2 - y_2)^2}{(1 - x_1^2 - x_2^2)(1 - y_1^2 - y_2^2)}. \tag{5.7}$$

6.) Ist M ein H-Punkt und $a' > 0$, so heißt

$$K(a', M) := \{P \in E : d(P, M) \leq a'\},$$

ein H-Kreis mit H-Radius a' und H-Mittelpunkt M.

In diesem Modell gelten alle geometrischen Axiome der Euklidischen Geometrie bis auf eines: In der hyperbolischen Geometrie gibt es zu einem H-Punkt P und einer H-Geraden g, die nicht durch P läuft, unendliche viele H-Geraden h durch P, die g nicht innerhalb E schneiden, dies sind die H-Geraden, die H-parallel zu g verlaufen. Das Euklidische Parallelenaxiom ist somit verletzt, was in Abbildung 5.9 illustriert ist: Die H-Geraden g_1, g_2 in Abbildung 5.9 nennt man deshalb randparallele H-Geraden zu g, weil sie g nur in den uneigentlichen H-Randpunkten A bzw. B schneiden.

Wir zeigen, dass durch zwei verschiedene H-Punkte $P = (x_0, y_0)$ und $Q = (x_1, y_1)$ genau eine H-Gerade g verläuft, und leiten bei dieser Gelegenheit gleich einige weitere nützliche Formeln ab:

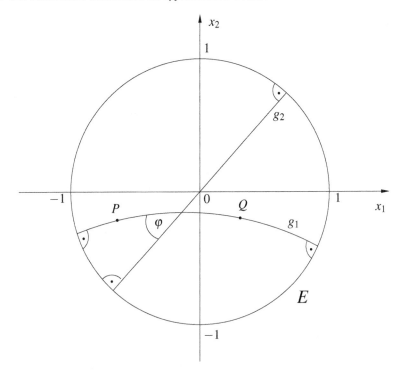

Abbildung 5.8: Das Poincarésche Kreismodell der hyperbolischen Geometrie.

Es seien $A := (\cos\alpha, \sin\alpha)$ bzw. $B := (\cos\beta, \sin\beta)$, $0 \le \alpha, \beta < 2\pi$, zwei verschiedene Punkte auf dem Rand ∂E des Einheitskreises E, d.h. zwei verschiedene H-Randpunkte A, B sind auf diese Weise gegeben. Wir wollen zunächst die Gleichung der H-Geraden durch die H-Randpunkte A, B bestimmen.

Fall 1: $|\beta - \alpha| = \pi$.
Dann gibt es keinen Orthogonalkreis zu E durch A, B, und die H-Gerade durch A, B ist das Geradensegment innerhalb E, auf dem A und B sowie der Koordinatenursprung liegen.

Fall 2: $|\beta - \alpha| \ne \pi$.
Die Gleichung der Tangentenpunkte $(x(t), y(t)) \in \mathbb{R}^2$ zum Einheitskreis durch A ist mit reellem Parameter t gegeben durch

$$x(t) = \cos\alpha - t\sin\alpha, \quad y(t) = \sin\alpha + t\cos\alpha,$$

und entsprechen die Gleichung der Tangentenpunkte $(x(\tilde{t}), y(\tilde{t})) \in \mathbb{R}^2$ durch B ist mit reellem $\tilde{t}$

$$x(\tilde{t}) = \cos\beta - \tilde{t}\sin\beta, \quad y(\tilde{t}) = \sin\beta + \tilde{t}\cos\beta.$$

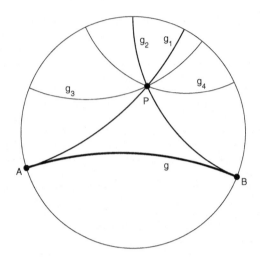

Abbildung 5.9: Verletzung des Parallelenaxioms. Hierbei sind g_1, g_2 Randparallelen zu g durch P bzw. g_3, g_4 Überparallelen zu g durch P.

Den Schnittpunkt M beider Tangenten erhält man nun durch die Gleichsetzungen $x(\tilde{t}) = x(t)$ bzw. $y(\tilde{t}) = y(t)$, woraus ein lineares Gleichungssystem zur Bestimmung von t, $\tilde{t}$ resultiert, aus dem man mit den Additionstheoremen den Tangentenschnittpunkt

$$M = (x_*, y_*) := \left(\frac{\cos\frac{\beta+\alpha}{2}}{\cos\frac{\beta-\alpha}{2}}, \frac{\sin\frac{\beta+\alpha}{2}}{\cos\frac{\beta-\alpha}{2}} \right)$$

sowie den Radius $r > 0$ des Orthogonalkreises zu E durch A und B erhält:

$$r = \tan\frac{|\beta - \alpha|}{2}.$$

M ist dabei der Mittelpunkt des Orthogonalkreises. Die Gleichung für die Punkte $P = (x_0, y_0)$ auf dem Orthogonalkreises durch A, B lautet damit

$$\left(x_0 - \frac{\cos\frac{\beta+\alpha}{2}}{\cos\frac{\beta-\alpha}{2}} \right)^2 + \left(y_0 - \frac{\sin\frac{\beta+\alpha}{2}}{\cos\frac{\beta-\alpha}{2}} \right)^2 = \tan^2\frac{\beta - \alpha}{2}.$$

Wir interessieren uns hier für den Fall, dass P ein H-Punkt ist, d.h. $x_0^2 + y_0^2 < 1$ gilt. Benutzen wir für die Koordinaten des Mittelpunktes M die Abkürzungen x_*,

y_*, so können wir die Gleichung des Orthogonalkreises auch in der folgenden Form schreiben:

$$x_0^2 + y_0^2 + 1 = 2x_0 x_* + 2y_0 y_* \,.$$

Bei gegebenem H-Punkt $P = (x_0, y_0) \neq (0,0)$ kann dies auch als Geradengleichung für die Menge der Mittelpunkte $M = (x_*, y_*)$ aller Orthogonalkreise zu E durch P aufgefasst werden, die wir dann auch in folgender Weise schreiben können:

$$x_0 \left[x_* - \frac{1}{2} \left(x_0 + \frac{x_0}{x_0^2 + y_0^2} \right) \right] + y_0 \left[y_* - \frac{1}{2} \left(y_0 + \frac{y_0}{x_0^2 + y_0^2} \right) \right] = 0 \,.$$

Ist nun $Q = (x_1, y_1) \neq (0,0)$ ein zweiter H-Punkt, der nach Annahme der zweiten Fallunterscheidung so gewählt sein muss, dass P, Q und $O = (0,0)$ nicht alle auf einer (Euklidischen) Geraden liegen, so hat das lineare Gleichungssystem

$$x_0 x_* + y_0 y_* = \frac{1}{2} \left[1 + x_0^2 + y_0^2 \right] \,, \quad x_1 x_* + y_1 y_* = \frac{1}{2} \left[1 + x_1^2 + y_1^2 \right]$$

aufgrund der Determinantenbedingung $x_0 y_1 - x_1 y_0 \neq 0$ genau eine Lösung für den Mittelpunkt $M = (x_*, y_*)$ des gemeinsamen Orthogonalkreises durch P und Q. Dieser Orthogonalkreis ist dann die eindeutig bestimmte H-Gerade g durch die H-Punkte P und Q.

Aber das lineare Gleichungssystem für x_* und y_* ist natürlich auch dann sinnvoll, wenn $P = (x_0, y_0) \in \mathbb{R}^2$ und $Q = (x_1, y_1) \in \mathbb{R}^2$ *keine* H-Punkte sind: Wenn nur die Bedingung $x_0 y_1 - x_1 y_0 \neq 0$ erfüllt ist, dann ist $M = (x_*, y_*)$ bereits der Mittelpunkt des eindeutig bestimmten Orthogonalkreises zu E durch P und Q.

Bei der Behandlung der sogenannten Möbius-Transformationen im Kapitel zur Funktionentheorie werden wir Orthogonalkreise in hyperbolischen, elliptischen und parabolischen Kreisbüscheln untersuchen.

5.3 Transformation des Metriktensors ohne Flächeneinbettung

Die ebene hyperbolische Geometrie gestattet keine globale Einbettung als Fläche in den $\mathbb{R}^3$. Dies wurde 1901 von David Hilbert in [20] gezeigt. Bei der Herleitung des Transformationsgesetzes für den Metriktensor haben wir aber eine globale Flächeneinbettung benutzt. In dem Lehrbuch von Weinberg [42] findet der Leser neben einer interessanten historischen Einführung in die Geschichte der nichteuklidischen Geometrie auch die Grundlagen der Tensorrechnung aus der Sicht eines Physikers. Wir zeigen nun, dass das Transformationsgesetz des Metriktensors ganz allgemein, also ohne Flächeneinbettung, begründet werden kann, und behandeln dabei nicht nur den Fall der hyperbolischen Geometrie:

Gegeben ist auf einem offenen Parameterbereich $V \subseteq \mathbb{R}^2$ ein Metriktensor mit je nach Anwendung „genügend glatten" Komponenten $g_{11}, g_{12}, g_{21}, g_{22} : V \to \mathbb{R}$, so dass die folgende Matrix auf ganz V symmetrisch und positiv definit ist:

$$G := \begin{pmatrix} g_{11} & g_{12} \\ g_{21} & g_{22} \end{pmatrix}.$$

Außerdem haben wir einen C^∞-Diffeomorphismus $T : V' \to V$, im Folgenden kurz Transformation genannt, von einer zweiten offenen Menge $V' \subseteq \mathbb{R}^2$ *auf* V gegeben. Für das infinitesimale Abstandsquadrat zweier infinitesimal benachbarter Punkte $P = (\xi_1, \xi_2)$ und $Q = (\xi_1 + d\xi_1, \xi_2 + d\xi_2)$ haben wir lokal im Punkte P:

$$ds^2 = \sum_{\mu,\nu=1}^{2} g_{\mu\nu}(\xi_1, \xi_2) \, d\xi_\mu \, d\xi_\nu.$$

Mit Hilfe der Transformation $T(\xi_1', \xi_2') = (\xi_1, \xi_2)$ können wir die hier auftretenden Koordinatendifferentiale $d\xi_\mu$, $d\xi_\nu$ durch die gestrichenen Koordinatendifferentiale $d\xi_\kappa'$, $d\xi_\lambda'$ wie folgt ausdrücken:

$$d\xi_\mu = \sum_{\kappa=1}^{2} \frac{\partial \xi_\mu}{\partial \xi_\kappa'} d\xi_\kappa', \quad d\xi_\nu = \sum_{\lambda=1}^{2} \frac{\partial \xi_\nu}{\partial \xi_\lambda'} d\xi_\lambda'.$$

Fügen wir dies in den Ausdruck für ds^2 ein, so wird

$$ds^2 = \sum_{\kappa,\lambda=1}^{2} \left[\sum_{\mu,\nu=1}^{2} \frac{\partial \xi_\mu}{\partial \xi_\kappa'} \frac{\partial \xi_\nu}{\partial \xi_\lambda'} g_{\mu\nu}(T(\xi_1', \xi_2')) \right] d\xi_\kappa' d\xi_\lambda'. \tag{5.8}$$

Hieraus folgt, dass wir den Metriktensor in gestrichenen Koordinaten notwendigerweise gemäß dem Transformationsgesetz

$$g'_{\kappa\lambda}(\xi_1', \xi_2') := \sum_{\mu,\nu=1}^{2} \frac{\partial \xi_\mu}{\partial \xi_\kappa'} \frac{\partial \xi_\nu}{\partial \xi_\lambda'} g_{\mu\nu}(T(\xi_1', \xi_2')) \tag{5.9}$$

zu bestimmen haben, um auch in den neuen Koordinaten die koordinatenunabhängige Größe ds^2 gemäß

$$ds^2 = \sum_{\kappa,\lambda=1}^{2} g'_{\kappa\lambda}(\xi_1', \xi_2') \, d\xi_\kappa' d\xi_\lambda' \tag{5.10}$$

ausdrücken zu können. Das Transformationsgesetz (5.9) kann also aus dem Koeffizientenvergleich von (5.10) mit (5.8) abgelesen werden. Wir erhalten aus (5.9) abermals, auch ohne Flächeneinbettung Φ, die Formel (5.3), und daraus (5.4).

Bemerkung: Die Transformation des Metriktensors ohne Flächeneinbettung in den $\mathbb{R}^3$ werden wir in Aufgabe 5.8 verwenden, in der hyperbolische Polarkoordinaten eingeführt werden, um den H-Flächeninhalt eines H-Kreises zu berechnen.

5.4 Aufgaben

Aufgabe 5.1: Das Volumen der n-dimensionalen Einheitskugel

Mit τ_n bezeichnen wir für $n \in \mathbb{N}$ das Volumen der n-dimensionalen Einheitskugel K_n im $\mathbb{R}^n$, also

$$\tau_n := |K_n| = \int\limits_{K_n} 1 \cdot dx$$

mit $K_n := \{\underline{x} \in \mathbb{R}^n : |\underline{x}| < 1\}$. Man zeige

$$\tau_n = \begin{cases} \dfrac{\pi^{\frac{n}{2}}}{(\frac{n}{2})!}, & n \text{ gerade} \\[3mm] \dfrac{2^n}{n!}\pi^{\frac{n-1}{2}}\left(\dfrac{n-1}{2}\right)!, & n \text{ ungerade,} \end{cases}$$

und insbesondere $\tau_1 = 2$, $\tau_2 = \pi$, $\tau_3 = \frac{4}{3}\pi$.

Hinweis: Man wende den Satz von Fubini auf das Integral über die charakteristische Funktion χ_{K_n} der Einheitskugel K_n im $\mathbb{R}^n$ an und leite damit die folgende Rekursion ab: $\tau_{n+1} = \tau_n \int_{-1}^{1} (1-t^2)^{\frac{n}{2}} \, dt$. Auf das letzte Integral läßt sich unter Beachtung von

$$(1-t^2)^{\frac{n}{2}} = (1-t^2)^{\frac{n-2}{2}} + \frac{t}{n}\frac{d}{dt}(1-t^2)^{\frac{n}{2}}$$

partielle Integration anwenden. Schließlich stehen die ersten beiden Werte $\tau_1 = 2$ sowie $\tau_2 = \pi$ bereits zur Verfügung.

Lösung: Wir orientieren uns an Beispiel (7.4) aus [15, §7].

Es bezeichnet $\tau_n := \int\limits_{K_n} 1 \cdot dx$ das Volumen $|K_n|$ der n-dimensionalen offenen Einheitskugel $K_n = \{\underline{x} \in \mathbb{R}^n : |\underline{x}| < 1\}$. Die ersten beiden Werte sind

$$\tau_1 = \int\limits_{-1}^{1} 1 \cdot dx = 2,$$

$$\tau_2 = \pi \quad \text{(siehe auch Aufgabe 3.2(a) mit } a = b = 1\text{)}.$$

Wir definieren für $-1 < t < 1$ die Schnittmenge $S_{n,t}$ der Kugel mit den Hyperflächen

$$H_t := \{\underline{x} = (x_1, \ldots, x_n) \in \mathbb{R}^n : x_n = t\}$$

gemäß

$$S_{n,t} := \{(x_1, \ldots, x_n) \in \mathbb{R}^n : x^1 + \ldots + x_{n-1}^2 < 1 - t^2 \text{ und } x_n = t\},$$

siehe Abbildung 5.10. Für $n \geq 2$ ist das $(n-1)$-dimensionale Volumen von $S_{n,t}$

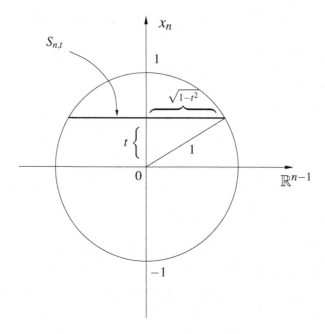

Abbildung 5.10: Zur Schnittmenge $S_{n,t}$ der Kugel K_n mit den Hyperflächen H_t

gegeben durch $|S_{n,t}| = \tau_{n-1} \cdot \sqrt{1-t^2}^{\,n-1}$, da $S_{n,t}$ eine Kugel mit Radius $\sqrt{1-t^2}$ ist, so dass die Rekursionen

$$\tau_n = \tau_{n-1} \int_{-1}^{1} (1-t^2)^{\frac{n-1}{2}} \, dt \quad (n \geq 2) \quad \text{bzw.}$$

$$\tau_{n+1} = \tau_n \int_{-1}^{1} (1-t^2)^{\frac{n}{2}} \, dt \quad (n \in \mathbb{N}) \tag{5.11}$$

gelten. Diese Rekursionen sind unter dem Stichwort „Prinzip von Cavalieri" bekannt. Definiere für $n \in \mathbb{N}$ die Integrale

$$I_n := \int_{-1}^{1} (1-t^2)^{\frac{n}{2}} \, dt,$$

wobei wir schon wissen:

$$I_1 = \frac{\pi}{2}, \quad I_2 = \frac{4}{3}. \tag{5.12}$$

Aus der Beziehung

$$(1-t^2)^{\frac{n}{2}} = (1-t^2)^{\frac{n-2}{2}} + \frac{t}{n}\frac{\mathrm{d}}{\mathrm{d}t}(1-t^2)^{\frac{n}{2}}$$

folgt aber mit partieller Integration für alle $n \geq 3$:

$$I_n = I_{n-2} + \frac{1}{n}\int_{-1}^{1} t\frac{\mathrm{d}}{\mathrm{d}t}(1-t^2)^{\frac{n}{2}}\,\mathrm{d}t$$

$$= I_{n-2} + \frac{1}{n}\left(\left[t\cdot(1-t^2)^{\frac{n}{2}}\right]_{-1}^{+1} - \int_{-1}^{1} 1\cdot(1-t^2)^{\frac{n}{2}}\,\mathrm{d}t\right),$$

also $I_n = I_{n-2} - \frac{1}{n}I_n$ bzw. für alle $n \geq 3$

$$I_n = \frac{n}{n+1}I_{n-2}. \tag{5.13}$$

Aus (5.12) und (5.13) erhalten wir für alle *geraden* Indizes $n = 2k \in \mathbb{N}$ die Formel

$$I_{2k} = 2\cdot\frac{2}{3}\cdot\frac{4}{5}\cdot\frac{6}{7}\cdot\ldots\cdot\frac{2k}{2k+1} = \frac{2^{2k+1}(k!)^2}{(2k+1)!} \tag{5.14}$$

und für alle *ungeraden* Indizes $n = 2k+1 \in \mathbb{N}$

$$I_{2k+1} = \pi\cdot\frac{1}{2}\cdot\frac{3}{4}\cdot\frac{5}{6}\cdot\ldots\cdot\frac{2k+1}{2k+2} = \frac{\pi}{2k+2}\frac{(2k+1)!}{2^{2k}(k!)^2}. \tag{5.15}$$

Wir nehmen nun an, dass bis zu einem gewissen $n \geq 2$ die Formel

$$\tau_n = \begin{cases} \dfrac{\pi^{\frac{n}{2}}}{(\frac{n}{2})!}, & n \text{ gerade} \\[2mm] \dfrac{2^n}{n!}\pi^{\frac{n-1}{2}}\left(\dfrac{n-1}{2}\right)!, & n \text{ ungerade} \end{cases} \tag{5.16}$$

bereits gezeigt ist. Sicherlich ist sie für den Induktionsanfang $n = 1$ bzw. $n = 2$ richtig. Wir unterscheiden zwei Fälle:

(A) $n = 2k$ ist gerade. Dann folgt nach Induktionsannahme mit (5.14):

$$\tau_{n+1} = \tau_n \cdot I_n = \frac{\pi^{\frac{n}{2}}}{(\frac{n}{2})!}\cdot\frac{2^{n+1}\left\{(\frac{n}{2})!\right\}^2}{(n+1)!}$$

$$= \frac{2^{n+1}}{(n+1)!}\pi^{\frac{n}{2}}\left(\frac{n}{2}\right)!$$

so dass (5.16) auch für ungerades $n+1$ richtig ist.

(B) $n = 2k + 1$ ist ungerade. Dann folgt nach Induktionsannahme mit (5.15):

$$\tau_{n+1} = \tau_n \cdot I_n = \frac{2^n}{n!} \pi^{\frac{n-1}{2}} \left(\frac{n-1}{2} \right)! \cdot \frac{\pi}{n+1} \cdot \frac{n!}{2^{n-1} \left\{ \left(\frac{n-1}{2} \right)! \right\}^2}$$

$$= \frac{\pi^{\frac{n+1}{2}}}{\frac{n+1}{2} \cdot \left(\frac{n-1}{2} \right)!} = \frac{\pi^{\frac{n+1}{2}}}{\left(\frac{n+1}{2} \right)!},$$

so dass (5.16) auch für gerades $n+1$ richtig ist. So stimmt (5.16) für alle $n \in \mathbb{N}$.

Bemerkungen:

(1) Diese Formeln lassen sich mit Hilfe der Gamma-Funktion vereinfachen zu

$$\tau_n = \frac{\pi^{\frac{n}{2}}}{\Gamma(\frac{n}{2}+1)}. \tag{5.17}$$

Hierzu präsentieren wir in Aufgabe 5.4 mit Hilfe des Eulerschen Betaintegrals einen eleganteren Nachweis dieser Formel. Jedoch beinhalten beide Lösungswege interessante analytische Ansätze.

(2) Man beachte die Analogie mit der Rechnung zum Wallisschen Produkt, siehe Aufgabe 1.4.

(3) Das Volumen der Einheitskugel ist im $\mathbb{R}^5$ maximal, siehe Tabelle 5.1. Mit der

Tabelle 5.1: Volumen der n-dimensionalen Einheitskugel.

n	τ_n	τ_n
1	2	2.0
2	π	3.14159
3	$\frac{4}{3}\pi$	4.18879
4	$\frac{1}{2}\pi^2$	4.93480
5	$\frac{8}{15}\pi^2$	5.26379
6	$\frac{1}{6}\pi^3$	5.16771
⋮	⋮	⋮
40	$\frac{1}{2432902008176640000}\pi^{20}$	$3.60473 \cdot 10^{-9}$

Stirlingschen Formel (1.4) folgt $\lim\limits_{n\to\infty} \tau_n = 0$. $\square$

Aufgabe 5.2: Integration rotationssymmetrischer Funktionen

Es sei f eine Funktion auf dem Intervall $(0,R)$, wobei $0 < R \leq \infty$ ist. Man zeige:

Die für $\underline{x} \in \mathbb{R}^n$ definierte Funktion $\underline{x} \mapsto f(|\underline{x}|)$ ist genau dann integrierbar auf der offenen Kugel $K_{n,R} := \{\underline{x} \in \mathbb{R}^n : |\underline{x}| < R\} \subseteq \mathbb{R}^n$, wenn die Funktion $r \mapsto f(r)\,r^{n-1}$ auf $(0,R)$ integrierbar ist, und dann gilt

$$\int_{K_{n,R}} f(|\underline{x}|)\,\mathrm{d}x = n\,\tau_n \int_0^R f(r)\,r^{n-1}\,\mathrm{d}r.$$

Hinweis: Man substituiere mit den beiden Transformationen $T^{\pm} : K_{n-1} \times (0,R) \to K_{n,R}^{\pm}$ gemäß

$$T^{\pm}(\xi_1,\ldots,\xi_{n-1},r) := \left(r\xi_1,\ldots,r\xi_{n-1},\pm r\sqrt{1-(\xi_1^2+\ldots+\xi_{n-1}^2)}\,\right),$$

wobei $K_{n,R}^{\pm} := \{\underline{x} = (x_1,\ldots,x_n) \in K_{n,R} : \pm x_n > 0\}$ die obere bzw. untere Halbkugel ist.

Lösung:

Wir bestimmen die Jacobi-Determinante der Transformation

$$T^+ : K_{n-1} \times (0,R) \to K_{n,R}^+$$

mit

$$T^+(\xi_1,\ldots,\xi_{n-1},r) = \left(r\xi_1,\ldots,r\xi_{n-1},r\sqrt{1-(\xi_1^2+\ldots+\xi_{n-1}^2)}\,\right),$$

und erhalten

$$\mathrm{Det}(\nabla T^+) = |\nabla T^+| =$$

$$\begin{vmatrix} r & 0 & \ldots & 0 & \xi_1 \\ 0 & r & \ldots & 0 & \xi_2 \\ \vdots & \vdots & \ddots & \vdots & \vdots \\ 0 & 0 & \ldots & r & \xi_{n-1} \\ -\dfrac{r\xi_1}{\sqrt{1-(\xi_1^2+\ldots+\xi_{n-1}^2)}} & -\dfrac{r\xi_2}{\sqrt{1-(\xi_1^2+\ldots+\xi_{n-1}^2)}} & \ldots & -\dfrac{r\xi_{n-1}}{\sqrt{1-(\xi_1^2+\ldots+\xi_{n-1}^2)}} & \sqrt{1-(\xi_1^2+\ldots+\xi_{n-1}^2)} \end{vmatrix}_{n\times n}.$$

Die Entwicklung nach der letzten Spalte von ∇T^+ liefert

$$|\nabla T^+| = \frac{r^{n-1}}{(1-\sum\limits_{i=1}^{n-1}\xi_i^2)^{1/2}}.$$

Nach dem Transformationssatz und dem Satz von Fubini gilt nun

$$\int\limits_{K_{n,R}^{+}} f(|\underline{x}|)\,\mathrm{d}x = \int\limits_{K_{n-1}} \int\limits_{0}^{R} f(r)\frac{r^{n-1}}{(1-\sum\limits_{i=1}^{n-1}\xi_i^2)^{1/2}}\,\mathrm{d}r\,\mathrm{d}\xi_1\ldots\mathrm{d}\xi_{n-1}$$

$$= \int\limits_{K_{n-1}} \frac{\mathrm{d}\xi_1\ldots\mathrm{d}\xi_{n-1}}{\sqrt{1-(\xi_1^2+\ldots+\xi_{n-1}^2)}} \cdot \int\limits_{0}^{R} f(r)r^{n-1}\,\mathrm{d}r,$$

wobei diese Sätze garantieren, dass alle auftretenden Integrale in der letzten Glei-chungskette existieren. Wählt man speziell $f(|\underline{x}|) \equiv 1$, so ergibt sich

$$\frac{1}{2}R^n\tau_n = \int\limits_{K_{n,R}^{+}} \mathrm{d}x = \int\limits_{K_{n-1}} \frac{\mathrm{d}\xi_1\ldots\mathrm{d}\xi_{n-1}}{\sqrt{1-(\xi_1^2+\ldots+\xi_{n-1}^2)}} \cdot \int\limits_{0}^{R} r^{n-1}\,\mathrm{d}r$$

$$= \frac{R^n}{n} \cdot \int\limits_{K_{n-1}} \frac{\mathrm{d}\xi_1\ldots\mathrm{d}\xi_{n-1}}{\sqrt{1-(\xi_1^2+\ldots+\xi_{n-1}^2)}},$$

also

$$\int\limits_{K_{n-1}} \frac{\mathrm{d}\xi_1\ldots\mathrm{d}\xi_{n-1}}{\sqrt{1-(\xi_1^2+\ldots+\xi_{n-1}^2)}} = \frac{1}{2}n\tau_n$$

und damit

$$\int\limits_{K_{n,R}^{+}} f(|\underline{x}|)\,\mathrm{d}x = \frac{1}{2}n\,\tau_n \int\limits_{0}^{R} f(r)\,r^{n-1}\,\mathrm{d}r.$$

Betrachtet man analog die Transformation $T^- : K_{n-1} \times (0,R) \to K_{n,R}^{-}$ mit

$$T^-(\xi_1,\ldots,\xi_{n-1},r) = \left(r\xi_1,\ldots,r\xi_{n-1},-r\sqrt{1-(\xi_1^2+\ldots+\xi_{n-1}^2)}\right)$$

für die untere Halbkugel $K_{n,R}^{-} = \{\underline{x} = (x_1,\ldots,x_n) \in K_{n,R} : x_n < 0\}$, so erhält man entsprechend

$$\int\limits_{K_{n,R}^{-}} f(|\underline{x}|)\,\mathrm{d}x = \frac{1}{2}n\,\tau_n \int\limits_{0}^{R} f(r)\,r^{n-1}\,\mathrm{d}r.$$

Daraus folgt die Behauptung

$$\int\limits_{K_{n,R}} f(|\underline{x}|)\,\mathrm{d}x = \int\limits_{K_{n,R}^{+}} f(|\underline{x}|)\,\mathrm{d}x + \int\limits_{K_{n,R}^{-}} f(|\underline{x}|)\,\mathrm{d}x = n\,\tau_n \int\limits_{0}^{R} f(r)\,r^{n-1}\,\mathrm{d}r.$$

Bemerkung: Setzt man neben $f = 1$ für f noch $f(r) = e^{-\frac{r^2}{2}}$ ein und verwendet das Resultat aus Aufgabe 4.6(b) ein, so erhält man ohne Mühe eine weitere Herleitung der Volumenformel für τ_n, unabhängig von Aufgabe 5.1. Der Leser möge dies hier explizit ausführen und seine Rechnung mit dem Ergebnis vergleichen.   □

Aufgabe 5.3: Oberfläche und Volumen eines Rotationskörpers
Die stetig differenzierbare Kurve zum Meridian $f : [a,b] \to \mathbb{R}$ mit $f(x) > 0$ für alle $x \in (a,b)$ rotiert um die x-Achse. Von dem entstehenden Rotationskörper sollen die Mantelfläche M und das Volumen V in den Grenzen von a bis b berechnet werden.

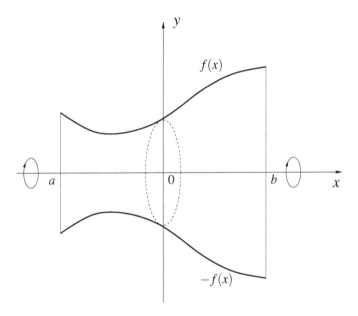

Abbildung 5.11: Ein Rotationskörper mit Meridian f.

(a) Man zeige, dass der Flächeninhalt M des Mantels ohne Boden und Deckel gegeben ist durch

$$M = 2\pi \int\limits_a^b f(x) \sqrt{1 + f'(x)^2} \, \mathrm{d}x.$$

(b) Man zeige, dass das Volumen des Rotationskörpers gegeben ist durch

$$V = \pi \int\limits_a^b f(x)^2 \, \mathrm{d}x.$$

(c) Man wende für gegebene $h, r > 0$ die Formeln aus (a) und (b) auf den kompakten Kreiskegel

$$K := \{ (x,y,z) \in \mathbb{R}^3 : 0 \le z \le h \quad \text{und} \quad x^2 + y^2 \le r^2(1 - z/h)^2 \}$$

der Höhe h mit Grundfläche πr^2 an.

Lösung:

(a) Die Parameterdarstellung $\Phi : W \to \mathbb{R}^3$ der Rotationsfläche sei gegeben durch

$$\Phi(\xi_1, \xi_2) = \begin{pmatrix} \xi_1 \\ f(\xi_1)\cos\xi_2 \\ f(\xi_1)\sin\xi_2 \end{pmatrix}$$

mit $W = \{(\xi_1, \xi_2) \in \mathbb{R}^2 : a \le \xi_1 \le b, \; 0 \le \xi_2 < 2\pi\}$. Für die Flächennormale gilt

$$\frac{\partial\Phi}{\partial\xi_1} \times \frac{\partial\Phi}{\partial\xi_2} = \begin{pmatrix} f'(\xi_1)f(\xi_1) \\ -f(\xi_1)\cos\xi_2 \\ -f(\xi_1)\sin\xi_2 \end{pmatrix} .$$

Für den Oberflächeninhalt des Rotationskörpers ohne Boden und Deckel ergibt sich
dann

$$M = \int_{|\Phi(W)|} 1 \, dS(\underline{y}) = \iint_W \left| \frac{\partial\Phi}{\partial\xi_1} \times \frac{\partial\Phi}{\partial\xi_2} \right| d\xi_1 \, d\xi_2$$

$$= \int_W \sqrt{(f'(\xi_1)f(\xi_1))^2 + (-f(\xi_1)\cos\xi_2)^2 + (-f(\xi_1)\sin\xi_2)^2} \; d\xi_1 \, d\xi_2$$

$$= \int_0^{2\pi}\int_a^b f(\xi_1)\sqrt{1 + f'(\xi_1)^2} \; d\xi_1 \, d\xi_2 = 2\pi \int_a^b f(x)\sqrt{1 + f'(x)^2} \; dx.$$

(b) Der Rotationskörper wird in Zylinderkoordinaten

$$B = \{(r, \varphi, x) : 0 \le r \le f(x), \; 0 \le \varphi < 2\pi, \; a \le x \le b\},$$

parametrisiert durch $\begin{pmatrix} x \\ y \\ z \end{pmatrix} = \begin{pmatrix} x \\ r\cos\varphi \\ r\sin\varphi \end{pmatrix}$, und die Jacobi-Determinante der Trans-

formation ist Det $\dfrac{\partial(x,y,z)}{\partial(r,\varphi,x)} = r$. Für das Volumen des Rotationskörpers bekommen
wir nach der Transformationsregel und nach dem Satz von Fubini:

$$V = \iiint_B 1 \cdot r \, \mathrm{d}x \, \mathrm{d}\varphi \, \mathrm{d}r = \int_0^{f(x)} \int_0^{2\pi} \int_a^b 1 \cdot r \, \mathrm{d}x \, \mathrm{d}\varphi \, \mathrm{d}r = 2\pi \int_a^b \left[\frac{1}{2} r^2 \right]_{r=0}^{r=f(x)} \mathrm{d}x$$

$$= \pi \int_a^b f^2(x) \, \mathrm{d}x.$$

(c) Der Kreiskegel

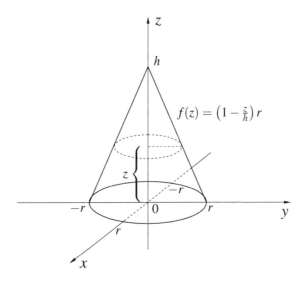

$$f(z) = \left(1 - \tfrac{z}{h}\right) r$$

Abbildung 5.12: Ein senkrechter Kreiskegel mit Höhe h.

$$K = \{ (x,y,z) \in \mathbb{R}^3 : 0 \le z \le h \quad \text{und} \quad x^2 + y^2 \le r^2 (1 - z/h)^2 \}$$

entsteht durch Rotation der Kurve $f : [0,h] \to \mathbb{R}$ mit $y = f(z) = r(1 - \tfrac{z}{h})$ um die z-Achse, siehe Abbildung 5.12. Die Mantelfäche des Kegels ergibt sich dann aus der Teilaufgabe (a):

$$M = 2\pi \int_0^h r \left(1 - \frac{z}{h}\right) \sqrt{1 + \frac{r^2}{h^2}} \, \mathrm{d}z = 2\pi \frac{r}{h} \sqrt{h^2 + r^2} \left[z - \frac{z^2}{2h} \right]_{z=0}^{z=h}$$

$$= 2\pi \frac{r}{h} \sqrt{h^2 + r^2} \cdot \frac{h}{2} = \pi r \sqrt{h^2 + r^2}.$$

Man vergleiche dies mit der entsprechenden Fläche des Kreisabschnittes in Abbildung 5.13. Für das Kegelvolumen ergibt sich nach der Volumenformel aus der Teilaufgabe (b)

$$V = |K| = \pi \int_0^h r^2 \left(1 - \frac{z}{h}\right)^2 \, dz = \pi r^2 \left(\int_0^h 1 \cdot dz - \int_0^h \frac{2z}{h} \, dz + \int_0^h \frac{z^2}{h^2} \, dz \right)$$

$$= \pi r^2 \left[z - \frac{z^2}{h} + \frac{z^3}{3h^2} \right]_{z=0}^{z=h} = \pi r^2 \left(h - h + \frac{1}{3}h \right) = \frac{1}{3}\pi r^2 h.$$

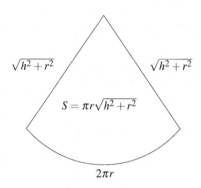

Abbildung 5.13: Die Mantelfäche des Kegels als Kreisabschnitt.

Aufgabe 5.4: Eulersches Betaintegral nach Jacobi

(a) Für $p, q > 0$ ist die Betafunktion definiert durch $B(p,q) := \int_0^1 (1-t)^{p-1} t^{q-1} \, dt$.

Man zeige: $B(p,q) = \dfrac{\Gamma(p)\Gamma(q)}{\Gamma(p+q)}$.

Hinweis: Integriere den Ausdruck $x^{p-1} y^{q-1} e^{-x-y}$ bezüglich $(x,y) \in \mathbb{R}^+ \times \mathbb{R}^+$ zum einen mit dem Satz von Fubini und zum anderen mit der Transformation

$$T(u,t) := \begin{pmatrix} u(1-t) \\ ut \end{pmatrix} = \begin{pmatrix} x(u,t) \\ y(u,t) \end{pmatrix}, \; u > 0 \text{ und } 0 < t < 1.$$

(b) Man beweise mit Hilfe des Betaintegrals die Volumenformel (5.17) für die n-dimensionale Einheitskugel.

Lösung:

(a) Mit der Transformation

$$T(u,t) = \begin{pmatrix} u(1-t) \\ ut \end{pmatrix} = \begin{pmatrix} x(u,t) \\ y(u,t) \end{pmatrix}, \; u > 0 \text{ und } 0 < t < 1,$$

erhalten wir die Jacobi-Determinante

$$|\nabla T| = \begin{vmatrix} 1-t & -u \\ t & u \end{vmatrix} = (1-t)u + ut = u\,.$$

Die Funktionen $f_p, g_q : \mathbb{R}^+ \to \mathbb{R}$ mit $f_p(x) := x^{p-1}e^{-x}$ bzw. $g_q(y) := y^{q-1}e^{-y}$ sind über $\mathbb{R}_+$ integrierbar, und ihre Integrale sind $\Gamma(p)$ bzw. $\Gamma(q)$. Somit ist die Produkt-Funktion

$$f_p(x)g_q(y) = x^{p-1}y^{q-1}e^{-x-y}$$

über $\mathbb{R}_+^2$ integrierbar, und es gilt nach dem Satz des Fubini :

$$I := \int_{\mathbb{R}_+^2} f_p(x)g_q(y)\,dx\,dy = \int_{\mathbb{R}_+^2} x^{p-1}y^{q-1}e^{-x-y}\,dx\,dy = \Gamma(p)\Gamma(q)\,.$$

Nach der Transformationsregel gilt andererseits

$$I = \int_0^\infty \int_0^1 (u(1-t))^{p-1}(ut)^{q-1}e^{-u}\cdot u\,dt\,du$$

$$\underset{\text{Fubini}}{=} \int_0^\infty u^{p+q-1}e^{-u}\,du \cdot \int_0^1 (1-t)^{p-1}t^{q-1}\,dt$$

$$= \Gamma(p+q)\cdot B(p,q)\,.$$

Daraus folgt die Behauptung.

(b) Wir beweisen nun die Volumenformel für die n-dimensionale Einheitskugel noch einmal auf eine elegantere Art mit Hilfe des Eulerschen Betaintegrals. Mit der Substitution in der Rekursionsformel (5.11) in der Lösung der Aufgabe 5.1 folgt

$$\tau_n = \tau_{n-1}\int_{-1}^1 (1-t^2)^{\frac{n-1}{2}}\,dt = \tau_{n-1}\cdot 2\int_0^1 (1-t^2)^{\frac{n-1}{2}}\,dt$$

$$\underset{z=t^2}{=} \tau_{n-1}\int_0^1 (1-z)^{\frac{n+1}{2}-1}z^{\frac{1}{2}-1}\,dz$$

$$= \tau_{n-1}\cdot B\left(\frac{n+1}{2},\frac{1}{2}\right) = \tau_{n-1}\cdot \frac{\Gamma(\frac{n+1}{2})\Gamma(\frac{1}{2})}{\Gamma(\frac{n}{2}+1)}\,.$$

Wir beachten, dass $\Gamma(\frac{1}{2}) = \sqrt{\pi}$, siehe Bemerkung zur Aufgabe 4.6(b), und setzen $\tilde{\tau}_n := \tau_n\Gamma(\frac{n}{2}+1)$. Damit erhalten wir die Rekursion $\tilde{\tau}_n = \sqrt{\pi}\tilde{\tau}_{n-1}$, aus welcher $\tilde{\tau}_n = (\sqrt{\pi})^{n-1}\cdot\tilde{\tau}_1$ folgt. Mit $\tilde{\tau}_1 = \tau_1\Gamma(\frac{1}{2}+1) = 2\cdot\frac{1}{2}\Gamma(\frac{1}{2}) = \sqrt{\pi}$ bekommen wir schließlich $\tilde{\tau}_n = (\sqrt{\pi})^n$, also $\tau_n = \frac{\pi^{\frac{n}{2}}}{\Gamma(\frac{n}{2}+1)}$.

Aufgabe 5.5: Der Gaußsche Integralsatz für Quader

Wir betrachten für $a_k < b_k$, $k = 1, 2, 3$, den achsenparallelen Quader

$$Q := [a_1, b_1] \times [a_2, b_2] \times [a_3, b_3],$$

sowie auf einer offenen Menge $U \supset Q$ des $\mathbb{R}^3$ ein stetig differenzierbares Vektorfeld

$$\underline{F}(x_1, x_2, x_3) = \begin{pmatrix} F_1(x_1, x_2, x_3) \\ F_2(x_1, x_2, x_3) \\ F_3(x_1, x_2, x_3) \end{pmatrix}.$$

Man zeige:

$$\iiint\limits_Q \left(\frac{\partial F_1}{\partial x_1} + \frac{\partial F_2}{\partial x_2} + \frac{\partial F_3}{\partial x_3} \right) \, dx_1 \, dx_2 \, dx_3$$

$$= \int\limits_{a_2}^{b_2} \int\limits_{a_3}^{b_3} [F_1(b_1, x_2, x_3) - F_1(a_1, x_2, x_3)] \, dx_3 \, dx_2$$

$$+ \int\limits_{a_3}^{b_3} \int\limits_{a_1}^{b_1} [F_2(x_1, b_2, x_3) - F_2(x_1, a_2, x_3)] \, dx_1 \, dx_3$$

$$+ \int\limits_{a_1}^{b_1} \int\limits_{a_2}^{b_2} [F_3(x_1, x_2, b_3) - F_3(x_1, x_2, a_3)] \, dx_2 \, dx_1.$$

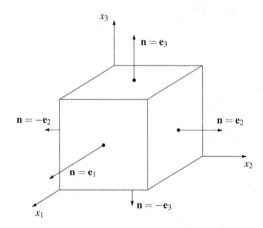

Abbildung 5.14: Quader mit nach außen gerichteten Normaleneinheitsvektoren $\underline{n}_k$, $k = 1, \dots 6$. Hierbei sind $\underline{e}_k$ für $k = 1, 2, 3$, die Einheitsvektoren des $\mathbb{R}^3$.

Interpretation: Ist $\underline{n}$ das nach außen gerichtete Normaleneinheitsvektorfeld der Quaderoberfläche ∂Q, so lässt sich das Volumenintegral über die Divergenz des Vektorfeldes in der folgenden Kurzform als Oberflächenintegral über den Quaderrand ∂Q darstellen:

$$\iiint\limits_{Q} (\nabla \cdot \underline{F})(x_1,x_2,x_3)\,\mathrm{d}x_1\,\mathrm{d}x_2\,\mathrm{d}x_3 = \int\limits_{\partial Q} (\underline{F} \cdot \underline{n})(\underline{y})\,\mathrm{d}S(\underline{y}).$$

$\square$

Lösung:

Nach dem Satz von Fubini und dem Hauptsatz der Differential- und Integralrechnung gilt:

$$\iiint\limits_{Q} \left(\frac{\partial F_1}{\partial x_1} + \frac{\partial F_2}{\partial x_2} + \frac{\partial F_3}{\partial x_3}\right)\,\mathrm{d}x_1\,\mathrm{d}x_2\,\mathrm{d}x_3$$

$$= \int\limits_{a_2}^{b_2}\int\limits_{a_3}^{b_3} \left(\int\limits_{a_1}^{b_1} \frac{\partial F_1}{\partial x_1}\,\mathrm{d}x_1\right)\,\mathrm{d}x_3\,\mathrm{d}x_2$$

$$+ \int\limits_{a_3}^{b_3}\int\limits_{a_1}^{b_1} \left(\int\limits_{a_2}^{b_2} \frac{\partial F_2}{\partial x_2}\,\mathrm{d}x_2\right)\,\mathrm{d}x_1\,\mathrm{d}x_3$$

$$+ \int\limits_{a_1}^{b_1}\int\limits_{a_2}^{b_2} \left(\int\limits_{a_3}^{b_3} \frac{\partial F_3}{\partial x_3}\,\mathrm{d}x_3\right)\,\mathrm{d}x_2\,\mathrm{d}x_1$$

$$= \int\limits_{a_2}^{b_2}\int\limits_{a_3}^{b_3} [F_1(b_1,x_2,x_3) - F_1(a_1,x_2,x_3)]\,\mathrm{d}x_3\,\mathrm{d}x_2$$

$$+ \int\limits_{a_3}^{b_3}\int\limits_{a_1}^{b_1} [F_2(x_1,b_2,x_3) - F_2(x_1,a_2,x_3)]\,\mathrm{d}x_1\,\mathrm{d}x_3$$

$$+ \int\limits_{a_1}^{b_1}\int\limits_{a_2}^{b_2} [F_3(x_1,x_2,b_3) - F_3(x_1,x_2,a_3)]\,\mathrm{d}x_2\,\mathrm{d}x_1.$$

Für den Quader $Q := [a_1,b_1] \times [a_2,b_2] \times [a_3,b_3]$, siehe Abbildung 5.14, gilt also

$$\iiint\limits_{Q} (\nabla \cdot \underline{F})(x_1,x_2,x_3)\,\mathrm{d}x_1\,\mathrm{d}x_2\,\mathrm{d}x_3 = \int\limits_{\partial Q} (\underline{F} \cdot \underline{n})(\underline{y})\,\mathrm{d}S(\underline{y}).$$

Aufgabe 5.6: Anwendungen des Gaußschen Satzes im $\mathbb{R}^3$

Es sei $\Omega \subset \mathbb{R}^3$ ein kompakter Normalbereich mit glatten Berandungsfunktionen und mit äußerem Normaleneinheitsvektorfeld $\underline{n} = \underline{n}(\underline{y})$, $|\underline{n}| = 1$, $\underline{y} \in \partial\Omega$, was bis auf eine Nullmenge bzgl. des Oberflächenstücks $\partial\Omega$ definiert ist.

(a) *Volumen als Oberflächenintegral*

Man zeige:

$$|\Omega| = \frac{1}{3} \int\limits_{\partial\Omega} \underline{y} \cdot \underline{n}(\underline{y}) \, \mathrm{d}S(\underline{y}).$$

(b) *Greensche Integralformeln*

Man betrachte C^2-Funktionen u, v in einer Umgebung von Ω. Es bezeichne $\Delta := \sum\limits_{k=1}^{3} \frac{\partial^2}{\partial x_k^2}$ den Laplace-Operator. Man zeige:

(i) $\displaystyle \int\limits_{\Omega} (\nabla u \cdot \nabla v + u \Delta v) \, \mathrm{d}x = \int\limits_{\partial\Omega} u\,(\nabla v \cdot \underline{n}) \, \mathrm{d}S$,

(ii) $\displaystyle \int\limits_{\Omega} (u \Delta v - v \Delta u) \, \mathrm{d}x = \int\limits_{\partial\Omega} (u \nabla v - v \nabla u) \cdot \underline{n} \, \mathrm{d}S$.

(c) Es erfülle $u = v$ die Voraussetzungen der ersten Greenschen Formel und verschwinde nicht identisch auf Ω. Es gelte $u(\underline{x}) = 0$ für alle $\underline{x} \in \partial\Omega$, und u erfülle in ganz Ω die Eigenwertgleichung für den Laplace-Operator:

$$-\Delta u = \lambda u.$$

Man zeige $\lambda > 0$.

Lösung:

(a) Aus dem Gaußschen Integralsatz im $\mathbb{R}^3$ folgt

$$\frac{1}{3} \int\limits_{\partial\Omega} \underline{y} \cdot \underline{n}(\underline{y}) \, \mathrm{d}S(\underline{y}) = \frac{1}{3} \int\limits_{\Omega} \nabla \cdot \underline{y} \, \mathrm{d}y = \frac{1}{3} \int\limits_{\Omega} (1 + 1 + 1) \, \mathrm{d}y = |\Omega|.$$

(b) Wir verwenden den Gaußschen Integralsatz für das Vektorfeld $\underline{w} := u \nabla v$ und beachten dabei, dass $\nabla \cdot w = \nabla \cdot (u \nabla v) = \nabla u \cdot \nabla v + u \Delta v$ gilt:

$$\int\limits_{\partial\Omega} u(\nabla v \cdot \underline{n}) \, \mathrm{d}S = \int\limits_{\Omega} \nabla \cdot (u \nabla v) \, \mathrm{d}x = \int\limits_{\Omega} (\nabla u \cdot \nabla v + u \Delta v) \, \mathrm{d}x. \tag{i}$$

Aus (i) folgt sofort durch Vertauschung der Rollen von u und v

$$\int\limits_{\partial\Omega} v(\nabla u \cdot \underline{n})\,\mathrm{d}S = \int\limits_{\Omega} (\nabla v \cdot \nabla u + v\Delta u)\,\mathrm{d}x$$

und schließlich

$$\int\limits_{\partial\Omega} (u\nabla v - v\nabla u)\cdot\underline{n}\,\mathrm{d}S = \int\limits_{\Omega} (u\Delta v - v\Delta u)\,\mathrm{d}x. \tag{ii}$$

(c) Wir multiplizieren die Eigenwertgleichung mit $-u$ und integrieren sie anschließend. Dabei verwenden wir die erste Greensche Formel mit $u = v$ und beachten, dass $u(x) = 0$ für alle $x \in \partial\Omega$ gilt:

$$\int\limits_{\Omega} u\Delta u\,\mathrm{d}x = \int\limits_{\partial\Omega} u(\nabla u \cdot \underline{n})\,\mathrm{d}S - \int\limits_{\Omega} \nabla u \cdot \nabla u\,\mathrm{d}x = -\int\limits_{\Omega} |\nabla u|^2\,\mathrm{d}x.$$

Daraus folgt

$$\lambda \int\limits_{\Omega} u^2\,\mathrm{d}x = \int\limits_{\Omega} |\nabla u|^2\,\mathrm{d}x.$$

Verschwindet u nicht identisch auf Ω, so sind die letzten Integrale positiv und es gilt

$$\lambda = \frac{\int\limits_{\Omega} |\nabla u|^2\,\mathrm{d}x}{\int\limits_{\Omega} u^2\,\mathrm{d}x} > 0.$$

Bemerkung: Die Formel aus dem Aufgabenteil (a) lässt sich für beliebige Dimensionen verallgemeinern

$$|\Omega| = \frac{1}{n} \int\limits_{\partial\Omega} \underline{y} \cdot \underline{n}(\underline{y})\,\mathrm{d}S(\underline{y}), \quad \Omega \subset \mathbb{R}^n.$$

Für die n-dimensionale Einheitskugel K_n ergibt sich somit

$$\tau_n = \frac{1}{n} \int\limits_{\partial K_n} \underline{y}\cdot\underline{n}(\underline{y})\,\mathrm{d}S(\underline{y}) = \frac{1}{n}\int\limits_{\partial K_n} \underline{y}\cdot\frac{\underline{y}}{|\underline{y}|}\,\mathrm{d}S(\underline{y})$$

$$= \frac{1}{n}\int\limits_{\partial K_n} 1 \cdot \mathrm{d}S(\underline{y}) = \frac{1}{n}\omega_n,$$

d.h. die Oberfläche der n-dimensionalen Kugel ist $\omega_n = n\tau_n$. Nach Aufgabe 5.1 ist

$$\omega_n = \frac{n\pi^{\frac{n}{2}}}{\Gamma(\frac{n}{2}+1)} \quad \text{mit} \quad \lim_{n\to\infty} \omega_n = 0.$$

$\square$

Aufgabe 5.7: Anwendung des Stokesschen Integralsatzes

Es sei $\underline{\Omega} \in \mathbb{R}^3$ ein konstanter Vektor. Wir definieren das Vektorfeld

$$\underline{F}(\underline{x}) := \underline{\Omega} \times \underline{x}, \quad \underline{x} \in \mathbb{R}^3 .$$

(a) Man berechne die Rotation von $\underline{F}$.

(b) Gegeben sind zwei orthonormale Vektoren $\underline{d}_1$, $\underline{d}_2 \in \mathbb{R}^3$, d.h.

$$|\underline{d}_1| = |\underline{d}_2| = 1, \quad \underline{d}_1 \cdot \underline{d}_2 = 0 .$$

Wir definieren den Vektor $\underline{d}_3 := \underline{d}_1 \times \underline{d}_2$, so dass die Vektoren $\underline{d}_1$, $\underline{d}_2$, $\underline{d}_3$ ein Rechtssystem bilden, sowie für $r > 0$ den Integrationsweg $\underline{\gamma} : [0, 2\pi] \to \mathbb{R}$ mit

$$\underline{\gamma}(\varphi) = r\,(\underline{d}_1 \cos \varphi + \underline{d}_2 \sin \varphi) .$$

Man bestimme durch direktes Nachrechnen das Wegintegral

$$\int_{\gamma} \underline{F}(\underline{x}) \cdot d\underline{x}. \tag{5.18}$$

(c) Man berechne das Wegintegral (5.18) mit Hilfe des Stokesschen Satzes.

Lösung:

(a) Für den konstanten Vektor $\underline{\Omega} = \begin{pmatrix} \Omega_1 \\ \Omega_2 \\ \Omega_3 \end{pmatrix} \in \mathbb{R}^3$ berechnen wir die Rotation des

Vektorfeldes

$$\underline{F} = \underline{\Omega} \times \underline{x} = \begin{pmatrix} \Omega_1 \\ \Omega_2 \\ \Omega_3 \end{pmatrix} \times \begin{pmatrix} x_1 \\ x_2 \\ x_3 \end{pmatrix} = \begin{pmatrix} \Omega_2 x_3 - \Omega_3 x_2 \\ \Omega_3 x_1 - \Omega_1 x_3 \\ \Omega_1 x_2 - \Omega_2 x_1 \end{pmatrix}$$

mit den Standard-Einheitsvektoren $\underline{e}_1$, $\underline{e}_2$, $\underline{e}_3$ des $\mathbb{R}^3$ wie folgt:

$$\mathrm{rot}\,\underline{F} = \nabla \times \underline{F} = \begin{vmatrix} \underline{e}_1 & \underline{e}_2 & \underline{e}_3 \\ \frac{\partial}{\partial x_1} & \frac{\partial}{\partial x_2} & \frac{\partial}{\partial x_3} \\ \Omega_2 x_3 - \Omega_3 x_2 & \Omega_3 x_1 - \Omega_1 x_3 & \Omega_1 x_2 - \Omega_2 x_1 \end{vmatrix} = 2 \begin{pmatrix} \Omega_1 \\ \Omega_2 \\ \Omega_3 \end{pmatrix} = 2\underline{\Omega} .$$

(b) Aus der Kreisparametrisierung von $\underline{\gamma}(\varphi)$ folgt

$$\int_{\gamma} \underline{F}(\underline{x}) \cdot d\underline{x} = \int_0^{2\pi} r^2 \left[\underline{\Omega} \times (\underline{d}_1 \cos \varphi + \underline{d}_2 \sin \varphi)\right] \cdot (-\underline{d}_1 \sin \varphi + \underline{d}_2 \cos \varphi)\, d\varphi .$$

Mit Hilfe der allgemeingültigen Beziehung für das Spatprodukt

$$(\underline{a} \times \underline{b}) \cdot \underline{c} = \underline{a} \cdot (\underline{b} \times \underline{c}) = \text{Det}\,(\underline{a}, \underline{b}, \underline{c})$$

dreier Vektoren $\underline{a}$, $\underline{b}$, $\underline{c} \in \mathbb{R}^3$ erhalten wir für $\underline{a} = \underline{\Omega}$, $\underline{b} = \underline{d}_1 \cos \varphi + \underline{d}_2 \sin \varphi$, $\underline{c} = -\underline{d}_1 \sin \varphi + \underline{d}_2 \cos \varphi$ unter Beachtung von $\underline{b} \times \underline{c} = \underline{d}_3$

$$\int_\gamma \underline{F}(\underline{x}) \cdot d\underline{x} = r^2 \underline{\Omega} \cdot \underline{d}_3 \int_0^{2\pi} d\varphi = 2\pi r^2 \underline{\Omega} \cdot \underline{d}_3\,.$$

(c) Es sei B_r die Kreisscheibe mit Radius $r > 0$, deren Rand ∂B_r mit dem Weg γ parametrisiert ist. Wir orientieren das Flächenstück B_r bezüglich der Flächennormalen $\underline{n} = \underline{d}_3$. Aus dem Stokesschen Integralsatz und (a) folgt ebenfalls

$$\int_\gamma \underline{F}(\underline{x}) \cdot d\underline{x} = \int_{B_r} (\nabla \times \underline{F}) \cdot \underline{n}\, dS = 2\pi r^2 \underline{\Omega} \cdot \underline{d}_3\,.$$

Aufgabe 5.8: Eine Metrik für das Poincarésche Kreismodell

(a) Die auf den Einheitskreis E eingeschränkte x_1-Achse

$$g := \{\,(x_1, x_2) \in E \,:\; x_2 = 0\,\}$$

ist eine H-Gerade. Wir betrachten für $-1 < p < 0 < r < 1$ die drei aufeinander folgenden Punkte $P = (p, 0)$, $Q = (0, 0)$, $R = (r, 0)$ auf der H-Geraden g. Man zeige für diesen Spezialfall die Additivität des H-Abstands:

$$d(P, Q) + d(Q, R) = d(P, R)\,.$$

(b) Man zeige, dass der H-Abstand $ds = d(P, Q)$ zweier infinitesimal benachbarter H-Punkte $P = (x_1, x_2)$ bzw. $Q = (x_1 + dx_1, x_2 + dx_2)$ im Punkte P den folgenden Metriktensor induziert:

$$g_{11}(x_1, x_2) = g_{22}(x_1, x_2) = \frac{4a^2}{(1 - x_1^2 - x_2^2)^2}\,,$$

$$g_{12}(x_1, x_2) = g_{21}(x_1, x_2) = 0\,.$$

(c) Für eine messbare Menge $B \subseteq E$ im offenen Einheitskreis definieren wir mit Hilfe der Metrik in Aufgabenteil (b) den H-Flächeninhalt $|B|_H$ von B über das Integral

$$|B|_H := \iint_B \sqrt{g_{11}g_{22} - g_{12}^2}\; dx_1\, dx_2 = 4a^2 \iint_B \frac{dx_1\, dx_2}{(1 - x_1^2 - x_2^2)^2}\,,$$

wobei $|B|_H := \infty$ gesetzt wird, falls das Integral divergiert.

Man berechne für positives $a' > 0$ den H-Flächeninhalt $|K(a',M)|_H$ des H-Kreises $K(a',M)$ mit H-Mittelpunkt $M = (0,0)$. Hierzu bestimme man zunächst die Punktmenge $K(a',M)$ und verwende sodann die obige Formel für die H-Flächenmaßzahl.

Bemerkung: Im Rahmen der Funktionentheorie werden wir weitere Vertiefungsaufgaben zur hyperbolischen Geometrie behandeln. Unter anderem wird die Additivität des H-Abstandes für den allgemeinen Fall bewiesen. Darüber hinaus wird ein weiteres Modell der hyperbolischen Geometrie mit Hilfe einer geeigneten Transformation studiert.   □

Lösung:

(a) Es seien $-1 < p < 0 < r < 1$ und $P = (p,0)$, $Q = (0,0)$, $R = (r,0)$ drei H-Punkte auf der x_1-Achse. Es gilt gemäß (5.7)

$$\sinh\frac{d(P,Q)}{2a} = \frac{|p|}{\sqrt{1-p^2}}, \quad \cosh\frac{d(P,Q)}{2a} = \frac{1}{\sqrt{1-p^2}},$$

$$\sinh\frac{d(Q,R)}{2a} = \frac{r}{\sqrt{1-r^2}}, \quad \cosh\frac{d(Q,R)}{2a} = \frac{1}{\sqrt{1-r^2}}.$$

Hieraus folgt mit dem Additionstheorem für die Funktion sinh in Zusatz 3.1:

$$\sinh\left(\frac{d(P,Q)}{2a} + \frac{d(Q,R)}{2a}\right)$$

$$= \sinh\frac{d(P,Q)}{2a}\cosh\frac{d(Q,R)}{2a} + \sinh\frac{d(Q,R)}{2a}\cosh\frac{d(P,Q)}{2a}$$

$$= \frac{|p|}{\sqrt{1-p^2}}\cdot\frac{1}{\sqrt{1-r^2}} + \frac{1}{\sqrt{1-p^2}}\cdot\frac{r}{\sqrt{1-r^2}}$$

$$= \frac{|r-p|}{\sqrt{(1-p^2)(1-r^2)}}$$

$$= \sinh\frac{d(P,R)}{2a}.$$

Somit ist $d(P,Q) + d(Q,R) = d(P,R)$.

(b) Es ist

$$\sinh z = \frac{e^z - e^{-z}}{2} = z + \frac{z^3}{3!} + \frac{z^5}{5!} + \dots$$

für alle $z \in \mathbb{R}$ (bzw. $z \in \mathbb{C}$), und folglich $\lim\limits_{z \to 0}\frac{\sinh z}{z} = 1$. Für zwei H-Punkte $P = (x_1, x_2)$, $Q = (x_1 + dx_1, x_2 + dx_2)$ erhalten wir daher im Limes $Q \to P$, d.h. für $dx_1, dx_2 \to 0$:

$$\lim_{(dx_1,dx_2)\to(0,0)} \frac{\dfrac{d^2(P,Q)}{4a^2}}{dx_1^2 + dx_2^2} = \lim_{(dx_1,dx_2)\to(0,0)} \frac{\sinh^2\left(\dfrac{d(P,Q)}{2a}\right)}{dx_1^2 + dx_2^2}$$

$$= \lim_{(dx_1,dx_2)\to(0,0)} \frac{1}{\left[1 - x_1^2 - x_2^2\right]\left[1 - (x_1 + dx_1)^2 - (x_2 + dx_2)^2\right]}$$

$$= \frac{1}{(1 - x_1^2 - x_2^2)^2},$$

also für infinitesimal benachbarte Punkte P, Q:

$$ds^2 = \frac{4a^2}{(1 - x_1^2 - x_2^2)^2}(dx_1^2 + dx_2^2)$$

mit dem Metriktensor

$$g_{11}(x_1,x_2) = g_{22}(x_1,x_2) = \frac{4a^2}{(1 - x_1^2 - x_2^2)^2},$$

$$g_{12}(x_1,x_2) = g_{21}(x_1,x_2) = 0.$$

(c) Wir führen im Koordinatenursprung $M = (0,0)$ hyperbolische Polarkoordinaten $(\tilde{r}, \tilde{\varphi}) \in \mathbb{R}^+ \times (0, 2\pi)$ ein, und setzen zunächst

$$\sinh^2 \frac{\tilde{r}}{2a} = \frac{x_1^2 + x_2^2}{1 - (x_1^2 + x_2^2)},$$

woraus unter Beachtung von $\cosh^2 z - \sinh^2 z = 1$ für alle $z \in \mathbb{R}$ folgt:

$$\tanh \frac{\tilde{r}}{2a} = \frac{\sinh \frac{\tilde{r}}{2a}}{\cosh \frac{\tilde{r}}{2a}} = \sqrt{x_1^2 + x_2^2}.$$

Die Umrechnung zwischen $(\tilde{r}, \tilde{\varphi})$ und (x_1, x_2) erfolgt daher gemäß

$$x_1 = \cos\tilde{\varphi} \cdot \tanh \frac{\tilde{r}}{2a}, \quad x_2 = \sin\tilde{\varphi} \cdot \tanh \frac{\tilde{r}}{2a}.$$

Die Jacobi-Matrix

$$\frac{\partial(x_1,x_2)}{\partial(\tilde{r},\tilde{\varphi})} = \begin{pmatrix} \dfrac{\cos\tilde{\varphi}}{2a\cosh^2 \frac{\tilde{r}}{2a}} & -\tanh \dfrac{\tilde{r}}{2a}\sin\tilde{\varphi} \\ \dfrac{\sin\tilde{\varphi}}{2a\cosh^2 \frac{\tilde{r}}{2a}} & +\tanh \dfrac{\tilde{r}}{2a}\cos\tilde{\varphi} \end{pmatrix}$$

führt gemäß (5.9) auf den neuen Metriktensor

$$\tilde{G} = \begin{pmatrix} g_{\tilde{r}\tilde{r}} & g_{\tilde{r}\tilde{\varphi}} \\ g_{\tilde{\varphi}\tilde{r}} & g_{\tilde{\varphi}\tilde{\varphi}} \end{pmatrix} = \begin{pmatrix} 1 & 0 \\ 0 & a^2 \sinh^2 \dfrac{\tilde{r}}{a} \end{pmatrix}$$

mit $\sqrt{\text{Det}\,\tilde{G}} = a\sinh\frac{\tilde{r}}{a}$. Bezüglich der alten $x_1 - x_2$–Koordinaten wird der H-Kreis $K(a',M)$ mit H-Mittelpunkt $M = (0,0)$ gegeben durch

$$K(a',M) = \left\{ (x_1,x_2) \in E : \ \sqrt{x_1^2 + x_2^2} \leq \tanh\frac{a'}{2a} \right\}.$$

Wir erhalten daher mit der Substitutionsregel für den gesuchten H-Flächeninhalt von $K(a',M)$:

$$|K(a',M)|_H = \iint\limits_{K(a',M)} \frac{4a\,dx_1\,dx_2}{(1 - x_1^2 - x_2^2)^2} = \int\limits_0^{a'}\int\limits_0^{2\pi} a\sinh\frac{\tilde{r}}{a}\,d\tilde{\varphi}\,d\tilde{r}$$

$$= 2\pi a\int\limits_0^{a'}\sinh\frac{\tilde{r}}{a}\,d\tilde{r} = 2\pi a\left[a\cosh\frac{\tilde{r}}{a}\right]_{\tilde{r}=0}^{\tilde{r}=a'} = 2\pi a^2\left(\cosh\frac{a'}{a} - 1\right)$$

$$= 2\pi a^2\left(\cosh^2\frac{a'}{2a} + \sinh^2\frac{a'}{2a} - 1\right)$$

$$= 4\pi a^2\sinh^2\frac{a'}{2a}.$$

Bemerkungen:

(1) Setzt man hier formal $r' := a'$ und $r := ia$, und beachtet $\sinh(ix) = i\sin x$, $x \in \mathbb{R}$, so geht dies in die Flächenformel für Kugelkappen in der sphärischen Geometrie über, siehe Beispiel 5.4.

(2) Im Unterschied zur sphärischen Geometrie ist hier jedoch die H-Fläche eines H-Kreises bei $a' \to \infty$ unbeschränkt, da es in der hyperbolischen Geometrie keine Größenbeschränkung von a' in Abhängigkeit von a gibt.

(3) Im Limes $a \to \infty$ bekommen wir wie in der sphärischen Geometrie aus der Flächenformel für den H-Kreis die Fläche $\pi a'^2$ eines Euklidischen Kreises mit Radius a' zurück. $\square$

Lektion 6
Fourier-Reihen

6.1 Die Theorie der Fourier-Reihen

Trigonometrische Reihen der Form

$$c_0 + \sum_{k=1}^{\infty} \left(a_k \cos(k\omega t) + b_k \sin(k\omega t) \right),$$

später Fourier-Reihen genannt, wurden historisch erstmals benutzt zur Beschreibung periodischer Vorgänge in der Astronomie und zur Behandlung der Bewegungsgleichung einer schwingenden Saite. Schon D. Bernoulli (1700-1782) verwendete trigonometrische Reihen zur Behandlung einer schwingenden Saite, und der französische Mathematiker Jean Baptiste Joseph Fourier (1768-1830) benutzte die nach ihm benannten Reihen zur Darstellung von periodischen Lösungen der Wärmeleitungsgleichung. Diese Anwendung werden wir im Aufgabenteil behandeln.

Zentrale Fragen in der Theorie der Fourier-Reihen sind dabei die Darstellbarkeit einer periodischen Funktion durch eine Fourier-Reihe und die Frage nach der Art der Konvergenz, wobei besonders die punktweise Konvergenz sowie die Konvergenz im quadratischen integralen Mittel zu nennen sind. Um die exakte Klärung der mathematischen Grundbegriffe für die Aussagen Fouriers haben sich besonders die Mathematiker P. Lejeune Dirichlet (1805-1859), aber auch, wie schon erwähnt, Bernhard Riemann, verdient gemacht. Wir beginnen hier mit der Zusammenstellung erster Grundtatsachen über Fourier-Reihen. Für ein weitergehendes Studium der Fourier-Reihen empfehlen wir die Lehrbücher von Brigola [5] und Heuser [19].

Im Folgenden seien $T, \omega > 0$ stets Konstanten mit $T\omega = 2\pi$. Für gegebenes $N \in \mathbb{N}_0$ und $k \in \mathbb{Z}$ mit $|k| \le N$ betrachten wir die T-periodischen Funktionen $w_k : \mathbb{R} \to \mathbb{C}$ mit

$$w_k(t) := e^{ik\omega t}$$

Deren Linearkombinationen

$$\sum_{k=-N}^{N} c_k\, w_k(t) = \sum_{|k|\leq N} c_k\, e^{ik\omega t}$$

sind komplexe trigonometrische Polynome mit Fourier-Koeffizienten $c_k \in \mathbb{C}$. Diese bilden den Skalarproduktraum $\mathscr{F}_N := \mathrm{Span}(w_{-N}, \cdots, w_N)$ der N-ten Fourier-Approximationen mit dem folgenden Skalarprodukt:

$$\langle f, g\rangle := \frac{1}{T} \int_0^T f(t)\overline{g(t)}\, \mathrm{d}t \quad \forall f, g \in \mathscr{F}_N\,.$$

Die entscheidende Motivation für Fourier-Reihen rührt nun von dem folgenden

Satz 6.1: Fourier-Darstellung der trigonometrischen Polynome
Die Funktionen w_k mit $k \in \mathbb{Z}$ und $|k| \leq N$ bilden eine Orthonormalbasis

$$W_N := (w_{-N}, \cdots, w_N)$$

für den $(2N+1)$-dimensionalen unitären Raum $(\mathscr{F}_N, \langle\cdot,\cdot\rangle)$, d.h. bei Kenntnis der Fourier-Koeffizienten

$$c_k = \langle f, w_k\rangle\,, \quad d_m = \langle g, w_m\rangle\,, \quad k, m \in \mathbb{Z} \text{ mit } |k|, |m| \leq N$$

zweier trigonometrischer Polynome

$$f(t) = \sum_{k=-N}^{N} c_k\, w_k(t)\,, \quad g(t) = \sum_{k=-N}^{N} d_m\, w_m(t)$$

berechnet man das Skalarprodukt in $(\mathscr{F}_N, \langle\cdot,\cdot\rangle)$ wie im Hilbertraum $\mathbb{C}^{2N+1}$:

$$\langle f, g\rangle = \sum_{k=-N}^{N} c_k\, \overline{d_k}\,.$$

$\square$

Bemerkung: Nach den einfachen Rechengesetzen der linearen Algebra gilt dieser Satz, da die w_k mit $|k| \leq N$ eine Orthonormalbasis bilden. Dies folgt mit $\omega T = 2\pi$ für $|k|, |m| \leq N$ sofort aus der einfachen Rechnung

$$\langle w_k, w_m\rangle = \frac{1}{T} \int_0^T e^{i(k-m)\omega t}\, \mathrm{d}t = \int_0^1 e^{2\pi i(k-m)u}\, \mathrm{d}u = \delta_{km}\,.$$

$\square$

Hiermit definieren wir Fourier-Reihen zunächst unabhängig von Konvergenzbetrachtungen.

Definition 6.2: Fourier-Reihe einer T-periodischen Funktion
Die T-periodische Funktion $f : \mathbb{R} \to \mathbb{C}$ sei integrierbar in $(0, T)$,

$$f(t) = f(t + T) \qquad \forall t \in \mathbb{R},$$

wobei $T = \frac{2\pi}{\omega}$ die Periode einer „Grundschwingung" mit fester Frequenz $\omega > 0$ sei. Für jedes $k \in \mathbb{Z}$ ist der k-te Fourier-Koeffizient $c_k = c_k(f)$ definiert durch

$$c_k(f) := \frac{1}{T} \int_0^T f(s) e^{-ik\omega s} \, ds = \frac{1}{T} \int_{-T/2}^{T/2} f(s) e^{-ik\omega s} \, ds \qquad \forall k \in \mathbb{Z}. \qquad (6.1)$$

Die Fourier-Reihe $\sum_{k=-\infty}^{\infty} c_k(f) e^{ik\omega t}$ zu f ist dann erklärt als die Folge der N-ten

Partialsummen $f_N(t) := \sum_{k=-N}^{N} c_k(f) e^{ik\omega t}, \quad t \in \mathbb{R}.$ $\qquad\qquad\square$

Beachte: Diese Definition ist sinnvoll, denn falls $f \in \text{Span}(w_{-N}, \cdots, w_N)$ ein trigonometrisches Polynom ist, so folgt aus dem Satz 6.1 sofort $f = f_M$ für jede natürliche Zahl $M \geq N$. Im Folgenden widmen wir uns der Frage, wann und in welchem Sinne f_N als Approximation von f aufgefasst werden kann.

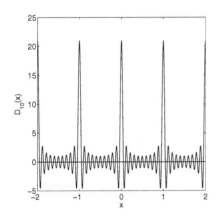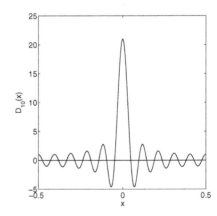

Abbildung 6.1: Dirichlet-Kern D_{10}

Der folgende Satz liefert für die endlichen Partialsummen der Fourier-Reihen eine Integraldarstellung mit Hilfe des sogenannten Dirichlet-Kerns. Den Beweis dieses Satzes findet der Leser im Lehrbuch von Heuser [19, §135].

Satz 6.3: Darstellung einer Fourier-Reihe mit Hilfe des Dirichlet-Kerns
Für die Theorie der Fourier-Reihen ist die Definition des N-ten Dirichlet-Kernes $D_N(t)$ grundlegend ($N = 0, 1, 2, \ldots$), wobei für alle $t \in \mathbb{R}$ gesetzt wird:

$$D_N(t) := \sum_{k=-N}^{N} e^{2\pi i k t} = 1 + 2 \sum_{k=1}^{N} \cos(2\pi k t).$$

Dann gelten für alle $N \in \mathbb{N}_0$ die folgenden Aussagen:

(a) D_N ist 1-periodisch, d.h. $T := 1$, $\omega := 2\pi$, mit $\displaystyle\int_0^1 D_N(t)\, dt = 1$.

(b)

$$D_N(t) = \begin{cases} \dfrac{\sin\left((2N+1)\pi t\right)}{\sin(\pi t)}, & t \in \mathbb{R} \setminus \mathbb{Z} \\[2ex] 2N+1, & t \in \mathbb{Z}. \end{cases}$$

(c) Für alle $t \in \mathbb{R}$ ist

$$f_N(t) = \sum_{k=-N}^{N} c_k(f)\, e^{ik\omega t} = \frac{1}{T} \int_0^T f(s)\, D_N\left(\frac{t-s}{T}\right) ds$$

$$= \int_0^{\frac{1}{2}} \left[f(t-uT) + f(t+uT)\right] D_N(u)\, du.$$

$\square$

Nun zeigen wir, wie sich Fourier-Reihen in trigonometrische Reihen mit Hilfe der Funktionen sin und cos umrechnen lassen, und umgekehrt. Hierzu formulieren wir den folgenden

Satz 6.4: Trigonometrische Darstellung einer Fourier-Reihe
Für alle $N \in \mathbb{N}_0$ und alle $t \in \mathbb{R}$ gilt unter Beachtung von $T\omega = 2\pi$:

$$f_N(t) = c_0 + \sum_{k=1}^{N} \left(a_k \cos(k\omega t) + b_k \sin(k\omega t)\right)$$

mit dem Integralmittel

$$c_0 = \frac{1}{T} \int_0^T f(s)\, \mathrm{d}s = \frac{1}{T} \int_{-T/2}^{T/2} f(s)\, \mathrm{d}s, \tag{6.2}$$

der Funktion f und den für $k \in \mathbb{N}$ definierten Fourier-Koeffizienten

$$a_k = c_k + c_{-k} = \frac{2}{T} \int_0^T f(s) \cos(k\omega s)\, \mathrm{d}s = \frac{2}{T} \int_{-T/2}^{T/2} f(s) \cos(k\omega s)\, \mathrm{d}s,$$

$$b_k = \mathrm{i}(c_k - c_{-k}) = \frac{2}{T} \int_0^T f(s) \sin(k\omega s)\, \mathrm{d}s = \frac{2}{T} \int_{-T/2}^{T/2} f(s) \sin(k\omega s)\, \mathrm{d}s. \tag{6.3}$$

□

Beweis: Die Integralausdrücke für a_k und b_k ergeben sich hierbei mühelos aus der Darstellung (6.1) der Fourier-Koeffizienten c_k. Umgekehrt kann man bei gegebenen komplexen Zahlen $c_0, a_1, b_1, \ldots, a_N, b_N$ die folgenden Größen definieren,

$$c_k = \frac{a_k - \mathrm{i} b_k}{2}, \quad c_{-k} = \frac{a_k + \mathrm{i} b_k}{2}, \quad k = 1, \ldots, N, \tag{6.4}$$

und erhält dann die ursprüngliche Darstellung für f_N zurück:

$$f_N(t) = \sum_{k=-N}^{N} c_k\, \mathrm{e}^{\mathrm{i}k\omega t}.$$

∎

Zu den 1-periodischen Funktionen β_1 und β_2 aus Aufgabe 1.6 werden wir nun ihre punktweise konvergenten Fourier-Entwicklungen bestimmen. Diese zählen zu den wichtigsten Beispielen für Fourier-Reihen.

Satz 6.5: Fourier-Entwicklung der Funktionen β_1, β_2

Für $N \in \mathbb{N}$ und $x \in \mathbb{R}$ setzten wir $f_N(x) := -2 \sum_{n=1}^{N} \frac{\sin(2\pi n x)}{2\pi n}$.

Dann gelten die folgenden Aussagen:

(a) Es ist f_N die N-te Partialsumme der Fourier-Entwicklung der Sprungfunktion $\beta_1(x) = x - \lfloor x \rfloor - \frac{1}{2}$. Dann gilt für alle $N \in \mathbb{N}$ und für alle $x \in \mathbb{R}$ die Darstellung

$$x - \frac{1}{2} = f_N(x) + \int_{1/2}^{x} D_N(t)\, \mathrm{d}t.$$

(b) Für $0 < x < 1$ gilt die Abschätzung

$$\left| \int_{1/2}^{x} D_N(t)\, dt \right| \leq \min\left(\frac{1}{2}, \frac{2}{(2N+1)\pi \sin(\pi x)} \right), \qquad (6.5)$$

und hieraus folgt für alle $x \in \mathbb{R} \setminus \mathbb{Z}$ die punktweise Konvergenz

$$\lim_{N \to \infty} f_N(x) = \beta_1(x).$$

(c) Die 1-periodische Funktion $\beta_2(x) = \frac{1}{2}(x - \lfloor x \rfloor)(x - \lfloor x \rfloor - 1) + \frac{1}{12}$ hat für alle $x \in \mathbb{R}$ die gleichmäßig konvergente Fourier-Entwicklung

$$\beta_2(x) = 2 \sum_{n=1}^{\infty} \frac{\cos(2\pi n x)}{(2\pi n)^2}.$$

$\square$

Beweis: (a) Es ist

$$\frac{d}{dx}\left(f_N(x) + \int_{1/2}^{x} D_N(t)\, dt \right) = f_N'(x) + D_N(x) = -2 \sum_{n=1}^{N} \cos(2\pi n x) + D_N(x) = 1,$$

es gilt also $f_N(x) + \int_{1/2}^{x} D_N(t)\, dt = x + C$ für alle $x \in \mathbb{R}$, wobei C eine Integrationskonstante ist. Durch Einsetzen von $x = 1/2$ in obiger Gleichung folgt mit $f_N(1/2) = 0$ sofort $C = -1/2$.

(b) Für $0 < x < 1$ wenden wir auf $\int_{1/2}^{x} D_N(t)\, dt$ partielle Integration an und erhalten:

$$\int_{1/2}^{x} D_N(t)\, dt = \int_{1/2}^{x} \frac{\sin\left((2N+1)\pi t\right)}{\sin(\pi t)}\, dt$$

$$= -\frac{1}{\pi(2N+1)} \int_{1/2}^{x} \frac{d}{dt}\left(\cos\left((2N+1)\pi t\right) \right) \frac{1}{\sin(\pi t)}\, dt \qquad (6.6)$$

$$= -\frac{1}{\pi(2N+1)} \frac{\cos\left((2N+1)\pi x\right)}{\sin(\pi x)} + \frac{1}{\pi(2N+1)} \cos(\pi/2 + N\pi)$$

$$+ \frac{1}{\pi(2N+1)} \int_{1/2}^{x} \cos\left((2N+1)\pi t\right) \frac{d}{dt}\left(\frac{1}{\sin(\pi t)} \right) dt.$$

Nun gilt aber $\frac{d}{dt}\left(\frac{1}{\sin(\pi t)}\right) = -\frac{\pi\cos(\pi t)}{\sin^2(\pi t)} \le 0$ für $0 \le t \le 1/2$, und damit auch für $0 < x \le 1/2$:

$$\left|\int_{1/2}^{x} \cos(\pi t(2N+1))\frac{d}{dt}\left(\frac{1}{\sin(\pi t)}\right)dt\right| \le \int_{x}^{1/2}\left|\frac{d}{dt}\left(\frac{1}{\sin(\pi t)}\right)\right|dt$$

$$= \int_{1/2}^{x} \frac{d}{dt}\left(\frac{1}{\sin(\pi t)}\right)dt = \frac{1}{\sin(\pi x)} - 1 \le \frac{1}{\sin(\pi x)}.$$

Somit ist für $0 < x \le 1/2$ nach (6.6)

$$\left|\int_{1/2}^{x} D_N(t)\,dt\right| \le \frac{2}{\pi(2N+1)\sin(\pi x)}. \tag{6.7}$$

Diese Ungleichung gilt aber wegen

$$D_N(t) = D_N(1-t) \quad \text{und} \quad \int_{1/2}^{x} D_N(t)\,dt = -\int_{1/2}^{1-x} D_N(t)\,dt$$

auch für $1/2 \le x < 1$.

Es bleibt noch zu zeigen: $\left|\int_{1/2}^{x} D_N(t)\,dt\right| \le 1/2$ für alle $0 < x < 1$. Aufgrund der Symmetrie $D_N(t) = D_N(1-t)$ genügt es diese Ungleichung nur für $0 < x \le 1/2$ zu zeigen. Nach der Taylorschen Entwicklung mit dem Cauchyschen Restglied gilt

$$\sin(\pi x) = \pi x - \frac{(\pi x)^3}{3!} + \frac{(\pi x)^5}{4!}\int_{0}^{1}(1-t)^4\cos(\pi t x)\,dt \ge \pi x\left(1 - \frac{\pi^2 x^2}{6}\right) \ge \frac{\pi x}{2}$$

für $0 < x \le 1/2$, da in diesem Bereich $\cos(\pi x) \ge 0$ und $1 - \frac{\pi^2 x^2}{6} \ge 1 - \frac{\pi^2}{24} \ge 1/2$ ist. Es folgt $\frac{1}{\sin(\pi x)} \le \frac{2}{\pi x}$ für $0 < x \le 1/2$, und mit (6.7)

$$\left|\int_{1/2}^{x} D_N(t)\,dt\right| \le \frac{4}{\pi^2(2N+1)x}$$

für alle $N \in \mathbb{N}$ und $0 < x \le 1/2$. Für $1/(2N+1) \le x < 1/2$ gilt demnach

$$\left|\int_{1/2}^{x} D_N(t)\,dt\right| \le \frac{4}{\pi^2} \le 1/2,$$

während für $0 < x < 1/(2N+1)$ wegen $|D_N(t)| = |\sum\limits_{n=-N}^{N} \cos(2\pi nt)| \le 2N+1$ und

$\int\limits_{1/2}^{0} D_N(t)\,dt = -1/2$ gilt:

$$\int\limits_{1/2}^{x} D_N(t)\,dt = \int\limits_{1/2}^{0} D_N(t)\,dt + \int\limits_{0}^{x} D_N(t)\,dt = -1/2 + \int\limits_{0}^{x} \frac{\sin(\pi t(2N+1))}{\sin(\pi t)}\,dt$$

mit $0 \le \int\limits_0^x \frac{\sin(\pi t(2N+1))}{\sin(\pi t)}\,dt \le \int\limits_0^x (2N+1)\,dt \le 1$. Hieraus folgt schließlich

$$\left| \int\limits_{1/2}^{x} D_N(t)\,dt \right| \le 1/2$$

für $0 < x \le 1/2$. Da für $x \in \mathbb{Z}$ stets $\sin(2\pi nx) = 0$ ist und überdies $f_N(x)$ sowie $\beta_1(x)$ beide 1-periodisch sind, kann man sich für den Beweis der Fourier-Entwicklung von β_1 auf das x-Intervall $(0,1)$ beschränken. Aus (a) und (6.5) folgt die punktweise Konvergenz

$$\lim_{N\to\infty} f_N(x) = -2 \sum_{n=1}^{\infty} \frac{\sin(2\pi nx)}{2\pi n} = \beta_1(x).$$

(c) Die Folge $(f_N)_{N\in\mathbb{N}}$ konvergiert für jedes $x \in (0,1)$ nach (b) punktweise gegen $\beta_1(x)$. Außerdem gilt für alle $N \in \mathbb{N}$ und $x \in (0,1)$ nach der Abschätzung (6.5):

$$|f_N(x)| = \left| (x - \frac{1}{2}) - \int\limits_{1/2}^{x} D_N(t)\,dt \right| \le |x - \frac{1}{2}| + \left| \int\limits_{1/2}^{x} D_N(t)\,dt \right|$$

$$\le \frac{1}{2} + \frac{1}{2} = 1.$$

Nach Definition von β_2 in Aufgabe 1.6 und nach dem Lebesgueschen Konvergenzsatz 4.10 gilt daher zunächst für alle $x \in (0,1)$:

$$\beta_2(x) = \int\limits_0^x \beta_1(t)\,dt + \int\limits_0^1 t\beta_1(t)\,dt$$

$$= \int\limits_0^x \lim_{N\to\infty} f_N(t)\,dt + \int\limits_0^1 t(t - \frac{1}{2})\,dt = \lim_{N\to\infty} \int\limits_0^x f_N(t)\,dt + \frac{1}{12}$$

$$= -2 \lim_{N\to\infty} \sum_{n=1}^{N} \int\limits_0^x \frac{\sin(2\pi nt)}{2\pi n}\,dt + \frac{1}{12} = 2 \sum_{n=1}^{\infty} \frac{\cos(2\pi nx) - 1}{(2\pi n)^2} + \frac{1}{12}.$$

Integriert man beide Seiten von 0 bis 1 und beachtet, dass nach Aufgabe 1.6(a) $\int_0^1 \beta_2(x)\,dx = 0$ gilt, so folgt mit $\int_0^1 \cos(2\pi nx)\,dx = 0$ die Beziehung

$$-2\sum_{n=1}^{\infty}\frac{1}{(2\pi n)^2} + \frac{1}{12} = 0, \tag{6.8}$$

also $\beta_2(x) = 2\sum_{n=1}^{\infty}\frac{\cos(2\pi nx)}{(2\pi n)^2}$. ∎

Bemerkung: Aus der Beziehung (6.8) folgt $\zeta(2) = \sum_{n=1}^{\infty}\frac{1}{n^2} = \frac{\pi^2}{6}$. □

Wir kommen nun zur Konvergenzproblematik von Fourier-Reihen.

Für eine auf dem Intervall J definierte Funktion $f : J \to \mathbb{C}$ möge in einem Punkt $t \in J$ der rechts- bzw. linksseitige Grenzwert existieren. Dann führen wir für diese die folgenden Notationen ein:

$$f_+(t) := \lim_{\varepsilon\downarrow 0} f(t+\varepsilon) \quad \text{bzw.} \quad f_-(t) := \lim_{\varepsilon\downarrow 0} f(t-\varepsilon).$$

Definition 6.6: Stückweise stetige bzw. stückweise stetig differenzierbare Funktionen

Es sei $f : \mathbb{R} \to \mathbb{C}$ eine T-periodische Funktion.

(a) f heißt stückweise stetig, wenn es eine Zerlegung

$$0 = t_0 < t_1 < \ldots < t_m = T$$

des Intervalls $[0,T]$ gibt, so dass f auf allen Teilintervallen (t_{k-1},t_k), $k = 1,\ldots,m$, stetig ist und überdies die einseitigen Grenzwerte $f_+(t_{k-1})$ und $f_-(t_k)$ existieren.

(b) f heißt stückweise glatt bzw. stückweise stetig differenzierbar, wenn es eine Zerlegung

$$0 = t_0 < t_1 < \ldots < t_m = T$$

des Intervalls $[0,T]$ gibt, so dass f und f' auf allen Teilintervallen (t_{k-1},t_k), $k = 1,\ldots,m$, stetig ist und überdies die einseitigen Grenzwerte $f_+(t_{k-1})$, $f_-(t_k)$ sowie $f'_+(t_{k-1})$, $f'_-(t_k)$ existieren. □

Bemerkung: Die Zerlegungspunkte t_k sollen mögliche Sprung- und Knickstellen von f beschreiben. Jede stückweise stetige bzw. stückweise stetig differenzierbare Funktion f ist auch auf $[0,T]$ integrierbar. Dabei zu beachten ist, dass stückweise stetige Differenzierbarkeit stärker als stückweise Stetigkeit ist. □

Wir kommen nun zum asymptotischen Verhalten der Fourier-Koeffizienten und zeigen zunächst die Ungleichung von F.W. Bessel (1784-1846).

Satz 6.7: Besselsche Ungleichung

Für jede stückweise stetige, T-periodische Funktion $f : \mathbb{R} \to \mathbb{C}$ und alle $N \in \mathbb{N}$ gilt

$$|c_0|^2 + \frac{1}{2} \sum_{k=1}^{N} (|a_k|^2 + |b_k|^2) = \sum_{k=-N}^{N} |c_k|^2 \leq \frac{1}{T} \int_0^T |f(t)|^2 \, dt$$

mit den Fourier-Koeffizienten c_k ($k \in \mathbb{Z}$) bzw. a_k, b_k ($k \in \mathbb{N}$) von f.   □

Beweis: Auch wenn wir keinen Skalarproduktraum eingeführt haben, so schreiben wir trotzdem $\langle f, g \rangle$ als formale Abkürzung für $\frac{1}{T} \int_0^T f(t)\overline{g(t)} \, dt$, sofern das Integral existiert. Für die Partialsummen $f_N(t)$ der Fourier-Reihe von f gilt dann

$$\langle f, f_N \rangle = \frac{1}{T} \int_0^T f(t)\overline{f_N(t)} \, dt = \sum_{|k| \leq N} \frac{\bar{c}_k}{T} \int_0^T f(t) e^{-ik\omega t} \, dt$$

$$= \sum_{|k| \leq N} \bar{c}_k c_k = \langle f_N, f_N \rangle,$$

da die $w_k(t) = e^{ik\omega t}$ mit $|k| \leq N$ gemäß Satz 6.1 eine Orthonormalbasis von $(\mathscr{F}_N, \langle \cdot, \cdot \rangle)$ bilden. Es folgt auch $\langle f_N, f \rangle = \langle f_N, f_N \rangle$, da $\langle f_N, f_N \rangle \geq 0$ reell ist. Wir erhalten

$$0 \leq \langle f - f_N, f - f_N \rangle$$
$$= \langle f, f \rangle - \langle f, f_N \rangle - \langle f_N, f \rangle + \langle f_N, f_N \rangle$$
$$= \langle f, f \rangle - \langle f_N, f_N \rangle$$
$$= \frac{1}{T} \int_0^T |f(t)|^2 \, dt - \sum_{k=-N}^{N} |c_k|^2 .$$

Die Darstellung mit den Koeffizienten a_k, b_k folgt nun aus (6.4). Man beachte dabei, dass a_k und b_k nicht als reelle Koeffizienten vorausgesetzt werden müssen.   ■

Mit den Voraussetzungen des Satzes 6.7 gilt

$$\frac{1}{T} \int_0^T |f(t) - f_N(t)|^2 \, dt = \frac{1}{T} \int_0^T |f(t)|^2 \, dt - \sum_{k=-N}^{N} |c_k|^2 \geq 0,$$

und hieraus folgt

Lemma 6.8: Lemma von Riemann-Lebesgue

Die Fourier-Koeffizienten sind quadratisch summierbar mit

$$\sum_{k=1}^{\infty} |a_k|^2 < \infty, \qquad \sum_{k=1}^{\infty} |b_k|^2 < \infty$$

und

$$\sum_{k=-\infty}^{\infty} |c_k|^2 \leq \frac{1}{T} \int_0^T |f(t)|^2 \, dt < \infty, \qquad \lim_{k \to \infty} a_k = \lim_{k \to \infty} b_k = \lim_{|k| \to \infty} c_k = 0.$$

$\square$

Die Partialsummen f_N der Fourier-Reihe von f neigen zur Ausbildung starker Schwingungen an den Sprungstellen von f, siehe Zusatz 6.1. Durch folgende Fejérsche Mittelwertbildung erreichen wir eine Schwingungsglättung der f_N, indem wir zu Fourier-Reihe von f die Funktionenfolge

$$s_N(t) := \frac{f_0(t) + f_1(t) + \dots + f_N(t)}{N+1}, \quad N \in \mathbb{N}_0, \tag{6.9}$$

d.h.

$$s_N(t) = \sum_{k=-N}^{N} \frac{N+1-|k|}{N+1} c_k(f) \cdot e^{ik\omega t} = \sum_{k=-N}^{N} \left(1 - \frac{|k|}{N+1}\right) c_k(f) \cdot e^{ik\omega t}$$

bilden. Der Faktor $\left(1 - \frac{|k|}{N+1}\right)$ dämpft die hochfrequenten Anteile. Es sei

$$F_N(t) := \frac{D_0(t) + D_1(t) + \dots + D_N(t)}{N+1} = \sum_{k=-N}^{N} \left(1 - \frac{|k|}{N+1}\right) e^{2\pi ikt}$$

der N-te Fejér-Kern. Im Unterschied zu Dirichlet-Kernen haben die Fejér-Kerne die fundamental wichtige Eigenschaft $F_N(t) \geq 0$ für alle $t \in \mathbb{R}$ und $N \in \mathbb{N}_0$.

Wir können Satz 6.3 auf die Fejérschen Mittelwerte übertragen, siehe [19, §139]:

Satz 6.9: Darstellung eines Fejérschen Mittels mit Hilfe des Fejér-Kerns

Für alle $N \in \mathbb{N}_0$ gelten die folgenden Aussagen:

(a) F_N ist 1-periodisch, d.h. $T = 1$ und $\omega = 2\pi$, symmetrisch mit

$$F_N(t) = F_N(-t) = F_N(1-t),$$

und es gilt für alle $N \in \mathbb{N}_0$: $\displaystyle\int_0^1 F_N(t) \, dt = 1$.

(b) Der N-te Fejér-Kern hat die Darstellung

$$F_N(t) = \begin{cases} \dfrac{1}{N+1} \cdot \dfrac{\sin^2\left((N+1)\pi t\right)}{\sin^2\left(\pi t\right)}, & t \in \mathbb{R} \setminus \mathbb{Z} \\[4mm] N+1, & t \in \mathbb{Z}. \end{cases}$$

(c) Für alle $t \in \mathbb{R}$ ist

$$s_N(t) = \frac{1}{T} \int\limits_0^T f(s) \, F_N\left(\frac{t-s}{T}\right) \mathrm{d}s$$

$$= \int\limits_0^{\frac{1}{2}} \left[f(t-uT) + f(t+uT)\right] F_N(u) \, \mathrm{d}u.$$

(6.10)

$\square$

Aus der obigen Darstellung und den Eigenschaften der Fejér-Kerne folgen nun wichtige Resultate.

Satz 6.10: Satz von Fejér

Es sei $f : \mathbb{R} \to \mathbb{C}$ eine stückweise stetige und T-periodische Funktion. Die Folge der Fejér-Mittel s_N zu f konvergiert dann für alle $t \in \mathbb{R}$ gegen

$$\lim_{N\to\infty} s_N(t) = \frac{f_+(t) + f_-(t)}{2}.$$

$\square$

Beweis: Wir haben für alle $N \in \mathbb{N}_0$ bei $0 < t \leq \frac{1}{2}$:

$$0 \leq F_N(t) \leq \frac{1}{N+1} \cdot \frac{1}{\sin^2\left(\pi t\right)}.$$

(6.11)

Da die Funktion f stückweise stetig und T-periodisch ist, können wir ihr Supremum definieren:

$$\|f\|_\infty := \sup_{t \in \mathbb{R}} |f(t)|.$$

(6.12)

Bei festgehaltenem $t \in \mathbb{R}$ finden wir, da f stückweise stetig ist, zu jedem $\varepsilon > 0$ ein $\delta(\varepsilon)$ mit $0 < \delta(\varepsilon) \leq \frac{1}{2}$, so dass für alle $u \in \left(0, \delta(\varepsilon)\right)$ gilt:

$$|f(t-uT) - f_-(t)| < \frac{\varepsilon}{2} \quad \text{und} \quad |f(t+uT) - f_+(t)| < \frac{\varepsilon}{2}.$$

(6.13)

Wir erhalten mit $\int\limits_0^{1/2} F_N(u)\,du = \frac{1}{2}$:

$$s_N(t) - \frac{f_-(t) + f_+(t)}{2} = \int\limits_0^{1/2} \big(f(t - uT) - f_-(t)\big) F_N(u)\,du$$

$$+ \int\limits_0^{1/2} \big(f(t + uT) - f_+(t)\big) F_N(u)\,du,$$

und hieraus mit $F_N(u) \geq 0$ sowie (6.11)-(6.13):

$$\left| s_N(t) - \frac{f_-(t) + f_+(t)}{2} \right|$$

$$\leq \int\limits_0^{\delta(\varepsilon)} |f(t - uT) - f_-(t)| F_N(u)\,du + \int\limits_{\delta(\varepsilon)}^{1/2} |f(t - uT) - f_-(t)| F_N(u)\,du$$

$$+ \int\limits_0^{\delta(\varepsilon)} |f(t + uT) - f_+(t)| F_N(u)\,du + \int\limits_{\delta(\varepsilon)}^{1/2} |f(t + uT) - f_+(t)| F_N(u)\,du$$

$$< 2 \int\limits_0^{\delta(\varepsilon)} \frac{\varepsilon}{2} F_N(u)\,du + 4\|f\|_\infty \int\limits_{\delta(\varepsilon)}^{1/2} F_N(u)\,du \leq \frac{\varepsilon}{2} + \frac{4\|f\|_\infty}{N+1} \int\limits_{\delta(\varepsilon)}^{1/2} \frac{du}{\sin^2(\pi u)}\,.$$

Für genügend großes N wird auch

$$\frac{4\|f\|_\infty}{N+1} \int\limits_{\delta(\varepsilon)}^{1/2} \frac{du}{\sin^2(\pi u)} < \frac{\varepsilon}{2}$$

und mithin

$$\left| s_N(t) - \frac{f_-(t) + f_+(t)}{2} \right| < \varepsilon\,.$$

■

Wir nehmen nun an, die Funktion f im Beweis von Satz 6.10 sei überall stetig. Dann kann man aufgrund der gleichmäßigen Stetigkeit von f auf kompakten Teilintervallen zu $\varepsilon > 0$ ein $\delta(\varepsilon)$ mit $0 < \delta(\varepsilon) \leq \frac{1}{2}$ unabhängig von $t \in [0, T]$ so wählen, dass die Ungleichungen (6.13) gelten und erhalten die

Folgerung 6.11: Gleichmäßige Konvergenz der Fejérschen-Mittel
Für jedes stetige und T-periodische $f : \mathbb{R} \to \mathbb{C}$ konvergiert die Folge der zugehörigen Fejérschen Mittel $\big(s_N\big)_{N \in \mathbb{N}_0}$ für $N \to \infty$ gleichmäßig auf ganz $\mathbb{R}$ gegen f.   □

Man beachte, dass diese Konvergenzresultate für Fejér-Mittel und stetige bzw. stückweise stetige T-periodische Funktionen sind deswegen bedeutsam, da P. Du Bois-Reymond (1831-1889) gezeigt hatte, dass es stetige, periodische Funktionen f gibt, deren Fourier-Reihe auf f auf einer im Definitionsbereich von f dichten Menge divergiert.

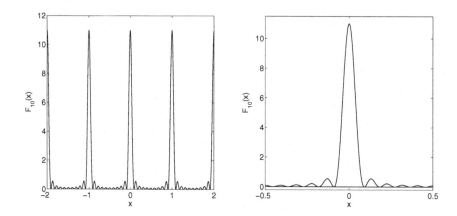

Abbildung 6.2: Fejér-Kern F_{10}

Aus der Gleichung (6.9) für die Fejérsche Funktionenfolge erhalten wir aber auch sofort die

Folgerung 6.12: Punktweise Konvergenz der Fourier-Reihe
Wenn die Partialsummen $f_N(t)$ der Fourier-Entwicklung einer stückweise stetigen und T-periodischen Funktion $f : \mathbb{R} \to \mathbb{C}$ an einer Stelle $t \in \mathbb{R}$ überhaupt konvergieren, dann gilt

$$\lim_{N \to \infty} f_N(t) = \frac{f_-(t) + f_+(t)}{2}.$$

$\square$

Für stückweise stetiges, T-periodisches f konnten wir aus der Besselschen Ungleichung in Satz 6.7 nur

$$\sum_{k=-\infty}^{\infty} |c_k|^2 \leq \frac{1}{T} \int_0^T |f(t)|^2 \, dt$$

folgern. Tatsächlich gilt aber sogar die Parseval-Gleichung:

Satz 6.13: Die Parseval-Gleichung
Die T-periodische Funktion $f : \mathbb{R} \to \mathbb{C}$ sei quadratisch integrierbar, d.h. $|f|^2$ sei auf $(0,T)$ integrierbar. Dann gilt

$$\sum_{k=-\infty}^{\infty} |c_k(f)|^2 = \frac{1}{T} \int_0^T |f(t)|^2 \, dt < \infty, \tag{6.14}$$

und die Partialsummen $f_N(t)$ der Fourier-Reihe von f konvergieren im quadratischen Mittel gegen f, d.h.

$$\lim_{N \to \infty} \frac{1}{T} \int_0^T |f(t) - f_N(t)|^2 \, dt = 0. \tag{6.15}$$

$\square$

Beweis: Es genügt die Betrachtung des Spezialfalles, dass f stückweise stetig ist, siehe auch Walter [41, 9.21 Dichtesatz]. Da die Gleichung (6.14) die Folge von (6.15) ist, muß lediglich (6.15) gezeigt werden. Zu jedem $N \in \mathbb{N}_0$ definieren wir den endlich-dimensionalen unitären Raum

$$V_{N,f} := \text{span}(w_{-N}, \ldots, w_{+N}, f)$$

mit dem Skalarprodukt

$$\langle g, h \rangle := \frac{1}{T} \int_0^T g(t) \overline{h(t)} \, dt,$$

wobei $w_k : \mathbb{R} \to \mathbb{C}$ für $|k| \leq N$ durch

$$w_k(t) := e^{ik\omega t} \quad \text{mit} \quad \omega := \frac{2\pi}{T}$$

gegeben sind. Es folgt mit der Norm $\|g\| := \sqrt{\langle g, g \rangle}$, $g \in V_{N,f}$, die Ungleichung

$$\|f - f_N\|^2 \leq \|f - s_N\|^2 \quad \forall N \in \mathbb{N}_0, \tag{6.16}$$

weil

$$c_k(f) = \langle f, w_k \rangle, \quad k = -N, \ldots + N$$

die Fourier-Koeffizienten von f_N mit dem Orthonormalsystem $(w_{-N}, \ldots, w_N)$ sind und überdies $s_N \in \text{span}(w_{-N}, \ldots, w_N)$ gilt.

Da f stückweise stetig und T-periodisch ist, gilt

$$\|f\|_\infty := \sup_{t \in \mathbb{R}} |f(t)| < \infty. \tag{6.17}$$

Aufgrund der Nichtnegativität der Fejérschen Kerne, also mit $F_N \geq 0$, folgt aus (6.10) für alle $t \in \mathbb{R}$ und $N \in \mathbb{N}_0$ die Abschätzung

$$
\begin{aligned}
|s_N(t)| &\leq \int_0^{1/2} |f(t-uT) + f(t+uT)|\, F_N(u)\, du \\
&\leq 2\|f\|_\infty \int_0^{1/2} F_N(u)\, du = \|f\|_\infty .
\end{aligned}
\tag{6.18}
$$

Nach dem Satz von Fejér 6.10 gilt punktweise an allen Stetigkeitsstellen t von f

$$
\lim_{N\to\infty} |f(t) - s_N(t)|^2 = 0,
\tag{6.19}
$$

wobei nach (6.17) und (6.18) auch für alle $t \in \mathbb{R}$ und $N \in \mathbb{N}_0$ gilt

$$
|f(t) - s_N(t)|^2 \leq |f(t)|^2 + 2|f(t)||s_N(t)| + |s_N(t)|^2 \leq 4\|f\|_\infty^2 .
\tag{6.20}
$$

Nach (6.19) und (6.20) und dem Konvergenzsatz von Lebesgue ist also

$$
\lim_{N\to\infty} \|f - s_N\|^2 = \frac{1}{T} \int_0^T |f(t) - s_N(t)|^2\, dt = 0
$$

und mit (6.16) auch $\lim\limits_{N\to\infty} \|f - f_N\|^2 = 0$. □

Ist f sogar stetig, so konvergieren die Fejérschen Mittel s_N gleichmäßig gegen f nach Folgerung 6.11, und der letzte Satz läßt sich ohne Verwendung des Lebesgueschen Konvergenzsatzes schon mit Hilfe Riemannscher Integrale beweisen. ■

Wir kommen nun zur punktweisen Konvergenz der Fourier-Reihen und beweisen zunächst den folgenden Satz:

Satz 6.14: Gleichmäßige Konvergenz der Fourier-Reihen
Die T-periodische Funktion $f : \mathbb{R} \to \mathbb{C}$ sei stetig und stückweise glatt. Dann konvergiert ihre Fourier-Reihe gleichmäßig auf ganz $\mathbb{R}$ gegen f. □

Beweis: Für die N-te Partialsumme der Fourier-Reihe erhalten wir

$$
\begin{aligned}
f_N(t) &= \int_0^{1/2} \big(f(t-uT) + f(t+uT)\big) D_N(u)\, du \\
&= \int_0^{1/2} f(t-uT) \frac{d}{du}\Big(\int_{1/2}^u D_N(\vartheta)\, d\vartheta \Big)\, du + \int_0^{1/2} f(t+uT) \frac{d}{du}\Big(\int_{1/2}^u D_N(\vartheta)\, d\vartheta \Big)\, du.
\end{aligned}
$$

Unter Beachtung von $\int\limits_{0}^{1/2} D_N(\vartheta)\,d\vartheta = 1/2$ liefert die partielle Integration:

$$f_N(t) = \frac{1}{2}f(t) + T\int\limits_{0}^{1/2} f'(t-uT)\cdot\int\limits_{1/2}^{u} D_N(\vartheta)\,d\vartheta\,du$$

$$+ \frac{1}{2}f(t) - T\int\limits_{0}^{1/2} f'(t+uT)\cdot\int\limits_{1/2}^{u} D_N(\vartheta)\,d\vartheta\,du.$$

Wir setzen nun $\|f'\|_\infty := \sup\limits_{t\in\mathbb{R}} \dfrac{|f'_+(t)| + |f'_-(t)|}{2} < \infty$. Es folgt nach Satz 6.5(b) für alle $t\in\mathbb{R}$, $N\in\mathbb{N}_0$ bei festem ε mit $0 < \varepsilon \le 1/2$

$$|f_N(t) - f(t)| \le 2T\|f'\|_\infty \int\limits_{0}^{1/2}\left|\int\limits_{1/2}^{u} D_N(\vartheta)\,d\vartheta\right|du$$

$$\le 2T\|f'\|_\infty \int\limits_{0}^{\varepsilon} \frac{du}{2} + 2T\|f'\|_\infty \int\limits_{\varepsilon}^{1/2} \frac{2\,du}{(2N+1)\pi\sin(\pi\varepsilon)}$$

$$\le \varepsilon T\|f'\|_\infty + \frac{4T\|f'\|_\infty(\frac{1}{2}-\varepsilon)}{(2N+1)\pi\sin(\pi\varepsilon)}.$$

Für hinreichen großes $N = N(\varepsilon)$ gilt dann unabhängig von t die Abschätzung

$$|f_N(t) - f(t)| \le 2\varepsilon T\|f'\|_\infty.$$

∎

Wir kommen nun zum Hauptresultat über die punktweise Konvergenz von Fourier-Reihen:

Satz 6.15: Punktweise Konvergenz der Fourier-Reihen
Die T-periodische Funktion $f : \mathbb{R}\to\mathbb{C}$ sei stückweise glatt. Dann gilt für alle $t\in\mathbb{R}$:

$$\lim_{N\to\infty} f_N(t) = \frac{f_+(t) + f_-(t)}{2}.$$

□

Beweis: Es sei ohne Einschränkung $T := 1$, und f besitze die Mittelwerteigenschaft

$$f(t) = \frac{f_+(t) + f_-(t)}{2}.$$

Die Sprungstellen von f in $[0,1)$ seien $\vartheta_1 < \vartheta_2 < \ldots < \vartheta_m$. Wir setzen

$$\beta_1^*(t) := \begin{cases} t - \lfloor t \rfloor - \frac{1}{2}, & t \in \mathbb{R} \setminus \mathbb{Z}, \\ 0, & \text{sonst,} \end{cases}$$

und schreiben $f(t) = f_1(t) + f_2(t)$ für $t \in \mathbb{R}$ mit der stetigen und stückweise glatten Funktion

$$f_1(t) := f(t) + \sum_{j=1}^{m} \big(f_+(\vartheta_j) - f_-(\vartheta_j) \big) \beta_1^*(t - \vartheta_j)$$

und der folgenden Funktion, die die Mittelwerteigenschaft besitzt:

$$f_2(t) := -\sum_{j=1}^{m} \big(f_+(\vartheta_j) - f_-(\vartheta_j) \big) \beta_1^*(t - \vartheta_j).$$

Die Fourier-Reihe zu f_1 ist nach Satz 6.14 gleichmäßig konvergent auf $\mathbb{R}$. Mit der Fourier-Entwicklung von β_1 aus Satz 6.5 folgt, dass auch die Fourier-Reihe für f_2 punktweise gegen f_2 konvergiert. Dazu wurde bereits in Folgerung 6.12 gezeigt, dass alle Grenzwerte die Mittelwerteigenschaft besitzen.   ∎

6.2 Aufgaben

Aufgabe 6.1: Fourier-Entwicklung der Funktionen β_n

Wir erinnern an die 1-periodischen Funktionen $\beta_n : \mathbb{R} \to \mathbb{R}$ aus Aufgabe 1.6 mit der für alle $n \in \mathbb{N}$ gültigen Rekursion

$$\beta_1(x) = x - \lfloor x \rfloor - \frac{1}{2}, \quad \beta_{n+1}(x) = \int_0^x \beta_n(t)\, dt + C_n,$$

wobei die Integrationskonstanten mit $C_n := \int_0^1 t \beta_n(t)\, dt$ so gewählt worden sind, dass sich für alle $n \in \mathbb{N}$ der integrale Mittelwert von β_n über dem Intervall $[0,1]$ zu Null ergibt.

(a) Man zeige für alle $n \in \mathbb{N}$ die Gültigkeit der folgenden Fourier-Entwicklungen:

$$\beta_{2n-1}(x) = 2\,(-1)^n \sum_{k=1}^{\infty} \frac{\sin(2\pi k x)}{(2\pi k)^{2n-1}},$$

$$\beta_{2n}(x) = 2\,(-1)^{n-1} \sum_{k=1}^{\infty} \frac{\cos(2\pi k x)}{(2\pi k)^{2n}}.$$

Bemerkung: Die Funktionen $B_n(x) := n!\,\beta_n(x)$ sind auf dem Intervall $0 < x < 1$ normierte Polynome, die sogenannten *Bernoulli-Polynome*.   □

(b) Man zeige für alle $n \in \mathbb{N}$ die Gültigkeit der Darstellungen

$$\zeta(2n) = \sum_{k=1}^{\infty} \frac{1}{k^{2n}} = \frac{(-1)^{n-1}}{2} \frac{(2\pi)^{2n}}{(2n)!} B_{2n} = \frac{1}{(2n-1)!} \int_{0}^{\infty} \frac{t^{2n-1}}{e^t - 1} \, dt \,.$$

Bemerkung: Der Wert $\zeta(4)$ wird in Verbindung mit obiger Integraldarstellung für $n = 2$ für die Berechnung der Energie einer Planckschen Hohlraumstrahlung benötigt.   □

(c) Man berechne die Funktionswerte $\zeta(2)$, $\zeta(4)$, $\zeta(6)$.

Lösung: (a) Wir führen den Beweis induktiv: Für $n = 1$ bzw. $n = 2$ sind die Fourier-Entwicklungen

$$\beta_1(x) = -2 \sum_{k=1}^{\infty} \frac{\sin(2\pi k x)}{2\pi k} \quad \forall x \in \mathbb{R} \setminus \mathbb{Z}$$

bzw.

$$\beta_2(x) = 2 \sum_{k=1}^{\infty} \frac{\cos(2\pi k x)}{(2\pi k)^2} \quad \forall x \in \mathbb{R}$$

bereits in Satz 6.5 gezeigt worden. Dies ist der Induktionsanfang. Wir nehmen an, dass die Fourier-Entwicklungen für $\beta_m(x)$ mit einem $m \in \mathbb{N}$, $m \geq 2$, bereits gelten. Wir halten zunächst fest, dass wegen $m \geq 2$, $|\cos(2\pi k x)| \leq 1$ bzw. $|\sin(2\pi k x)| \leq 1$ und $\sum_{k=1}^{\infty} \frac{1}{(2\pi k)^m} < \infty$ die Fourier-Entwicklung für $\beta_m(x)$ gleichmäßig (und absolut) konvergiert. Wir verwenden für den Induktionsschritt die Rekursionsbeziehung

$$\beta_{m+1}(x) = \int_{0}^{x} \beta_m(t) \, dt + C_m \quad \forall x \in \mathbb{R}, \tag{6.21}$$

wobei $C_m = \int_{0}^{1} t \beta_m(t) \, dt$ so gewählt ist, dass gilt:

$$\int_{0}^{1} \beta_{m+1}(t) \, dt = 0. \tag{6.22}$$

Wir unterscheiden zwei Fälle und dürfen aufgrund der gleichmäßigen Konvergenz die Fourier-Entwicklung für $\beta_m(x)$ gliedweise integrieren:

A.) Ist $m = 2n$ gerade, $n \in \mathbb{N}$, so gilt nach Induktionsannahme und (6.21):

$$\beta_{m+1}(x) = \int\limits_0^x \left\{ 2(-1)^{n-1} \sum_{k=1}^\infty \frac{\cos(2\pi kt)}{(2\pi k)^{2n}} \right\} dt + C_m$$

$$= 2(-1)^{n-1} \sum_{k=1}^\infty \int\limits_0^x \frac{\cos(2\pi kt)}{(2\pi k)^{2n}} \, dt + C_m = 2(-1)^{n+1} \sum_{k=1}^\infty \frac{\sin(2\pi kx)}{(2\pi k)^{2n+1}} + C_m$$

$$= \beta_{2n+1}(x).$$

Wegen (6.22) ist aber $C_m = 0$, wie man durch gliedweise Integration über $[0,1]$ sieht. Somit ist $\beta_{2n+1}(x) = 2(-1)^{n+1} \sum_{k=1}^\infty \frac{\sin(2\pi kx)}{(2\pi k)^{2(n+1)-1}}$, so dass die Fourier-Entwicklung auch für $\beta_{m+1}(x)$ mit ungeradem $m+1 = 2n+1$ gilt.

B.) Ist $m = 2n-1$ ungerade, $n \in \mathbb{N}$, $n \geq 2$, so gilt nach Induktionsannahme und (6.21):

$$\beta_{m+1}(x) = \int\limits_0^x \left\{ 2(-1)^n \sum_{k=1}^\infty \frac{\sin(2\pi kt)}{(2\pi k)^{2n-1}} \right\} dt + C_m$$

$$= 2(-1)^n \sum_{k=1}^\infty \int\limits_0^x \frac{\sin(2\pi kt)}{(2\pi k)^{2n-1}} \, dt + C_m = 2(-1)^{n-1} \sum_{k=1}^\infty \frac{\cos(2\pi kx) - 1}{(2\pi k)^{2n}} + C_m$$

$$= \beta_{2n}(x).$$

Wegen (6.22) ist aber $C_m = 2(-1)^{n-1} \sum_{k=1}^\infty \frac{1}{(2\pi k)^{2n}}$, wie man durch gliedweise Integration über $[0,1]$ sieht. Somit ist $\beta_{2n}(x) = 2(-1)^{n-1} \sum_{k=1}^\infty \frac{\cos(2\pi kx)}{(2\pi k)^{2n}}$, so dass die Fourier-Entwicklung auch für $\beta_{m+1}(x)$ mit geradem $m+1 = 2n$ gilt.

Nach dem Prinzip der vollständigen Induktion sind die behaupteten Fourier-Entwicklungen auch für $m \geq 2$ gültig.

(b) Nach dem Aufgabenteil (a) und mit $\beta_{2n}(0) = \frac{B_{2n}}{(2n)!}$ gilt

$$\frac{B_{2n}}{(2n)!} = 2(-1)^{n-1} \sum_{k=1}^\infty \frac{1}{(2\pi k)^{2n}} = \frac{2(-1)^{n-1}}{(2\pi)^{2n}} \sum_{k=1}^\infty \frac{1}{k^{2n}} \, .$$

Daraus folgt

$$\zeta(2n) = \sum_{k=1}^\infty \frac{1}{k^{2n}} = \frac{(-1)^{n-1}}{2} \frac{(2\pi)^{2n}}{(2n)!} B_{2n} \, .$$

Aus der Aufgabe 4.7(b),(c) folgen für alle $n \in \mathbb{N}$ die Beziehungen $\Gamma(2n) = (2n-1)!$ sowie

$$\frac{1}{(2n-1)!} \int_0^\infty \frac{t^{2n-1}}{e^t - 1}\, dt = \frac{1}{(2n-1)!}\, \Gamma(2n) \cdot \zeta(2n) = \zeta(2n)\,.$$

(c) Aus Aufgabe 1.6(c) erhalten wir für jedes $n \geq 1$ die Rekursionsformel

$$B_n = -\frac{1}{n+1} \sum_{k=0}^{n-1} \binom{n+1}{k} B_k\,.$$

Zusammen mit den Anfangswerten $B_0 = 1$ und $B_1 = -\frac{1}{2}$ erhalten wir die Bernoulli-Zahlen $B_2 = 1/6$, $B_4 = -1/30$, $B_6 = 1/42$, und hieraus schließlich mit dem Aufgabenteil (b):

$$\zeta(2) = \frac{\pi^2}{6}, \quad \zeta(4) = \frac{\pi^4}{90}, \quad \zeta(6) = \frac{\pi^6}{945}\,.$$

Aufgabe 6.2: Wellengleichrichter

Wir definieren für das Periodizitätsintervall $0 \leq t < 2\pi$ die Eingangsspannungen

$$u_1(t) = \sin t \quad \text{und} \quad u_2(t) = \begin{cases} 1, & 0 \leq t < \pi \\ \frac{1}{2}, & t = 0,\, \pi \\ -1, & \pi < t < 2\pi \end{cases}$$

für einen sogenannten Halbwellengleichrichter. Dieser erzeugt Gleichspannung aus Wechselspannung, indem er negative Eingangssignale unterdrückt. Das bedeutet $v_k = \max(u_k, 0)$, $k = 1, 2$, für die entsprechenden Ausgangsspannungen. Man untersuche die Darstellbarkeit der Ausgangsspannungen v_k durch ihre Fourier-Reihen, wenn die Eingangsspannungen u_k, $k = 1, 2$, anliegen.

Hinweis: Die Funktion v_2 besitzt im Gegensatz zu u_2 die Mittelwerteigenschaft.

Lösung:

Im Folgenden verwenden wir die Fourier-Koeffizienten in (6.2) und (6.3) mit einer reellen 2π-periodischen Funktion $f(t)$, d.h. $T = 2\pi$ und $\omega = 1$:

$$c_0 = \frac{1}{2\pi} \int_0^{2\pi} f(t)\, dt\,,$$

$$a_k = \frac{1}{\pi} \int_0^{2\pi} f(t) \cos(kt)\, dt\,, \quad b_k = \frac{1}{\pi} \int_0^{2\pi} f(t) \sin(kt)\, dt\,, \quad k \in \mathbb{N}\,.$$

Wir bestimmen die Fourier-Koeffizienten der Ausgangssignale im Halbwellen-gleichrichter. Im Folgenden benötigen wir, dass für alle $k \in \mathbb{N}_0 \setminus \{1\}$ gilt

$$\int \sin t \cos(kt)\, dt = -\frac{1}{2}\frac{\cos((k+1)t)}{k+1} + \frac{1}{2}\frac{\cos((k-1)t)}{k-1},$$

$$\int \sin t \sin(kt)\, dt = -\frac{1}{2}\frac{\sin((k+1)t)}{k+1} + \frac{1}{2}\frac{\sin((k-1)t)}{k-1}.$$

Für $v_1(t) = \max(\sin t, 0)$ bekommen wir

$$c_0 = \frac{1}{2\pi}\int_0^{2\pi} v_1(t)\, dt = \frac{1}{2\pi}\int_0^{\pi} \sin t\, dt = \frac{1}{\pi},$$

sowie

$$a_k = \frac{1}{\pi}\int_0^{2\pi} v_1(t)\cos(kt)\, dt = \frac{1}{\pi}\int_0^{\pi} \sin(t)\cos(kt)\, dt$$

$$= \begin{cases} \dfrac{1}{\pi}\left[-\dfrac{1}{2}\cos^2 t\right]_0^{\pi} & \text{für} \quad k=1 \\[2ex] \dfrac{1}{\pi}\left[-\dfrac{1}{2}\dfrac{\cos((k+1)t)}{k+1} + \dfrac{1}{2}\dfrac{\cos((k-1)t)}{k-1}\right]_0^{\pi} & \text{für} \quad k\geq 2 \end{cases}$$

$$= \begin{cases} 0 & \text{für} \quad k=1 \\[2ex] \dfrac{1}{\pi}\left(-\dfrac{1}{2}\dfrac{(-1)^{(k+1)}}{k+1} + \dfrac{1}{2}\dfrac{(-1)^{(k-1)}}{k-1} + \dfrac{1}{2(k+1)} - \dfrac{1}{2(k-1)}\right) & \text{für} \quad k\geq 2 \end{cases}$$

$$= \begin{cases} 0 & \text{für} \quad k=1 \\[2ex] -\dfrac{(-1)^k + 1}{\pi(k^2-1)} & \text{für} \quad k\geq 2, \end{cases}$$

und

$$b_k = \frac{1}{\pi}\int_0^{2\pi} v_1(t)\sin(kt)\, dt = \frac{1}{\pi}\int_0^{\pi} \sin(t)\sin(kt)\, dt$$

$$= \begin{cases} \dfrac{1}{\pi}\left[-\dfrac{1}{2}\sin t \cos t + \dfrac{1}{2}t\right]_0^{\pi} & \text{für} \quad k=1 \\[2ex] \dfrac{1}{\pi}\left[-\dfrac{1}{2}\dfrac{\sin((k+1)t)}{k+1} + \dfrac{1}{2}\dfrac{\sin((k-1)t)}{k-1}\right]_0^{\pi} & \text{für} \quad k\geq 2 \end{cases}$$

$$= \begin{cases} \dfrac{1}{2} & \text{für} \quad k=1 \\[2ex] 0 & \text{für} \quad k\geq 2. \end{cases}$$

Da die Funktion v_1 stetig und stückweise glatt ist, konvergiert ihre Fourier-Reihe nach Satz 6.14 gleichmäßig in $\mathbb{R}$ gegen v_1. Für alle $t \in \mathbb{R}$ gilt

$$v_1(t) = \frac{1}{\pi} + \frac{1}{2}\sin t - \frac{2}{\pi}\sum_{n=1}^{\infty}\frac{\cos(2nt)}{4n^2 - 1}.$$

Dagegen ist die durch

$$v_2(t) = \begin{cases} \frac{1}{2}, & t = 0,\ \pi \\ 1, & 0 < t < \pi \\ 0, & \pi < t < 2\pi \end{cases}$$

gegebene 2π-periodische Funktion unstetig wegen der auftretenden Sprünge bei den ganzzahligen Vielfachen von π. Wir bekommen

$$c_0 = \frac{1}{2\pi}\int_0^{2\pi} v_2(t)\,\mathrm{d}t = \frac{1}{2\pi}\int_0^{\pi}\mathrm{d}t = \frac{1}{2},$$

sowie für $k \geq 1$

$$a_k = \frac{1}{\pi}\int_0^{2\pi} v_2(t)\cos(kt)\,\mathrm{d}t = \frac{1}{\pi}\int_0^{\pi}\cos(kt)\,\mathrm{d}t = \frac{1}{\pi}\left[\frac{1}{k}\sin(kt)\right]_0^{\pi} = 0,$$

und

$$b_k = \frac{1}{\pi}\int_0^{2\pi} v_2(t)\sin(kt)\,\mathrm{d}t = \frac{1}{\pi}\int_0^{\pi}\sin(kt)\,\mathrm{d}t = \frac{1}{\pi}\left[-\frac{1}{k}\cos(kt)\right]_0^{\pi} = \frac{1-(-1)^k}{\pi k}.$$

Die gesuchte Fourier-Reihe von v_2 konvergiert nach Satz 6.15 nur noch punktweise in $\mathbb{R}$ gegen v_2, da v_2 stückweise glatt ist und an jeder Sprungstelle die Mittelwerteigenschaft erfüllt:

$$v_2(t) = \frac{1}{2} + \frac{2}{\pi}\sum_{n=1}^{\infty}\frac{\sin((2n-1)t)}{2n-1}.$$

Aufgabe 6.3: Die Wärmeleitungsgleichung

Wir möchten die Temperaturverteilung $u = u(t,x)$ in einem Stab der Länge $L > 0$ zur Zeit $t > 0$ und an der Stelle $x \in (0,L)$ als Lösung der Wärmeleitungsgleichung

$$\frac{\partial u}{\partial t}(t,x) = k\frac{\partial^2 u}{\partial x^2}(t,x)$$

mit konstantem Wärmeleitungskoeffizienten $k > 0$ bestimmen. Dabei sollen die folgenden drei Bedingungen erfüllt sein:

1.) Für $t > 0$ und $x \in \mathbb{R}$ ist $u = u(t,x)$ eine klassische Lösung der obigen Wärmeleitungsgleichung, wobei $u(t,\cdot)$ für alle $t > 0$ eine L-periodische Funktion ist.

2.) Es gibt eine quadratisch integrierbare Funktion $f : (0,L) \to \mathbb{R}$, auch Anfangstemperatur genannt, mit

$$\lim_{t \downarrow 0} \int_0^L |u(t,x) - f(x)|^2 \, dx = 0.$$

3.) An den Stabenden gelten die beiden Randbedingungen

$$u(t,0) = u(t,L) = 0 \qquad \text{für alle } t > 0.$$

Es ist das Ziel dieser Aufgabe zu zeigen, dass die Funktion $u : (0,\infty) \times \mathbb{R} \to \mathbb{R}$, die
dem Fourierschen Ansatz

$$u(t,x) = \sum_{n=1}^{\infty} c_n e^{-kt(n\pi/L)^2} \tilde{w}_n(x)$$

genügt, die Bedingungen 1.)-3.) erfüllt. Hierbei bezeichnen $\tilde{w}_n : (0,L) \to \mathbb{R}$, $n \in \mathbb{N}$
mit

$$\tilde{w}_n(x) := \sqrt{\frac{2}{L}} \sin\left(\frac{n\pi x}{L}\right)$$

die halbperiodischen Funktionen, und die Fourier-Koeffizienten c_n berechnen sich
aus der Anfangstemperatur gemäß

$$c_n = \int_0^L f(y)\tilde{w}_n(y) \, dy, \quad n \in \mathbb{N}.$$

(a) Man zeige, dass u für $t > 0$ und $0 < x < L$ die Wärmeleitgleichung punktweise
löst.

(b) Man prüfe, dass die Anfangsvorgabe im Sinne der L_2-Konvergenz erfüllt ist,
d.h. wir haben die Konvergenz im quadratischen Mittel:

$$\lim_{t \downarrow 0} \int_0^L |u(t,x) - f(x)|^2 \, dx = 0.$$

(c) Man löse für $L := 1$ und $k := 1$ das Anfangs-Randwertproblem mit den Anfangsvorgaben

$$f_1(x) := \frac{\sin(m\pi x) + 1}{2}, \quad f_2(x) := \begin{cases} m, & \frac{1}{2} - \frac{1}{m} \leq x \leq \frac{1}{2} + \frac{1}{m}, \\ 0, & \text{sonst}, \end{cases}$$

und konstantem $m \in \mathbb{N}$, $m \geq 2$.

(d) Man zeige, dass die Lösung der Wärmeleitungsgleichung für $f > 0$ die folgende exponentielle Abklingbedingung als Folge der Kühlung an den Stabenden erfüllt:

$$\lim_{t \to \infty} \frac{\log u(t,x)}{t} = -\frac{\pi^2}{L^2} k \quad \text{für alle} \quad 0 < x < L.$$

Hinweis: Die halbperiodischen Funktionen $\tilde{w}_n(x)$ mit $n \in \mathbb{N}$ bilden ein vollständiges Orthonormalsystem für den Hilbertraum $L_2\big((0,L),\mathbb{R}\big)$ aller quadratisch integrierbaren Funktionen $f, g : (0,L) \to \mathbb{R}$ bezüglich des reellen Skalarproduktes

$$\langle g, h \rangle := \int\limits_0^L g(y) h(y) \, dy,$$

siehe hierzu Triebels Lehrbuch [39, §23, Satz 23.4]. Insbesondere gilt auch bzgl. dieses neuen Orthonormalsystems die Parsevalsche Identität für das Quadrat der L_2-Norm von f, d.h.

$$\int\limits_0^L |f(x)|^2 \, dx = \sum_{n=1}^\infty \langle f, \tilde{w}_n \rangle^2$$

mit dem Lemma von Riemann-Lebesgue $\lim\limits_{n \to \infty} \langle f, \tilde{w}_n \rangle = 0$.

Lösung:

(a) Wir zeigen zunächst, dass für jeden nichtnegativen Exponenten $\alpha \geq 0$ die Reihe

$$\sum_{n=1}^\infty \left(\frac{n\pi}{L}\right)^\alpha c_n e^{-kt(n\pi/L)^2} \tilde{w}_n(x) \tag{6.23}$$

auf

$$D = \{(t,x) \in \mathbb{R}^2 : 0 < x < L, \quad t > 0\}$$

gegen eine stetige Funktion absolut konvergiert. Nach dem Lemma von Riemann-Lebesgue im Hinweis zur Aufgabe haben wir $\lim\limits_{n \to \infty} c_n = 0$ und damit existiert eine Schranke M, so dass $|c_n| < M$ für alle $n \in \mathbb{N}$. Wir haben für alle $n \in \mathbb{N}$ und für alle $(t,x) \in D$

$$\left| \left(\frac{n\pi}{L}\right)^\alpha c_n e^{-kt(n\pi/L)^2} \tilde{w}_n(x) \right| < M\sqrt{\frac{2}{L}} \left(\frac{n\pi}{L}\right)^\alpha e^{-kt(n\pi/L)^2}. \tag{6.24}$$

Nach dem Wurzelkriterium konvergiert die Majorante

$$M\sqrt{\frac{2}{L}} \sum_{n=1}^\infty \left(\frac{n\pi}{L}\right)^\alpha e^{-kt(n\pi/L)^2}$$

für alle $\alpha \geq 0$ und $t > 0$. Dies bringt ein starkes Abklingverhalten der Fourier-Koeffizienten zum Ausdruck, vgl. Aufgabe 6.5 .

Wir bilden nun für alle $n \in \mathbb{N}$ die zweiten Ortsableitungen

$$\tilde{w}_n''(x) = -\left(\frac{n\pi}{L}\right)^2 \tilde{w}_n(x) \tag{6.25}$$

sowie die Zeitableitungen

$$\frac{d}{dt}\left(e^{-kt(n\pi/L)^2}\right) = -k\left(\frac{n\pi}{L}\right)^2 e^{-kt(n\pi/L)^2} . \tag{6.26}$$

Nach (6.24) konvergieren die folgenden Reihen für jedes $t_0 > 0$ gleichmäßig und absolut auf dem Raum-Zeit-Gebiet $D_{t_0} := \{(t,x) \in \mathbb{R}^2 : 0 < x < L, \quad t > t_0\}$:

$$\sum_{n=1}^{\infty} c_n e^{-kt(n\pi/L)^2} \tilde{w}_n(x),$$

$$\sum_{n=1}^{\infty} c_n e^{-kt(n\pi/L)^2} \tilde{w}_n''(x), \tag{6.27}$$

$$\sum_{n=1}^{\infty} c_n \frac{d}{dt}\left(e^{-kt(n\pi/L)^2}\right) \tilde{w}_n(x).$$

Darum dürfen wir auf D_{t_0} die Reihe (6.23) gliedweise nach t bzw. $\frac{\partial^2}{\partial x^2}$ differenzieren und erhalten mit (6.25), (6.26) und (6.27):

$$\frac{\partial u}{\partial t}(t,x) - k\frac{\partial^2 u}{\partial x^2}(t,x)$$

$$= \sum_{n=1}^{\infty} c_n \frac{d}{dt}\left(e^{-kt(n\pi/L)^2}\right) \tilde{w}_n(x) - k \sum_{n=1}^{\infty} c_n e^{-kt(n\pi/L)^2} \tilde{w}_n''(x)$$

$$= \sum_{n=1}^{\infty} -k\left(\frac{n\pi}{L}\right)^2 e^{-kt(n\pi/L)^2} \tilde{w}_n(x) - k \sum_{n=1}^{\infty} \left\{-\left(\frac{n\pi}{L}\right)^2\right\} e^{-kt(n\pi/L)^2} \tilde{w}_n(x)$$

$$= 0.$$

Die Abschätzung (6.24) bringt die Glattheit von $u(t,x)$ und aller seiner partiellen Ableitungen beliebig hoher Ordnung zum Ausdruck, da die Koeffizienten der Fourier-Entwicklung entsprechend stark abklingen. Selbst bei unstetigen Anfangsvorgaben $f(x)$ ist die Lösung $u(t,x)$ für jedes $t > 0$ bereits beliebig glatt.

(b) Da die $(\tilde{w}_n)_{n\in\mathbb{N}}$ ein vollständiges Orthonormalsystem bilden, erhalten wir für alle $t > 0$ und $0 < x < L$ für die Differenz zwischen der Lösung und der Anfangsvorgabe die Fouriersche Darstellung

$$u(t,x) - f(x) = \sum_{n=1}^{\infty} c_n \left(e^{-kt(n\pi/L)^2} - 1\right) \tilde{w}_n(x).$$

Wir können daher für festgehaltenes $t > 0$ nach der Teilaufgabe (a) und der Parsevalschen Gleichung im Hinweis zur Aufgabe das Quadrat der L_2-Norm der Differenz $u(t, \cdot) - f(\cdot)$ wie folgt berechnen:

$$\int_0^L |u(t,x) - f(x)|^2 \, dx = \sum_{n=1}^{\infty} |c_n|^2 \left(e^{-kt(n\pi/L)^2} - 1 \right)^2 .$$

Der Dämpfungsfaktor $0 < \left(e^{-kt(n\pi/L)^2} - 1 \right)^2 < 1$ strebt mit $t \downarrow 0$ gegen 0 für alle $n \leq n_0$ unterhalb einer beliebig vorgegeben Schranke $n_0 \in \mathbb{N}$. Damit gilt

$$\limsup_{t \downarrow 0} \int_0^L |u(t,x) - f(x)|^2 \, dx$$

$$\leq \limsup_{t \downarrow 0} \sum_{n=1}^{n_0} |c_n|^2 \left(e^{-kt(n\pi/L)^2} - 1 \right)^2 + \limsup_{t \downarrow 0} \sum_{n=n_0+1}^{\infty} |c_n|^2 \left(e^{-kt(n\pi/L)^2} - 1 \right)^2$$

$$= 0 + \limsup_{t \downarrow 0} \sum_{n=n_0+1}^{\infty} |c_n|^2 \left(e^{-kt(n\pi/L)^2} - 1 \right)^2 \leq \sum_{n=n_0+1}^{\infty} |c_n|^2 .$$

Da die linke Seite der letzten Ungleichung nicht von n_0 abhängt, aber die rechte Seite als Reststück einer nach der Parsevalschen Gleichung (siehe Hinweis) konvergenten Reihe für $n_0 \to \infty$ gegen 0 strebt, folgt die Behauptung.

(c) Wir bestimmen die Fourier-Koeffizienten der Funktion $f_1 : [0,1] \to \mathbb{R}$ mit

$$f_1(x) = \frac{\sin(m\pi x) + 1}{2} \quad \text{bzgl. der Basis} \quad (\tilde{w}_n)_{n \in \mathbb{N}} :$$

$$c_n = \int_0^1 \frac{\sin(m\pi x) + 1}{2} \sqrt{2} \sin(n\pi x) \, dx$$

$$= \frac{\sqrt{2}}{2} \int_0^1 \sin(m\pi x) \sin(n\pi x) \, dx + \frac{\sqrt{2}}{2} \int_0^1 \sin(n\pi x) \, dx$$

$$= \frac{\sqrt{2}}{2} \left(\int_0^1 \frac{1}{2} [\cos((m-n)\pi x) - \cos((m+n)\pi x)] \, dx + \left[-\frac{1}{n\pi} \cos(n\pi x) \right]_0^1 \right)$$

$$= \begin{cases} \dfrac{\sqrt{2}}{2n\pi} (1 - (-1)^n) & \text{für} \quad n \neq m, \\[2mm] \dfrac{\sqrt{2}}{4} + \dfrac{\sqrt{2}}{2m\pi} (1 - (-1)^m) & \text{für} \quad n = m. \end{cases}$$

Damit erhalten wir zur Anfangsvorgabe f_1 die Fouriersche Lösung

$$u(t,x) = \left[\frac{1}{m\pi} \left(1 - (-1)^m \right) + \frac{\sqrt{2}}{2} \right] e^{-t(m\pi)^2} \sin\left(m\pi x\right)$$

$$+ \sum_{\substack{n=1 \\ n \neq m}}^{\infty} \frac{1}{n\pi} \left(1 - (-1)^n \right) e^{-t(n\pi)^2} \sin\left(n\pi x\right)$$

$$= \frac{\sqrt{2}}{2} e^{-t(m\pi)^2} \sin\left(m\pi x\right) + \sum_{n=1}^{\infty} \frac{1}{n\pi} \left(1 - (-1)^n \right) e^{-t(n\pi)^2} \sin\left(n\pi x\right).$$

Diese Lösung ist in Abbildung 6.3 für $m = 20$, $k = L = 1$ zu Zeitpunkten $t_1 = 0.001$, $t_2 = 0.01$, $t_3 = 0.1$, $t_4 = 0.3$ samt der Anfangsvorgabe $f_1(x)$ dargestellt. Mit wachsender Zeit werden die vier Lösungen zu den Zeitpunkten t_1 bis t_4 immer stärker gedämpft, und lassen sich somit in Abbildung 6.3 sowohl gut voneinander als auch von $f_1(x)$ unterscheiden.

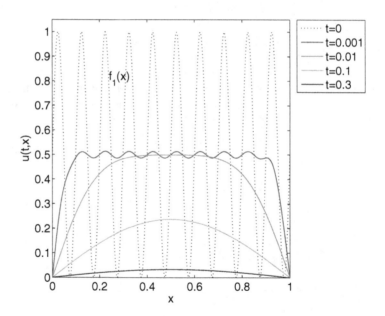

Abbildung 6.3: Lösung der Wärmeleitungsgleichung für die Anfangsvorgabe $f(x) = f_1(x)$ und $m = 20$.

Für die zweite Anfangsvorgabe $f_2 : [0,1] \to \mathbb{R}$ mit

$$f_2(x) = \begin{cases} m, & \frac{1}{2} - \frac{1}{m} \leq x \leq \frac{1}{2} + \frac{1}{m}, \\ 0, & \text{sonst} \end{cases}$$

haben wir die folgenden Fourier-Koeffizienten bzgl. der Basis $(\tilde{w}_n)_{n \in \mathbb{N}}$:

$$c_n = \int_0^1 f_2(x)\sqrt{2}\sin(n\pi x)\,dx = m\sqrt{2}\int_{\frac{1}{2}-\frac{1}{m}}^{\frac{1}{2}+\frac{1}{m}}\sin(n\pi x)\,dx$$

$$= m\sqrt{2}\left[-\frac{1}{n\pi}\cos(n\pi x)\right]_{x=\frac{1}{2}-\frac{1}{m}}^{x=\frac{1}{2}+\frac{1}{m}}$$

$$= -\frac{m\sqrt{2}}{n\pi}\left\{\cos\left(n\pi(\frac{1}{2}+\frac{1}{m})\right) - \cos\left(n\pi(\frac{1}{2}-\frac{1}{m})\right)\right\}$$

$$= \frac{2m\sqrt{2}}{n\pi}\sin\left(\frac{n\pi}{2}\right)\sin\left(\frac{n\pi}{m}\right).$$

Daraus ergibt sich die Fouriersche Lösung der Wärmeleitungsgleichung zu f_2:

$$u(t,x) = \frac{4m}{\pi}\sum_{n=1}^{\infty}\frac{1}{n}\sin\left(\frac{n\pi}{2}\right)\sin\left(\frac{n\pi}{m}\right)e^{-t(n\pi)^2}\sin(n\pi x).$$

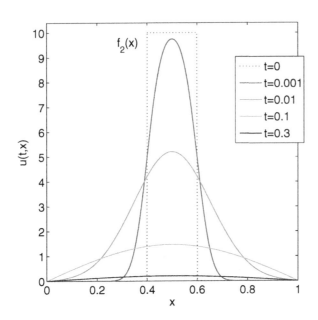

Abbildung 6.4: Lösung der Wärmeleitungsgleichung für die Anfangsvorgabe $f(x) = f_2(x)$ und $m = 10$.

Die Lösung der Wärmeleitungsgleichung zu den Zeitpunkten $t_1 = 0.001$, $t_2 = 0.01$, $t_3 = 0.1$, $t_4 = 0.3$ samt der Anfangsvorgabe $f_2(x)$ ist für $m = 10$ in Abbildung 6.4 dargestellt. Wiederum kann man in der Abbildung die Lösungen zu den Zeitpunkten t_1 bis t_4 sowohl gut voneinander als auch vom Rechteckpuls $f_2(x)$ unterscheiden. Die Maxima der Lösungskurven werden nämlich mit wachsender Zeit immer stärker gedämpft. Die Lösungen der Wärmeleitungsgleichung zu beiden Anfangsvorgaben lassen ein allgemeines Phänomen erkennen: starke Oszillationen und Unstetigkeiten in den Anfangsvorgaben werden für $t > 0$ sofort geglättet.

(d) Der erste Fourier-Koeffizient $c_1 = \int_0^L \sqrt{\frac{2}{L}} f(y) \sin\left(\frac{\pi x}{L}\right) dy$ ist wegen $f > 0$ positiv. Wir können daher die Fouriersche Lösung mit der für $0 < x < L$ *positiven* Funktion $\tilde{w}_1(x) = \sqrt{\frac{2}{L}} \sin\left(\frac{\pi x}{L}\right)$ wie folgt schreiben:

$$u(t,x) = c_1 \tilde{w}_1(x) e^{-kt\pi^2/L^2} \left\{ 1 + \frac{1}{c_1 \tilde{w}_1(x)} \sum_{n=2}^{\infty} c_n e^{-kt(n^2-1)\pi^2/L^2} \tilde{w}_n(x) \right\}.$$

Die $\tilde{w}_n(x)$ sind beschränkt, und nach dem Lemma von Riemann-Lebesgue im Hinweis bilden die c_n eine Nullfolge. Damit gilt sicherlich wegen $c_1 \tilde{w}_1(x) > 0$ für $0 < x < L$:

$$\lim_{t \to \infty} \left\{ 1 + \frac{1}{c_1 \tilde{w}_1(x)} \sum_{n=2}^{\infty} c_n e^{-kt(n^2-1)\pi^2/L^2} \tilde{w}_n(x) \right\} = 1,$$

und folglich ist für $0 < x < L$:

$$\lim_{t \to \infty} \frac{\log u(t,x)}{t} = \lim_{t \to \infty} \frac{\log(c_1 \tilde{w}_1(x)) - \frac{kt\pi^2}{L^2}}{t} = -\frac{k\pi^2}{L^2}.$$

Bemerkung: Dies bedeutet, dass die Asymptotik für $\frac{\log u(t,x)}{t}$ universell durch die Materialkonstante k und die Stablänge L bestimmt wird. $\square$

Aufgabe 6.4: Eindeutigkeitssatz für Fourier-Reihen

Zwei stückweise stetige und T-periodische Funktionen $f, g : \mathbb{R} \to \mathbb{C}$ mögen dieselben Fourier-Koeffizienten $c_k(f) = c_k(g)$ für alle $k \in \mathbb{Z}$ besitzen. Man zeige $f(t) = g(t)$ für alle $t \in \mathbb{R}$, ausgenommen an diskreten Sprungstellen von f und g.

Hinweis: Man kann die Parsevalsche Gleichung aus Satz 6.13 verwenden.

Lösung: Es ist mit f und g auch $f - g$ stückweise stetig und T-periodisch. Die Fourier-Koeffizienten von $f - g$ sind $c_k(f - g) = c_k(f) - c_k(g) = 0$ für alle $k \in \mathbb{N}$. Folglich gilt nach der Parsevalschen Gleichung, angewendet auf $f - g$:

$$\frac{1}{T}\int_0^T |f(t) - g(t)|^2 \, dt = \sum_{k=-\infty}^{\infty} |c_k(f-g)|^2 = 0.$$

Damit ist $f(t) - g(t) = 0$ für alle $t \in \mathbb{R}$, ausgenommen an den möglichen diskreten Sprungstellen von f und g. Dies ist ein Stetigkeitsargument: Wäre z.B. $(f-g)(t_0) > 0$ für eine Stetigkeitsstelle $t_0 \in \mathbb{R}$ von f und g, dann gibt es eine Umgebung

$$U_\varepsilon(t_0) = \{t \in \mathbb{R} : \; |t - t_0| < \varepsilon\}$$

von t_0, so dass $(f - g)(t) > 0 \quad \forall t \in U_\varepsilon(t_0)$, und folglich wäre

$$\frac{1}{T}\int_0^T |f(t) - g(t)|^2 \, dt > 0,$$

was einen Widerspruch liefert. Analog wird die Annahme $(f - g)(t_0) < 0$ für eine Stetigkeitsstelle $t_0 \in \mathbb{R}$ zum Widerspruch geführt.

Aufgabe 6.5: Abklingverhalten für Fourier-Reihen glatter Funktionen
Die 2π-periodische Funktion $f : \mathbb{R} \to \mathbb{C}$ sei n-mal stetig differenzierbar, $n \in \mathbb{N}_0$. Man zeige, dass die Fourier-Koeffizienten $c_k = c_k(f)$ die folgende Bedingung erfüllen:

$$\lim_{|k| \to \infty} c_k k^n = 0.$$

Hinweis: Man verwende neben partieller Integration das Lemma von Riemann-Lebesgue 6.8.

Lösung: Mit partieller Integration ergibt sich für die Fourier-Koeffizienten einer n-mal stetig differenzierbaren und 2π-periodischen Funktion f bei $|k| \geq 1$:

$$c_k(f) = \frac{1}{2\pi}\int_0^{2\pi} f(x)e^{-ikx} \, dx = \frac{1}{2\pi ik}\int_0^{2\pi} f'(x)e^{-ikx} \, dx + \left[-\frac{1}{2\pi ik}f(x)e^{-ikx}\right]_{x=0}^{x=2\pi}$$

$$= \frac{1}{2\pi ik}\int_0^{2\pi} f'(x)e^{-ikx} \, dx = \ldots = \frac{1}{2\pi(ik)^n}\int_0^{2\pi} f^{(n)}(x)e^{-ikx} \, dx,$$

also mit $c_k = c_k(f)$:

$$c_k k^n = \frac{1}{2\pi i^n}\int_0^{2\pi} f^{(n)}(x)e^{-ikx} \, dx. \tag{6.28}$$

Nach dem Lemma von Riemann-Lebesgue gilt

$$\lim_{|k|\to\infty} \int_0^{2\pi} f^{(n)}(x)e^{-ikx}\,dx = 0\,.$$

Daraus folgt mit (6.28) die Behauptung

$$\lim_{|k|\to\infty} c_k k^n = 0\,.$$

Aufgabe 6.6: Partialbruchzerlegung der Cotangens-Funktion

Es sei $a \in \mathbb{R} \setminus \mathbb{Z}$ und $f : \mathbb{R} \to \mathbb{R}$ die periodische Funktion mit

$$f(x) = \cos(ax) \quad \text{für} \quad -\pi \le x < \pi\,.$$

(a) Man berechne die Fourier-Reihe von f für das Periodizitätsintervall $[-\pi, \pi]$ und zeige, dass sie gleichmäßig gegen f konvergiert.

(b) Man beweise für $x \in \mathbb{R} \setminus \mathbb{Z}$ die Formel

$$\pi \cot(\pi x) = \frac{1}{x} + \sum_{n=1}^{\infty} \frac{2x}{x^2 - n^2}\,.$$

Hinweis: Man betrachte die Fourier-Reihe aus (a) an der Stelle $x = \pi$.

Lösung:

(a) Die Fourier-Koeffizienten c_n von f lauten für alle $n \in \mathbb{Z}$:

$$
\begin{aligned}
c_n &= \frac{1}{2\pi} \int_{-\pi}^{\pi} \cos(at)e^{-int}\,dt = \frac{1}{4\pi} \int_{-\pi}^{\pi} \left(e^{i(a-n)t} + e^{-i(a+n)t} \right)\,dt \\[2mm]
&= \frac{1}{4\pi} \left[\frac{e^{i(a-n)t}}{i(a-n)} - \frac{e^{-i(a+n)t}}{i(a+n)} \right]_{t=-\pi}^{t=\pi} \\[2mm]
&= \frac{1}{2\pi} \left(\frac{e^{i(a-n)\pi} - e^{-i(a-n)\pi}}{2i} \cdot \frac{1}{a-n} + \frac{e^{i(a+n)\pi} - e^{-i(a+n)\pi}}{2i} \cdot \frac{1}{a+n} \right) \\[2mm]
&= \frac{1}{2\pi} \left(\frac{\sin((a-n)\pi)}{a-n} + \frac{\sin((a+n)\pi)}{a+n} \right) \\[2mm]
&= \frac{\sin((a-n)\pi)}{\pi} \cdot \frac{a}{a^2 - n^2} = (-1)^n \frac{\sin(a\pi)}{\pi} \frac{a}{a^2 - n^2}\,.
\end{aligned}
$$

Da die Funktion f auf ganz $\mathbb{R}$ stetig und und stückweise stetig differenzierbar ist, konvergiert ihre Fourier-Reihe gleichmäßig gegen f. Damit haben wir

$$\cos(ax) = \frac{\sin(\pi a)}{\pi} \cdot \left(\frac{1}{a} + \sum_{n=1}^{\infty} (-1)^n \frac{2a}{a^2 - n^2} \cos(nx)\right). \qquad (6.29)$$

(b) Setzen wir in der Fourier-Entwicklung (6.29) $x = \pi$, so ergibt sich

$$\cos(\pi a) = \frac{\sin(\pi a)}{\pi} \cdot \left(\frac{1}{a} + \sum_{n=1}^{\infty} (-1)^n \frac{2a}{a^2 - n^2} \cos(n\pi)\right).$$

Schreiben wir x statt a und beachten, dass $\cos(n\pi) = (-1)^n$, so ergibt sich

$$\pi \cot(\pi x) = \frac{1}{x} + \sum_{n=1}^{\infty} \frac{2x}{x^2 - n^2}$$

für alle $x \in \mathbb{R} \setminus \{\mathbb{Z}\}$.

Aufgabe 6.7: Das Eulersche Sinusprodukt
Man zeige, dass für $-1 < x < +1$ gilt:

$$\sin(\pi x) = \pi x \prod_{n=1}^{\infty} \left(1 - \frac{x^2}{n^2}\right).$$

Hinweis: Man bilde für $0 < x < 1$ die logarithmische Ableitung $\dfrac{d \log \sin(\pi x)}{dx}$ und verwende die Resultate aus Aufgabe 6.6.

Bemerkung: Diese Produktformel wird in der Funktionentheorie mit Hilfe des analytischen Fortsetzungsprinzips auf ganz $\mathbb{C}$ ausgedehnt, so dass hier die Einschränkung $-1 < x < 1$ nicht ins Gewicht fällt.   □

Lösung: Wir benutzen die Partialbruchzerlegung aus Aufgabe 6.6:

$$\pi \cot(\pi x) - \frac{1}{x} = \sum_{n=1}^{\infty} \frac{2x}{x^2 - n^2} \qquad \forall x \in \mathbb{R} \setminus \mathbb{Z}. \qquad (6.30)$$

Die reelle Funktion $f_n(x) = \dfrac{2|x|}{n^2 - x^2}$ ist für $x \in [0, r]$ mit $0 \leq r < 1$ und für alle $n \in \mathbb{N}$ monoton wachsend in x. Daraus folgt mit der Symmetrie von $f_n(x)$:

$$f_n(x) \leq \frac{2r}{n^2 - r^2} \qquad \forall x \in [-r, r].$$

Außerdem gilt

$$\sum_{n=1}^{\infty} \frac{2r}{n^2 - r^2} = \frac{2r}{1 - r^2} + 2r \sum_{n=1}^{\infty} \frac{1}{(n+1)^2 - r^2} \leq \frac{2r}{1 - r^2} + 2r \sum_{n=1}^{\infty} \frac{1}{n^2 + 1 - r^2}$$

$$\leq \frac{2r}{1 - r^2} + 2r \sum_{n=1}^{\infty} \frac{1}{n^2} < \infty.$$

Damit konvergiert die Funktionenreihe auf der rechten Seite der Identität (6.30) absolut und gleichmäßig auf $[-r, r]$. Folglich dürfen wir sie auch für $x \in (-1, 1)$ gliedweise integrieren

$$h(x) := \int_0^x \sum_{n=1}^{\infty} \frac{2t}{t^2 - n^2} \, dt = \sum_{n=1}^{\infty} \int_0^x \frac{2t}{t^2 - n^2} \, dt = \sum_{n=1}^{\infty} \left[\log \left(1 - \frac{t^2}{n^2} \right) \right]_0^x$$

$$= \sum_{n=1}^{\infty} \log \left(1 - \frac{x^2}{n^2} \right) = \log \left\{ \prod_{n=1}^{\infty} \left(1 - \frac{x^2}{n^2} \right) \right\}.$$

Die Stammfunktion der linken Seite von (6.30) ist gemäß dem Hinweis zur Aufgabenstellung für $x \in (-1, 1)$ gegeben durch

$$g(x) = \begin{cases} \log \dfrac{\sin(\pi x)}{\pi x} & \text{für} \quad x \neq 0, \\ 0 & \text{für} \quad x = 0. \end{cases}$$

Da $g(0) = h(0) = 0$, haben wir für $x \in (-1, 1)$

$$\log \frac{\sin(\pi x)}{\pi x} = \log \left\{ \prod_{n=1}^{\infty} \left(1 - \frac{x^2}{n^2} \right) \right\},$$

also

$$\frac{\sin(\pi x)}{\pi x} = \prod_{n=1}^{\infty} \left(1 - \frac{x^2}{n^2} \right).$$

Bemerkung: Für $x = \frac{1}{2}$ erhalten wir aus dem Sinusprodukt: $\frac{2}{\pi} = \prod_{j=1}^{\infty} \left(1 - \frac{1}{4j^2} \right)$ und damit die Wallissche Produktformel $\frac{\pi}{2} = \prod_{j=1}^{\infty} \frac{(2j)^2}{(2j)^2 - 1}$ aus Aufgabe 1.4. □

Zusatz 6.1: Gibbs-Phänomen

Wir betrachten die 2π-periodische Fortsetzung der folgenden, auf dem Intervall $[-\pi, \pi)$ erklärten Funktion

$$f(x) := \begin{cases} -1, & -\pi < x < 0 \\ 0, & x = -\pi \ \text{oder} \ x = 0 \\ 1, & 0 < x < \pi. \end{cases}$$

Die $(2n-1)$-te Partialsumme f_{2n-1} der Fourier-Entwicklung mit $n \in \mathbb{N}$ lautet

$$f_{2n-1}(x) = \frac{4}{\pi} \sum_{k=1}^{n} \frac{\sin\big((2k-1)x\big)}{2k-1},$$

und das $(2n-1)$-te Fejérsche Mittel s_{2n-1} entsprechend

$$s_{2n-1}(x) = \frac{4}{\pi} \sum_{k=1}^{n} \left(1 - \frac{2k-1}{2n}\right) \frac{\sin\big((2k-1)x\big)}{2k-1}.$$

Aufgrund der Identität $\sum\limits_{k=1}^{n} \cos\big((2k-1)x\big) = \dfrac{\sin(2nx)}{2\sin x}$ lässt sich die Partialsumme

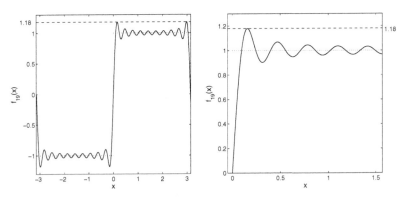

Abbildung 6.5: Fourier-Approximation f_{19} für $n = 10$.

f_{2n-1} auch in der Form schreiben

$$f_{2n-1}(x) = \frac{4}{\pi} \sum_{k=1}^{n} \frac{\sin\big((2k-1)x\big)}{2k-1} = \frac{4}{\pi} \sum_{k=1}^{n} \int_{0}^{x} \cos\big((2k-1)t\big)\,\mathrm{d}t$$

$$= \frac{4}{\pi} \int_{0}^{x} \left[\sum_{k=1}^{n} \cos\big((2k-1)t\big)\right] \mathrm{d}t = \frac{2}{\pi} \int_{0}^{x} \frac{\sin(2nt)}{\sin t}\,\mathrm{d}t.$$

Aus Symmetriegründen beschränken wir unsere Kurvendiskussion auf $0 \le x \le \frac{\pi}{2}$. Die Extremalstellen von f_{2n-1} sind dann $x_k = \frac{k\pi}{2n}$ für $k = 1, \ldots, n$, wobei f_{2n-1} bei $x_1 = \frac{\pi}{2n}$ das globale Maximum erreicht. Wir bekommen mit $0 < \sin y < y$ für den Bereich $0 < y < \pi$ und mit der Substitution $y = 2nt$ die Abschätzung

$$f_{2n-1}\left(\frac{\pi}{2n}\right) = \frac{2}{\pi} \int_0^{\frac{\pi}{2n}} \frac{\sin(2nt)}{\sin t}\, dt > \frac{2}{\pi} \int_0^{\frac{\pi}{2n}} \frac{\sin(2nt)}{t}\, dt$$

$$= \frac{2}{\pi} \int_0^{\pi} \frac{\sin y}{y}\, dy \approx 1 + 0.09 \cdot 2 .$$

(6.31)

Die Höhenabweichung der maximalen Oszillation beträgt gegenüber dem Recht-

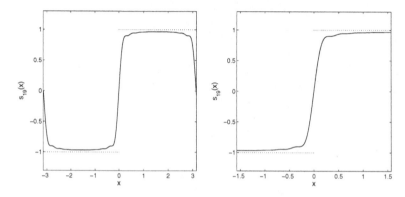

Abbildung 6.6: Fejér-Mittel s_{19} für $n = 10$

eckpuls ungefähr 9% der Sprunghöhe. In Abbildung 6.5 ist der Rechteckpuls zusammen mit der Fourier-Approximation f_{19} dargestellt. Wir erkennen an den Sprungstellen ein Oszillationsverhalten mit starken Über- und Unterschwingungen, das sogenannte Gibbs-Phänomen. In Abbildung 6.6 ist das entsprechende Fejérsche Mittel s_{19} zusammen mit dem Rechteckpuls dargestellt. Durch die Dämpfung der hochfrequenten Anteile bei der Fejérschen Mittelwertbildung werden die Gibbsschen Oszillationen ausgeglättet. Jedoch ist diese Mittelwertbildung nicht mehr die beste Approximation im Sinne der L_2-Konvergenz.

Die Abschätzung (6.31) gilt nicht nur in diesem konkreten Fall sondern sie lässt sich auch im allgemeinen Fall einer stückweise glatten und T-periodischen Funktion mit endlich vielen Sprüngen beweisen, indem man einfach die Sprungstellen durch eine Linearkombination geeignet skalierter Rechteckpuls-Funktionen $f(ax+b)$ beseitigt und dann wie beim Beweis von Satz 6.15 den Satz 6.14 für gleichmäßig ohne das Gibbs-Phänomen konvergente Fourier-Reihen verwendet.

Lektion 7
Fourier-Transformation

7.1 L_p-Räume und die Theorie der Fourier-Transformation

In dieser Lektion betrachten wir als Anwendung der Lebesgueschen Integrationstheorie für $1 \leq p \leq \infty$ die L_p-Räume sowie Fourier-Transformationen für gewis-
se nichtperiodische Funktionen. Die L_p-Räume beinhalten auch komplexwertige
Funktionen, so dass wir die Lebesguesche Integrationstheorie zunächst ins Komplexe übertragen müssen. Begleitend zu diesem Abschnitt empfehlen wir die Lektüre
der Bücher von Brigola [5] und Chui [6].

Definition 7.1: Meßbare bzw. integrierbare komplexwertige Funktionen
Eine komplexwertige Funktion $f : \mathbb{R}^n \to \mathbb{C}$ zerlegen wir gemäß

$$f(x) = f_1(x) + \mathrm{i} f_2(x)$$

in Realteil $f_1(x)$ und Imaginärteil $f_2(x)$. Die Funktion f heißt meßbar, wenn f_1
und f_2 meßbar sind. Es sei nun Ω ein meßbarer Integrationsbereich. Wir nennen f
integrierbar über Ω, wenn $f_1 \cdot \chi_\Omega$ und $f_2 \cdot \chi_\Omega$ integrierbar sind, siehe Satz 4.7. In
diesem Fall definieren wir das komplexe Bereichsintegral

$$\int_\Omega f \, \mathrm{d}x := \int_\Omega f_1 \, \mathrm{d}x + \mathrm{i} \int_\Omega f_2 \, \mathrm{d}x.$$

$\square$

Bemerkungen:

(1) Für alle $x \in \mathbb{R}^n$ gilt $|f(x)| = \sqrt{f_1^2(x) + f_2^2(x)} \leq |f_1(x)| + |f_2(x)|$. Hiermit kann
der Konvergenzsatz von Lebesgue wörtlich ins Komplexe übertragen werden.
Im Folgenden bezeichne $\mathbb{K}$ den Körper der reellen bzw. komplexen Zahlen, und
$\Omega \subseteq \mathbb{R}^n$ ein nicht notwendigerweise beschränktes Gebiet im $\mathbb{R}^n$.

(2) Ist $\Omega = (a,b) \subseteq \mathbb{R}$ ein Intervall, so schreiben wir im Folgenden wie beim Riemann-Integral

$$\int_a^b f(x)\,dx = -\int_b^a f(x)\,dx.$$

□

Grundlegend ist die folgende Dreiecks-Ungleichung, die wir für reelle Integrale bereits kennen, siehe Aufgabe 4.2, und nun ins Komplexe übertragen.

Satz 7.2: Dreiecks-Ungleichung für komplexe Integrale
Es sei $f: \Omega \to \mathbb{C}$ über dem meßbaren Integrationsbereich Ω integrierbar. Dann gilt die Dreiecksungleichung

$$\left| \int_\Omega f(x)\,dx \right| \le \int_\Omega |f(x)|\,dx.$$

□

Beweis: Es gibt ein $r \ge 0$ und $\varphi \in \mathbb{R}$ mit $\int_\Omega f(x)\,dx = r e^{i\varphi}$. Damit gilt

$$r = \left| \int_\Omega f(x)\,dx \right| = \int_\Omega e^{-i\varphi} f(x)\,dx = \mathrm{Re}\left(\int_\Omega e^{-i\varphi} f(x)\,dx \right)$$

$$= \int_\Omega \mathrm{Re}\left(e^{-i\varphi} f(x) \right) dx \le \int_\Omega |e^{-i\varphi} f(x)|\,dx = \int_\Omega |f(x)|\,dx.$$

■

Definition 7.3: L_p-Räume
(a) Für $1 \le p < \infty$ ist der Raum $L_p(\Omega, \mathbb{K})$ die Gesamtheit der meßbaren Funktionen $f: \Omega \to \mathbb{K}$ mit

$$\|f\|_p := \left(\int_\Omega |f(x)|^p\,dx \right)^{1/p} < \infty,$$

für die also $|f|^p$ über Ω integrierbar ist.
(b) Für eine meßbare Funktion $f: \Omega \to \mathbb{K}$ definieren wir die Menge der essentiellen oberen Schranken (d.h. bis auf eine Nullmenge obere Schranken)

$$S(f) := \left\{ C \ge 0 : \quad \lambda\left(\{x \in \Omega : |f(x)| \ge C\} \right) = 0 \right\},$$

wobei λ das Lebesguesche Maß im $\mathbb{R}^n$ ist. $C \in S(f)$ bedeutet also, dass $|f| \le C$ fast überall auf Ω ist. $L_\infty(\Omega, \mathbb{K})$ ist die Gesamtheit der meßbaren Funktionen

$f : \Omega \to \mathbb{K}$ mit $S(f) \neq \emptyset$, die also essentiell beschränkt sind. Dann heißt

$$\|f\|_\infty := \inf_{C \in S(f)} C$$

das (essentielle) Supremum von f. $\square$

Es gilt der folgende Satz, dessen recht technischen Beweis man etwa in Triebels Lehrbuch [39] nachlesen kann.

Satz 7.4: Höldersche Ungleichung

(a) Es sei $1 < p < \infty$, $\frac{1}{p} + \frac{1}{q} = 1$. Ist $f \in L_p(\Omega, \mathbb{K})$ und $g \in L_q(\Omega, \mathbb{K})$, so ist $f \cdot g$ integrierbar, und es gilt die Höldersche Ungleichung

$$\left| \int_\Omega f(x)g(x) \, dx \right| \leq \|f\|_p \cdot \|g\|_q.$$

Man beachte, dass dies für $p = q = 2$ die integrale Cauchy-Schwarz-Ungleichung ist.

(b) Es sei $1 \leq p \leq \infty$. Identifiziert man meßbare Funktionen, die sich auf ihrem Definitionsbereich nur bis auf eine Nullmenge unterscheiden, miteinander, so ist $L_p(\Omega, \mathbb{K})$ bezüglich der sogenannten p-Norm $\|\cdot\|_p$ ein Banachraum. $\square$

Beachte:

(1) Für $1 \leq p < \infty$ ist $f \in L_p(\Omega, \mathbb{K})$ mit der Integrierbarkeit von $|f|^p$ gleichwertig. Für $p = 1$ bedeutet daher $f \in L_1(\Omega, \mathbb{K})$ nichts anderes, als dass f selber integrierbar ist. Der Fall $p = \infty$ muß hierbei ausgeschlossen werden: Es ist $f : \mathbb{R}^n \to \mathbb{K}$ mit $f(x) = 1$ in $L_\infty(\mathbb{R}^n, \mathbb{K})$, aber für kein $p \geq 1$ ist hier $|f|^p$ integrierbar über ganz $\Omega = \mathbb{R}^n$.

(2) Es sei jetzt $1 \leq p \leq \infty$. Aus den Normeigenschaften von $\|\cdot\|_p$ ergibt sich dann insbesondere die Gültigkeit der Dreiecksungleichung

$$\|f + g\|_p \leq \|f\|_p + \|g\|_p \quad \forall f, g \in L_p(\Omega, \mathbb{K}).$$

Diese Ungleichung wird auch Minkowski-Ungleichung genannt.

Von besonderer Bedeutung ist nun für uns der Fall $p = 2$.

Folgerung 7.5: $L_2(\Omega, \mathbb{K})$ ist ein Hilbertraum
Für $f, g \in L_2(\Omega, \mathbb{K})$ ist durch

$$\langle f, g \rangle := \int_\Omega f(x)\overline{g(x)} \, dx$$

ein Skalarprodukt auf dem Banachraum $L_2(\Omega, \mathbb{K})$ erklärt. Dieses induziert die Norm

$$\|f\|_2 = \sqrt{\langle f, f \rangle},$$

welche den Raum $L_2(\Omega, \mathbb{K})$ sogar zu einem Hilbertraum macht. $L_2(\Omega, \mathbb{K})$ wird auch der Hilbertraum der quadratisch integrierbaren Funktionen auf Ω genannt. Die Hölder-Ungleichung fällt für $p = 2$ mit der Cauchy-Schwarz-Ungleichung zusammen. Für alle $f, g \in L_2(\Omega, \mathbb{K})$ gilt

$$|\langle f, g \rangle| \le \|f\|_2 \|g\|_2,$$

d.h.

$$\left| \int\limits_{\Omega} f(x)\overline{g(x)}\,\mathrm{d}x \right| \le \left(\int\limits_{\Omega} |f(x)|^2\,\mathrm{d}x \right)^{1/2} \left(\int\limits_{\Omega} |g(x)|^2\,\mathrm{d}x \right)^{1/2}.$$

$\square$

Die quadratisch integrierbaren Funktionen spielen als Wellenfunktionen eine besondere Rolle in der Quantenmechanik. Im Folgenden werden wir die Cauchy-Schwarz-Ungleichung für den Nachweis der Heisenbergschen Unschärfe-Relation benutzen.

Beispiel 7.6: Der Hilbertraum $L_2((0,T), \mathbb{C})$ der Fourier-Reihen.
Der Hilbertraum $L_2((0,T), \mathbb{C})$ besitzt für $T > 0$ das folgende abzählbare Orthonormalsystem:

$$w_k : (0,T) \to \mathbb{C} \quad \text{mit} \quad w_k(t) := \mathrm{e}^{\mathrm{i}k\omega t}, \ k \in \mathbb{Z},$$

($\omega T = 2\pi$). Damit läßt sich jedes $f \in L_2((0,T), \mathbb{C})$ in eine L_2-konvergente Fourier-Reihe entwickeln. $\square$

Definition 7.7: Fourier-Transformierte
Für jedes $f \in L_1(\mathbb{R}^n, \mathbb{C})$, $n \in \mathbb{N}$, sind die Fourier-Transformierten definiert durch

$$\hat{f}(x) := \frac{1}{(2\pi)^{n/2}} \int\limits_{\mathbb{R}^n} f(y)\mathrm{e}^{-\mathrm{i}x \cdot y}\,\mathrm{d}y \tag{7.1}$$

bzw. $\tilde{f}(x) := \int\limits_{\mathbb{R}^n} f(y)\mathrm{e}^{-2\pi\mathrm{i}x \cdot y}\,\mathrm{d}y$. Damit ist $\hat{f}(x) = \frac{1}{(2\pi)^{n/2}}\tilde{f}(\frac{x}{2\pi})$. Beide Definitionen sind gleichwertig. Wir verwenden im Folgenden meist $\hat{f}(x)$. $\square$

Beachte: Da $f \in L_1(\mathbb{R}^n, \mathbb{C})$, existiert das Lebesgue-Integral in (7.1) für $\hat{f}$ wegen

$$|\hat{f}(x)| \le \frac{1}{(2\pi)^{n/2}} \int\limits_{\mathbb{R}^n} |f(y)|\,|\mathrm{e}^{-\mathrm{i}x \cdot y}|\,\mathrm{d}y = \frac{\|f\|_1}{(2\pi)^{n/2}} \quad \forall x \in \mathbb{R}^n,$$

also ist $\hat{f}$ auch beschränkt mit $\|\hat{f}\|_\infty \le \frac{\|f\|_1}{(2\pi)^{n/2}}$.

Beispiel 7.8: Fourier-Transformierte des Gaußschen Kernes

Wir wollen die Fourier-Transformierte des Gaußschen Kernes $G : \mathbb{R}^n \to \mathbb{C}$ mit

$$G_n(x) := e^{-\frac{1}{2}|x|^2}$$

berechnen. Für $x = (x_1, \ldots, x_n) \in \mathbb{R}^n$, $y = (y_1, \ldots, y_n) \in \mathbb{R}^n$ und mit dem Skalarprodukt $x \cdot y$ für Vektoren im $\mathbb{R}^n$ gilt nach dem Satz 4.11 von Fubini

$$\widehat{G}_n(x) = \frac{1}{(2\pi)^{n/2}} \int_{\mathbb{R}^n} G_n(y) e^{-i x \cdot y} \, dy$$

$$= \int_{\mathbb{R}^n} \prod_{k=1}^{n} \left\{ \frac{1}{\sqrt{2\pi}} e^{-\frac{1}{2}y_k^2} \cdot e^{-i x_k y_k} \right\} dy_1 \ldots dy_n$$

$$= \prod_{k=1}^{n} \int_{-\infty}^{+\infty} \frac{1}{\sqrt{2\pi}} e^{-\frac{1}{2}y_k^2} e^{-i x_k y_k} \, dy_k$$

$$= \prod_{k=1}^{n} \widehat{G}_1(x_k),$$

so dass nur noch

$$\widehat{G}_1(\xi) = \frac{1}{\sqrt{2\pi}} \int_{-\infty}^{+\infty} e^{-\frac{1}{2}t^2} \cdot e^{-i\xi t} \, dt$$

berechnet werden muß. Nun ist mit quadratischer Ergänzung:

$$\widehat{G}_1(\xi) = \frac{1}{\sqrt{2\pi}} \int_{-\infty}^{+\infty} e^{-\frac{1}{2}(t+i\xi)^2 - \frac{1}{2}\xi^2} \, dt$$

$$= \frac{1}{\sqrt{2\pi}} e^{-\frac{1}{2}\xi^2} \int_{-\infty}^{+\infty} e^{-\frac{1}{2}(t+i\xi)^2} \, dt \, .$$

Wir zeigen durch Ableiten, dass

$$J(\xi) := \int_{-\infty}^{+\infty} e^{-\frac{1}{2}(t+i\xi)^2} \, dt$$

konstant ist. Es gilt nach dem Satz 4.14 von der Differentiation unter dem Integral

$$J'(\xi) = \int\limits_{-\infty}^{+\infty} \left(-\mathrm{i}\,(t+\mathrm{i}\xi)\right) \mathrm{e}^{-\frac{1}{2}(t+\mathrm{i}\xi)^2}\,\mathrm{d}t$$

$$= \mathrm{i} \int\limits_{-\infty}^{+\infty} \frac{\mathrm{d}}{\mathrm{d}t}\left\{\mathrm{e}^{-\frac{1}{2}(t+\mathrm{i}\xi)^2}\right\}\,\mathrm{d}t$$

$$= \mathrm{i} \lim_{T\to\infty} \left[\mathrm{e}^{-\frac{1}{2}(t+\mathrm{i}\xi)^2}\right]_{t=-T}^{t=T} = 0,$$

also ist J konstant auf $\mathbb{R}$. Für $\xi = 0$ ergibt sich das Gaußsche Fehlerintegral

$$J(0) = \int\limits_{-\infty}^{\infty} \mathrm{e}^{-\frac{1}{2}t^2}\,\mathrm{d}t = \sqrt{2\pi},$$

siehe (4.3) in Aufgabe 4.6, und wir erhalten

$$\widehat{G_1}(\xi) = \mathrm{e}^{-\frac{1}{2}\xi^2} = G_1(\xi).$$

Für den Gauß-Kern $G_n(x) = \mathrm{e}^{-\frac{1}{2}|x|^2}$ gilt somit

$$\widehat{G_n}(x) = G_n(x), \quad x \in \mathbb{R}^n.$$

□

Setzen wir daher in einer Raumdimension für $\lambda > 0$:

$$g_\lambda(t) := \frac{1}{\sqrt[4]{2\pi\lambda}}\,\mathrm{e}^{-\frac{t^2}{4\lambda}},$$

so erhalten wir nach Anwendung der Substitution $t = \sqrt{2\lambda}\,u$:

$$\hat{g}_\lambda(\xi) = \frac{1}{\sqrt[4]{2\pi\lambda}} \cdot \frac{1}{\sqrt{2\pi}} \int\limits_{-\infty}^{\infty} \mathrm{e}^{-\frac{u^2}{2}}\mathrm{e}^{-\mathrm{i}\sqrt{2\lambda}\,u\xi}\,\sqrt{2\lambda}\,\mathrm{d}u$$

$$= \frac{1}{\sqrt[4]{2\pi\lambda}}\,\sqrt{2\lambda}\,\mathrm{e}^{-(\sqrt{2\lambda}\,\xi)^2/2}$$

$$= \sqrt[4]{\frac{2\lambda}{\pi}}\,\mathrm{e}^{-\lambda\xi^2} = g_{\frac{1}{4\lambda}}(\xi)$$

mit $\|g_\lambda\|_2 = \|\hat{g}_\lambda\|_2 = 1$. Ist somit g_λ ein breiter Gauß-Kern ($\lambda \gg 1$), so ist $\hat{g}_\lambda = g_{\frac{1}{4\lambda}}$ ein schmaler Gauß-Kern ($\frac{1}{4\lambda} \ll 1$), und umgekehrt. Dies ist der Spezialfall eines Unschärfeprinzips, das wir noch allgemein formulieren werden. Auch ist die Beziehung $\|f\|_2 = \|\hat{f}\|_2$ nicht nur für $f = g_\lambda$ erfüllt, sondern gilt, wie wir sehen werden, nach der sogenannten Parsevalschen Gleichung für beliebige L_2-Funktionen.

Bedeutung und Anwendungen der Fourier-Transformation

Die Fourier-Transformation ist ein wichtiges Hilfsmittel in der Analysis, insbesondere für die Funktionentheorie bei der Berechnung von Integralen und beim Studium spezieller Funktionen. Sie ist zudem Grundlage der Wavelet-Analysis in der Bildverarbeitung. Die Fourier-Transformation ermöglicht die Umrechnung der quantenmechanischen Wellenfunktionen zwischen der Orts- bzw. Impulsdarstellung, wobei die Heisenbergsche Unschärferelation eine zentrale Rolle spielt. Eine analoge Anwendung wie in der Quantenmechanik findet man auch in der Zeit-Frequenz-Analysis, wobei die Fensterfunktion der quantenmechanischen Wellenfunktion entspricht.

Wichtige Ziele der Fourier-Analysis

A) Rekonstruktion von f aus $\hat{f}$
B) Berechnung von $\|\hat{f}\|_2$, falls $\hat{f} \in L_2(\mathbb{R}^n, \mathbb{C})$
C) Herstellung einer Beziehung zwischen den sogenannten Fensterbreiten von f und $\hat{f}$, falls f und $\hat{f}$ Wellen- bzw. Fensterfunktionen sind (Heisenbergsches Unschärfeprinzip)

Wir wenden uns im Folgenden der Lösung dieser drei Probleme zu. Das Teilproblem A) wird mit Hilfe der Fourierschen Umkehrformel für stückweise stetig differenzierbare Funktionen gelöst:

Satz 7.9: Fouriersche Umkehrformel
Es sei $f : \mathbb{R} \to \mathbb{C}$ eine integrierbare und stückweise stetig differenzierbare Funktion. Dann gilt für ihre Fourier-Transformierte $\hat{f} : \mathbb{R} \to \mathbb{C}$ an jeder Stelle $t \in \mathbb{R}$ die folgende Umkehrformel

$$\frac{1}{2}\left(f_+(t) + f_-(t)\right) = \lim_{\Omega \to \infty} \frac{1}{\sqrt{2\pi}} \int\limits_{-\Omega}^{\Omega} \hat{f}(\omega) \mathrm{e}^{+\mathrm{i}\omega t} \, \mathrm{d}\omega\,.$$

$\square$

Bemerkungen:

(a) Die stückweise Glattheit von f bedeutet hier: f hat nur diskrete Sprungstellen, f ist außer an diesen Sprungstellen überall stetig differenzierbar und es existieren für alle $t \in \mathbb{R}$ die einseitigen Grenzwerte

$$f_\pm(t) = \lim_{\varepsilon \downarrow 0} f(t \pm \varepsilon), \quad f'_\pm(t) = \lim_{\varepsilon \downarrow 0} f'(t \pm \varepsilon)\,.$$

(b) Die Umkehrformel ist das nichtperiodische Analogon zur punktweise konvergenten Fourier-Reihe einer T-periodischen, stückweise glatten Funktion f. $\square$

Beweis: Betrachte für $\Omega > 0$ die auf $\mathbb{R}$ definierte Funktion

$$f_\Omega(t) := \frac{1}{\sqrt{2\pi}} \int\limits_{-\Omega}^{\Omega} \hat{f}(\omega) e^{i\omega t} \, d\omega = \frac{1}{2\pi} \int\limits_{-\Omega}^{\Omega} \int\limits_{-\infty}^{+\infty} f(s) e^{i\omega(t-s)} \, ds \, d\omega.$$

Zu zeigen ist dann $\lim\limits_{\Omega\to\infty} f_\Omega(t) = \frac{1}{2}\big(f_+(t) + f_-(t)\big)$. Nach dem Satz von Fubini gilt

$$f_\Omega(t) = \int\limits_{-\infty}^{+\infty} f(s) \int\limits_{-\Omega}^{\Omega} \frac{e^{i\omega(t-s)}}{2\pi} \, d\omega \, ds = \int\limits_{-\infty}^{+\infty} f(s) \frac{\sin\big(\Omega(t-s)\big)}{\pi(t-s)} \, ds.$$

Es sei $\varepsilon > 0$ beliebig gegeben. Für ein festes Argument $t \in \mathbb{R}$ zerlegen wir $f_\Omega(t)$ gemäß

$$f_\Omega(t) = J_\Omega^0(t) + J_\Omega^+(t) + J_\Omega^-(t),$$

wobei

$$J_\Omega^0(t) := \int\limits_{-\infty}^{+\infty} \frac{f(s) \cdot \chi_{\{s\in\mathbb{R}:\, |s-t|>\varepsilon\}}(s)}{\pi(t-s)} \cdot \sin\big(\Omega(t-s)\big) \, ds,$$

$$J_\Omega^+(t) := \int\limits_{t}^{t+\varepsilon} f(s) \frac{\sin\big(\Omega(t-s)\big)}{\pi(t-s)} \, ds,$$

$$J_\Omega^-(t) := \int\limits_{t-\varepsilon}^{t} f(s) \frac{\sin\big(\Omega(t-s)\big)}{\pi(t-s)} \, ds.$$

Es folgt mit der Variablensubstitution

$$J_\Omega^+ = \int\limits_{-\varepsilon}^{0} \frac{f(t-u) - f_+(t)}{\pi u} \cdot \sin(\Omega u) \, du + f_+(t) \int\limits_{-\varepsilon}^{0} \frac{\sin(\Omega u)}{\pi u} \, du$$

$$= \int\limits_{-\varepsilon}^{0} \frac{f(t-u) - f_+(t)}{\pi u} \cdot \sin(\Omega u) \, du + f_+(t) \int\limits_{-\frac{\Omega\varepsilon}{\pi}}^{0} \frac{\sin(\pi\vartheta)}{\pi\vartheta} \, d\vartheta.$$

Wir brauchen nun für den *nichtperiodischen Fall* das Lemma von Riemann-Lebesgue:

$$\lim_{|\Omega|\to\infty} \int\limits_{-\infty}^{\infty} g(s) e^{-i\Omega s} \, ds = 0, \tag{7.2}$$

falls g integrierbar und stückweise glatt auf ganz $\mathbb{R}$ ist. Da für $s \in \mathbb{R}$ die Funktion

$$s \mapsto \frac{f(s) \cdot \chi_{\{s\in\mathbb{R}:\, |s-t|>\varepsilon\}}(s)}{\pi(t-s)}$$

stückweise glatt und integrierbar ist, gilt $\lim\limits_{\Omega\to\infty} J^0_\Omega(t) = 0$ gemäß (7.2). Ebenso ist für $u \in \mathbb{R}$ die Funktion

$$u \mapsto \frac{f(t-u) - f_+(t)}{\pi u} \cdot \chi_{(-\varepsilon,0)}(u)$$

stückweise glatt und integrierbar, also gilt mit $\int\limits_{-\infty}^{0} \frac{\sin(\pi\vartheta)}{\pi\vartheta}\, d\vartheta = \frac{1}{2}$, siehe (4.12):

$$\lim_{\Omega\to\infty} J^+_\Omega(t) = \frac{1}{2}f_+(t).$$

Analog zeigt man

$$\lim_{\Omega\to\infty} J^-_\Omega(t) = \frac{1}{2}f_-(t).$$

Damit gilt schließlich $\lim\limits_{\Omega\to\infty} f_\Omega(t) = \frac{1}{2}\big(f_+(t) + f_-(t)\big)$. ∎

Wir erwähnen ohne Beweis den

Satz 7.10: Umkehrformel für L_1-Funktionen
Sind f und $\hat{f}$ beide in $L_1(\mathbb{R}^n, \mathbb{C})$, so gilt die Umkehrformel

$$f(x) = \frac{1}{(2\pi)^{n/2}} \int\limits_{\mathbb{R}^n} \hat{f}(y)e^{ix\cdot y}\, dy,$$

und f bzw. $\hat{f}$ sind beide stetig mit

$$\lim_{|t|\to\infty} |f(t)| = 0, \qquad \lim_{|\omega|\to\infty} |\hat{f}(\omega)| = 0.$$

$\square$

Beachte: Hat somit $f \in L_1(\mathbb{R}^n, \mathbb{C})$ eine Sprungstelle, so ist $\hat{f}$ nicht mehr in $L_1(\mathbb{R}^n, \mathbb{C})$. Daher müssen wir in Satz 7.9 $\frac{1}{\sqrt{2\pi}} \lim\limits_{\Omega\to\infty} \int\limits_{-\Omega}^{\Omega} \ldots$ anstelle von $\frac{1}{\sqrt{2\pi}} \int\limits_{-\infty}^{\infty} \ldots$ schreiben. Beispielsweise wird für festes $\lambda > 0$ ein zentriertes Rechteckfenster $f(x) = \frac{1}{\sqrt{2\lambda}}\chi_{[-\lambda,\lambda]}(t)$ mit zwei Sprungstellen bei $x = \pm\lambda$ auf einen nichtperiodischen Dirichlet-Kern $\hat{f}(\omega) = \sqrt{\frac{\lambda}{\pi}}\frac{\sin(\lambda\omega)}{\lambda\omega}$ abgebildet, wie wir in Aufgabe 7.4 zeigen werden. Nach Aufgabe 1.2(iv) ist jedoch $\hat{f} \notin L_1(\mathbb{R}, \mathbb{C})$.
Die Bedingung $\lim\limits_{|t|\to\infty} |f(t)| = 0$ wird für die Unschärferelation benötigt. $\square$

Zur Lösung des Teilproblems B), Berechnung von $\|\hat{f}\|_2$, beginnen wir mit einem Beispiel und einer Anwendung der Fourier-Theorie:

Beispiel 7.11: Berechnung einer Fourier-Transformierten

Wir berechnen die Fourier-Transformierten $\hat{u}_n$, $n \in \mathbb{N}$, der folgenden $L_1(\mathbb{R}, \mathbb{C})$-Funktionen

$$u_n(\omega) = \frac{1}{\sqrt{2\pi}} e^{-|\omega|/n}, \qquad n \in \mathbb{N}.$$

Wegen der Symmetrie von u_n ist

$$\hat{u}_n(t) = \frac{1}{2\pi} \int\limits_{-\infty}^{+\infty} e^{-|\omega|/n} e^{-it\omega} \, d\omega = \frac{1}{2\pi} \int\limits_{-\infty}^{+\infty} e^{-|\omega|/n} \frac{e^{it\omega} + e^{-it\omega}}{2} \, d\omega$$

$$= \frac{1}{2\pi} \int\limits_{0}^{\infty} \left\{ e^{\omega(it - \frac{1}{n})} + e^{-\omega(it + \frac{1}{n})} \right\} \, d\omega = -\frac{1}{2\pi} \left\{ \frac{1}{it - \frac{1}{n}} - \frac{1}{it + \frac{1}{n}} \right\}$$

$$= \frac{n}{\pi} \frac{1}{n^2 t^2 + 1},$$

und nach der Umkehrformel gilt

$$\sqrt{2\pi} \, u_n(\omega) = e^{-|\omega|/n} = \frac{n}{\pi} \int\limits_{-\infty}^{+\infty} \frac{e^{i\omega t}}{n^2 t^2 + 1} \, dt.$$

Setzt man $\omega = 0$, so wird daraus

$$\int\limits_{-\infty}^{+\infty} \hat{u}_n(t) \, dt = 1$$

für $\hat{u}_n = \frac{n}{\pi} \frac{1}{n^2 t^2 + 1}$, $n \in \mathbb{N}$, und die Funktionen $\hat{u}_n(x)$ approximieren ein Diracsches Punktmaß, so dass gilt

$$h(0) = \lim_{n \to \infty} \int\limits_{-\infty}^{+\infty} h(t) \, \hat{u}_n(t) \, dt,$$

sofern $h : \mathbb{R} \to \mathbb{C}$ eine beschränkte und stetige Funktion ist, siehe Aufgabe 4.4. $\square$

Beispiel 7.12: Autokorrelationsfunktion

Für $f \in L_1(\mathbb{R}, \mathbb{C}) \cap L_2(\mathbb{R}, \mathbb{C})$ ist die *Autokorrelationsfunktion*

$$h(s) := \int\limits_{-\infty}^{+\infty} f(t) \overline{f(t - s)} \, dt$$

gleichmäßig stetig und aufgrund der Cauchy-Schwarz-Ungleichung beschränkt mit $\|h\|_\infty \le \|f\|_2^2$. Die gleichmäßige Stetigkeit von h wollen wir erst im Anschluß an diesen Beweis zeigen. Zunächst ist $h \in L_1(\mathbb{R}, \mathbb{C})$ wegen

$$\int\limits_{-\infty}^{+\infty} |h(s)|\, ds \leq \int\limits_{-\infty}^{+\infty} \int\limits_{-\infty}^{+\infty} |f(t)| \cdot |f(t-s)|\, dt\, ds$$

$$= \int\limits_{-\infty}^{+\infty} |f(t)| \cdot \left(\int\limits_{-\infty}^{+\infty} |f(t-s)|\, ds \right) dt$$

$$= \|f\|_1^2 .$$

Wir können also $\hat{h}$ bilden:

$$\hat{h}(\omega) = \frac{1}{\sqrt{2\pi}} \int\limits_{-\infty}^{+\infty} \left\{ \int\limits_{-\infty}^{+\infty} f(t)\overline{f(t-s)} \right\} e^{-i\omega s}\, ds$$

$$= \frac{1}{\sqrt{2\pi}} \int\limits_{-\infty}^{+\infty} f(t) \cdot \left\{ \int\limits_{-\infty}^{+\infty} \overline{f(t-s)} \cdot e^{-i\omega s}\, ds \right\} dt$$

$$= \frac{1}{\sqrt{2\pi}} \int\limits_{-\infty}^{+\infty} f(t) \left\{ \int\limits_{-\infty}^{+\infty} \overline{f(\vartheta)} \cdot e^{-i\omega t + i\omega\vartheta}\, d\vartheta \right\} dt ,$$

also

$$\hat{h}(\omega) = \frac{1}{\sqrt{2\pi}} \int\limits_{-\infty}^{+\infty} f(t) e^{-i\omega t} \cdot \int\limits_{-\infty}^{+\infty} \overline{f(\vartheta)} e^{-i\omega\vartheta}\, d\vartheta\, dt = \sqrt{2\pi}\,|\hat{f}(\omega)|^2 .$$

Nach dem vorigen Beispiel und nach dem Satz von Lebesgue gilt dann

$$\int\limits_{-\infty}^{+\infty} |f(t)|^2\, dt = h(0) = \lim_{n\to\infty} \int\limits_{-\infty}^{+\infty} h(t)\hat{u}_n(t)\, dt$$

$$= \lim_{n\to\infty} \int\limits_{-\infty}^{+\infty} h(t) \cdot \left\{ \frac{1}{\sqrt{2\pi}} \int\limits_{-\infty}^{+\infty} \frac{e^{-|\omega|/n}}{\sqrt{2\pi}} \cdot e^{-i\omega t}\, d\omega \right\} dt$$

$$= \lim_{n\to\infty} \int\limits_{-\infty}^{+\infty} e^{-|\omega|/n} \cdot \left(\frac{1}{2\pi} \int\limits_{-\infty}^{+\infty} h(t) e^{-i\omega t}\, dt \right) d\omega ,$$

also

$$\int\limits_{-\infty}^{+\infty} |f(t)|^2\, dt = \lim_{n\to\infty} \int\limits_{-\infty}^{+\infty} e^{-|\omega|/n} |\hat{f}(\omega)|^2\, d\omega = \int\limits_{-\infty}^{+\infty} |\hat{f}(\omega)|^2\, d\omega . \qquad (7.3)$$

$\square$

Wir wollen jetzt den angekündigten Beweis der gleichmäßigen Stetigkeit der Autokorrelationsfunktion h nachreichen:

Es seien $s_1, s_2 \in \mathbb{R}$ vorgegeben. Dann haben wir mit der Cauchy-Schwarz-Ungleichung

$$|h(s_1) - h(s_2)| = \left| \int\limits_{-\infty}^{+\infty} f(t) \overline{(f(t-s_1) - f(t-s_2))} \, dt \right|$$

$$\leq \|f\|_2 \cdot \left(\int\limits_{-\infty}^{+\infty} |f(t-s_1) - f(t-s_2)|^2 \, dt \right)^{1/2}$$

$$= \|f\|_2 \cdot \left(\int\limits_{-\infty}^{+\infty} |f(\vartheta + (s_2 - s_1)) - f(\vartheta)|^2 \, d\vartheta \right)^{1/2} .$$

Für die Abschätzung des zuletzt auftretenden Integrals benötigen wir das folgende Lemma, mit dem schon der Beweis der gleichmäßigen Stetigkeit von h abgeschlossen ist.

Lemma 7.13:
Ist $f \in L_p(\mathbb{R}^n, \mathbb{K})$ für $\mathbb{K} = \mathbb{C}$ bzw. $\mathbb{K} = \mathbb{R}$, $1 \leq p < \infty$, so gilt für die Funktion $f_a : \mathbb{R}^n \to \mathbb{K}$ mit $f_a(x) := f(x+a)$ und $a \in \mathbb{R}^n$ die Konvergenzaussage

$$\lim_{|a| \to 0} \|f_a - f\|_p = 0 .$$

□

Bemerkung: Hieraus folgt insbesondere für $n = 1$, $p = 2$, $a = s_2 - s_1$ die gleichmäßige Stetigkeit der Autokorrelationsfunktion.   □

Beweis: Wir verwenden hier eine wohlbekannte Dichtheitsaussage aus Walter [41, 9.21 Dichtesatz]: Der Raum $C_0(\mathbb{R}^n, \mathbb{K})$ der stetigen Funktionen $g : \mathbb{R}^n \to \mathbb{K}$ mit kompaktem Träger $\operatorname{supp}(g) := \overline{\{x \in \mathbb{R}^n : g(x) \neq 0\}}$ liegt dicht in $L_p(\mathbb{R}^n, \mathbb{K})$ für $1 \leq p < \infty$, $n \in \mathbb{N}$. Hiernach wähle man eine Funktionenfolge $(\varphi_m)_{m \in \mathbb{N}} \in C_0(\mathbb{R}^n, \mathbb{K})$ mit der Eigenschaft $\lim\limits_{m \to \infty} \|f - \varphi_m\|_p = 0$. Dann gilt

$$\|f_a - f\|_p \leq \|f_a - \varphi_{m,a}\|_p + \|\varphi_m - f\|_p + \|\varphi_{m,a} - \varphi_m\|_p$$
$$\leq 2\|\varphi_m - f\|_p + 2^{1/p} |\operatorname{supp}(\varphi_m)|^{1/p} \|\varphi_{m,a} - \varphi_m\|_\infty . \tag{7.4}$$

Da die Funktionen $\varphi_m \in C_0(\mathbb{R}^n, \mathbb{K})$, $m \in \mathbb{N}$, gleichmäßig stetig sind, konvergiert der zweite Summand der rechten Seite (7.4) gegen Null, falls $|a| \to 0$. Damit ist das Lemma bewiesen.   ∎

Allgemeiner gilt der zentrale

Satz 7.14: Plancherel-Identität
Es sei $f,g \in L_1(\mathbb{R}^n,\mathbb{C}) \cap L_2(\mathbb{R}^n,\mathbb{C})$. Dann sind $\hat{f},\hat{g} \in L_2(\mathbb{R}^n,\mathbb{C})$, und es gilt

(a) Die Formel von Plancherel bzw. Parseval:

$$\|f\|_2 = \|\hat{f}\|_2.$$

(b) Die Skalarprodukt-Treue:

$$\langle f,g \rangle = \langle \hat{f},\hat{g} \rangle.$$

$\square$

Bemerkung: Man beachte, dass wir Satz 7.14(a) für den Spezialfall $n = 1$ bereits in (7.3) gezeigt haben. Der Teil (b) folgt aber nach der linearen Algebra ganz allgemein aus dem Teil (a) aufgrund der Darstellung

$$\langle f,g \rangle = \frac{1}{4}\left\{\|f+g\|^2 - \|f-g\|^2\right\} + \frac{i}{4}\left\{\|f+ig\|^2 - \|f-ig\|^2\right\}$$

des Skalarproduktes über die Normen.

$\square$

Wir wollen nun die Bedeutung der Parseval-Formel für die Quantenmechanik beleuchten. Beschreibt die Wellenfunktion $\Psi = \Psi(t,x)$ für $x \in \mathbb{R}^3$ und feste Zeit $t \in \mathbb{R}$ ein (spinloses) Teilchen im Ortsraum, so ist $|\Psi(t,x)|^2$ die lokale Aufenthaltswahrscheinlichkeit des Teilchens, also eine Wahrscheinlichkeitsdichte . Daher muß

$$\int_{\mathbb{R}^3} |\Psi(t,x)|^2 \, dx = \|\Psi(t,\cdot)\|_2^2 = 1$$

gelten. Im Impulsraum gilt dann entsprechend $\|\widehat{\Psi}\|_2^2 = 1$, d.h. die statistische Bedeutung der Aufenthaltswahrscheinlichkeit ist unabhängig von der Darstellung. Wir benutzen diese Überlegung bei der Untersuchung der Unschärferelation. Das Studium dieses Problems wird zwar im Rahmen der Signalanalyse formuliert, hat aber einen universellen Charakter. Insbesondere kann es auch in die Sprache der Quantentheorie übersetzt werden, man ersetze dazu nur den Begriff der Fensterfunktion durch den der Wellenfunktion, und die Zeit t bzw. Frequenz ω durch Position $x \in \mathbb{R}^n$ bzw. Impuls $p \in \mathbb{R}^n$, $n = 1,2,3$, usw. Es sei $f \in L_1(\mathbb{R},\mathbb{C}) \cap L_2(\mathbb{R},\mathbb{C})$ ein Analogsignal im Zeitbereich mit (endlicher) L_2-Norm $\|f\|_2$. Die Fourier-Transformierte

$$\hat{f}(\omega) = \frac{1}{\sqrt{2\pi}} \int_{-\infty}^{+\infty} f(t)e^{-i\omega t} \, dt$$

heißt auch das Spektrum dieses Signals.

Definition 7.15: Fensterfunktion

Eine Funktion f heißt Fensterfunktion, wenn neben $f(t)$ auch $t \cdot f(t)$ in $L_2(\mathbb{R}, \mathbb{C})$ liegt, und f die Normierungsbedingung $\|f\|_2 = 1$ erfüllt. Ist dies der Fall, dann existieren insbesondere

(i) der Mittelwert bzw. Erwartungswert

$$\mu_f = \langle t \rangle := \int\limits_{-\infty}^{+\infty} t |f(t)|^2 \, dt$$

von t bzgl. $|f(t)|^2$,

(ii) die Standardabweichung, auch Unschärfe oder Breite genannt,

$$\Delta_f := \left\{ \int\limits_{-\infty}^{+\infty} (t - \mu_f)^2 |f(t)|^2 \, dt \right\}^{1/2}$$

von t bzgl. $|f(t)|^2$. $\square$

Bemerkung 7.16: Der Erwartungswert der Zeit und die Breite einer Kurve

Es ist μ_f der Erwartungswert der Zeit t bezüglich der Wahrscheinlichkeitsdichte $|f(t)|^2$, und Δ_f ein Maß für die Breite der Kurve $t \mapsto f(t)$. $\square$

Beispiel 7.17: Erwartungswerte und Breiten für spezielle Fensterfunktionen

(a) Betrachte für festes $\lambda > 0$ die Gaußsche Fensterfunktion $g_\lambda(t) := \frac{1}{\sqrt[4]{2\pi\lambda}} e^{-\frac{t^2}{4\lambda}}$. Dann gilt

$$\|g_\lambda\|_2 = 1, \quad \mu_{g_\lambda} = 0, \quad \Delta_{g_\lambda} = \sqrt{\lambda}.$$

Die Fourier-Transformierte ist

$$\hat{g}_\lambda(\omega) = \sqrt[4]{\frac{2\lambda}{\pi}} e^{-\lambda\omega^2} = g_{\frac{1}{4\lambda}}(\omega)$$

ist dann wieder eine Gaußsche Fensterfunktion mit

$$\|\hat{g}_\lambda\|_2 = 1, \quad \mu_{\hat{g}_\lambda} = 0, \quad \Delta_{\hat{g}_\lambda} = \frac{1}{2\sqrt{\lambda}}.$$

Hierbei bedeuten entsprechend $\mu_{\hat{g}_\lambda}$ bzw. $\Delta_{\hat{g}_\lambda}$ den Erwartungswert bzw. die Unschärfe von ω bezüglich $\|\hat{g}_\lambda\|^2$ im Frequenzbereich. Wir erhalten das folgende Unschärfeprodukt $\Delta_{g_\lambda} \cdot \Delta_{\hat{g}_\lambda} = \frac{1}{2}$.

(b) Betrachte die Fensterfunktion $f(t) := \chi_{[-1/2, 1/2]}(t)$. Dann gilt

$$\|f\|_2 = 1, \quad \mu_f = 0, \quad \Delta_f = \frac{1}{2\sqrt{3}}.$$

Es folgt

$$\hat{f}(\omega) = \begin{cases} \dfrac{1}{\sqrt{2\pi}} \cdot \dfrac{\sin\left(\frac{\omega}{2}\right)}{\frac{\omega}{2}}, & \omega \in \mathbb{R} \setminus \{0\} \\[2ex] \dfrac{1}{\sqrt{2\pi}}, & \omega = 0, \end{cases}$$

also ist $\hat{f}$ keine Fensterfunktion, denn $\omega \cdot \hat{f}(\omega) \notin L_2(\mathbb{R}, \mathbb{C})$. $\qquad \square$

Satz 7.18: Das Heisenbergsche Unschärfeprinzip

Es seien $f, \hat{f} \in L_1(\mathbb{R}, \mathbb{C}) \cap L_2(\mathbb{R}, \mathbb{C})$ beides stetig differenzierbare Fensterfunktionen. Dann gilt für das Produkt der Unschärfen Δ_f, $\Delta_{\hat{f}}$ die Unschärferelation

$$\Delta_f \cdot \Delta_{\hat{f}} \geq \frac{1}{2}. \tag{7.5}$$

Wird hierbei die Gleichheit angenommen, so ist für alle $t \in \mathbb{R}$

$$f(t) = c\, e^{i\alpha t}\, e^{-\frac{(t-b)^2}{4\lambda}} \tag{7.6}$$

mit geeigneten Konstanten $c \in \mathbb{C} \setminus \{0\}, \lambda > 0$ und $\alpha, b \in \mathbb{R}$. $\qquad \square$

Bemerkung: Auf die Glattheitsforderung von f, $\hat{f}$ kann auch verzichtet werden. Sie ergibt sich (bis auf eine Nullmenge im Definitionsbereich $\mathbb{R}$) als Folgerung. $\qquad \square$

Beweis: Aus der Umkehrformel in Satz 7.10 für

$$f(t) = \frac{1}{\sqrt{2\pi}} \int\limits_{-\infty}^{+\infty} \hat{f}(\omega) e^{i\omega t}\, d\omega$$

und

$$f'(t) = \frac{1}{\sqrt{2\pi}} \int\limits_{-\infty}^{+\infty} \{i\omega \hat{f}(\omega)\} e^{i\omega t}\, d\omega$$

folgt

$$\widehat{f'}(\omega) = i\omega \hat{f}(\omega) \in L_1(\mathbb{R}, \mathbb{C}) \cap L_2(\mathbb{R}, \mathbb{C}) \tag{7.7}$$

also nach der Identität von Plancherel auch $f' \in L_2(\mathbb{R}, \mathbb{C})$ mit

$$\|\widehat{f'}\|_2 = \|f'\|_2.$$

Nach der Cauchy-Schwarz-Ungleichung gilt

$$\left| \text{Re} \int\limits_{-\infty}^{+\infty} t f(t) \overline{f'(t)}\, dt \right|^2 \leq \int\limits_{-\infty}^{+\infty} |t f(t)|^2\, dt \cdot \int\limits_{-\infty}^{+\infty} |f'(t)|^2\, dt. \tag{7.8}$$

Nun ist einerseits mit partieller Integration unter Beachtung von $\lim\limits_{|t|\to\infty} t|f(t)|^2 = 0$:

$$\left| \mathrm{Re} \int\limits_{-\infty}^{+\infty} t f(t) \overline{f'(t)}\, \mathrm{d}t \right|^2 = \left| \frac{1}{2} \int\limits_{-\infty}^{+\infty} t \frac{\mathrm{d}}{\mathrm{d}t} |f(t)|^2\, \mathrm{d}t \right|^2$$

$$= \left(\frac{1}{2} \int\limits_{-\infty}^{+\infty} |f(t)|^2\, \mathrm{d}t \right)^2 = \frac{1}{4}, \tag{7.9}$$

und andererseits nach der Indentität von Plancherel und (7.7)

$$\int\limits_{-\infty}^{+\infty} |t f(t)|^2\, \mathrm{d}t \cdot \int\limits_{-\infty}^{+\infty} |f'(t)|^2\, \mathrm{d}t = \int\limits_{-\infty}^{+\infty} |t f(t)|^2\, \mathrm{d}t \cdot \int\limits_{-\infty}^{+\infty} |\widehat{f'}(\omega)|^2\, \mathrm{d}\omega$$

$$= \int\limits_{-\infty}^{+\infty} t^2 |f(t)|^2\, \mathrm{d}t \cdot \int\limits_{-\infty}^{+\infty} \omega^2 |\hat{f}(\omega)|^2\, \mathrm{d}\omega \tag{7.10}$$

$$= \Delta_f^2 \cdot \Delta_{\hat{f}}^2,$$

wobei wir ohne Einschränkung der Allgemeinheit annehmen, dass f bzw. $\hat{f}$ die Erwartungswerte $\mu_f = \mu_{\hat{f}} = 0$ haben. Dies ist immer möglich, indem wir ein allgemeines $f(t)$ durch $\exp(i\mu_{\hat{f}}t) \cdot f(t - \mu_f)$ ersetzen, wodurch Δ_f und $\Delta_{\hat{f}}$ unverändert bleiben. Aus (7.8)-(7.10) folgt sofort die gewünschte Ungleichung

$$\frac{1}{2} \le \Delta_f \cdot \Delta_{\hat{f}}.$$

Im Falle der Gleichheit müssen nach (7.8) $t f(t)$ und $f'(t)$ kollineare Funktionen sein:

$$t f(t) = -2\lambda f'(t) \tag{7.11}$$

für ein $\lambda \in \mathbb{C} \setminus \{0\}$. Dabei gilt $t f(t) \overline{f'(t)} = -2\lambda |f'(t)|^2$, so dass Gleichheit in (7.8) nur für reelles $\lambda \ne 0$ erzielt werden kann. Aus (7.11) folgt aber

$$f(t) = c e^{-\frac{t^2}{4\lambda}},$$

so dass $f \in L_2(\mathbb{R}, \mathbb{C})$ nur für $\lambda > 0$ möglich ist. Also ist f ein Gaußscher Kern der Form (7.6) mit den Zentrierungsbedingungen $\alpha = b = 0$.

Man beachte, dass die Gaußschen Kerne g_λ und $\hat{g}_\lambda = g_{\frac{1}{4\lambda}}$ aus Beispiel 7.17(a) die Beziehung (7.5) mit Gleichheit erfüllen:

$$\Delta_{g_\lambda} \cdot \Delta_{\hat{g}_\lambda} = \sqrt{\lambda} \cdot \frac{1}{2\sqrt{\lambda}} = \frac{1}{2}.$$

Damit gilt auch $\Delta_g \cdot \Delta_{\hat{g}_\lambda} = \frac{1}{2}$ für den neuen Gauß-Kern $g(t) := e^{i\alpha t} g_\lambda(t-b)$ von der Form (7.6) mit $\alpha, b \in \mathbb{R}$. $\blacksquare$

7.2 Aufgaben

Aufgabe 7.1: L_p-Funktionen auf beschränktem Gebiet

Es sei $1 \le p_1 < p_2 \le \infty$, und $\Omega \subset \mathbb{R}^n$ ein beschränktes Gebiet. Man zeige

$$L_{p_2}(\Omega, \mathbb{R}) \subseteq L_{p_1}(\Omega, \mathbb{R}).$$

Hinweis: Unterscheide die beiden Fälle $p_2 = \infty$ bzw. $p_2 < \infty$. Im zweiten Fall wende man die Höldersche Ungleichung auf $\int_\Omega 1 \cdot |f(x)|^{p_1} \, dx$ an.

Lösung: Es sei $f \in L_{p_2}(\Omega, \mathbb{R})$. Da das Gebiet $\Omega \subset \mathbb{R}$ beschränkt ist, folgt $|\Omega| < \infty$. Für $p_2 = \infty$ haben wir

$$\int_\Omega |f(x)|^{p_1} \, dx \le \int_\Omega \|f\|_\infty^{p_1} \, dx = \|f\|_\infty^{p_1} \, |\Omega| < \infty,$$

also $f \in L_{p_1}(\Omega, \mathbb{R})$. Für $p_2 < \infty$ folgt aus der Hölder-Ungleichung für die Exponenten $p := \frac{p_2}{p_2 - p_1} > 1$ und $q := \frac{p_2}{p_1} > 1$ mit $\frac{1}{p} + \frac{1}{q} = 1$:

$$\int_\Omega 1 \cdot |f(x)|^{p_1} \, dx \le \left(\int_\Omega 1^{\frac{p_2}{p_2 - p_1}} \, dx \right)^{\frac{p_2 - p_1}{p_2}} \cdot \left(\int_\Omega (|f(x)|^{p_1})^{\frac{p_2}{p_1}} \, dx \right)^{\frac{p_1}{p_2}}$$

$$= |\Omega|^{1 - \frac{p_1}{p_2}} \left\{ \left(\int_\Omega |f(x)|^{p_2} \, dx \right)^{\frac{1}{p_2}} \right\}^{p_1}$$

$$= |\Omega|^{1 - \frac{p_1}{p_2}} \|f\|_{p_2}^{p_1} < \infty,$$

und damit wieder $f \in L_{p_1}(\Omega, \mathbb{R})$.

Aufgabe 7.2: L_p-Funktionen auf dem $\mathbb{R}^n$

Wir definieren die n-dimensionale Einheitskugel $K_n := \{ x \in \mathbb{R}^n : |x| < 1 \}$. Es seien für $\alpha \in \mathbb{R}$ die Abbildungen $f_\alpha, g_\alpha : \mathbb{R}^n \to \mathbb{R}$ definiert durch

$$f_\alpha(x) = \frac{\chi_{K_n}(x)}{|x|^\alpha}, \qquad g_\alpha(x) = \frac{\chi_{\mathbb{R}^n \setminus K_n}(x)}{|x|^\alpha}.$$

(a) Für welche $p \in [1, \infty)$ sind die Funktionen f_α, g_α in $L_p(\mathbb{R}^n, \mathbb{R})$?

(b) Folgern Sie mit Hilfe der ersten Teilaufgabe, dass es für $1 \leq p_1 < p_2 < \infty$ Funktionen f und g gibt, so dass gilt:

$$f \in L_{p_1}(\mathbb{R}^n, \mathbb{R}) \setminus L_{p_2}(\mathbb{R}^n, \mathbb{R}) \quad \text{und} \quad g \in L_{p_2}(\mathbb{R}^n, \mathbb{R}) \setminus L_{p_1}(\mathbb{R}^n, \mathbb{R}).$$

Hinweis: Man benutze die Integrationsformel aus Aufgabe 5.2 für rotationssymmetrische Integranden.

Bemerkung: Mit dieser Aufgabe wird gezeigt, dass die L_p-Räume im Unterschied zu Aufgabe 7.1 bei unbeschränktem Integrationsgebiet nicht ineinander geschachtelt sind.   □

Lösung:

(a) Nach der Integrationsformel für rotationssymmetrische Funktionen in Aufgabe 5.2 gilt

$$\|f_\alpha\|_p^p = \int_{\mathbb{R}^n} \left(\frac{\chi_{K_n}(x)}{|x|^\alpha} \right)^p dx = n\tau_n \int_0^1 \frac{r^{n-1}}{r^{\alpha p}} dr$$

$$= n\tau_n \int_0^1 r^{n-1-\alpha p} dr$$

und

$$\|g_\alpha\|_p^p = \int_{\mathbb{R}^n} \left(\frac{\chi_{\mathbb{R} \setminus \{K_n\}}(x)}{|x|^\alpha} \right)^p dx = n\tau_n \int_1^\infty \frac{r^{n-1}}{r^{\alpha p}} dr$$

$$= n\tau_n \int_1^\infty r^{n-1-\alpha p} dr.$$

Somit existiert das erste Integral für $n > \alpha p$ und das zweite für $n < \alpha p$.

(b) Zu gegebenem $n \in \mathbb{N}$ und $1 \leq p_1 < p_2 < \infty$ wähle $\frac{n}{p_2} \leq \alpha < \frac{n}{p_1}$. Dann ist nach der Teilaufgabe (a):

$$f := f_\alpha \in L_{p_1}(\mathbb{R}^n, \mathbb{R}) \setminus L_{p_2}(\mathbb{R}^n, \mathbb{R}).$$

Wählt man $\frac{n}{p_2} < \alpha \leq \frac{n}{p_1}$, so gilt

$$g := g_\alpha \in L_{p_2}(\mathbb{R}^n, \mathbb{R}) \setminus L_{p_1}(\mathbb{R}^n, \mathbb{R}).$$

Aufgabe 7.3: Rechenregeln für Fourier-Transformierte

Wir vereinbaren für das folgende generell, dass f und g Funktionen aus $L_1(\mathbb{R},\mathbb{C})$ sind, $\alpha, \beta \in \mathbb{C}$ komplexe Zahlen und $t, t_0, \omega, \omega_0 \in \mathbb{R}$ reelle Zahlen. Die Fourier-Transformation $\mathscr{F}f$ einer Funktion $f \in L_1(\mathbb{R},\mathbb{C})$ ist

$$\mathscr{F}f(\omega) = \hat{f}(\omega) := \frac{1}{\sqrt{2\pi}} \int_{-\infty}^{+\infty} f(t)e^{-i\omega t}\,dt.$$

Man zeige für die Fourier-Transformierte die folgenden Rechenregeln:

(a) **Linearität:** $\mathscr{F}(\alpha f + \beta g) = \alpha(\mathscr{F}f) + \beta(\mathscr{F}g)$.

(b) **Symmetrie:** Liegt auch $g := \hat{f}$ in $L_1(\mathbb{R},\mathbb{C})$, so ist

$$\hat{g}(\omega) = f(-\omega).$$

(c) **Ähnlichkeit:** Wird $g(t) := f(\alpha t)$ bei $\alpha \in \mathbb{R} \setminus \{0\}$ gesetzt, so ist

$$\hat{g}(\omega) = \frac{1}{|\alpha|}\hat{f}\left(\frac{\omega}{\alpha}\right).$$

(d) **Zeitverschiebung:** Wird $g(t) := f(t - t_0)$ gesetzt, so ist

$$\hat{g}(\omega) = e^{-i\omega t_0}\hat{f}(\omega).$$

(e) **Frequenzverschiebung:** Wird $g(t) := e^{i\omega_0 t}f(t)$ gesetzt, so ist

$$\hat{g}(\omega) = \hat{f}(\omega - \omega_0).$$

(f) **Differentiationssatz:** Ist zusätzlich zu den generellen Voraussetzungen dieser Aufgabe die Funktion f stetig differenzierbar mit $f' \in L_1(\mathbb{R},\mathbb{C})$ und $\lim\limits_{|t|\to\infty} f(t) = 0$, dann gilt für die Fourier-Transformierte von f':

$$(\mathscr{F}f')(\omega) = i\omega\hat{f}(\omega).$$

Lösung:

(a) Die Linearität der Fourier-Transformation folgt sofort aus der Linearität des Integrals:

$$\begin{aligned}
\mathscr{F}(\alpha f + \beta g) &= \frac{1}{\sqrt{2\pi}} \int_{-\infty}^{+\infty} (\alpha f + \beta g)(t)e^{-i\omega t}\,dt \\
&= \frac{\alpha}{\sqrt{2\pi}} \int_{-\infty}^{+\infty} f(t)e^{-i\omega t}\,dt + \frac{\beta}{\sqrt{2\pi}} \int_{-\infty}^{+\infty} g(t)e^{-i\omega t}\,dt \\
&= \alpha(\mathscr{F}f) + \beta(\mathscr{F}g).
\end{aligned}$$

(b) Die Symmetriebeziehung entspricht der Fourierschen Umkehrformel, siehe Satz 7.10. Da sowohl f als auch $g := \hat{f}$ in $L_1(\mathbb{R}, \mathbb{C})$ liegen, sind beide Funktionen stetig, so dass für alle $t \in \mathbb{R}$ nach der Umkehrformel gilt:

$$f(t) = \frac{1}{\sqrt{2\pi}} \int_{-\infty}^{+\infty} g(\omega) e^{+i\omega t} \, d\omega = \frac{1}{\sqrt{2\pi}} \int_{-\infty}^{+\infty} g(\omega) e^{-i(-t)\omega} \, d\omega.$$

Das bedeutet $f(t) = \hat{g}(-t)$ bzw. $\hat{g}(\omega) = f(-\omega)$.

(c) Für $g(t) := f(\alpha t)$ und $\alpha \in \mathbb{R} \setminus \{0\}$ folgt mit $\vartheta = \alpha t = \text{sign}(\alpha)|\alpha|t$:

$$\hat{g}(\omega) = \frac{1}{\sqrt{2\pi}} \int_{-\infty}^{+\infty} f(\alpha t) e^{-i\omega t} \, dt = \frac{\text{sign}(+\alpha)}{|\alpha|\sqrt{2\pi}} \int_{\text{sign}(-\alpha)\infty}^{\text{sign}(+\alpha)\infty} f(\vartheta) e^{-i\frac{\omega}{\alpha}\vartheta} \, d\vartheta$$

$$= \frac{1}{|\alpha|\sqrt{2\pi}} \int_{-\infty}^{+\infty} f(\vartheta) e^{-i\frac{\omega}{\alpha}\vartheta} \, d\vartheta = \frac{1}{|\alpha|} \hat{f}\left(\frac{\omega}{\alpha}\right).$$

(d) Für $g(t) := f(t - t_0)$ folgt mit der Substitution $\vartheta = t - t_0$:

$$\hat{g}(\omega) = \frac{1}{\sqrt{2\pi}} \int_{-\infty}^{+\infty} f(t - t_0) e^{-i\omega t} \, dt$$

$$= \frac{1}{\sqrt{2\pi}} \int_{-\infty}^{+\infty} f(\vartheta) e^{-i\omega(t_0 + \vartheta)} \, d\vartheta = e^{-i\omega t_0} \hat{f}(\omega).$$

Die Zeitverschiebung im Argument der Funktion f erzeugt also im Fourier-Bild einen Phasenfaktor.

(e) Für $g(t) := e^{i\omega_0 t} f(t)$ folgt unmittelbar aus der Funktionalgleichung der Exponentialfunktion:

$$\hat{g}(\omega) = \frac{1}{\sqrt{2\pi}} \int_{-\infty}^{+\infty} f(t) e^{i\omega_0 t} e^{-i\omega t} \, dt = \hat{f}(\omega - \omega_0).$$

Ein Phasenfaktor im Argument der Funktion f erzeugt also im Fourier-Bild eine Verschiebung im Argument.

(f) Aufgrund von $f, f' \in L_1(\mathbb{R}, \mathbb{C})$ gilt für die Fourier-Transformierte von f' mit partieller Integration:

$$(\mathscr{F} f')(\omega) = \frac{1}{\sqrt{2\pi}} \int_{-\infty}^{+\infty} f'(t) e^{-i\omega t} \, dt$$

$$= -\frac{1}{\sqrt{2\pi}} \int_{-\infty}^{+\infty} f(t)(-i\omega) e^{-i\omega t} \, dt = i\omega \hat{f}(\omega).$$

Die Randterme der partiellen Integration verschwinden aufgrund der für f geforderten Abklingbedingung. Der Differentiation der Ausgangsfunktion entspricht also die Multiplikation mit $i\omega$ im Fourier-Bild.

Aufgabe 7.4: Fourier-Transformierte vom Rechteck- und Dreiecksfenster

Die Fourier-Transformierte einer Funktion $f : \mathbb{R} \to \mathbb{C}$ aus $L_1(\mathbb{R}, \mathbb{C})$ ist gegeben durch

$$\hat{f}(\omega) := \frac{1}{\sqrt{2\pi}} \int_{-\infty}^{+\infty} f(t) e^{-i\omega t} \, dt.$$

Im Folgenden ist $\lambda > 0$ ein konstanter Parameter. Wir definieren die folgenden beiden Funktionen $f_1, f_2 : \mathbb{R} \to \mathbb{C}$ aus $L_1(\mathbb{R}, \mathbb{C})$:

$$f_1(t) := \frac{1}{\sqrt{2\lambda}} \chi_{[-\lambda, \lambda]}(t) = \begin{cases} \frac{1}{\sqrt{2\lambda}}, & |t| \leq \lambda, \\ 0, & \text{sonst}, \end{cases}$$

$$f_2(t) := \begin{cases} \sqrt{\frac{3}{4\lambda}} \left(1 - \frac{|t|}{2\lambda}\right), & |t| \leq 2\lambda, \\ 0, & \text{sonst}. \end{cases}$$

Die Funktion f_1 wird Rechteckfenster genannt, und f_2 Dreiecksfenster.

(a) Man bestimme die Fourier-Transformierten $\hat{f}_1$, $\hat{f}_2$ und zeige, dass f_1, f_2, $\hat{f}_2$ in $L_1(\mathbb{R}, \mathbb{C}) \cap L_2(\mathbb{R}, \mathbb{C})$ liegen, und dass $\hat{f}_1$ in $L_2(\mathbb{R}, \mathbb{C})$, aber nicht in $L_1(\mathbb{R}, \mathbb{C})$ liegt.

(b) Man berechne die L_2-Normen $\|f_1\|_2$, $\|f_2\|_2$, $\|\hat{f}_1\|_2$ sowie $\|\hat{f}_2\|_2$.

Lösung:

(a) Wir berechnen die Fourier-Transformierte des Rechteckfensters f_1:

$$\hat{f}_1(\omega) = \frac{1}{\sqrt{2\pi}} \int_{-\infty}^{+\infty} f_1(t) e^{-i\omega t} \, dt$$

$$= \frac{1}{\sqrt{2\pi}} \frac{1}{\sqrt{2\lambda}} \int_{-\lambda}^{+\lambda} e^{-i\omega t} \, dt$$

$$= \frac{1}{2\sqrt{\pi\lambda}} \left[\frac{e^{-i\omega t}}{-i\omega} \right]_{t=-\lambda}^{t=\lambda}$$

$$= \sqrt{\frac{\lambda}{\pi}} \frac{\sin(\lambda\omega)}{\lambda\omega}.$$

Somit ist die Fourier-Transformierte $\hat{f}_1$ des Rechteckfensters f_1, abgesehen von der Skalierung, ein nichtperiodischer Dirichlet-Kern.

Wir berechnen die Fourier-Transformierte des Dreiecksfensters f_2:

$$\hat{f}_2(\omega) = \frac{1}{\sqrt{2\pi}} \int_{-\infty}^{+\infty} f_2(t) e^{-i\omega t} \, dt$$

$$= \sqrt{\frac{3}{8\pi\lambda}} \int_{-2\lambda}^{+2\lambda} \left(1 - \frac{|t|}{2\lambda}\right) e^{-i\omega t} \, dt$$

Wie man mittels der Substitution $\vartheta = -t$ erkennt, ändert sich aufgrund der Symmetrie des Dreiecksfensters f_2 der Wert des letzten Integrals nicht, wenn man in ihm ω durch $-\omega$ ersetzt. Wir können also in diesem Integral $e^{-i\omega t}$ auch durch

$$\cos(\omega t) = \frac{e^{i\omega t} + e^{-i\omega t}}{2}$$

ersetzen, und erhalten mit partieller Integration:

$$\begin{aligned}
\hat{f_2}(\omega) &= \sqrt{\frac{3}{8\pi\lambda}} \int_{-2\lambda}^{+2\lambda} \left(1 - \frac{|t|}{2\lambda}\right) \cos(\omega t)\, dt \\
&= 2\sqrt{\frac{3}{8\pi\lambda}} \int_{0}^{+2\lambda} \left(1 - \frac{t}{2\lambda}\right) \cos(\omega t)\, dt \\
&= \sqrt{\frac{3}{2\pi\lambda}} \cdot \frac{1}{2\lambda\omega} \int_{0}^{+2\lambda} \sin(\omega t)\, dt \, .
\end{aligned}$$

Schließlich ist

$$\begin{aligned}
\hat{f_2}(\omega) &= \sqrt{\frac{3}{2\pi\lambda}} \cdot \frac{1}{2\lambda\omega} \left[-\frac{\cos(\omega t)}{\omega}\right]_{t=0}^{t=2\lambda} \\
&= \sqrt{\frac{3}{2\pi\lambda}} \cdot \frac{1}{2\lambda\omega} \frac{1 - \cos(2\lambda\omega)}{\omega} \\
&= \sqrt{\frac{3}{2\pi\lambda}} \cdot \frac{1}{2\lambda\omega} \cdot \frac{2\sin^2(\lambda\omega)}{\omega},
\end{aligned}$$

also

$$\hat{f_2}(\omega) = \sqrt{\frac{3\lambda}{2\pi}} \left(\frac{\sin(\lambda\omega)}{\lambda\omega}\right)^2 .$$

Somit ist die Fourier-Transformierte $\hat{f_2}$ des Dreiecksfensters f_2, abgesehen von der Skalierung, ein nichtperiodischer Fejér-Kern. Die Funktionen f_1 bzw. f_2 sind beschränkt und meßbar und verschwinden außerhalb der endlichen Integrationsintervalle $[-\lambda, \lambda]$ bzw. $[-2\lambda, 2\lambda]$. Damit liegen f_1 und f_2 in $L_1(\mathbb{R}, \mathbb{C}) \cap L_2(\mathbb{R}, \mathbb{C})$. Aus Aufgabe 1.2 (iv) und (v) folgt, dass $\hat{f_1}$ nicht integrierbar, aber dafür quadratisch integrierbar ist, und dass $\hat{f_2}$ integrierbar ist, also $\hat{f_2} \in L_1(\mathbb{R}, \mathbb{C})$. Aus der einfachen Ungleichung

$$\left(\frac{\sin(\lambda\omega)}{\lambda\omega}\right)^4 \leq \left(\frac{\sin(\lambda\omega)}{\lambda\omega}\right)^2$$

geht dann auch hervor, dass $\hat{f_2} \in L_2(\mathbb{R}, \mathbb{C})$ ist, d.h $\hat{f_2}$ ist auch quadratisch integrierbar.

(b) Die L_2-Norm von f_1 ist

$$\|f_1\|_2 = \int\limits_{-\lambda}^{\lambda} |f_1(t)|^2\, dt = \frac{1}{2\lambda} \int\limits_{-\lambda}^{\lambda} 1^2\, dt = 1\,,$$

und die L_2-Norm von f_2 aufgrund der Symmetrie des Integranden bzgl. des Nullpunktes:

$$\|f_2\|_2 = \int\limits_{-2\lambda}^{2\lambda} |f_2(t)|^2\, dt = 2 \cdot \frac{3}{4\lambda} \int\limits_{0}^{2\lambda} \left(1 - \frac{t}{2\lambda}\right)^2 dt$$

$$= 2 \cdot \frac{3}{4\lambda} \int\limits_{0}^{1} (1-u)^2 \cdot 2\lambda\, du = 3 \int\limits_{0}^{1} (1-u)^2\, du = 1\,.$$

Die Funktionen f_1 und f_2 sind also bzgl. der L_2-Norm auf Eins normiert. Nach der Plancherel-Identität von Satz 7.14 gelten diese Normierungsbedingungen auch für die Fourier-Transformierten $\hat{f}_1$ und $\hat{f}_2$, d.h. $\|\hat{f}_1\|_2 = \|\hat{f}_2\|_2 = 1$. Die L_2-Norm von $\hat{f}_1$ folgt übrigens auch direkt aus der Gleichung (4.13), wo wir mit den Hilfsmitteln der Lebesgueschen Integrationstheorie noch weitere wichtige Integrale der Fourier-Analysis und Optik explizit berechnet haben. Mit der Substitution $\lambda\omega = u$ folgt dann abermals

$$\|\hat{f}_1\|_2 = \int\limits_{-\infty}^{\infty} |\hat{f}_1(\omega)|^2\, d\omega = \frac{\lambda}{\pi} \int\limits_{-\infty}^{\infty} \left(\frac{\sin(\lambda\omega)}{\lambda\omega}\right)^2 d\omega = 1\,. \qquad (7.12)$$

Aufgabe 7.5: Das Dreiecksfenster und seine Fourier-Transformierte
Eine Funktion $f : \mathbb{R} \to \mathbb{C}$ heißt Fensterfunktion, wenn neben $f(t)$ auch $t\,f(t)$ in $L_2(\mathbb{R}, \mathbb{C})$ liegt, und f überdies die Normierungsbedingung $\|f\|_2 = 1$ erfüllt. Dann sind der Erwartungswert μ_f sowie die Unschärfe bzw. Standardabweichung Δ_f von t bzgl. der Wahrscheinlichkeitsdichte $|f(t)|^2$ gegeben durch

$$\mu_f = \int\limits_{-\infty}^{\infty} t\,|f(t)|^2\, dt\,, \quad \Delta_f = \left\{\int\limits_{-\infty}^{\infty} (t - \mu_f)^2\,|f(t)|^2\, dt\right\}^{\frac{1}{2}}\,.$$

Im folgenden ist $\lambda > 0$ ein konstanter Parameter.

(a) Wir betrachten $f_2 : \mathbb{R} \to \mathbb{C}$ aus Aufgabe 7.4 mit

$$f_2(t) := \begin{cases} \sqrt{\frac{3}{4\lambda}} \left(1 - \frac{|t|}{2\lambda}\right), & |t| \le 2\lambda\,, \\ 0, & \text{sonst}\,. \end{cases}$$

Für die Fensterfunktion $f_2(t)$ (Dreiecksfenster) ist der Erwartungswert μ_{f_2} sowie die Unschärfe Δ_{f_2} zu berechnen.

(b) Man zeige, dass $\hat{f}_2(\omega) = \mathscr{F} f_2(\omega)$ eine Fensterfunktion ist (Fejér-Kern).
Mit Hilfe dieses Resultates berechne man auch das Integral

$$\int_{-\infty}^{\infty} \left(\frac{\sin(\pi x)}{\pi x} \right)^4 dx.$$

(c) Man berechne die Unschärfe $\Delta_{\mathscr{F} f_2}$ bzgl. der Fourier-Transformierten von f_2 sowie das Unschärfeprodukt $\Delta_{f_2} \cdot \Delta_{\mathscr{F} f_2}$.
Hinweis: Die Berechnung ist nicht schwer, wenn man die Identität

$$\sin^4(\lambda \omega) = \sin^2(\lambda \omega) - \frac{1}{4}\sin^2(2\lambda \omega)$$

sowie das Resultat von Aufgabe 7.4(b) verwendet.

Lösung:

(a) Da $f_2(t) = f_2(-t)$ eine gerade Funktion ist, ergibt sich der Erwartungswert zu Null, d.h $\mu_f = 0$. Das *Quadrat* der Unschärfe Δ_{f_2} ist wegen $\|f_2\|_2 = 1$, siehe Aufgabe 7.4, und aufgrund der Tatsache, dass f_2 außerhalb des Intervalles $[-2\lambda, 2\lambda]$ verschwindet:

$$\Delta_{f_2}^2 = \frac{3}{4\lambda}\int_{-2\lambda}^{+2\lambda} (t-0)^2 \left(1 - \frac{|t|}{2\lambda}\right)^2 dt = \frac{3}{2\lambda}\int_0^{2\lambda} t^2 \left(1 - \frac{t}{\lambda} + \frac{t^2}{4\lambda^2}\right) dt = \frac{2\lambda^2}{5}.$$

Wir erhalten also für die Unschärfe von t im Falle des Dreiecksfensters

$$\Delta_{f_2} = \sqrt{\frac{2}{5}}\lambda.$$

(b) Um $\hat{f}_2$ als Fensterfunktion zu erkennen, müssen wir zeigen, dass sowohl $\hat{f}_2(\omega)$ als auch $\omega\,\hat{f}_2(\omega)$ quadratisch integrierbar auf ganz $\mathbb{R}$ sind.
Da f_2 nach Aufgabe 7.4(a) sogar in $L_1(\mathbb{R},\mathbb{C}) \cap L_2(\mathbb{R},\mathbb{C})$ liegt, folgt nach dem Satz von Plancherel bzw. Parseval sofort, dass mit f_2 auch $\hat{f}_2$ eine zu Eins normierte Funktion aus $L_2(\mathbb{R},\mathbb{C})$ ist, d.h. $\hat{f}_2$ ist quadratisch integrierbar mit $\|\hat{f}_2\|_2 = 1$.
Wir müssen nun $\omega\,\hat{f}_2(\omega) \in L_2(\mathbb{R},\mathbb{C})$ nachweisen:
In der oben genannten Übungsaufgabe haben wir $\hat{f}_2$ explizit berechnet, es kam dabei ein Fejér-Kern heraus:

$$\hat{f}_2(\omega) = \sqrt{\frac{3\lambda}{2\pi}} \left(\frac{\sin(\lambda \omega)}{\lambda \omega} \right)^2.$$

Aufgrund der (im Reellen gültigen) trivialen Ungleichung $\sin^2(\lambda\omega) \leq 1$ folgt nun der verlangte Nachweis der quadratischen Integrierbarkeit von $\omega\,\hat{f}_2(\omega)$ aus der folgenden Abschätzung mit Verwendung von (7.12):

$$\int\limits_{-\infty}^{+\infty} \omega^2 |\hat{f}_2(\omega)|^2 \, d\omega = \frac{3\lambda}{2\pi} \int\limits_{-\infty}^{+\infty} \frac{(\lambda\omega)^2}{\lambda^2} \left(\frac{\sin(\lambda\omega)}{\lambda\omega}\right)^4 \, d\omega$$

$$\leq \frac{3}{2\pi\lambda} \int\limits_{-\infty}^{+\infty} \left(\frac{\sin(\lambda\omega)}{\lambda\omega}\right)^2 \, d\omega$$

$$= \frac{3}{2\lambda^2} < \infty.$$

Schließlich erinnern wir an $\|\hat{f}_2\|_2 = 1$, was in quadrierter Form für jedes $\lambda > 0$ auf die folgende Gleichung führt:

$$\frac{3\lambda}{2\pi} \int\limits_{-\infty}^{+\infty} \left(\frac{\sin(\lambda\omega)}{\lambda\omega}\right)^4 \, d\omega = 1.$$

Setzen wir hier speziell $\lambda := \pi$ ein und benennen die Integrationsvariable ω in x um, so folgt sofort

$$\int\limits_{-\infty}^{+\infty} \left(\frac{\sin(\pi x)}{\pi x}\right)^4 \, dx = \frac{2}{3}.$$

Bemerkung: Allgemein gilt für alle $n \in \mathbb{N}$ die folgende Beziehung, die wir dem interessierten Leser als Übungsaufgabe überlassen möchten:

$$I(n) := \int\limits_{-\infty}^{+\infty} \left(\frac{\sin x}{x}\right)^n \, dx = \frac{\pi}{2^{n-1}(n-1)!} \sum_{0 \leq k < n/2} (-1)^k \binom{n}{k} (n-2k)^{n-1}.$$

Insbesondere ist

$$I(1) = I(2) = \pi, \quad I(3) = \frac{3}{4}\pi, \quad I(4) = \frac{2}{3}\pi, \quad I(5) = \frac{115}{192}\pi, \quad I(6) = \frac{11}{20}\pi.$$

$\square$

(c) Da $\hat{f}_2 = \mathscr{F} f_2$ nach der Teilaufgabe (b) Fensterfunktion ist, können wir den Erwartungswert $\mu_{\mathscr{F} f_2}$ und die Unschärfe $\Delta_{\mathscr{F} f_2}$ berechnen:

Zunächst verschwindet wieder aufgrund der Symmetrie von $\hat{f}_2(\omega) = \hat{f}_2(-\omega)$ der Erwartungswert $\mu_{\mathscr{F} f_2}$. Daher bekommen wir für das Quadrat der Unschärfe von $\hat{f}_2$ mit dem Hinweis zu dieser Teilaufgabe:

$$\Delta^2_{\mathscr{F}f_2} = \frac{3\lambda}{2\pi} \int\limits_{-\infty}^{+\infty} \omega^2 \left(\frac{\sin(\lambda\omega)}{\lambda\omega}\right)^4 d\omega$$

$$= \frac{3}{2\pi\lambda} \int\limits_{-\infty}^{+\infty} \frac{\sin^2(\lambda\omega) - \frac{1}{4}\sin^2(2\lambda\omega)}{(\lambda\omega)^2} d\omega$$

$$= \frac{3}{2\pi\lambda} \int\limits_{-\infty}^{+\infty} \frac{\sin^2(\lambda\omega)}{(\lambda\omega)^2} d\omega - \frac{3}{2\pi\lambda} \int\limits_{-\infty}^{+\infty} \frac{\sin^2(2\lambda\omega)}{(2\lambda\omega)^2} d\omega,$$

also

$$\Delta^2_{\mathscr{F}f_2} = \frac{3}{2\pi\lambda} \int\limits_{-\infty}^{+\infty} \frac{\sin^2(\lambda\omega)}{(\lambda\omega)^2} d\omega - \frac{3}{4\pi\lambda} \int\limits_{-\infty}^{+\infty} \frac{\sin^2(\lambda\tilde\omega)}{(\lambda\tilde\omega)^2} d\tilde\omega$$

$$= \frac{3}{4\pi\lambda} \int\limits_{-\infty}^{+\infty} \left(\frac{\sin(\lambda\omega)}{\lambda\omega}\right)^2 d\omega$$

$$= \frac{3}{4\pi\lambda} \int\limits_{-\infty}^{+\infty} \left(\frac{\sin(\pi x)}{\pi x}\right)^2 \frac{\pi\, dx}{\lambda} = \frac{3}{4\lambda^2}.$$

Somit erhalten wir zusammenfassend:

$$\Delta_{f_2} = \sqrt{\frac{2}{5}}\,\lambda, \quad \Delta_{\mathscr{F}f_2} = \frac{\sqrt{3}}{2\lambda},$$

und für das Unschärfeprodukt ergibt sich

$$\Delta_{f_2} \cdot \Delta_{\mathscr{F}f_2} = \sqrt{\frac{3}{10}} = 0.5477....$$

Bemerkung: Das Unschärfeprodukt ist also, wie wir eben gesehen haben, größer als $\frac{1}{2}$. Man beachte aber, dass wir für den Beweis der Unschärfebeziehung stärkere Voraussetzungen an die Fensterfunktionen $f, \hat{f}$ gestellt haben, die in diesem Beispiel mit $f := f_2$ nicht alle erfüllt sind. So ist hier f_2 nicht stetig differenzierbar und $\omega\hat{f}_2(\omega)$ nicht integrierbar. Trotzdem haben wir auch für dieses Beispiel die Unschärfebeziehung bestätigt.

Zur Illustration der Heisenbergschen Unschärferelation sind in Abbildung 7.1 die Quadrate der reellwertigen Funktionen f_2 und $\hat{f}_2$ (Fejér-Kern) für den Parameter $\lambda = 3$ dargestellt. Für breites f_2 ist die Kurve für $\hat{f}_2$ entsprechend schmaler und höher um den Nullpunkt, und umgekehrt. Die Funktionen f_2 und $\hat{f}_2$ können also nicht beide zugleich scharf (um den Nullpunkt herum) lokalisiert sein. □

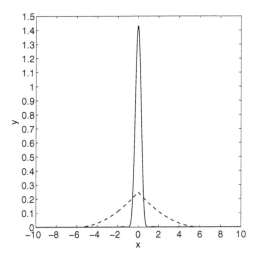

Abbildung 7.1: $|f_2|^2$ bzw. $|\hat{f}_2|^2$ für $\lambda = 3$.

Aufgabe 7.6: Hermite-Polynome und harmonischer Oszillator

Die Hermite-Polynome $H_n(x)$ werden mit der Rodriguez-Formel definiert:

$$H_n(x) := (-1)^n e^{x^2} \frac{d^n}{dx^n}\left(e^{-x^2}\right) \quad \forall n \in \mathbb{N}_0. \tag{7.13}$$

(a) Zeigen Sie für alle $x, \lambda \in \mathbb{R}$ die folgende Formel für die sogenannte erzeugende Funktion der Hermite-Polynome:

$$e^{2x\lambda - \lambda^2} = \sum_{n=0}^{\infty} \frac{\lambda^n}{n!} H_n(x). \tag{7.14}$$

Hinweis: Man betrachte die Taylor-Reihe der Funktion $f : \mathbb{R} \to \mathbb{R}$ mit $f(z) = e^{-z^2}$ an der Stelle x, ersetze danach z durch $x - \lambda$ und verwende die Rodriguez-Formel.

(b) Zeigen Sie für alle $n \in \mathbb{N}$ und $x \in \mathbb{R}$ die folgende Rekursionsbeziehung:

$$H_{n+1}(x) - 2xH_n(x) + 2nH_{n-1}(x) = 0.$$

Hinweis: Man differenziere (7.14) nach λ, ersetze danach die erzeugende Funktion $e^{2\lambda x - \lambda^2}$ erneut durch ihre Potenzreihe und führe schliesslich Koeffizientenvergleich durch.

(c) Zeigen Sie, dass die Hermite-Polynome für alle $n \in \mathbb{N}_0$ und $x \in \mathbb{R}$ die folgende Differentialgleichung erfüllen:

$$H_n''(x) - 2xH_n'(x) + 2nH_n(x) = 0.$$

Hinweis: Man zeige zunächst durch Ableiten der Formel (7.13) nach x und Vergleich mit Teilaufgabe (b) die Beziehungen $H_n'(x) = 2nH_{n-1}(x)$ bzw. $H_n''(x) = 2nH_{n-1}'(x)$.

(d) Beweisen Sie für die Funktionen $\varphi_n(x) = e^{-x^2/2}H_n(x)$ die folgende Orthogonalitätsrelation bzgl. des $L_2(\mathbb{R}, \mathbb{R})$-Skalarproduktes:

$$\langle \varphi_n, \varphi_m \rangle = \sqrt{\pi}\,2^n n!\,\delta_{nm} \quad \forall n, m \in \mathbb{N}_0.$$

Hinweis: Werte $\displaystyle\int_{-\infty}^{+\infty} e^{-x^2} e^{2\lambda x - \lambda^2} e^{2\mu x - \mu^2}\,dx$ auf zwei Arten aus.

(e) Wir definieren für $n \in \mathbb{N}_0$ die Normierungskonstanten $a_n := \left(\sqrt{\pi}\,2^n n!\right)^{-1/2}$ sowie die in der L_2-Norm auf 1 normierten *Wellenfunktionen*:

$$\Psi_n(x) := a_n\,e^{-x^2/2}H_n(x) = a_n\,\varphi_n(x).$$

Man zeige, dass $\Psi_n(x)$ Eigenlösung der dimensionslosen *Schrödinger-Gleichung* zum Energie-Eigenwert $E = n + \frac{1}{2}$ ist, d.h. Lösung der Eigenwert-Gleichung

$$-\frac{1}{2}\Psi''(x) + \frac{1}{2}x^2\Psi(x) = E\,\Psi(x), \quad -\infty < x < \infty.$$

Bemerkung: Diese stationäre Schrödinger-Gleichung beschreibt das quantenmechanische Verhalten eines Teilchens in einem quadratischen Potential, und seine Lösungen Ψ_n den sogenannten linearen harmonischen Oszillator. □

Lösung:

(a) Wir entwickeln die Funktion $f : \mathbb{R} \to \mathbb{R}$ mit $f(z) = e^{-z^2}$ in die Taylor-Reihe um den Punkt $x \in \mathbb{R}$:

$$f(z) = \sum_{n=0}^{\infty} \frac{(z-x)^n}{n!} f^{(n)}(x).$$

Diese Reihe konvergiert für alle $z \in \mathbb{R}$ und jeden Entwicklungspunkt $x \in \mathbb{R}$, da wir sie auch gemäß

$$e^{-z^2} = e^{-(z-x)^2}\,e^{-2x(z-x)}\,e^{-x^2}$$

als Cauchy-Produkt der überall auf $\mathbb{R}$ absolut konvergenten Exponentialreihen zu $e^{-(z-x)^2}$ und $e^{-2x(z-x)^2}$ darstellen können. Wir ersetzen nun z durch $x - \lambda$ und erhalten

$$f(x - \lambda) = e^{-(x-\lambda)^2} = \sum_{n=0}^{\infty} \frac{(-1)^n \lambda^n}{n!} f^{(n)}(x). \tag{7.15}$$

Nach der Rodriguez-Formel gilt für alle $n \in \mathbb{N}_0$:

$$f^{(n)}(x) = (-1)^n H_n(x) e^{-x^2}. \tag{7.16}$$

Einsetzung von (7.16) in (7.15) liefert

$$e^{-(x-\lambda)^2} = \sum_{n=0}^{\infty} \frac{\lambda^n}{n!} e^{-x^2} H_n(x).$$

Schließlich multiplizieren wir beide Seiten der letzten Gleichung mit e^{x^2} und erhalten die punktweise in $x \in \mathbb{R}$ absolut konvergente Reihe

$$e^{2\lambda x - \lambda^2} = \sum_{n=0}^{\infty} \frac{\lambda^n}{n!} H_n(x).$$

Die ersten acht Hermite-Polynome sind in Tabelle 7.1 angegeben.

n	$H_n(x)$
0	1
1	$2x$
2	$4x^2 - 2$
3	$8x^3 - 12x$
4	$16x^4 - 48x^2 + 12$
5	$32x^5 - 160x^3 + 120x$
6	$64x^6 - 480x^4 + 720x^2 - 120$
7	$128x^7 - 1344x^5 + 3360x^3 - 1680x$

Tabelle 7.1: Die ersten 8 Hermite Polynome.

(b) Die Ableitung der erzeugenden Funktion $e^{2\lambda x - \lambda^2}$ nach λ liefert nach Teilaufgabe (a)

$$2(x - \lambda) e^{2\lambda x - \lambda^2} = \sum_{n=0}^{\infty} \frac{n\lambda^{n-1}}{n!} H_n(x)$$

$$= \sum_{n=0}^{\infty} \frac{\lambda^n}{n!} H_{n+1}(x). \tag{7.17}$$

Die rechts stehende Reihe in (7.14) darf gliedweise nach $\lambda \in \mathbb{R}$ abgeleitet werden, da sie einer Umordnung des Cauchy-Produktes der überall absolut konvergenten Exponentialreihen von $e^{2x\lambda}$ und $e^{-\lambda^2}$ entspricht. Setzen wir links für die erzeugende Funktion die Potenzreihe (7.14) ein, so folgt für die linke Seite von (7.17)

$$2(x - \lambda)e^{2\lambda x - \lambda^2} = 2(x - \lambda) \sum_{n=0}^{\infty} \frac{\lambda^n}{n!} H_n(x)$$

$$= \sum_{n=0}^{\infty} 2x \frac{\lambda^n}{n!} H_n(x) - \sum_{n=0}^{\infty} 2 \frac{\lambda^{n+1}}{n!} H_n(x) \qquad (7.18)$$

$$= 2x H_0(x) + \sum_{n=1}^{\infty} \left(2x H_n(x) - 2n H_{n-1}(x) \right) \frac{\lambda^n}{n!}.$$

Der Koeffizientenvergleich von (7.17) mit (7.18) bzgl. der Koeffizienten vor $\frac{\lambda^n}{n!}$ für $n \in \mathbb{N}$ liefert $H_{n+1}(x) = 2x H_n(x) - 2n H_{n-1}(x)$, d.h.

$$H_{n+1}(x) - 2x H_n(x) + 2n H_{n-1}(x) = 0 \quad \forall n \in \mathbb{N} \, \forall x \in \mathbb{R}.$$

(c) Wir differenzieren (7.13) nach x und erhalten

$$H_n'(x) = 2x(-1)^n e^{x^2} \frac{\mathrm{d}^n}{\mathrm{d}x^n} e^{-x^2} + (-1)^n e^{x^2} \frac{\mathrm{d}^{n+1}}{\mathrm{d}x^{n+1}} e^{-x^2},$$

d.h. für alle $n \in \mathbb{N}_0$ und alle $x \in \mathbb{R}$ gilt:

$$H_n'(x) = 2x H_n(x) - H_{n+1}(x). \qquad (7.19)$$

Die rechte Seite der letzten Gleichung ist aber $2n H_{n-1}(x)$ nach der Rekursionsformel aus der Teilaufgabe (b), so dass wir erhalten:

$$H_n'(x) = 2n H_{n-1}(x). \qquad (7.20)$$

Wir differenzieren (7.20) nach x und erhalten mit (7.19) für $n \in \mathbb{N}$:

$$H_n''(x) = 2n H_{n-1}'(x) = 2n \left(2x H_{n-1}(x) - H_n(x) \right)$$
$$= 2x \, 2n H_{n-1}(x) - 2n H_n(x).$$

Nun ersetzen wir $2n H_{n-1}(x)$ durch $H_n'(x)$ und bekommen zunächst nur für $n \in \mathbb{N}$:

$$H_n''(x) = 2x H_n'(x) - 2n H_n(x).$$

Wegen $H_0(x) = 1$ für alle $x \in \mathbb{R}$ ist diese Differentialgleichung aber auch für $n = 0$ erfüllt.

(d) Es gilt mit der Teilaufgabe (a) nach dem Konvergenzsatz von Lebesgue, da alle auftretenden Reihen punktweise in x absolut konvergent sind:

$$\int\limits_{-\infty}^{\infty} e^{-x^2} e^{2\lambda x - \lambda^2} e^{2\mu x - \mu^2} \, dx$$

$$= \int\limits_{-\infty}^{\infty} e^{-x^2} \left(\sum_{n=0}^{\infty} \frac{\lambda^n}{n!} H_n(x) \right) \cdot \left(\sum_{m=0}^{\infty} \frac{\mu^m}{m!} H_m(x) \right) dx \qquad (7.21)$$

$$= \sum_{n=0}^{\infty} \sum_{m=0}^{\infty} \frac{\lambda^n \mu^m}{n! \, m!} \int\limits_{-\infty}^{\infty} e^{-x^2/2} H_n(x) \cdot e^{-x^2/2} H_m(x) \, dx$$

$$= \sum_{n,m=0}^{\infty} \frac{\lambda^n \mu^m}{n! \, m!} \langle \varphi_n, \varphi_m \rangle .$$

Andererseits ist aber auch unter Verwendung des Gaußschen Fehlerintegrals (4.3)

$$\int\limits_{-\infty}^{\infty} e^{-x^2} e^{2\lambda x - \lambda^2} e^{2\mu x - \mu^2} \, dx = \int\limits_{-\infty}^{\infty} e^{-(x - (\lambda + \mu))^2} e^{2\lambda \mu} \, dx$$

$$= e^{2\lambda \mu} \int\limits_{-\infty}^{\infty} e^{-(x - (\lambda + \mu))^2} \, dx \underset{t/\sqrt{2} = x - (\lambda + \mu)}{=} e^{2\lambda \mu} \int\limits_{-\infty}^{\infty} e^{-t^2/2} \frac{dt}{\sqrt{2}} \qquad (7.22)$$

$$= e^{2\lambda \mu} \frac{\sqrt{2\pi}}{\sqrt{2}} = \sqrt{\pi} e^{2\lambda \mu} = \sqrt{\pi} \sum_{k=0}^{\infty} \frac{(2\lambda \mu)^k}{k!}$$

$$= \sum_{n,m=0}^{\infty} \sqrt{\pi} \, 2^n n! \, \frac{\lambda^n \mu^m}{n! \, m!} \delta_{nm} .$$

Durch Koeffizienten-Vergleich der beiden Doppelreihen (7.21) und (7.22) folgt direkt für alle $n, m \in \mathbb{N}_0$:

$$\langle \varphi_n, \varphi_m \rangle = \sqrt{\pi} \, 2^n n! \, \delta_{nm} .$$

(e) $H_n(x) = e^{x^2/2} \varphi_n(x)$ erfüllt nach (c) für alle $n \in \mathbb{N}_0$ die Hermitesche Differentialgleichung

$$\frac{d^2}{dx^2} \left(e^{x^2/2} \varphi_n(x) \right) - 2x \frac{d}{dx} \left(e^{x^2/2} \varphi_n(x) \right) + 2n \, e^{x^2/2} \varphi_n(x) = 0 . \qquad (7.23)$$

Zunächst gilt

$$\frac{d}{dx} e^{x^2/2} = x e^{x^2/2} ,$$

$$\frac{d^2}{dx^2} e^{x^2/2} = x^2 e^{x^2/2} + 1 \cdot e^{x^2/2} = (1 + x^2) e^{x^2/2} ,$$

und damit folgt aus (7.23)

$$(x^2+1)e^{x^2/2}\varphi_n(x)+2xe^{x^2/2}\varphi_n'(x)+e^{x^2/2}\varphi_n''(x)$$
$$-2x^2e^{x^2/2}\varphi_n(x)-2xe^{x^2/2}\varphi_n'(x)+2ne^{x^2/2}\varphi_n(x)=0.$$

Hieraus folgt

$$\varphi_n(x)-x^2\varphi_n(x)+\varphi_n''(x)+2n\varphi_n(x)=0,$$

also nach Multiplikation mit $-\frac{1}{2}a_n$ unter Beachtung von $\Psi_n(x)=a_n\,\varphi_n(x)$ für alle $n\in\mathbb{N}_0$:

$$-\frac{1}{2}\Psi_n''(x)+\frac{1}{2}x^2\Psi_n(x)=(n+\frac{1}{2})\Psi_n(x).$$

In Abbildung 7.2 und 7.3 sind die Eigenlösungen $\Psi_n(x)$ des harmonischen Oszillators für $n=0,1,2,20$ (links) mit den zugehörigen Wahrscheinlichkeitsdichten $|\Psi_n(x)|^2$ (rechts) dargestellt.

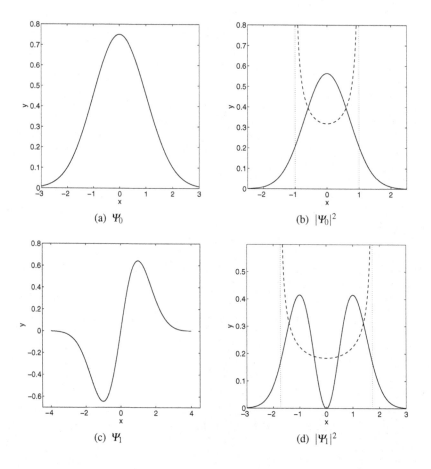

(a) Ψ_0 (b) $|\Psi_0|^2$

(c) Ψ_1 (d) $|\Psi_1|^2$

Abbildung 7.2: $\Psi_n(x)$ (links) mit Wahrscheinlichkeitsdichten $|\Psi_n(x)|^2$ (rechts) für $n=0,1$.

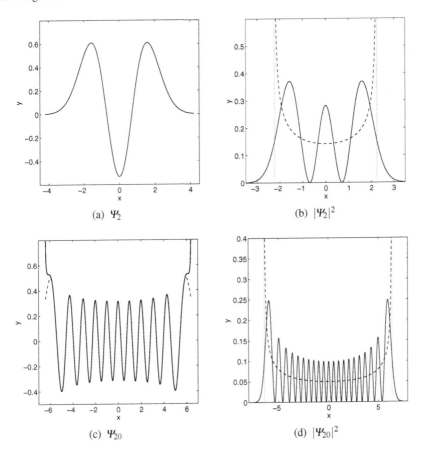

(a) Ψ_2

(b) $|\Psi_2|^2$

(c) Ψ_{20}

(d) $|\Psi_{20}|^2$

Abbildung 7.3: $\Psi_n(x)$ (links) mit Wahrscheinlichkeitsdichten $|\Psi_n(x)|^2$ (rechts) für $n = 2, 20$.

Für große Quantenzahlen n ist eine „Verwandtschaft" der quantenmechanischen Wahrscheinlichkeitsdichte $|\Psi_n(x)|^2$ zu der badewannenförmigen Wahrscheinlichkeitsdichte $f_n : (-\sqrt{2n+1}, +\sqrt{2n+1}) \rightarrow \mathbb{R}$ des klassischen Oszillators mit

$$f_n(x) := \frac{1}{\pi\sqrt{2n+1}} \left(1 - \left(\frac{x}{\sqrt{2n+1}} \right)^2 \right)^{-1/2}$$

erkennbar, vergleiche die rechtsstehenden Wahrscheinlichkeitsdichten für den quantenmechanischen und den klassischen Oszillator (gestrichelte Badewannenkurve) in Abbildung 7.2 und 7.3.

Wir führen hierzu folgende heuristische Betrachtung durch: An einer festen Stelle $x \in \mathbb{R}$ mit $|x| < \sqrt{2n+1}$ und für große Indizes n können wir die Eigenlösung Ψ_n der Schrödinger-Gleichung

$$\Psi_n''(x) = -\Psi_n(x)\left(2n + 1 - x^2\right)$$

lokal, d.h. zwischen zwei aufeinanderfolgenden Nullstellen $x_* - \frac{\delta}{2}$ und $x_* + \frac{\delta}{2}$ mit Abstand δ, als eine hochfrequente Schwingung auffassen, die sich um den Entwicklungspunkt x_* herum gemäß

$$\Psi_n(x) \approx \Psi_n(x_*) \cos\left(\frac{\pi}{\delta}(x - x_*)\right)$$

approximieren läßt. Setzt man diese Näherung in die Schrödinger-Gleichung ein, so ergibt der Koeffizientenvergleich

$$\delta \approx \frac{\pi}{\sqrt{(2n+1) - x_*^2}}.$$

Ein Vergleich mit den numerischen Ergebnissen unterstützt, dass durch die letzte Gleichung asymptotisch sowohl die lokale Schwingungsfrequenz von Ψ_n als auch die Nullstellenverteilung der Hermite-Polynome auf befriedigende Weise beschrieben wird. Legen wir nämlich für $n \to \infty$ eine kontinuierliche Verteilungsdichte der Nullstellen zugrunde, so ist nach der letzten Gleichung die Anzahl der Nullstellen $N_n(x)$ von H_n im Intervall $0 < x < \sqrt{2n+1}$ im Mittel gegeben durch

$$N_n(x) = \frac{1}{\pi} \int_0^x \sqrt{(2n+1) - \xi^2}\, d\xi$$

$$= \frac{1}{\pi}\left(\frac{x}{2}\sqrt{(2n+1) - x^2} + \left(n + \frac{1}{2}\right)\arcsin\frac{x}{\sqrt{2n+1}}\right).$$

Die Nullstellen sind lokal praktisch schwankungsfrei verteilt und liegen überdies symmetrisch zum Nullpunkt. Für numerische Approximationen der Ψ_n, siehe Abbildung 7.4, sind die folgenden asymptotischen Näherungen $\widetilde{\Psi}_n$ für die Wellenfunktionen Ψ_n im Bereich $|x| < \sqrt{2n+1}$ nützlich:

$$\widetilde{\Psi}_n(x) = \begin{cases} \dfrac{H_n(0)}{\left(2^n\sqrt{\pi}\,n!\right)^{1/2}} \cdot \dfrac{\cos\left(\pi N_n(x)\right)}{\left(1 - \frac{x^2}{2n+1}\right)^{1/4}}, & n \text{ gerade}, \\[4mm] \dfrac{2n}{\sqrt{2n+1}} \cdot \dfrac{H_{n-1}(0)}{\left(2^n\sqrt{\pi}\,n!\right)^{1/2}} \cdot \dfrac{\sin\left(\pi N_n(x)\right)}{\left(1 - \frac{x^2}{2n+1}\right)^{1/4}}, & n \text{ ungerade}. \end{cases}$$

Man kann hierbei für alle geraden Zahlen $2m$ mit $m \in \mathbb{N}_0$ zeigen:

$$H_{2m}(0) = (-1)^m \frac{(2m)!}{m!}.$$

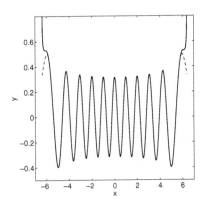 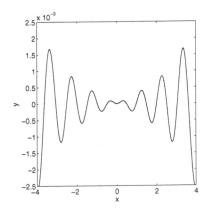

Abbildung 7.4: Darstellung von Ψ_{20} gestrichelt und $\widetilde{\Psi}_{20}$ (links) mit dem zugehörigen Fehler $\widetilde{\Psi}_{20} - \Psi_{20}$ (rechts).

Aufgabe 7.7: Die Unschärfe des harmonischen Oszillators

Gegeben sind für $n \in \mathbb{N}_0$ die Normierungskonstanten $a_n := \left(\sqrt{\pi} \, 2^n n! \right)^{-1/2}$ sowie die in der L_2-Norm auf 1 normierten Wellenfunktionen

$$\Psi_n(x) := a_n \, e^{-x^2/2} H_n(x)$$

als Eigenlösungen des linearen harmonischen Oszillators. Diese bilden bzgl. des $L_2(\mathbb{R}, \mathbb{C})$-Skalarproduktes $\langle f, g \rangle = \int\limits_{-\infty}^{+\infty} f(x)\overline{g(x)}\, dx$ ein Orthonormalsystem:

$$\langle \Psi_n, \Psi_m \rangle = \delta_{nm} \quad \forall n, m \in \mathbb{N}_0.$$

Bemerkung: Die L_2-Orthogonalität folgt aus den Resultaten der Aufgabe 7.6, während die L_2-Vollständigkeit z.B. in [30, 14.9 Corollar] bewiesen ist. Damit bilden die Funktionen Ψ_n sogar eine Orthonormalbasis des L_2. $\qquad\square$

(a) Man zeige, dass die Fourier-Transformierte von $\varphi_n(x) := e^{-x^2/2} H_n(x)$, $x \in \mathbb{R}$, für alle $n \in \mathbb{N}_0$ gegeben ist durch

$$\mathscr{F}\varphi_n(p) = (-\mathrm{i})^n \varphi_n(p), \quad p \in \mathbb{R}.$$

Hinweis: Man berechne zunächst $\mathscr{F}\varphi_n$ für $n = 0$ bzw. $n = 1$ unter Beachtung von $H_0(x) = 1$ und $H_1(x) = 2x$. Sodann verwende man vollständige Induktion mit den für alle $n \in \mathbb{N}$ und $x \in \mathbb{R}$ gültigen Beziehungen

$$H_{n+1}(x) = 2x H_n(x) - 2n H_{n-1}(x) \quad \text{und} \quad H_n'(x) = 2n H_{n-1}(x).$$

Beachte: Damit sind die φ_n bzw. Ψ_n auch Eigenlösungen der Fourier-Transformation $\mathscr{F}$ zu den Eigenwerten $(-i)^n$.

(b) Man berechne für alle $n \in \mathbb{N}_0$ die Unschärfen Δ_{Ψ_n} und $\Delta_{\mathscr{F}\Psi_n}$ sowie deren Produkt.

Hinweis: Man beachte neben $H_0(x) = 1$ und $H_1(x) = 2x$ die für alle $n \in \mathbb{N}$ und $x \in \mathbb{R}$ gültige Rekursion $xH_n(x) = nH_{n-1}(x) + \frac{1}{2}H_{n+1}(x)$.

Bemerkung: Das Unschärfeprodukt für die Eigenlösungen Ψ_n des linearen harmonischen Oszillators wird zwar mit wachsendem $n \in \mathbb{N}_0$ beliebig groß, nimmt aber mit dem Gauß-Kern Ψ_0 (Grundzustand) den kleinstmöglichen Wert $\frac{1}{2}$ an.   □

Lösung:

Im Folgenden machen wir wiederholt Gebrauch von der Identität

$$\int_{-\infty}^{+\infty} xe^{-x^2/2}g(x)\,dx = \int_{-\infty}^{+\infty} e^{-x^2/2}g'(x)\,dx, \qquad (7.24)$$

die immer dann gilt, wenn $g : \mathbb{R} \to \mathbb{C}$ eine stetig differenzierbare Funktion ist mit $\lim_{|x|\to\infty} g(x)e^{-x^2/2} = 0$, und auch $xe^{-x^2/2}g(x)$ über $\mathbb{R}$ integrierbar ist. Sie folgt dann einfach durch partielle Integration mit Randtermen, die im Unendlichen verschwinden.

(a) Für $n = 0$ haben wir bereits in Beispiel 7.8 gezeigt, dass $\mathscr{F}\varphi_0 = \varphi_0$ gilt, d.h. der Gaußsche Kern φ_0 ist invariant unter der Fourier-Transformation. Mit Hilfe von (7.24) können wir dies aber noch auf eine andere Weise zeigen: Hierzu betrachten wir die Fourier-Transformierte

$$(\mathscr{F}\varphi_0)(p) = \frac{1}{\sqrt{2\pi}} \int_{-\infty}^{+\infty} e^{-x^2/2}e^{-ipx}\,dx,$$

und werten ihre Ableitung mit (7.24) für $g(x) := -ie^{-ixp}$, $g'(x) = -pe^{-ixp}$ aus:

$$(\mathscr{F}\varphi_0)'(p) = \frac{1}{\sqrt{2\pi}} \int_{-\infty}^{+\infty} (-ix)e^{-x^2/2}e^{-ipx}\,dx = -p(\mathscr{F}\varphi_0)(p).$$

Dies ist eine Differentialgleichung für $\mathscr{F}\varphi_0$, die mit der bekannten Vorgabe $(\mathscr{F}\varphi_0)(0) = 1$ (Gaußsches Fehlerintegral) erneut für alle $p \in \mathbb{R}$ auf die Invarianz $(\mathscr{F}\varphi_0)(p) = \varphi_0(p)$ führt.

Ebenfalls aus (7.24) erhalten wir nun mit $g(x) := 2e^{-ipx}$, $g'(x) = (-2ip)e^{-ipx}$

$$(\mathscr{F}\varphi_1)(p) = \frac{1}{\sqrt{2\pi}} \int\limits_{-\infty}^{+\infty} 2x \mathrm{e}^{-x^2/2} \mathrm{e}^{-\mathrm{i}px}\,\mathrm{d}x = \frac{1}{\sqrt{2\pi}} \int\limits_{-\infty}^{+\infty} (-2\mathrm{i}p)\mathrm{e}^{-x^2/2}\mathrm{e}^{-\mathrm{i}px}\,\mathrm{d}x,$$

also für alle $p \in \mathbb{R}$:

$$(\mathscr{F}\varphi_1)(p) = (-2\mathrm{i}p)(\mathscr{F}\varphi_0)(p) = (-2\mathrm{i}p)\varphi_0(p) = (-\mathrm{i})^1\varphi_1(p)\,.$$

Die Behauptung der Teilaufgabe (a) ist also für $n = 0, 1$ richtig. Für den Induktionsschritt nehmen wir an, dass

$$\mathscr{F}\varphi_n(p) = (-\mathrm{i})^n\varphi_n(p)\,, \quad p \in \mathbb{R},$$

für alle nichtnegativen ganzen Indizes $1 \leq k \leq n$ bereits gezeigt ist, und erhalten mit den Hinweisen zur Teilaufgabe sowie nach (7.24) mit $g(x) := 2H_n(x)\mathrm{e}^{-\mathrm{i}px}$, $g'(x) = 4nH_{n-1}(x)\mathrm{e}^{-\mathrm{i}px} - 2\mathrm{i}pH_n(x)\mathrm{e}^{-\mathrm{i}px}$:

$$(\mathscr{F}\varphi_{n+1})(p) = \frac{1}{\sqrt{2\pi}} \int\limits_{-\infty}^{+\infty} H_{n+1}(x)\,\mathrm{e}^{-x^2/2}\mathrm{e}^{-\mathrm{i}px}\,\mathrm{d}x$$

$$= \frac{1}{\sqrt{2\pi}} \int\limits_{-\infty}^{+\infty} (2xH_n(x) - 2nH_{n-1}(x))\,\mathrm{e}^{-x^2/2}\mathrm{e}^{-\mathrm{i}px}\,\mathrm{d}x$$

$$= \frac{1}{\sqrt{2\pi}} \int\limits_{-\infty}^{+\infty} 2H_n(x)\,\mathrm{e}^{-\mathrm{i}px}x\mathrm{e}^{-x^2/2}\,\mathrm{d}x - 2n(\mathscr{F}\varphi_{n-1})(p)$$

$$= \frac{1}{\sqrt{2\pi}} \int\limits_{-\infty}^{+\infty} \left(4nH_{n-1}(x)\mathrm{e}^{-\mathrm{i}px} - 2\mathrm{i}pH_n(x)\mathrm{e}^{-\mathrm{i}px}\right)\mathrm{e}^{-x^2/2}\,\mathrm{d}x - 2n(\mathscr{F}\varphi_{n-1})(p),$$

also

$$(\mathscr{F}\varphi_{n+1})(p) = 2n(\mathscr{F}\varphi_{n-1})(p) - 2\mathrm{i}p(\mathscr{F}\varphi_n)(p)$$
$$= (-\mathrm{i})^{(n-1)}2n\varphi_{n-1}(p) - 2\mathrm{i}p(-\mathrm{i})^n\varphi_n(p)$$
$$= (-\mathrm{i})^{(n+1)}\left(2p\,\varphi_n(p) - 2n\varphi_{n-1}(p)\right)$$
$$= (-\mathrm{i})^{(n+1)}\varphi_{n+1}(p)\,.$$

Damit ist die Teilaufgabe (a) bewiesen.

(b) Um den Gang der nachfolgenden Berechnungen nicht zu unterbrechen, schicken wir einige einfache Vorbemerkungen voraus:
Die Wellenfunktionen $\Psi_n(x) = a_n\mathrm{e}^{-x^2/2}H_n(x)$ mit $a_n = (\sqrt{\pi}\,2^n n!)^{-\frac{1}{2}}$ genügen nach den Resultaten der Aufgabe 7.6 den Orthonormalitätsbedingungen $\langle\Psi_n, \Psi_m\rangle = \delta_{nm}$ für alle $n, m \in \mathbb{N}_0$. Für die nachfolgenden Rechnungen ist es aber günstiger, zuerst mit den nicht normierten Größen $\varphi_n(x) = \mathrm{e}^{-x^2/2}H_n(x)$ zu rechnen, die den Ortho-

gonalitätsbedingungen

$$\langle \varphi_n, \varphi_m \rangle = \sqrt{\pi}\, 2^n n! \cdot \delta_{nm}$$

gehorchen. Das Quadrat der L_2-Norm von φ_n ist dann für alle $n \in \mathbb{N}_0$ gegeben durch

$$\|\varphi_n\|_2^2 = \frac{1}{a_n^2} = \sqrt{\pi}\, 2^n n! \,.$$

Nun berechnen wir die Erwartungswerte

$$\mu_{\Psi_n} = \int\limits_{-\infty}^{+\infty} x\, |\Psi_n(x)|^2 \,\mathrm{d}x = a_n^2 \int\limits_{-\infty}^{+\infty} x\, \varphi_n(x)^2 \,\mathrm{d}x$$

von x bzgl. der Wahrscheinlichkeitsdichten $|\Psi_n(x)|^2$. Für $n = 0$ ist $\mu_{\Psi_0} = 0$, da $x\,|\Psi_0(x)|^2$ eine ungerade $L_1(\mathbb{R}, \mathbb{C})$-Funktion ist.

Für $n \geq 1$ erhalten wir mit dem Hinweis $xH_n(x) = nH_{n-1}(x) + \dfrac{1}{2}H_{n+1}(x)$ und den $L_2(\mathbb{R}, \mathbb{C})$-Orthogonalitätsbeziehungen $\langle \varphi_{n-1}, \varphi_n \rangle = \langle \varphi_{n+1}, \varphi_n \rangle = 0$:

$$\mu_{\Psi_n} = a_n^2 \int\limits_{-\infty}^{+\infty} (x\,\varphi_n(x))\,\varphi_n(x)\,\mathrm{d}x$$

$$= a_n^2 \int\limits_{-\infty}^{+\infty} \left(n\varphi_{n-1}(x) + \frac{1}{2}\varphi_{n+1}(x) \right) \varphi_n(x)\,\mathrm{d}x$$

$$= a_n^2\, n \langle \varphi_{n-1}, \varphi_n \rangle + \frac{a_n^2}{2} \langle \varphi_{n+1}, \varphi_n \rangle = 0\,.$$

Somit verschwinden alle Erwartungswerte μ_{Ψ_n}, und nach der Teilaufgabe (a) auch die Erwartungswerte $\mu_{\mathscr{F}\Psi_n}$. Dies folgt übrigens auch aus der Tatsache, dass $\varphi_n(x)^2$ für alle $n \in \mathbb{N}$ eine gerade Funktion ist, da die Hermite-Polynome abwechselnd gerade bzw. ungerade sind.

Wir erhalten dann für alle $n \geq 1$:

$$\Delta_{\Psi_n}^2 = a_n^2 \int\limits_{-\infty}^{+\infty} \left(xH_n(x)\,\mathrm{e}^{-x^2/2} \right)^2 \mathrm{d}x$$

$$= a_n^2 \int\limits_{-\infty}^{+\infty} \left(nH_{n-1}(x) + \frac{1}{2}H_{n+1}(x) \right)^2 \mathrm{e}^{-x^2}\,\mathrm{d}x$$

$$= a_n^2 \int\limits_{-\infty}^{+\infty} \left(n^2 H_{n-1}^2(x) + \frac{1}{4}H_{n+1}^2(x) \right) \mathrm{e}^{-x^2}\,\mathrm{d}x + na_n^2 \langle \varphi_{n-1}, \varphi_{n+1} \rangle\,,$$

also

$$\Delta_{\Psi_n}^2 = a_n^2 \int\limits_{-\infty}^{+\infty} \left(n^2 H_{n-1}^2(x) + \frac{1}{4} H_{n+1}^2(x) \right) e^{-x^2} dx$$

$$= a_n^2 n^2 \| \varphi_{n-1} \|_2^2 + \frac{a_n^2}{4} \| \varphi_{n+1} \|_2^2$$

$$= n^2 \frac{a_n^2}{a_{n-1}^2} + \frac{1}{4} \frac{a_n^2}{a_{n+1}^2} = \frac{n^2}{2n} + \frac{2(n+1)}{4} = n + \frac{1}{2}.$$

Das ist wegen $\Delta_{\Psi_0}^2 = \dfrac{1}{\sqrt{\pi}} \int\limits_{-\infty}^{+\infty} x^2 e^{-x^2} dx = \dfrac{1}{2}$ auch für $n = 0$ richtig.

Zusammen mit dem Resultaten der ersten Teilaufgabe $\mathscr{F}\Psi_n(p) = (-\mathrm{i})^n \Psi_n(p)$ sowie aus $\mu_{\mathscr{F}\Psi_n} = 0$ erhalten wir aber auch

$$\Delta_{\mathscr{F}\Psi_n}^2 = \Delta_{\Psi_n}^2 = n + \frac{1}{2},$$

was wir wie folgt zusammenfassen können:

$$\Delta_{\mathscr{F}\Psi_n} = \Delta_{\Psi_n} = \sqrt{n + \frac{1}{2}}, \quad \Delta_{\mathscr{F}\Psi_n} \cdot \Delta_{\Psi_n} = n + \frac{1}{2}.$$

Die Unschärfe der Oszillatorlösung stimmt also mit der ihrer Fourier-Transformierten überein. Dass wir sie als eine Art Maß für die Breite der Wahrscheinlichkeitsdichte $|\Psi_n|^2$ interpretieren können, ist in Übereinstimmung mit der in Aufgabe 7.6 erwähnten Verwandtschaft zur Aufenthaltsdichte des klassischen Oszillators. Das Unschärfeprodukt nimmt für die Grundlösung Ψ_0 den prinzipiell kleinstmöglichen Wert $\frac{1}{2}$ an, wird aber mit wachsendem n unbeschränkt groß.

Zusatz 7.1: Der harmonische Oszillator mit physikalischen Maßeinheiten

Wir haben Eigenlösungen der Schrödinger-Gleichung in dimensionsloser Form studiert. Um die Maßeinheiten einzuführen, betrachten wir die Analogie zum klassischen linearen Oszillator mit der Federkonstanten $k_0 > 0$ gemessen in N/m, der

Masse $m_0 > 0$ gemessen in kg, und der Kreisfrequenz $\omega_0 := \sqrt{\dfrac{k_0}{m_0}}$ gemessen in

$1/sec$. Mit der Planckschen Konstanten $\hbar = 1.0546 \times 10^{-34} Jsec$ erhalten wir das Längenmaß

$$\beta := \sqrt{\frac{\hbar}{m_0 \omega_0}}$$

sowie den dimensionsbehafteten Ort $q := \beta x$. Die Wellenfunktionen $u_n(q) := \dfrac{1}{\sqrt{\beta}} \Psi_n(\frac{q}{\beta})$ sind dann Eigenlösungen der Schrödinger-Gleichung

$$\left(-\frac{\hbar^2}{2m_0} \cdot \frac{d^2}{dq^2} + \frac{m_0 \omega_0^2}{2} q^2\right) u(q) = E_n u(q)$$

zu den Energie-Eigenwerten $E_n := \left(n + \frac{1}{2}\right) \hbar \omega_0$, die zugehörige Ortsunschärfe $\Delta_n q$ bzw. Impulsunschärfe $\Delta_n p$ sind

$$\Delta_n q = \left[\frac{\hbar}{m_0 \omega_0}\left(n + \frac{1}{2}\right)\right]^{\frac{1}{2}}, \quad \Delta_n p = \left[m_0 \hbar \omega_0 \left(n + \frac{1}{2}\right)\right]^{\frac{1}{2}},$$

woraus sich das folgende Unschärfeprodukt ergibt:

$$\Delta_n q \cdot \Delta_n p = \left(n + \frac{1}{2}\right) \hbar.$$

Die Lehrbücher von Hittmair [21] und Schwinger [38] beleuchten sowohl den physikalischen Hintergrund der Quantenmechanik als auch den hierfür benötigten mathematischen Formalismus.

Lektion 8
Grundlagen der Funktionentheorie

8.1 Aufgabenstellung und Grundlagen der Funktionentheorie

Die Funktionentheorie beschäftigt sich mit den analytischen Eigenschaften komplex differenzierbarer Funktionen, die auf offenen Teilmengen der komplexen Zahlenebene $\mathbb{C}$ definiert sind. Man nennt sie auch holomorphe Funktionen. Erst die Funktionentheorie ermöglicht ein tieferes Verständnis grundlegender reellwertiger Funktionen, wenn diese auf die komplexe Zahlenebene fortgesetzt werden.

So haben wir etwa die folgende „komplexe Verwandtschaft" zwischen den Funktionen e^z, $\cos z$ und $\sin z$:

$$e^{iz} = \cos z + i \sin z,$$

$$\cos z = \frac{e^{iz} + e^{-iz}}{2}, \quad \sin z = \frac{e^{iz} - e^{-iz}}{2i}, \quad z \in \mathbb{C}.$$

Die Integralsätze der Funktionentheorie, die wir in dieser Lektion vorstellen, insbesondere der Cauchysche Integralsatz, die Cauchysche Integralformel und der Residuensatz, sind dabei unentbehrliche Hilfsmittel von großer Tragweite. Im Aufgabenteil zu dieser Lektion werden diese grundlegenden Sätze neu beleuchtet. Dort finden sich auch weitere Resultate der Funktionentheorie, die aus den zuvor dargestellten Grundlagen gewonnen werden.

In der anschließenden Lektion behandeln wir dann die folgenden Anwendungen der Funktionentheorie:

- Geometrische Untersuchungen, z.B. der ebenen hyperbolischen Geometrie,
- Dirichletsches Randwertproblem für die ebene Laplace-Gleichung,
- ebene Potentialprobleme aus der Elektrostatik bzw. Strömungsmechanik,
- Untersuchung spezieller Funktionen und uneigentlicher Integrale aus Physik und Technik, insbesondere der Gamma-Funktion,
- Analytische Theorie der Primzahlverteilung mit Hilfe der ins Komplexe fortgesetzten Riemannschen ζ-Funktion (Riemann 1859).

8.2 Holomorphe Funktionen

Zunächst wollen wir einige Gemeinsamkeiten zwischen reeller und komplexer Differenzierbarkeit wie z.B. die Ableitungsregeln vorstellen, und danach wenden wir uns deren Unterschieden zu. Dabei stellt sich die komplexe Differenzierbarkeit, die mit Hilfe der Cauchy-Riemannschen Differentialgleichungen charakterisiert wird, als eine wesentlich stärkere Eigenschaft heraus. So erfüllen holomorphe Funktionen im Real- und Imaginärteil die ebene Laplace-Gleichung, die Anwendungen in der Potentialtheorie findet. Schließlich erwähnen wir an dieser Stelle auch den Potenzreihen-Entwicklungssatz für holomorphe Funktionen.

Eine auf das Wesentliche reduzierte Einführung in die Funktionentheorie findet der Leser im Lehrbuch [24] von Jänich bzw. im computerorientierten Buch von Forst, Hoffmann [16]. Für eine breitere Einführung mit Spezialthemen empfehlen wir die Werke von Remmert [34], [35], Conway [7] und Fischer, Lieb [11], [12].

Definition 8.1: Holomorphe Funktionen
Eine Funktion $f : U \to \mathbb{C}$ auf einer offenen Teilmenge $U \subseteq \mathbb{C}$ heißt komplex differenzierbar an einer Stelle $z_0 \in U$, wenn der Grenzwert

$$f'(z_0) := \lim_{z \to z_0} \frac{f(z) - f(z_0)}{z - z_0},$$

auch die komplexe Ableitung von f in z_0 genannt, existiert. Ist f überall in U komplex differenzierbar, so nennt man f holomorph und eine Stammfunktion von f'. Für $U := \mathbb{C}$ wird eine holomorphe Funktion $f : \mathbb{C} \to \mathbb{C}$ auch ganze Funktion genannt.   □

Bemerkungen:

(1) Die komplexe Differenzierbarkeit ist, wie wir später sehen werden, wesentlich stärker als die reelle Differenzierbarkeit. So wird im Rahmen eines Grundkurses zur Funktionentheorie gezeigt: Die Holomorphie von $f : U \to \mathbb{C}$ impliziert, dass f sogar unendlich oft komplex differenzierbar in U ist und lokale Potenzreihenentwicklungen besitzt (siehe Kapitel III, §5 in [11]).

(2) Mit wörtlich denselben Beweisen überträgt man die aus der Differentialrechnung einer reellen Veränderlichen bekannten Regeln auch auf holomorphe Funktionen: Sind $f, g : U \to \mathbb{C}$ holomorph, so auch $f + g$ und $f \cdot g$ und, falls g keine Nullstelle in U hat, auch f/g, und die Ableitungen sind

$$(f+g)' = f' + g', \quad (f \cdot g)' = f' \cdot g + f \cdot g', \quad \left(\frac{f}{g}\right)' = \frac{f' \cdot g - f \cdot g'}{g^2}.$$

Sind überdies $u : U \to V$ bzw. $v : V \to \mathbb{C}$ holomorph, so auch die Verkettung $v \circ u : U \to \mathbb{C}$, und es gilt die Kettenregel

$$(v \circ u)'(z) = v'(u(z)) \cdot u'(z).$$ □

Beispiele:

(a) Ist $\alpha \in \mathbb{C}$ fest, $f(z) = \alpha$ für alle $z \in \mathbb{C}$, dann ist f in $\mathbb{C}$ holomorph, d.h. eine ganze Funktion, und es gilt $f'(z) = 0$ für alle $z \in \mathbb{C}$. Auch ist $f : \mathbb{C} \to \mathbb{C}$ mit $f(z) = z$ eine ganze Funktion mit $f'(z) = 1$. Daher hat man auch durch Anwendung der obengenannten Rechenregeln der Differentialrechnung:

(b) Alle Polynome der Form $f(z) = \sum\limits_{k=0}^{n} a_k z^k$ mit $a_k \in \mathbb{C}$ sind ganze Funktionen mit (komplexer) Ableitung $f'(z) = \sum\limits_{k=1}^{n} k \cdot a_k z^{k-1}$.

(c) Die Funktion $f : \mathbb{C} \setminus \{0\} \to \mathbb{C}$ mit $f(z) = \frac{1}{z}$ ist holomorph mit $f'(z) = -\frac{1}{z^2}$, aber nicht ganz, da f bei $z = 0$ eine sogenannte Polstelle hat. □

Eine große Klasse holomorpher Funktionen bilden die Potenzreihen, denen wir uns nun zuwenden. Zuvor führen wir folgende Bezeichnungen für Kreisscheiben in der komplexen Zahlenebene ein:

Definition 8.2: Kreisscheiben im Komplexen

Für $z_0 \in \mathbb{C}$ und $r > 0$ sei

$$B_r(z_0) := \{z \in \mathbb{C} : |z - z_0| < r\}$$

die offene Kreisscheibe mit dem Radius r um z_0, und speziell für $z_0 = 0$ setzen wir $B_r := B_r(0)$. Die entsprechenden abgeschlossenen Kreisscheiben sind dann

$$\overline{B_r(z_0)} = \{z \in \mathbb{C} : |z - z_0| \leq r\}$$

bzw. $\overline{B_r}$. □

Wir beginnen mit einem wichtigen Konvergenzkriterium für Potenzreihen, welches auf Cauchy bzw. Hadamard zurückgeht:

Satz 8.3: Konvergenzradius einer Potenzreihe

Gegeben ist für komplexe Koeffizienten a_n die Potenzreihe $f(z) := \sum\limits_{n=0}^{\infty} a_n (z - z_0)^n$ mit dem Konvergenzradius nach Hadamard

$$R := \frac{1}{\limsup\limits_{n \to \infty} \sqrt[n]{|a_n|}} ,$$

wobei hier $\frac{1}{0} := \infty$ und $\frac{1}{\infty} := 0$ vereinbart wird. Dann divergiert $f(z)$ für alle $z \in \mathbb{C}$ mit $z \notin \overline{B_R(z_0)}$. Dagegen konvergiert $f(z)$ in den kleineren Kreisscheiben $\overline{B_r(z_0)}$ mit $0 < r < R$ absolut und gleichmäßig gegen eine stetige Grenzfunktion. □

Beweis: Wir können für den Beweis $z_0 = 0$ voraussetzen. Es sei $L := \limsup_{n \to \infty} \sqrt[n]{|a_n|}$, wobei $L = 0$ bzw. $L = \infty$ zugelassen sind. Wir zeigen zuerst die Divergenz der Potenzreihe für $z \in \mathbb{C}$ mit $|z| > R$. In diesem Fall ist der Radius R endlich und $L > 0$. Dann ist $\sqrt[n]{|a_n|} \cdot |z| > 1$ für unendlich viele $n \in \mathbb{N}$ wegen $|z| > R = \frac{1}{L}$, womit die Glieder der Potenzreihe $\sum_{n=0}^{\infty} a_n z^n$ keine Nullfolge bilden. Somit divergiert die Reihe für $|z| > R$.

Nun zeigen wir für $|z| \leq r < R$ die absolute und gleichmäßige Konvergenz der Potenzreihe. Wir wählen hierzu ein $q > 0$ mit $\frac{r}{R} < q < 1$. Für genügend großes $n_0 \in \mathbb{N}$ und alle $n \in \mathbb{N}$ mit $n \geq n_0$ erhalten wir $\sqrt[n]{|a_n|} \cdot |z| < q$ wegen $L \cdot |z| < q$, so dass die Potenzreihe $\sum_{n=n_0}^{\infty} a_n z^n$ für $|z| \leq r$ durch die konvergente geometrische Reihe $\sum_{n=n_0}^{\infty} q^n$ majorisiert werden kann. Daher konvergiert $f(z)$ auf der kompakten Kreisscheibe $\{z \in \mathbb{C} : |z| \leq r\}$ nicht nur absolut, sondern auch gleichmäßig gegen eine stetige Grenzfunktion. ∎

Während $f(z)$ sich für $0 < r < R$ auf $B_r(z_0)$ bzw. $\overline{B_r(z_0)}$ „gutartig" verhält, sind auf dem Rand $\partial B_R(z_0) = \{z \in \mathbb{C} : |z - z_0| = R\}$ im Allgemeinen keine Konvergenzaussagen für $f(z)$ möglich. Unter einer einfachen Konvergenzannahme ermöglicht der Abelsche Grenzwertsatz eine Aussage über das Randverhalten von Potenzreihen:

Satz 8.4: Der Abelsche Grenzwertsatz

Es sei $(a_k)_{k \in \mathbb{N}}$ eine Folge komplexer Zahlen und $0 \leq r < 1$. Die Reihe $\sum_{k=1}^{\infty} a_k$ sei konvergent. Dann gilt

$$\lim_{r \uparrow 1} \sum_{k=1}^{\infty} (1 - r^k) a_k = 0.$$

$\square$

Beweis: Wir definieren die Reihe $(A_k)_{k \in \mathbb{N}_0}$ mit $A_0 := 0$ und $A_k := a_1 + \ldots + a_k$, $k \in \mathbb{N}$. Dann gilt für alle $n \in \mathbb{N}$:

$$\sum_{k=1}^{n} a_k \cdot (1 + \ldots + r^{k-1}) = \sum_{k=1}^{n} (A_k - A_{k-1}) \cdot (1 + \ldots + r^{k-1})$$

$$= \sum_{k=1}^{n} A_k \cdot (1 + \ldots + r^{k-1}) - \sum_{k=0}^{n-1} A_k \cdot (1 + \ldots + r^k)$$

$$= A_n \cdot (1 + \ldots + r^n) - \sum_{k=0}^{n} A_k r^k,$$

und hieraus folgt nach Multiplikation mit $(1 - r)$ für alle $n \in \mathbb{N}$ die Gleichung

$$\sum_{k=1}^{n} (1 - r^k) a_k = (1 - r^{n+1}) A_n - (1 - r) \sum_{k=0}^{n} A_k r^k. \tag{8.1}$$

Nach Voraussetzung existiert der Grenzwert

$$A := \lim_{n \to \infty} A_n = \sum_{k=1}^{\infty} a_k,$$

mit dem wir aus Gleichung (8.1) für alle $r \in [0,1)$ sofort erhalten:

$$\sum_{k=1}^{\infty} (1 - r^k) a_k = (1 - r) \sum_{k=0}^{\infty} (A - A_k) r^k. \qquad (8.2)$$

Da die Reihe $(A - A_k)_{k \in \mathbb{N}_0}$ zu Null konvergiert, ist sie auch beschränkt, d.h. es gibt eine Konstante $M > 0$ mit $|A - A_k| \le M$ für alle $k \in \mathbb{N}_0$, und zu jedem $\varepsilon > 0$ finden wir ein $n_0 \in \mathbb{N}$ mit $|A - A_k| \le \frac{\varepsilon}{2}$ für alle $k \ge n_0$. Setzen wir hiermit $\delta := \frac{\varepsilon}{2Mn_0}$, so folgt für alle $r \in [0,1)$ mit $(1 - r) < \delta$ aus (8.2):

$$\left| \sum_{k=1}^{\infty} (1 - r^k) a_k \right| \le (1 - r) \sum_{k=0}^{n_0 - 1} |A - A_k| r^k + (1 - r) \sum_{k=n_0}^{\infty} |A - A_k| r^k$$

$$\le (1 - r) n_0 M + (1 - r) \sum_{k=n_0}^{\infty} \frac{\varepsilon}{2} r^k < \varepsilon.$$

Damit ist der Abelsche Grenzwertsatz bewiesen.   ∎

Bemerkung: Mit Hilfe dieses Satzes können wir nun z.B. sofort folgern, dass die Leibniz-Reihe gegen $\pi/4$ konvergiert: $\dfrac{\pi}{4} = \sum_{k=0}^{\infty} \dfrac{(-1)^k}{2k+1}$.

Ein weiteres Beispiel, dass sofort aus dem Abelschen Grenzwertsatz folgt, ist die bekannte Reihe $\log 2 = \sum_{k=1}^{\infty} \dfrac{(-1)^{k+1}}{k}$. $\qquad\qquad\qquad\qquad\qquad$ □

Der folgende Satz zeigt, dass Potenzreihen nicht nur stetige, sondern sogar holomorphe Funktionen in ihrem Konvergenzkreis darstellen:

Satz 8.5: Gliedweise Differenzierbarkeit einer Potenzreihe

Es sei $\sum\limits_{n=0}^{\infty} a_n (z - z_0)^n$ eine Potenzreihe mit dem Konvergenzradius $R > 0$. Dann ist die durch $f(z) = \sum\limits_{n=0}^{\infty} a_n (z - z_0)^n$ gegebene Funktion $f : B_R(z_0) \to \mathbb{C}$ holomorph, und die Ableitung kann gliedweise gebildet werden:

$$f'(z) = \sum_{n=1}^{\infty} n a_n (z - z_0)^{n-1}.$$

Der Konvergenzradius der Potenzreihe f' ist ebenfalls R. $\qquad\qquad\qquad$ □

Beweis: Wir können für den Beweis $z_0 = 0$ voraussetzen. Wegen

$$\lim_{n \to \infty} \sqrt[n]{n+1} = e^{\lim_{n \to \infty} \frac{\ln(n+1)}{n}} = e^0 = 1$$

hat auch die „formale Ableitung" $(Df)(z) := \sum_{k=1}^{\infty} k a_k z^{k-1}$ den Konvergenzradius R.
Wir zeigen, dass f holomorph ist und f' mit der gliedweise abgeleiteten Potenzreihe
Df übereinstimmt. Hierfür zeigen wir induktiv für alle $k \in \mathbb{N}$ und alle $r > 0, z, \xi \in \mathbb{C}$
mit $|z|, |\xi| \leq r < R$ und $z \neq \xi$ die Ungleichung

$$\left| \frac{z^k - \xi^k}{z - \xi} - k\xi^{k-1} \right| \leq \frac{k(k-1)}{2} r^{k-2} |z - \xi|. \tag{8.3}$$

Sicherlich gilt unter obigen Voraussetzungen

$$\frac{z^{k+1} - \xi^{k+1}}{z - \xi} - (k+1)\xi^k = z \left[\frac{z^k - \xi^k}{z - \xi} - k\xi^{k-1} \right] + k\xi^{k-1}(z - \xi). \tag{8.4}$$

Die Ungleichung (8.3) gilt für $k = 1$. Wenn sie für ein $k \geq 1$ bereits stimmt, dann
folgt sie mit (8.4) auch für $k + 1$:

$$\left| \frac{z^{k+1} - \xi^{k+1}}{z - \xi} - (k+1)\xi^k \right| \leq |z| \cdot \left| \frac{z^k - \xi^k}{z - \xi} - k\xi^{k-1} \right| + k|\xi|^{k-1}|z - \xi|$$

$$\leq r \frac{k(k-1)}{2} r^{k-2} |z - \xi| + k r^{k-1} |z - \xi| = \frac{(k+1)k}{2} r^{k-1} |z - \xi|,$$

womit (8.3) gezeigt ist. Aus der Konvergenz von f und Df auf $\overline{B_r}$ folgt damit

$$\left| \frac{f(z) - f(\xi)}{z - \xi} - (Df)(\xi) \right| = \left| \lim_{n \to \infty} \sum_{k=1}^{n} a_k \left(\frac{z^k - \xi^k}{z - \xi} - k\xi^{k-1} \right) \right|$$

$$= \lim_{n \to \infty} \left| \sum_{k=1}^{n} a_k \left(\frac{z^k - \xi^k}{z - \xi} - k\xi^{k-1} \right) \right|$$

$$\leq \frac{|z - \xi|}{2} \cdot \sum_{k=2}^{\infty} |a_k| k(k-1) r^{k-2}.$$

Die letzte Reihe ist konvergent, da sie auf B_r eine Majorante für die absolut konvergente Potenzreihe der formalen zweiten Ableitung darstellt. Damit haben wir
gezeigt, dass f auf B_r bzw. B_R holomorph ist mit $f' = Df$. ∎

Bemerkung: Durch wiederholte Anwendung dieses Satzes folgt, dass Potenzreihen beliebig oft komplex differenzierbar sind. Allgemein sind holomorphe Funktionen bereits unendlich oft differenzierbar, was aus dem sogenannten lokalen
Potenzreihen-Entwicklungssatz folgt. □

Korollar 8.6: Potenzreihen wichtiger holomorpher Funktionen
Die folgende Exponentialfunktion $\exp : \mathbb{C} \to \mathbb{C}$ ist auf ganz $\mathbb{C}$ holomorph und stimmt mit ihrer Ableitung überein:

$$e^z = \exp z := \sum_{n=0}^{\infty} \frac{z^n}{n!}, \quad \frac{d}{dz} e^z = e^z.$$

Ebenso sind die trigonometrischen Funktionen $\cos, \sin : \mathbb{C} \to \mathbb{C}$ mit

$$\cos z := \sum_{n=0}^{\infty} (-1)^n \frac{z^{2n}}{(2n)!}, \quad \sin z := \sum_{n=0}^{\infty} (-1)^n \frac{z^{2n+1}}{(2n+1)!}$$

ganze Funktionen, und ihre Ableitungen ergeben sich durch gliedweises Differenzieren ihrer Potenzreihen, d.h.

$$\frac{d}{dz} \cos z = -\sin z, \quad \frac{d}{dz} \sin z = \cos z.$$

$\square$

Wir charakterisieren nun die komplexe Differenzierbarkeit und erhalten dabei ein einfach handhabbares Kriterium. Hierbei identifizieren wir in gewohnter Weise die Zahlen $z = x + iy \in \mathbb{C}$ für $x := \operatorname{Re}(z)$, $y := \operatorname{Im}(z)$ mit den entsprechenden Punkten $(x, y) \in \mathbb{R}^2$.

Satz 8.7: Cauchy-Riemannsche Differentialgleichungen
Für eine offene Menge $U \subseteq \mathbb{C}$ sei $f : U \to \mathbb{C}$ zerlegt gemäß $f = u + iv$ mit $u = \operatorname{Re}(f)$, $v = \operatorname{Im}(f)$. Dann sind folgende Aussagen äquivalent:

(a) f ist in $z_0 \in U$ komplex differenzierbar.
(b) f ist in $z_0 \in U$ reell differenzierbar, und zusätzlich hat die reelle Jacobi-Matrix

$$\frac{\partial(u, v)}{\partial(x, y)}(z_0) = \begin{pmatrix} u_x(z_0) & u_y(z_0) \\ v_x(z_0) & v_y(z_0) \end{pmatrix}$$

die spezielle Form

$$\frac{\partial(u, v)}{\partial(x, y)}(z_0) = \begin{pmatrix} a & -b \\ b & a \end{pmatrix}$$

mit $a, b \in \mathbb{R}$.
(c) f ist in $z_0 \in U$ reell differenzierbar, und es gelten die Cauchy-Riemannschen Differentialgleichungen

$$f_x(z_0) = -i f_y(z_0),$$

d.h.

$$u_x(z_0) = v_y(z_0), \quad u_y(z_0) = -v_x(z_0),$$

wobei wir die Notationen $f_x = \frac{\partial f}{\partial x}, f_y = \frac{\partial f}{\partial y}, u_x = \frac{\partial u}{\partial x}, v_x = \frac{\partial v}{\partial x}$ usw. verwenden. $\square$

Beweis: Zunächst ist die komplexe Ableitung an der Stelle $z_0 \in U$

$$f'(z_0) = \lim_{h \to 0} \frac{f(z_0 + h) - f(z_0)}{h}$$

die eindeutig bestimmte komplexe Zahl w_0, welche durch folgende zwei Bedingungen festgelegt ist:

$$f(z_0 + h) = f(z_0) + w_0 h + |h| \varphi(h) \quad \text{und} \quad \lim_{h \to 0} \varphi(h) = 0. \tag{8.5}$$

Hierbei ist φ für hinreichend kleines komplexes h mit $|h| \neq 0$ und $z_0 + h \in U$ definiert gemäß

$$\varphi(h) := \frac{h}{|h|} \left[\frac{f(z_0 + h) - f(z_0)}{h} - w_0 \right].$$

Man beachte, dass (8.5) die reelle Differenzierbarkeit beinhaltet. Ordnen wir jeder komplexen Zahl $a + ib$ die reelle 2×2 Matrix $\begin{pmatrix} a & -b \\ b & a \end{pmatrix}$ zu, so entspricht dem Rechnen im Körper $(\mathbb{C}, +, \cdot)$ isomorph im reellen Matrizenkalkül die Addition bzw. Multiplikation dieser zugehörigen 2×2 Matrizen. Dabei ist das Differential $f'(z_0) \cdot h$ die Multiplikation von h mit der komplexen Ableitung $f'(z_0)$. Schreiben wir die Ableitung in der Form $f'(z_0) = a + ib$ mit Realteil a und Imaginärteil b, so hat diese im reellen Matrizenkalkül die Darstellung

$$\frac{\partial(u, v)}{\partial(x, y)}(z_0) = \begin{pmatrix} u_x(z_0) & u_y(z_0) \\ v_x(z_0) & v_y(z_0) \end{pmatrix} = \begin{pmatrix} a & -b \\ b & a \end{pmatrix}.$$

■

Bemerkung: Wir haben hierbei gezeigt:

$$f'(z_0) = u_x(z_0) + iv_x(z_0).$$

□

Beispiele:

(a) Die Funktion $f : \mathbb{C} \to \mathbb{C}$ mit $f(z) = \bar{z}$ (komplexe Konjugation) ist nicht holomorph. Für $z = x + iy$ mit $x, y \in \mathbb{R}$ ist $f(x + iy) = x - iy$, Real- und Imaginärteil von f sind $u(x, y) = x$ und $v(x, y) = -y$. Die Cauchy-Riemannschen Differentialgleichungen $u_x = v_y$ und $u_y = -v_x$ sind wegen $u_x = 1$, $v_y = -1$ überall verletzt, so dass $f(z) = \bar{z}$ an keiner Stelle komplex differenzierbar ist. Betrachtet man dagegen die Funktion $f : \mathbb{R}^2 \to \mathbb{R}^2$ mit

$$f(x, y) = \begin{pmatrix} x \\ -y \end{pmatrix},$$

so ist sie im reellen Sinne eine überall differenzierbare vektorwertige Funktion.

(b) $f(z) = e^z = e^{x+iy} = e^x \cdot e^{iy} = e^x \cos y + i e^x \sin y$ hat für $x, y \in \mathbb{R}$ den Realteil $u(x, y) = e^x \cos y$ und Imaginärteil $v(x, y) = e^x \sin y$ mit

$$u_x = e^x \cos y, \quad u_y = -e^x \sin y,$$
$$v_x = e^x \sin y, \quad v_y = e^x \cos y.$$

Da f in ganz $\mathbb{C}$ reell differenzierbar ist und überall die Cauchy-Riemannschen Differentialgleichungen gelten, folgt erneut die Holomorphie der Exponential-funktion. $\qquad\qquad\qquad\qquad\qquad\qquad\qquad\qquad\qquad\qquad\qquad\qquad\square$

Die Cauchy Riemannschen Differentialgleichungen sagen nichts weiter, als dass der komplexen Ableitung $f'(z_0)$ eine Jacobi-Matrix $\begin{pmatrix} u_x & u_y \\ v_x & v_y \end{pmatrix}$ der Form $\begin{pmatrix} a & -b \\ b & a \end{pmatrix}$ im reellen Matrizenkalkül zugeordnet ist. Setzen wir $f'(z_0) \neq 0$ voraus, so definiert eine solche Matrix eine orientierungserhaltende Ähnlichkeitstransformation, also eine Drehstreckung. Setzen wir nämlich $r := \sqrt{a^2 + b^2} > 0$, so gilt für einen passend gewählten Winkel $\varphi \in [0, 2\pi)$:

$$\begin{pmatrix} a & -b \\ b & a \end{pmatrix} = r \cdot \begin{pmatrix} \frac{a}{r} & -\frac{b}{r} \\ \frac{b}{r} & \frac{a}{r} \end{pmatrix} = r \cdot \begin{pmatrix} \cos\varphi & -\sin\varphi \\ \sin\varphi & \cos\varphi \end{pmatrix},$$

was genau der Matrix-Darstellung der Eulerschen Zahldarstellung $a + ib = r \cdot e^{i\varphi}$ von $f'(z_0)$ entspricht. Es verhält sich eine holomorphe Funktion $f : U \to \mathbb{C}$ lokal in einer „infinitesimalen Umgebung" eines Punktes $z_0 \in U$ mit $f'(z_0) \neq 0$ neben der Verschiebung auf den Bildpunkt $f(z_0)$ wie eine Drehstreckung. Als Folge davon bleibt der orientierte Schnittwinkel α zweier glatter Kurven γ_1, γ_2 in U, die sich in z_0 schneiden, im Bildbereich von F erhalten, siehe Abbildung 8.1. Dagegen ist

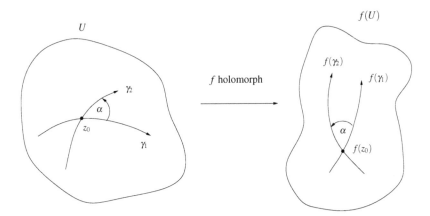

Abbildung 8.1: Die holomorphe Abbildung f erhält den orientierten Winkel α für $f'(z_0) \neq 0$.

die komplexe Konjugation aus obigem Beispiel (a) als Spiegelung an der Realachse nicht orientierungstreu, siehe Abbildung 8.2.

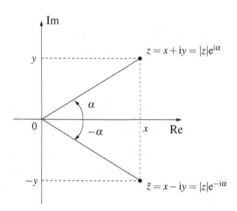

Abbildung 8.2: Die komplexe Konjugation ist nicht orientierungstreu.

Definition 8.8: Konforme Abbildungen
Eine auf dem Gebiet $G \subseteq \mathbb{C}$ definierte holomorphe Funktion $f : G \to \mathbb{C}$ heißt konform, wenn $f'(z) \neq 0$ für alle $z \in G$ gilt. $\qquad\square$

Konforme Abbildungen sind also orientierungs- und winkeltreu und bilden lokal infinitesimale Figuren wieder auf ähnliche infinitesimale Figuren der komplexen Zahlenebene ab, siehe Abbildung 8.3. Die zusätzliche Forderung der Konformität geht

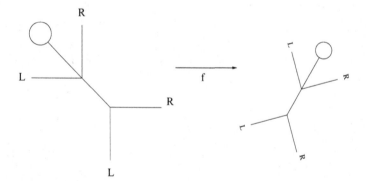

Abbildung 8.3: Ähnliche infinitesimale Figuren

dabei nur unwesentlich über die der Holomorphie hinaus, da konforme Abbildungen

f aus den holomorphen nur durch Einschränkung auf nullstellenfreie Definitionsge-
biete ihrer Ableitung f' hervorgehen.

Eine weitere zentrale Folgerung aus den Cauchy-Riemannschen Differentialgleichungen ist der folgende

Satz 8.9: Holomorphe Funktionen sind harmonisch

Es sei $f : G \to \mathbb{C}$ holomorph (und somit zweimal stetig komplex differenzierbar)
mit Real- bzw. Imaginärteil $u(x,y) := \mathrm{Re}\big(f(x+\mathrm{i}y)\big)$, $v(x,y) := \mathrm{Im}\big(f(x+\mathrm{i}y)\big)$ für
$z = x + \mathrm{i}y \in G$, $x, y \in \mathbb{R}$. Dann sind u und v harmonisch auf G, d.h. für alle $x + \mathrm{i}y \in G$
gilt mit dem Laplace-Operator $\Delta := \frac{\partial^2}{\partial x^2} + \frac{\partial^2}{\partial y^2}$:

$$(\Delta u)(x,y) = 0 \quad \text{und} \quad (\Delta v)(x,y) = 0.$$

Wir sagen dann, dass u bzw. v Lösungen der ebenen Laplace-Gleichung sind. $\qquad \square$

Beweis: In G gilt nach den Cauchy-Riemannschen Differentialgleichungen und dem
Schwarzschen Satz $u_x = v_y$ und $u_y = -v_x$, $u_{xx} = v_{yx}$ und $u_{yy} = -v_{yx}$. Hieraus folgt

$$\Delta u = u_{xx} + u_{yy} = v_{yx} - v_{yx} = 0.$$

Völlig analog folgern wir für den Imaginärteil $v_{xx} = -u_{yx}$ und $v_{yy} = u_{xy} = u_{yx}$, also

$$\Delta v = v_{xx} + v_{yy} = -u_{yx} + u_{xy} = 0.$$

$\blacksquare$

Wir zeigen hiervon mit einer geeigneten Gebietsannahme in Aufgabe 8.3 die folgende Umkehrung:

Satz 8.10: Die holomorphe Ergänzung einer harmonischen Funktion

Es sei $G \subseteq \mathbb{C}$ ein sternförmiges Gebiet. Dann läßt sich jede harmonische C^2-
Funktion $u : G \to \mathbb{R}$ zu einer holomorphen Funktion $f : G \to \mathbb{C}$ ausbauen mit
$f = u + \mathrm{i}v$ und harmonischen Funktionen $u = \mathrm{Re}f$, $v = \mathrm{Im}f$. Dabei ist v bis auf
eine reelle Konstante eindeutig bestimmt. $\qquad \square$

Bemerkungen:

(1) Komplexe Differenzierbarkeit bedeutet neben der Glattheit das Erfülltsein der
    harmonischen Differentialgleichung $\Delta f = 0$, also der ebenen Laplace-Gleichung.
(2) Für lediglich stetig differenzierbares $f : G \to \mathbb{C}$ (nicht notwendig komplex dif-
    ferenzierbar) führt man nach Wirtinger die folgenden Differentialoperatoren
    ein:

$$\frac{\partial f}{\partial z} := \frac{1}{2}\left(\frac{\partial f}{\partial x} - \mathrm{i}\frac{\partial f}{\partial y}\right), \qquad \frac{\partial f}{\partial \bar{z}} := \frac{1}{2}\left(\frac{\partial f}{\partial x} + \mathrm{i}\frac{\partial f}{\partial y}\right).$$

Ist dann f sogar zweimal stetig differenzierbar, so folgt allgemein

$$\frac{\partial^2 f}{\partial z \partial \bar{z}} = \frac{1}{4}\left(\frac{\partial^2 f}{\partial x^2} + \frac{\partial^2 f}{\partial y^2}\right) = \frac{1}{4}\Delta f. \tag{8.6}$$

Dabei ist f genau dann holomorph, wenn $\frac{\partial f}{\partial \bar{z}} = 0$ gilt. Für holomorphe Funktionen haben wir also

$$\frac{\partial f}{\partial \bar{z}}(z) = 0 \quad \text{und} \quad \frac{\partial f}{\partial z}(z) = f'(z) \quad \forall z \in G. \tag{8.7}$$

Für eine holomorphe Funktion folgt daher aus (8.6) und (8.7) erneut der Satz 8.9, d.h. $\Delta f = 0$. Man beachte, dass die erste Gleichung in (8.7) nichts anders als eine Kurzschreibweise für die Cauchy-Riemannschen Differentialgleichungen ist. $\qquad\square$

8.3 Kurvenintegrale

Wir erinnern uns an die Einführung der Wegintegrale in Lektion 3, der wir die Definition von Integrationswegen vorangestellt haben. Grundlegend für die Integralsätze der Funktionentheorie sind komplexe Kurvenintegrale, die wir nun einführen möchten:

Identifizieren wir die komplexe Zahlenebene mit dem $\mathbb{R}^2$, so können wir die Integrationswege aus Lektion 3, dort für $n = 2$, auch im Komplexen verwenden. Wir nennen dann $\gamma \colon [a,b] \to \mathbb{C}$ kurz einen komplexen Integrationsweg, und verzichten lediglich auf die Vektornotation $\underline{\gamma}$. Man beachte, dass γ die Summe von speziellen Integrationswegen gemäß Definition 3.2 ist und bezeichnen die Bildmenge $\mathrm{Sp}(\gamma) = \gamma([a,b])$ wieder als Spur von γ.

Ist zudem $\gamma(a) = \gamma(b)$, so wird γ ein geschlossener Integrationsweg genannt, was ein wichtiger Spezialfall für die Anwendungen ist.

Definition 8.11: Komplexe Kurvenintegrale
Ist $\gamma \colon [a,b] \to U$ ein komplexer Integrationsweg und $f \colon U \to \mathbb{C}$ stetig, so nennt man

$$\int_{\gamma} f(z)\,\mathrm{d}z := \int_a^b f\big(\gamma(t)\big) \cdot \gamma'(t)\,\mathrm{d}t \tag{8.8}$$

das (komplexe) Kurvenintegral von f längst γ. $\qquad\square$

Bemerkung: Das Integral auf der rechten Seite von (8.8) existiert, da f stetig und γ ein Integrationsweg ist, siehe Definition 7.1 sowie die zweite Bemerkung zu dieser Definition. $\qquad\square$

Um nicht unnötigerweise die für reelle Wegintegrale bereits bewiesenen Eigenschaften wie Unabhängigkeit von der Parametrisierung und alle weiteren Rechengesetze erneut für komplexe Wegintegrale aufrollen zu müssen, stellen wir sofort den Zusammenhang mit den reellen Wegintegralen her:

Satz 8.12: Zusammenhang von komplexen mit reellen Wegintegralen
Mit den Voraussetzungen von Definition 8.11 und der Zerlegung von $f = u + iv$ in $u := \mathrm{Re}(f)$, $v := \mathrm{Im}(f)$ gilt:

$$\int_\gamma f \, dz = \int_\gamma (u \, dx - v \, dy) + i \int_\gamma (v \, dx + u \, dy).$$

$\square$

Beweis: Diese Beziehung folgt für $f = u + iv$ und $\gamma'(t) = x'(t) + iy'(t)$ durch einfaches Ausmultiplizieren:

$$\begin{aligned}
f(\gamma(t)) \cdot \gamma'(t) &= \left[u(x(t),y(t)) + iv(x(t),y(t)) \right] \cdot \left[x'(t) + iy'(t) \right] \\
&= \left[u(x(t),y(t)) \cdot x'(t) - v(x(t),y(t)) \cdot y'(t) \right] \\
&\quad + i \left[v(x(t),y(t)) \cdot x'(t) + u(x(t),y(t)) \cdot y'(t) \right].
\end{aligned}$$

$\blacksquare$

Bemerkungen:

(1) Dieser Zusammenhang zwischen reellen und komplexen Kurvenintegralen ist leicht zu merken, wenn man die reellen Differentiale dx, dy zu $dz = dx + i \, dy$ zusammenfasst und $f \, dz = (u + iv) \cdot (dx + i \, dy)$ ausmultipliziert.

(2) Das komplexe Kurvenintegral $\int f \, dz$ ist also eine einheitliche Zusammenfassung der beiden reellen Integrale $\int (u \, dx - v \, dy)$, $\int (v \, dx + u \, dy)$. Diese Integrale treten in der mathematischen Physik in der ebenen Elektrostatik bzw. beim Studium stationärer zweidimensionaler Strömungen inkompressibler Flüssigkeiten auf, wie wir noch sehen werden. Cauchy wurde erst allmählig und aufgrund des Studiums der ebenen Potentialströmungen auf die komplexe Schreibweise für diese Integrale geführt.

(3) Man führt entsprechend komplexe Wegintegrale der Form

$$\int_\gamma f \, dx, \quad \int_\gamma f \, dy, \quad \int_\gamma f \, d\bar{z}$$

ein, und versteht darunter natürlich

$$\int_a^b f(\gamma(t)) x'(t) \, dt, \quad \int_a^b f(\gamma(t)) y'(t) \, dt, \quad \int_a^b f(\gamma(t)) \overline{\gamma'(t)} \, dt.$$

$\square$

Satz 8.13: Eigenschaften des komplexen Kurvenintegrals

Es sei $\gamma : [a,b] \to U$ ein komplexer Integrationsweg in $U \subseteq \mathbb{C}$.

(a) *Linearität:* Für $c_1, c_2 \in \mathbb{C}$ und stetige Funktionen $f_1, f_2 : U \to \mathbb{C}$ gilt

$$\int_\gamma \big(c_1 f_1(z) + c_2 f_2(z) \big) \, dz = c_1 \int_\gamma f_1(z) \, dz + c_2 \int_\gamma f_2(z) \, dz.$$

(b) *Standardabschätzung:* Für stetiges $f : U \to \mathbb{C}$ gilt

$$\left| \int_\gamma f(z) \, dz \right| \leq |\gamma| \cdot \max_{z \in \mathrm{Sp}(\gamma)} |f(z)|$$

mit der Weglänge $|\gamma| = \int_a^b |\gamma'(t)| \, dt$ von γ.

(c) *Konvergenzsatz:* Ist $(f_n)_{n \in \mathbb{N}}$ eine Folge stetiger Funktionen $f_n : U \to \mathbb{C}$, die auf $\mathrm{Sp}(\gamma)$ gleichmäßig gegen f konvergiert, so folgt

$$\lim_{n \to \infty} \int_\gamma f_n(z) \, dz = \int_\gamma f(z) \, dz.$$

(d) *Substitutionsregel:* Ist $\psi : [c,d] \to [a,b]$ stetig differenzierbar mit $\psi(c) = a$, $\psi(d) = b$, so gilt

$$\int_{\gamma \circ \psi} f(z) \, dz = \int_\gamma f(z) \, dz.$$

$\square$

Beweis: Die Eigenschaft (a) ist klar. Für (b) beachten wir Satz 7.2, also die Dreiecksungleichung für komplexe Integrale:

$$\left| \int_\gamma f(z) \, dz \right| \leq \int_a^b \left| f(\gamma(t)) \, \gamma'(t) \right| \, dt \leq \max_{z \in \mathrm{Sp}(\gamma)} |f(z)| \cdot \int_a^b |\gamma'(t)| \, dt.$$

Die Eigenschaft (c) folgt dann aus (a) und (b):

$$\left| \int_\gamma f_n(z) \, dz - \int_\gamma f(z) \, dz \right| = \left| \int_\gamma (f_n(z) - f(z)) \, dz \right| \leq |\gamma| \cdot \max_{z \in \mathrm{Sp}(\gamma)} |f_n(z) - f(z)| \underset{n \to \infty}{\longrightarrow} 0.$$

Der Nachweis von (d) erfolgt einfach durch Rückführung auf komplexe Lebesgue-Integrale, für die die Substitutionsregel gilt. $\blacksquare$

Beispiel 8.14: Kurvenintegrale und Integrationswege

Hier betrachten wir verschiedene Integrationswege und Kurvenintegrale, wobei vor allem die Integration längs Kreislinien und Geradensegmenten bzw. Polygonzügen in der Funktionentheorie von Bedeutung ist. Auch betrachten wir die Zykloide als Beispiel eines stetig differenzierbaren, aber nicht regulären Weges in der komplexen Zahlenebene.

(a) Für $n \in \mathbb{Z}$ und alle Kreisscheiben $B := B_r(z_0)$, $r > 0$, $z_0 \in \mathbb{C}$ gilt:

$$\frac{1}{2\pi \mathrm{i}} \int_{\partial B} \frac{\mathrm{d}z}{(z - z_0)^n} = \begin{cases} 1, & \text{für } n = 1, \\ 0, & \text{für } n \neq 1. \end{cases} \tag{8.9}$$

Bei dieser Gelegenheit erinnern wir an die schon für reelle Wegintegrale be-

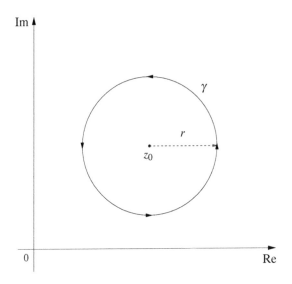

Abbildung 8.4: Die Kreislinie γ ist positiv orientiert.

nutzte Notation: Wenn B ein Normalbereich ist, dessen stückweise glatter Rand ∂B einmalig im positiven Sinne mittels einer Parametrisierung γ durchlaufen wird, so schreiben wir auch $\int_{\partial B} f(z)\,\mathrm{d}z$ anstelle von $\int_{\gamma} f(z)\,\mathrm{d}z$. Wenn der Rand ∂B des Kreises $B = B_r(z_0)$ in Abbildung 8.4 gemäß

$$\gamma(t) = z_0 + r\mathrm{e}^{\mathrm{i}t}, \quad 0 \leq t < 2\pi,$$

parametrisiert wird, so gilt die obige Integralformel wegen

$$\frac{1}{2\pi i}\int_{\partial B}\frac{dz}{(z-z_0)^n}=\frac{1}{2\pi i}\int_0^{2\pi}\frac{ire^{it}\,dt}{(re^{it})^n}$$

$$=\frac{r^{1-n}}{2\pi}\int_0^{2\pi}e^{it(1-n)}\,dt=\begin{cases}1, & \text{für } n=1,\\0, & \text{für } n\neq 1.\end{cases}$$

(b) Es sei U eine offene Menge in $\mathbb{C}$, die die abgeschlossene Verbindungsstrecke von $z_0\in U$ nach $z_1\in U$ enthält. Es sei $\gamma=[z_0,z_1]$ der Integrationsweg γ : $[0,1]\to U$ mit $\gamma(t)=(1-t)z_0+tz_1$. Ist nun $f:U\to\mathbb{C}$ stetig, so wird

$$\int_{[z_0,z_1]}f(z)\,dz=(z_1-z_0)\cdot\int_0^1 f\big((1-t)z_0+tz_1\big)\,dt.$$

Allgemeiner definiert man für $z_0,z_1,\ldots,z_n\in\mathbb{C}$ einen aus n Geradensegmenten zusammengesetzten Polygonzug

$$[z_0,z_1,\ldots,z_n]:=[z_0,z_1]\oplus[z_1,z_2]\oplus\ldots\oplus[z_{n-1},z_n]$$

in U, und führt noch zu jedem komplexen Integrationsweg $\gamma:[a,b]\to U$ den entgegengesetzten Weg $\gamma^-:[a,b]\to U$ mit $\gamma^-(t):=\gamma(a+b-t)$ ein. Es folgt dann aus Satz 8.3(d) zum einen

$$\int_{[z_0,z_1,\ldots,z_n]}f(z)\,dz=\sum_{k=1}^n\int_{[z_{k-1},z_k]}f(z)\,dz$$

und zum anderen

$$\int_{\gamma^-}f(z)\,dz=-\int_\gamma f(z)\,dz.$$

(c) Die n-fache Zykloide $\gamma:[0,2\pi n]\to\mathbb{C}$ mit $\gamma(t)=t-\sin t+i\cdot(1-\cos t)$ ist für $n\in\mathbb{N}$ mit $n\geq 2$ zwar ein stetig differenzierbarer Integrationsweg in $\mathbb{C}$, hat aber dennoch Spitzen in $\gamma(2\pi k)=2\pi k$ mit $\dot\gamma(2\pi k)=0$ für $k=1,\ldots,n-1$. Der Weg ist also nicht regulär, d.h. $\dot\gamma(t)=0$ tritt an einigen Stellen t auf.

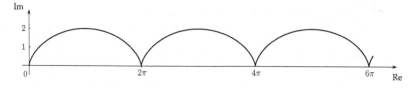

Abbildung 8.5: Die Zykloide ist ein stetig differenzierbarer Weg in $\mathbb{C}$, aber wegen der auftretenden Spitzen nicht regulär.

Beim Beispiel der Zykloide treten die Spitzen bei den ganzzahligen Vielfachen von 2π auf, siehe Abbildung 8.5. Das ist zulässig, zumal wir in der Funktionentheorie sowieso nur Integrationswege betrachten, die aus speziellen Integrationswegen zusammengesetzt sind, siehe Definitionen 3.1 und 3.2 sowie die Einleitung zum Abschnitt 8.3. □

Wir kommen nun zu einem der angekündigten Hauptresultate, dem

Satz 8.15: Integralsatz und Integralformel von Cauchy für Normalbereiche
Es sei B ein Normalbereich bezüglich der Re-Achse mit

$$B = \{x + \mathrm{i}y \in \mathbb{C} : a \leq x \leq b, \; g_-(x) \leq y \leq g_+(x)\}.$$

Es seien $g_- \leq g_+$ so beschaffen, dass $\gamma_\pm : [a,b] \to \partial B$ mit $\gamma_\pm(x) = x + \mathrm{i}g_\pm(x)$ Integrationswege sind, siehe Definition 3.2. Dann gelten für jede holomorphe Funktion $f : G \to \mathbb{C}$ auf einem Gebiet G mit $B \subset G \subseteq \mathbb{C}$

(a) der Cauchysche Integralsatz

$$\int_{\partial B} f(z)\,\mathrm{d}z = 0,$$

(b) die Cauchysche Integralformel

$$f(c) = \frac{1}{2\pi\mathrm{i}} \int_{\partial B} \frac{f(z)}{z-c}\,\mathrm{d}z$$

für jeden Punkt $c \in B \setminus \partial B$ im Inneren von B. □

Bemerkungen:
(1) Eine analoge Variante dieses Satzes gilt auch für Normalbereiche bezüglich der Im-Achse.
(2) Indem man in der Cauchyschen Integralformel $f(z)$ durch $(z-c) \cdot f(z)$ ersetzt, erhält man den Cauchyschen Integralsatz zurück, d.h. (b) ist eine Verallgemeinerung von (a).
(3) Der Cauchysche Integralsatz lässt sich mühelos aus dem Gaußschen Integralsatz 3.4 der Ebene gewinnen: Wir zerlegen f hierfür gemäß $f = u + \mathrm{i}v$, $u := \mathrm{Re}(f)$, $v := \mathrm{Im}(f)$, parametrisieren ∂B auf den beiden zu $x = a$ bzw. $x = b$ gehörigen Kanten mit dem y-Wert auf der Imaginärachse, und die übrigen Randstücke mit dem x-Wert auf der Realachse:

$$\int_{\partial B} f(z)\,\mathrm{d}z = \int_{\partial B} (u\,\mathrm{d}x - v\,\mathrm{d}y) + \mathrm{i} \int_{\partial B} (v\,\mathrm{d}x + u\,\mathrm{d}y).$$

Da f stetig differenzierbar ist, können wir auf die beiden rechts stehenden Teilintegrale den Gaußschen Integralsatz der Ebene anwenden, und erhalten:

$$\int_{\partial B} f(z)\,dz = -\iint_B \left(\frac{\partial u}{\partial y} + \frac{\partial v}{\partial x}\right) dx\,dy + i \iint_B \left(\frac{\partial u}{\partial x} - \frac{\partial v}{\partial y}\right) dx\,dy.$$

Die rechts stehenden Doppelintegrale über den Normalbereich B sind aber nach den Cauchy-Riemannschen Differentialgleichungen aus Satz 8.7(c) beide Null. $\qquad\square$

Aus diesem Satz lässt sich fast mühelos eine große Fülle weiterer Resultate der Funktionentheorie gewinnen, siehe etwa das Lehrbuch von Jänich [24], von denen wir für das Folgende vor allem die drei Sätze benötigen:

Satz 8.16: Mittelwerteigenschaft holomorpher Funktionen
Mit den Voraussetzungen zur Cauchyschen Integralformel in Satz 8.15(b) gilt

$$f(c) = \frac{1}{2\pi} \int_0^{2\pi} f(c + re^{i\varphi})\,d\varphi, \tag{8.10}$$

sofern die kompakte Kreisscheibe $B := \overline{B_r(c)}$ bei gegebenem Radius $r > 0$ ganz in G liegt. $\qquad\square$

Bemerkung: Dieser Satz ist zur Cauchyschen Integralformel äquivalent, da die rechte Seite von (8.10) mit der rechten Seite in Satz 8.15(b) übereinstimmt. $\qquad\square$

Satz 8.17: Lokale Potenzreihenentwicklung für holomorphe Funktionen
Jede holomorphe Funktion $f : G \to \mathbb{C}$, $G \subseteq \mathbb{C}$ offen, kann lokal in eine konvergente Potenzreihe entwickelt werden, und ist damit auch beliebig oft komplex differenzierbar, siehe Satz 8.5. Genauer gilt:
Zu jedem $z_0 \in G$ gibt es eindeutig bestimmte komplexe Koeffizienten a_k, $k \in \mathbb{N}_0$, so dass für jedes $R > 0$ mit $B_R(z_0) \subseteq G$ und jedes $z \in B_R(z_0)$ die folgende Darstellung gilt:

$$f(z) = \sum_{k=0}^{\infty} a_k(z - z_0)^k.$$

Dabei berechnen sich für $0 < r < R$ und für alle $k \in \mathbb{N}_0$ die Koeffizienten der Potenzreihe nach der Integralformel

$$a_k = \frac{1}{2\pi i} \int_{|w-z_0|=r} \frac{f(w)}{(w-z_0)^{k+1}}\,dw, \tag{8.11}$$

wobei für diese Koeffizienten die folgenden Cauchyschen Abschätzungen gelten:

$$|a_k| \le \frac{1}{r^k} \max_{|w-z_0|=r} |f(w)|. \qquad\square$$

Bemerkungen:

(1) Aufgrund der Darstellbarkeit holomorpher Funktionen durch lokale Potenzreihenentwicklungen bezeichnet man diese auch als *analytische Funktionen.* Von dieser Bezeichnungsweise machen wir im Folgenden gelegentlich Gebrauch.

(2) Potenzreihen sind zugleich Taylorreihen und umgekehrt. Für die Koeffizienten a_k in (8.11) gilt also

$$a_k = \frac{f^{(k)}(z_0)}{k!}.$$

$\square$

Definition 8.18: Kompakte Konvergenz

Eine Folge holomorpher Funktionen auf einer offenen Menge $U \subseteq \mathbb{C}$ heißt *kompakt konvergent*, wenn sie auf jeder kompakten Teilmenge von U gleichmäßig konvergiert, oder äquivalent, wenn sie lokal gleichmäßig konvergiert, d.h. zu jedem Punkt von U gibt es eine Umgebung in U, auf der die Konvergenz gleichmäßig ist. $\square$

Diese Abschwächung der gleichmäßigen Konvergenz spielt eine große Rolle in der Funktionentheorie bei der Konstruktion holomorpher Funktionen, wie der folgende Satz zeigt:

Satz 8.19: Weierstraßscher Konvergenzsatz

Wir betrachten eine kompakt konvergente Folge $(f_n)_{n \in \mathbb{N}}$ holomorpher Funktionen $f_n : U \to \mathbb{C}$. Dann ist die Grenzfunktion $f : U \to \mathbb{C}$ ebenfalls holomorph, und $(f_n')_{n \in \mathbb{N}}$ konvergiert in U kompakt gegen f'. $\square$

Der Weierstraßscher Konvergenzsatz ist eine Anwendung des Potenzreihen-Entwicklungssatzes, ebenso wie der nun folgende Identitätssatz:

Satz 8.20: Identitätssatz

Die Funktion $f : G \to \mathbb{C}$ sei auf dem Gebiet $G \subseteq \mathbb{C}$ holomorph. Es sei $c \in G$ und $(z_k)_{k \in \mathbb{N}}$ eine Folge in G mit den drei Eigenschaften:

(i) $z_k \neq c$ für alle $k \in \mathbb{N}$,   (ii) $\lim_{k \to \infty} z_k = c$,   (iii) $f(z_k) = 0$ für alle $k \in \mathbb{N}$.

Dann gilt $f(z) = 0$ für alle $z \in G$. $\square$

Bemerkung: Der Identitätssatz beinhaltet ein wichtiges *Fortsetzungsprinzip*: Eine im Gebiet holomorphe Funktion ist vollständig bestimmt durch ihre Werte auf Teilmengen, die einen Häufungspunkt im Gebiet (aber nicht auf dem Rand) haben, etwa durch die Werte auf einer Strecke oder einem nichtleeren Teilgebiet von G. Man kann dies ausnutzen, um wichtige Identitäten vom Reellen ins Komplexe zu übertragen, z.B. $\sin^2 z + \cos^2 z = 1 \quad \forall z \in \mathbb{C}$. $\square$

Definition 8.21: Isolierte Singularitäten

Ist $G \subseteq \mathbb{C}$ offen, $c \in G$ und $f : G \setminus \{c\} \to \mathbb{C}$ holomorph, so nennen wir c eine *isolierte Singularität* von f. Wir unterscheiden die folgenden drei Arten isolierter Singularitäten.

(a) Hebbare Singularitäten: Wenn es einen Zahlenwert $f_c \in \mathbb{C}$ gibt mit $\lim\limits_{z \to c} f(z) = f_c$, dann nennen wir c eine hebbare Singularität von f. In diesem Falle können wir die holomorphe Fortsetzung $\tilde{f} : G \to \mathbb{C}$ von f definieren mit

$$\tilde{f}(z) = \begin{cases} f(z), & z \in G \setminus \{c\} \\ f_c, & z = c. \end{cases}$$

Nach dem *Riemannschen Hebbarkeitssatz* ist dies genau dann der Fall, wenn es eine Umgebung $U \subseteq G$ von c gibt, so dass f auf $U \setminus \{c\}$ beschränkt ist.

(b) Polstellen: Wir nennen c eine Polstelle der Ordnung m, wenn c eine hebbare Singularität von $(z-c)^m \cdot f(z)$ ist mit

$$\lim_{z \to c} [(z-c)^m \cdot f(z)] \neq 0.$$

Eine Polstelle der Ordnung Eins wird auch einfacher Pol genannt.

(c) Wesentliche Singularitäten: Dies ist eine isolierte Singularität, die weder hebbar noch Polstelle ist. Nach dem *Großen Satz von Picard* ist dies genau dann der Fall, wenn f in jeder Umgebung von c jede komplexe Zahl, mit höchstens einer Ausnahme, unendlich oft annimmt, siehe Remmert [35, 10.4 Großer Satz von Picard]. $\qquad\qquad\square$

Beispiele: Die holomorphe Funktion $f_1 : \mathbb{C} \setminus \{0\} \to \mathbb{C}$ mit $f_1(z) := \frac{\sin(z)}{z}$ hat bei $z = 0$ eine hebbare Singularität, die holomorphe Funktion $f_2 : \mathbb{C} \setminus \{1\} \to \mathbb{C}$ mit $f_2(z) := (z-1)^{-m}$ hat bei $z = 1$ einen Pol der Ordnung $m \in \mathbb{N}$, und $z = 0$ ist eine wesentliche Singularität für die holomorphe Funktion $f_3 : \mathbb{C} \setminus \{0\} \to \mathbb{C}$ mit $f_3(z) := \exp\left(\frac{1}{z}\right)$. Die Funktion $f_4 : \mathbb{C} \setminus \{0, \pm 1, \pm\frac{1}{2}, \pm\frac{1}{3}, \ldots\} \to \mathbb{C}$ mit

$$f_4(z) := \frac{1}{\sin\left(\frac{\pi}{z}\right)}$$

hat bei $z = \pm 1, \pm\frac{1}{2}, \pm\frac{1}{3}, \ldots$ einfache Polstellen, die sich gegen die Singularität $z = 0$ häufen, denn für alle $k \in \mathbb{N}$ gilt:

$$\lim_{z \to \pm\frac{1}{k}} \frac{z - \left(\pm\frac{1}{k}\right)}{\sin\left(\frac{\pi}{z}\right)} = \frac{(-1)^{k+1}}{\pi k^2} \neq 0.$$

Die Singularität $z = 0$ ist aber nicht isoliert, und wird daher auch nicht in eine der drei obigen Kategorien eingeordnet. Solche nicht isolierten Singularitäten wollen wir im Folgenden nicht in Betracht ziehen. $\qquad\qquad\square$

Ist nun c eine isolierte Singularität der holomorphen Funktion $f : G \setminus \{c\} \to \mathbb{C}$, so gilt für alle Radien $0 < r < R$ mit $\overline{B_R(c)} \subset G$ die Beziehung

$$\int_{\partial B_R(c)} f(z)\,\mathrm{d}z - \int_{\partial B_r(c)} f(z)\,\mathrm{d}z = 0. \tag{8.12}$$

Um das einzusehen, interpretieren wir die linksstehende Differenz in (8.12) als Kurvenintegral über den Rand des Kreisringes $K(r,R) := \{z \in \mathbb{C} : r \leq |z - c| \leq R\}$. Da sich diese Differenz durch eine Zerlegung des Kreisringes in sechs Normalbereiche Z_k gemäß Abbildung 8.6 als Summe $\sum_{k=1}^{6} \int_{\partial Z_k} f(z)\,\mathrm{d}z$ darstellen lässt, von denen jeder einzelne Summand nach den Cauchyschen Integralsatz verschwindet, folgt hieraus die behauptete Beziehung.

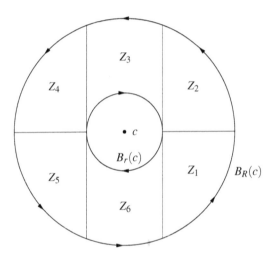

Abbildung 8.6: Zerlegung des Kreisringes in Normalbereiche für die Definition des Residuums.

Die Beziehung (8.12) ermöglicht nun die folgende

Definition 8.22: Das Residuum einer isolierten Singularität
Zur holomorphen Funktion $f : G \setminus \{c\} \to \mathbb{C}$ mit isolierter Singularität c definieren wir das Residuum von f in c gemäß

$$\operatorname{Res}_f(c) := \frac{1}{2\pi\mathrm{i}} \lim_{r \downarrow 0} \int_{\partial B_r(c)} f(z)\,\mathrm{d}z. \tag{8.13}$$

$\square$

Man beachte, dass nach Formel (8.12) in obiger Residuen-Definition der Limes $\lim\limits_{r\downarrow 0}$ auch weggelassen werden kann, sofern nur die Bedingung $\overline{B_r(c)} \subset G$ erfüllt ist.

Nun hat der Satz 8.15 die folgende wichtige Verallgemeinerung:

Satz 8.23: Residuensatz für Normalbereiche
Es sei B ein Normalbereich bzgl. der Re-Achse mit

$$B = \{x + iy \in \mathbb{C} : a \leq x \leq b, \; g_-(x) \leq y \leq g_+(x)\}.$$

Es seien $g_- \leq g_+$ so beschaffen, dass

$$\gamma_\pm : [a,b] \to \partial B \; \text{ mit } \; \gamma_\pm(x) = x + ig_\pm(x)$$

Integrationswege sind, siehe Definition 3.2. Es seien $c_1, c_2, \cdots, c_n \in B \setminus \partial B$ paarweise verschiedene Punkte im Inneren von B. Dann gilt für jede holomorphe Funktion $f : G \setminus \{c_1, c_2, \cdots, c_n\} \to \mathbb{C}$ auf einem Gebiet G mit $B \subset G \subseteq \mathbb{C}$:

$$\frac{1}{2\pi i} \int\limits_{\partial B} f(z)\,dz = \sum_{k=1}^{n} \text{Res}_f(c_k).$$

$\square$

Bemerkung: Der Residuensatz kann analog für Normalbereiche bzgl. der Im-Achse formuliert werden.

$\square$

Der folgende Satz liefert praktikable Berechnungsformeln für das Residuum in (8.13) für eine hebbare Singularität bzw. einen Pol m-ter Ordnung:

Satz 8.24: Berechnungsformeln für Residuen
Es sei $f : G \to \mathbb{C}$ auf der offenen Menge G analytisch und a eine isolierte Singularität von f. Dann gilt:

(a) Das Residuum einer hebbaren Singularität a ist Null.
(b) Ist a ein m-facher Pol, $m \geq 1$, so ist

$$\text{Res}_f(a) = \frac{1}{(m-1)!} \lim_{\substack{z \to a \\ z \in G}} \left\{ \frac{d^{m-1}}{dz^{m-1}} [(z-a)^m f(z)] \right\},$$

und speziell für einen einfachen Pol ($m = 1$):

$$\text{Res}_f(a) = \lim_{\substack{z \to a \\ z \in G}} [(z-a)f(z)].$$

$\square$

Beweis:

(a) Die Aussage folgt zusammen mit dem *Riemannschen Hebbarkeitssatz* aus dem Cauchyschen Integralsatz 8.15.

(b) Für einen m-fachen Pol a ist $g(z) := (z-a)^m f(z)$ analytisch in einem Kreis $B_r(a)$ mit $B_r(a) \setminus \{a\} \subseteq G$. Es sei $g(z) = \sum\limits_{k=0}^{\infty} c_k (z-a)^k$, $z \in B_r(a)$, die Taylorentwicklung von g um a. Da a ein Pol m-ter Ordnung ist, gilt $c_0 \neq 0$, und wir erhalten für das Residuum von f in a für ein ρ mit $0 < \rho < r$:

$$
\begin{aligned}
\operatorname{Res}_f(a) &= \frac{1}{2\pi i} \int\limits_{|z-a|=\rho} f(z)\, dz \\[2mm]
&= \frac{1}{2\pi i} \int\limits_{|z-a|=\rho} \left(\sum_{k=0}^{\infty} \frac{c_k}{(z-a)^{m-k}} \right) dz \\[2mm]
&= \frac{1}{2\pi i} \int\limits_{|z-a|=\rho} \left(\frac{c_{m-1}}{z-a} + \sum_{\substack{k=0 \\ k \neq m-1}}^{\infty} \frac{c_k}{(z-a)^{m-k}} \right) dz \\[2mm]
&\underset{(8.9)}{=} c_{m-1} + \sum_{\substack{k=0 \\ k \neq m-1}}^{\infty} \frac{c_k}{2\pi i} \underbrace{\int\limits_{|z-a|=\rho} \frac{dz}{(z-a)^{m-k}}}_{=0} \\[2mm]
&= c_{m-1} = \frac{g^{(m-1)}(a)}{(m-1)!},
\end{aligned}
$$

letzteres nach der Taylorentwicklung von g in a.   ∎

Bemerkung: Es seien die Voraussetzungen der Cauchyschen Integralformel für einen Normalbereich B erfüllt mit analytischem $f : G \to \mathbb{C}$ und $c \in G$ im Inneren von B. Dann ist $\tilde{f} : G \setminus \{c\} \to \mathbb{C}$ mit $\tilde{f}(z) := \frac{f(z)}{z-c}$ analytisch mit

$$
\frac{1}{2\pi i} \int\limits_{\partial B} \frac{f(z)\, dz}{z-c} = \frac{1}{2\pi i} \int\limits_{\partial B} \tilde{f}(z)\, dz = \operatorname{Res}_{\tilde{f}}(c) = f(c),
$$

d.h. es folgt die Cauchysche Integralformel aus dem Residuensatz.   □

Im Folgenden geben wir zwei wichtige Sätze an, deren Beweise in dem Lehrbuch von Königsberger [27, Abschnitt 6.4] eine interessante Anwendung des Residuensatzes sind. Hier betrachten wir rationale Funktionen der Form

$$
R(z) = \frac{P(z)}{Q(z)},
$$

wobei $P(z)$, $Q(z)$ Polynome mit komplexen Koeffizienten sind. Man sagt, es habe $R(z)$ in ∞ eine Nullstelle der Vielfachheit $k \in \mathbb{N}$, wenn $\operatorname{Grad} Q = \operatorname{Grad} P + k$ gilt. Dann gibt es Zahlen M und $r_0 > 0$ mit $|R(z)| \le \frac{M}{|z|^k}$ für alle $z \in \mathbb{C}$ mit $|z| > r_0$.

Satz 8.25: Uneigentliche Integrale von rationalen Funktionen $R(x)$
Die rationale Funktion R habe auf der reellen Achse keinen Pol und in ∞ eine mindestens zweifache Nullstelle. Dann ist

$$\int_{-\infty}^{\infty} R(x)\,\mathrm{d}x = 2\pi\mathrm{i} \sum_{a \in H} \operatorname{Res}_R(a),$$

wobei $H := \mathbb{R} \times \mathbb{R}^+$ die obere Halbebene bezeichnet, siehe Abbildung 8.7.   □

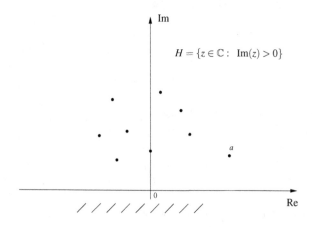

Abbildung 8.7: Die Polstellen von R in der oberen Halbebene H.

Beispiel: Wir berechnen abermals das Integral (4.16)

$$\int_0^{\infty} \frac{\mathrm{d}b}{1+b^4} = \frac{1}{2} \int_{-\infty}^{\infty} \frac{\mathrm{d}x}{1+x^4} = \frac{\pi}{2\sqrt{2}}$$

aus Zusatz 4.3. Es hat $R(z) := \frac{1}{2}\frac{1}{1+z^4}$ in H genau die beiden Pole $a = \mathrm{e}^{\mathrm{i}\frac{\pi}{4}}$ und $\mathrm{i} \cdot a$ mit den Residuen

$$\operatorname{Res}_R(a) = \frac{1}{8a^3}, \quad \operatorname{Res}_R(\mathrm{i} \cdot a) = \frac{\mathrm{i}}{8a^3}.$$

Aus Satz 8.25 folgt die Behauptung wegen $2\pi\mathrm{i} \cdot \left(\dfrac{1}{8a^3} + \dfrac{\mathrm{i}}{8a^3} \right) = \dfrac{\pi}{2\sqrt{2}}$.   □

Satz 8.26: Uneigentliche Integrale von $R(x)e^{i\alpha x}$

Es sei R rational, auf der reellen Achse ohne Pol und mit einer Nullstelle in ∞. Dann existiert für jedes $\alpha > 0$ das Integral

$$\int_{-\infty}^{\infty} R(x)e^{i\alpha x}\,dx = 2\pi i \sum_{a\in H} \text{Res}_f(a) \tag{8.14}$$

mit $f(z) := R(z)\cdot e^{i\alpha z}$. $\square$

Bemerkung: Im Unterschied zu Satz 8.25 reicht hier für R eine einfache Nullstelle im Unendlichen schon aus. Das Integral auf der linken Seite von (8.14) ist dann zwar konvergent aufgrund der Multiplikation von R mit der gleichmäßig oszillierenden trigonometrischen Funktion $e^{i\alpha x}$, aber nicht absolut konvergent. Dieser Satz ermöglicht die Bestimmung der Fourier-Transformierten gebrochen rationaler Funktionen. $\square$

Beispiel 8.27: Laplace-Integrale

Für $a, b > 0$ erhält man sofort

$$\int_{-\infty}^{\infty} \frac{e^{iax}}{x-ib}\,dx = 2\pi i\,e^{-ab}, \qquad \int_{-\infty}^{\infty} \frac{e^{iax}}{x+ib}\,dx = 0.$$

Für die Imaginärteile der Integranden folgt daraus

$$\int_{-\infty}^{\infty} \frac{b\cos(ax)+x\sin(ax)}{x^2+b^2}\,dx = 2\pi e^{-ab}, \qquad \int_{-\infty}^{\infty} \frac{b\cos(ax)-x\sin(ax)}{x^2+b^2}\,dx = 0,$$

und durch Addition bzw. Subtraktion

$$\int_{-\infty}^{\infty} \frac{b\cos(ax)}{x^2+b^2}\,dx = \int_{-\infty}^{\infty} \frac{x\sin(ax)}{x^2+b^2}\,dx = \pi e^{-ab}.$$

$\square$

Definition 8.28: Weg-Homotopie und einfach zusammenhängende Gebiete

(a) Es seien $\gamma_0, \gamma_1 : [a,b] \to G$ zwei Wege im Gebiet G mit demselben Anfangs- bzw. Endpunkt: $z_a := \gamma_0(a) = \gamma_1(a)$, $z_b := \gamma_0(b) = \gamma_1(b)$. Die Wege heißen zueinander homotop in G, falls es eine stetige Abbildung (Homotopie) $H : [0,1] \times [a,b] \to G$ gibt mit den Eigenschaften

   (1) $H(0,t) = \gamma_0(t) \quad \forall t \in [a,b]$,
   (2) $H(1,t) = \gamma_1(t) \quad \forall t \in [a,b]$,
   (3) $H(s,a) = z_a$ und $H(s,b) = z_b \ \forall s \in [0,1]$.

(b) Zwei geschlossene Wege $\gamma_0, \gamma_1 : [a,b] \to G$ heißen im Gebiet G zueinander frei homotope geschlossene Wege, falls es eine stetige Abbildung $H : [0,1] \times [a,b] \to G$ gibt, so dass gilt:

(1) $H(0,t) = \gamma_0(t) \quad \forall t \in [a,b]$,
(2) $H(1,t) = \gamma_1(t) \quad \forall t \in [a,b]$,
(3) $H(s,a) = H(s,b) \quad \forall s \in [0,1]$.

Ist dabei zusätzlich γ_0 ein konstanter Weg, dessen Bogen also nur aus einem einzigen Punkt $z_0 \in G$ besteht (Nullweg), so nennt man γ_1 nullhomotop in G.

(c) Ein Gebiet G heißt einfach zusammenhängend, falls jeder geschlossene Weg in G auch nullhomotop in G ist.   □

Bemerkungen:

(a) Die Homotopie von Wegen ist eine Äquivalenzrelation. Alle betrachteten Wege bleiben dabei im Gebiet G. Der Begriff der Homotopie stammt aus dem Griechischen (homos = gleich, topos = Ort).

(b) In der ersten Homotopiedefinition wird durch $\gamma_s(t) := H(s,t)$, $0 \le s \le 1$, eine stetige Deformation von γ_0 in γ_1 bei festgehaltenem Anfangs- und Endpunkt über die Zwischenwege γ_s bewirkt, siehe Abbildung 8.8.

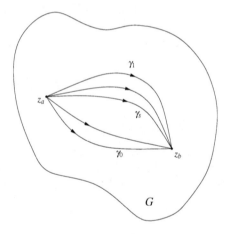

Abbildung 8.8: Homotopie von Wegen in G bei festgehaltenem Anfangspunkt z_a und Endpunkt z_b.

(c) Bei der zweiten Homotopiedefinition für geschlossene Wege müssen die gemeinsamen Anfangs- und Endpunkte nicht für alle Zwischenwege gleich sein. In Abbildung 8.9 liegen diese auf der gepunkteten Linie. Dort wird illustriert, dass sich ein Weg γ nullhomotop in G in den Punkt z_0 überführen lässt.

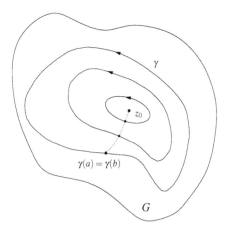

Abbildung 8.9: Der Weg γ ist nullhomotop in G.

(d) Einfach zusammenhängende Gebiete in $\mathbb{C}$ lassen sich als Gebiete ohne Löcher beschreiben, siehe Abbildung 8.10. In höheren Raumdimensionen muß dagegen

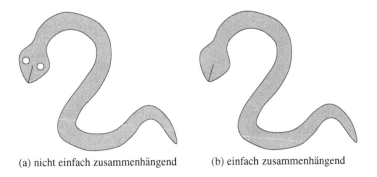

(a) nicht einfach zusammenhängend (b) einfach zusammenhängend

Abbildung 8.10: Gebiete in $\mathbb{C}$.

diese anschauliche Charakterisierung des einfachen Gebietszusammenhangs ersetzt und durch eine Verallgemeinerung der Nullhomotopie von geschlossenen Wegen beschrieben werden.

(e) Konvexe Gebiete $G \subseteq \mathbb{C}$ sind einfach zusammenhängend: Es sei $z_0 \in G$ beliebig, γ geschlossener Weg in G. Dann ist eine Homotopie gegeben durch die Konvexkombination $H : [0,1] \times [a,b] \to G$ von γ und z_0 mit

$$H(s,t) := (1-s) \cdot \gamma(t) + s \cdot z_0 \,.$$

Sie überführt γ nullhomotop in G in den Punkt z_0.

(f) Sternförmige Gebiete $G \subseteq \mathbb{C}$ mit Sternzentrum $z_0 \in G$ sind auch einfach zusammenhängend: Die Sternförmigkeit von G bezüglich z_0 bedeutet

$$(1-s) \cdot z + s \cdot z_0 \in G \quad \text{für } 0 \le s \le 1 \text{ und alle } z \in G.$$

Jeder geschlossene Weg γ in G ist nullhomotop mit $H(s,t) := (1-s) \cdot \gamma(t) + s \cdot z_0$ wie in (b) mit z_0 als Sternzentrum von G. So ist $\mathbb{C}_- := \mathbb{C} \setminus (-\infty, 0]$ sternförmig, jede positive reelle Zahl z_0 ist Sternzentrum von $\mathbb{C}_-$. $\qquad \square$

Wir kommen nun zu einer allgemeinen Formulierung des Cauchyschen Integralsatzes, die unsere bisherigen Ergebnisse als Spezialfälle enthält:

Satz 8.29: Cauchyscher Integralsatz, Homotopie-Version
Für eine holomorphe Funktion $f : G \to \mathbb{C}$ auf einer offenen Menge $G \subseteq \mathbb{C}$ gelten die folgenden Aussagen:

(a) Sind γ_0 und γ_1 homotope Integrationswege in G mit gemeinsamem Anfangspunkt und gemeinsamem Endpunkt oder in G zueinander frei homotope geschlossene Integrationswege, so gilt

$$\int_{\gamma_0} f(z)\, \mathrm{d}z = \int_{\gamma_1} f(z)\, \mathrm{d}z.$$

(b) Ist zusätzlich G einfach zusammenhängend, so kann f in G wegunabhängig integriert werden. Durch

$$F(z) := \int_{z_*}^{z} f(w)\, \mathrm{d}w, \quad z \in G$$

wird eine komplexe Stammfunktion von f auf G definiert: $F' = f$. Hierbei ist $z_* \in G$ ein beliebiger, aber fester Punkt. $\qquad \square$

8.4 Möbius-Transformationen (gebrochen rationale Abbildungen)

Wir haben gesehen, dass konforme Funktionen die orientierten Winkel erhalten. Wir betrachten nun spezielle konforme Abbildungen, die überdies Kreise bzw. Geraden wieder auf Kreise bzw. Geraden abbilden. Hierzu führen wir die Kompaktifizierung $\mathbb{C}_\infty := \mathbb{C} \cup \{\infty\}$ der komplexen Zahlenebene mit folgender Topologie ein: Eine Teilmenge $M \subseteq \mathbb{C}_\infty$ heißt offen in $\mathbb{C}_\infty$, wenn entweder $M \subseteq \mathbb{C}$ offen in $\mathbb{C}$ ist oder $M = \mathbb{C}_\infty \setminus K$ mit einer in $\mathbb{C}$ kompakten Menge K ist. Man kann leicht zeigen, dass $\mathbb{C}_\infty$ mit dieser Topologie zu einem kompakten topologischen Raum wird, d.h. jede offene Überdeckung $(M_j)_{j \in J}$ von $\mathbb{C}_\infty$ mit einer nichtleeren Indexmenge J besitzt eine endliche Teilüberdeckung.

Nun definieren wir die sogenannte stereographische Projektion $\varphi : S^2 \to \mathbb{C}_\infty$ von der Sphäre bzw. Riemannschen Zahlenkugel

$$S^2 := \{(x_1, x_2, x_3) \in \mathbb{R}^3 : x_1^2 + x_2^2 + x_3^2 = 1\}$$

mit Nordpol $N := (0, 0, 1)$ in die kompaktifizierte Zahlenebene $\mathbb{C}_\infty$ gemäß

$$\varphi(x_1, x_2, x_3) := \begin{cases} \dfrac{x_1 + \mathrm{i}x_2}{1 - x_3} & , \ (x_1, x_2, x_3) \neq N \\ \infty & , \ (x_1, x_2, x_3) = N. \end{cases}$$

Wir zeigen nun die Bijektivität der Abbildung φ, und konstruieren sogar die Umkehrabbildung $\varphi^{-1} : \mathbb{C}_\infty \to S^2$. Hierzu sei $z \in \mathbb{C}_\infty$ gegeben. Das eindeutige Urbild bezeichnen wir mit (x_1, x_2, x_3). Für $z = \infty$ folgt notwendigerweise $N = (0, 0, 1) \in S^2$ als eindeutiges Urbild von ∞ bezüglich φ. Es sei daher $z = x + \mathrm{i}y \in \mathbb{C}$ mit $x, y \in \mathbb{R}$. Gemäß der Abbildung 8.11 erhalten wir aus dem Strahlensatz $\ell = \frac{\sqrt{x_1^2 + x_2^2}}{1 - x_3}$.

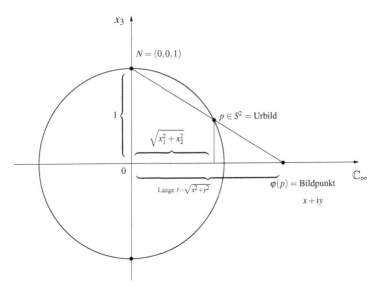

Abbildung 8.11: Die stereographische Projektion $\varphi : S^2 \to \mathbb{C}_\infty$

Aus der Beziehung $x_1^2 + x_2^2 + x_3^2 = 1$ folgt dann $\sqrt{x_1^2 + x_2^2} = \frac{2\ell}{\ell^2 + 1}$ und

$$x_3 = \frac{\ell^2 - 1}{\ell^2 + 1} = \frac{x^2 + y^2 - 1}{x^2 + y^2 + 1}, \quad x_1 + \mathrm{i}x_2 = \frac{2(x + \mathrm{i}y)}{x^2 + y^2 + 1}.$$

Man kann dann mit einfachen Hilfsmitteln zeigen, dass φ ein Homöomorphismus ist, wenn S^2 mit der Unterraumtopologie des $\mathbb{R}^3$ versehen wird, und dass die stereographische Projektion φ winkel- und kreistreu ist. Die stereographische Projektion findet aufgrund dieser Eigenschaften Anwendungen in der Kartographie. Die stereographische Projektion φ und ihre oben beschriebenen geometrischen und topologischen Eigenschaften rechtfertigen die Untersuchung von biholomorphen und kreistreuen Abbildungen in $\mathbb{C}$ bzw. $\mathbb{C}_\infty$, den sogenannten Möbius-Transformationen.

Definition 8.30: Möbius Transformation
Eine komplexe Transformation der Form

$$M_A(z) := \frac{az+b}{cz+d}$$

mit regulärer Koeffizienten-Matrix $A := \begin{pmatrix} a & b \\ c & d \end{pmatrix}$, d.h. $ad - cb \neq 0$, heißt *Möbius-Transformation* bzw. *gebrochen rationale Abbildung*. Setzt man $M_A\left(-\frac{d}{c}\right) := \infty$ bei $c \neq 0$ bzw. $M_A(\infty) := \frac{a}{c}$ sowie $M_A(\infty) = \infty$ bei $c = 0$, dann ist die Möbius-Transformation $M_A : \mathbb{C}_\infty \to \mathbb{C}_\infty$ eine wohldefinierte Abbildung. Hierbei wird $\frac{1}{0} = \infty$ bzw. $\frac{1}{\infty} = 0$ vereinbart. □

August Ferdinand Möbius (1790-1868) war ein deutscher Mathematiker und Astronom, und einer der Mitbegründer der Topologie. Die Möbius-Transformation ist konform, denn $M_A'(z) = \frac{a}{d} \neq 0$ gilt bei $c = 0$, während für $c \neq 0$ und $z \neq \infty$ ebenfalls $M_A'(z) = \frac{ad-bc}{(cz+d)^2} \neq 0$ ist. Die Möbius-Transformationen erhalten somit orientierte Winkel. Im Aufgabenteil zeigen wir sogar:

Satz 8.31: Eigenschaften der Möbius-Transformationen
(a) Für reguläre Matrizen $A, B \in \mathbb{C}^{2\times 2}$ ist

$$M_A \circ M_B = M_{AB},$$

und hieraus folgt insbesondere

$$M_A(M_{A^{-1}}(z)) = z \quad \forall z \in \mathbb{C}_\infty,$$

d.h. M_A ist sogar eine biholomorphe Abbildung mit der Umkehrfunktion

$$M_A^{-1} = M_{A^{-1}} : \mathbb{C}_\infty \to \mathbb{C}_\infty.$$

(b) Eine Möbius-Transformation bildet verallgemeinerte Kreise wieder auf verallgemeinerte Kreise ab. Verallgemeinerte Kreise sind dabei entweder Kreise oder Geraden in der komplexen Zahlenebene mit dem unendlich fernen Punkt ∞. □

Definition 8.32: Fixpunkte einer Möbius-Transformation
Es sei $A \in \mathbb{C}^{2 \times 2}$ eine reguläre Matrix. Ein Punkt $z^* \in \mathbb{C}_\infty$ heißt Fixpunkt der Möbius-Transformation M_A, wenn $M_A(z^*) = z^*$ gilt. ☐

Satz 8.33: Fixpunkte und Normalform einer Möbius-Transformation
Es sei $A \in \mathbb{C}^{2 \times 2}$ eine reguläre Matrix, aber nicht die Einheitsmatrix. Dann gilt:

(a) Wenn $M_A(z) = az + b$, $a \neq 0$, ganzrational ist, dann ist der Punkt ∞ Fixpunkt. Nur wenn $M_A(z) = z + b$ eine Translation ist, so ist ∞ der einzige Fixpunkt. Andernfalls ist noch $z^* = \frac{b}{1-a}$ Fixpunkt von $M_A(z) = az + b$, $a \neq 0$. Die Möbius Transformation kann in diesem Fall in der Normalform

$$M_A(z) - z^* = a(z - z^*)$$

dargestellt werden.

(b) Es sei $M_A(z) = \frac{az+b}{cz+d}$ mit $c \neq 0$ und $\Delta := (a - d)^2 + 4bc \neq 0$. Dann besitzt M_A genau zwei Fixpunkte $z^*_{1/2} := \frac{a-d \pm \sqrt{\Delta}}{2c}$, die überdies beide endlich sind. Mit Hilfe dieser Fixpunkte erhält man für alle $z \in \mathbb{C}_\infty$ die Normalform

$$\frac{M_A(z) - z^*_1}{M_A(z) - z^*_2} = \frac{(\frac{a}{c} - z^*_1)(z - z^*_1)}{(\frac{a}{c} - z^*_2)(z - z^*_2)}$$

der Möbius-Transformation M_A.

(c) Es sei $M_A(z) = \frac{az+b}{cz+d}$ mit $c \neq 0$, aber $(a - d)^2 + 4bc = 0$. Dann besitzt M_A nur den Fixpunkt $z^* := \frac{a-d}{2c}$, und erfüllt für alle $z \in \mathbb{C}_\infty$ die Normalform

$$\frac{1}{M_A(z) - z^*} = \frac{1}{z - z^*} + \frac{1}{\frac{a}{c} - z^*}.$$

Man beachte, dass $M_A(\infty) = \frac{a}{c}$ für $c \neq 0$ ist. ☐

Beweis: Wir überlegen uns zunächst, dass man im Komplexen die quadratische Gleichung $z^2 + pz + q = 0$ bei gegebenen Koeffizienten $p, q \in \mathbb{C}$ uneingeschränkt lösen kann. Mit quadratischer Ergänzung gilt nämlich wie im Reellen:

$$z^2 + pz + q = 0 \quad \Longleftrightarrow \quad \left(z + \frac{p}{2}\right)^2 = \left(\frac{p}{2}\right)^2 - q.$$

Wir müssen daher nur noch zeigen, dass die Gleichung $u^2 = x + iy$ komplexe Lösungen u für alle $x, y \in \mathbb{R}$ besitzt. Wir definieren die Vorzeichenfunktion $\text{sign} : \mathbb{R} \to \mathbb{R}$ mit

$$\text{sign}(y) = \begin{cases} 1, & y > 0, \\ 0, & y = 0, \\ -1, & y < 0. \end{cases}$$

Schreibt man nun $y = \text{sign}(y) \cdot |y|$, so gilt $u = \pm\sqrt{x + iy}$ mit

$$x + iy \in \mathbb{C}_- := \mathbb{C} \setminus \{-r : r \geq 0\},$$

$$\sqrt{x + iy} := \sqrt{\frac{x + \sqrt{x^2 + y^2}}{2}} + i \cdot \text{sign}(y) \sqrt{\frac{-x + \sqrt{x^2 + y^2}}{2}}.$$

Hieraus folgt, wenn $x + iy = re^{i\varphi}$ in Eulerscher Zahlendarstellung vorliegt:

$$\sqrt{x + iy} = \sqrt{r \cdot e^{i\varphi}} = \sqrt{r} \cdot e^{i\varphi/2}, \quad r > 0, \quad -\pi < \varphi < \pi.$$

Wird schließlich der Spezialfall $x + iy = x = -r$ mit $r \geq 0$ betrachtet, so wird $u^2 = x + iy$ durch $u = \pm i\sqrt{r}$ gelöst. Quadratische Gleichungen in $\mathbb{C}$ sind somit ohne Einschränkungen lösbar. Man beachte aber, dass es aufgrund von

$$u^2 = x + iy \Leftrightarrow (u + \sqrt{x + iy}) \cdot (u - \sqrt{x + iy}) = 0$$

bzw.

$$(u + i\sqrt{r}) \cdot (u - i\sqrt{r}) = 0$$

für u nur diese beiden Lösungen $\pm\sqrt{x + iy}$ bzw. $\pm i\sqrt{r}$ geben kann, und keine weiteren.

(a) Die Aussage ist klar, und bei $a \neq 1$ folgt die Normalform von $M_A(z) = az + b$ durch einfaches Nachrechnen: $M_A(z) - z^* = a \cdot (z - z^*)$, $z^* := \frac{b}{1-a}$.
Geometrische Deutung der Wirkung von M_A im Fall (a):

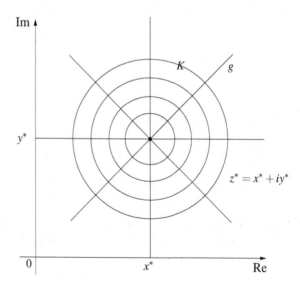

Abbildung 8.12: Entartetes elliptisches Geradenbüschel $\mathscr{E}(z^*, \infty)$ und entartetes hyperbolisches Kreisbüschel $\mathscr{H}(z^*, \infty)$ im Fall (a).

Die Geraden g durch z^*, jeweils mit dem Punkt ∞, bilden ein entartetes elliptisches Geradenbüschel $\mathscr{E}(z^*,\infty)$, und die hierzu orthogonalen Kreise K mit Mittelpunkt z^* das zugehörige entartete hyperbolische Kreisbüschel $\mathscr{H}(z^*,\infty)$, siehe Abbildung 8.12. Es gilt:

$$g \in \mathscr{E}(z^*,\infty) \Rightarrow M_A(g) \in \mathscr{E}(z^*,\infty) \quad \text{bzw.} \quad K \in \mathscr{H}(z^*,\infty) \Rightarrow M_A(K) \in \mathscr{H}(z^*,\infty).$$

(b) Für $c \neq 0$ und $\Delta := (a-d)^2 + 4bc \neq 0$ führt die Fixpunktgleichung $z = \frac{az+b}{cz+d}$ auf die quadratische Gleichung $z^2 - \frac{a-d}{c}z - \frac{b}{c} = 0$ mit den beiden endlichen Lösungen $z^*_{1/2} = \frac{a-d\pm\sqrt{\Delta}}{2c} \in \mathbb{C}$. Aus $w = M_A(z) = \frac{az+b}{cz+d}$ folgt durch Umkehrung $z = M_A^{-1}(w) = -\frac{b-wd}{a-wc}$, und da auch M_A^{-1} die Fixpunkte $z^*_{1/2}$ besitzt:

$$b - z^*_{1/2}d = -(a - z^*_{1/2}c)z^*_{1/2}. \tag{8.15}$$

Wir erhalten nach Definition von $M_A(z)$ sofort für alle $z \in \mathbb{C}_\infty$

$$\frac{M_A(z) - z^*_1}{M_A(z) - z^*_2} = \frac{(a - z^*_1 c)z + (b - z^*_1 d)}{(a - z^*_2 c)z + (b - z^*_2 d)}$$

$$\underset{(8.15)}{=} \frac{a - z^*_1 c}{a - z^*_2 c} \cdot \frac{z - z^*_1}{z - z^*_2} = \frac{\frac{a}{c} - z^*_1}{\frac{a}{c} - z^*_2} \cdot \frac{z - z^*_1}{z - z^*_2}.$$

Wegen $\left(\frac{a}{c} - z^*_1\right) \cdot \left(\frac{a}{c} - z^*_2\right) = \frac{a^2}{c^2} - \frac{a}{c} \cdot \frac{a-d}{c} - \frac{4bc}{4c^2} = \frac{ad-bc}{c^2} \neq 0$ sind beide Zahlen $\frac{a}{c} - z^*_{1/2}$ von Null verschieden.

Geometrische Deutung der Wirkung von M_A im Fall (b):
Die verallgemeinerten Kreise durch die beiden endlichen Fixpunkte $z^*_{1/2}$ bilden das sogenannte elliptische Kreisbüschel $\mathscr{E}(z^*_1, z^*_2)$.

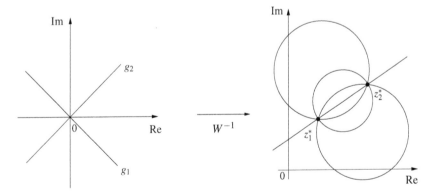

Abbildung 8.13: Die Geraden g_1, g_2 aus dem entarteten elliptischen Geradenbüschel und verallgemeinerte Kreise aus dem elliptischen Kreisbüschel $\mathscr{E}(z^*_1, z^*_2)$

Hierbei gilt

$$K \in \mathscr{E}(z_1^*, z_2^*) \;\Rightarrow\; M_A(K), M_A^{-1}(K) \in \mathscr{E}(z_1^*, z_2^*),$$

d.h. M_A bzw. M_A^{-1} bilden $\mathscr{E}(z_1^*, z_2^*)$ wieder bijektiv auf $\mathscr{E}(z_1^*, z_2^*)$ ab. Definieren wir $W(z) := \frac{z - z_1^*}{z - z_2^*}$, $\alpha^* := \frac{\frac{a}{c} - z_1^*}{\frac{a}{c} - z_2^*}$, so lautet die Normalform

$$(W \circ M_A \circ W^{-1})(z) = \alpha^* \cdot z \quad \forall z \in \mathbb{C}_\infty.$$

Für $g \in \mathscr{E}(0, \infty)$ ist dabei $W^{-1}(g) \in \mathscr{E}(z_1^*, z_2^*)$, siehe Abbildung 8.13. Der konzen-

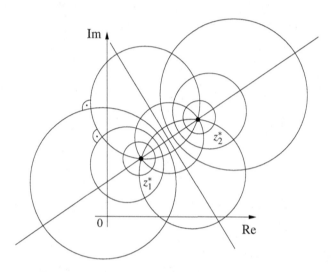

Abbildung 8.14: Elliptisches Kreisbüschel $\mathscr{E}(z_1^*, z_2^*)$ bzw. dazu orthogonales hyperbolisches Kreisbüschel $\mathscr{H}(z_1^*, z_2^*)$ im Fall (b)

trische Kreis $K \in \mathscr{H}(0, \infty)$ um den Nullpunkt wird durch W^{-1} auf einen verallgemeinerten Kreis $W^{-1}(K)$ des sogenannten *hyperbolischen Kreisbüschels* $\mathscr{H}(z_1^*, z_2^*)$ abgebildet, das genau aus denjenigen verallgemeinerten Kreisen besteht, die zu dem elliptischen Büschel $\mathscr{E}(z_1^*, z_2^*)$ senkrecht stehen, siehe Abbildung 8.14. Für solche geometrischen Deutungen wird entscheidend Gebrauch von der *Winkel-* bzw. verallgemeinerten *Kreistreue*, aber auch von der *Gruppeneigenschaft* der Möbiustransformation gemacht.

(c) Bei $c \neq 0$, aber $\Delta = (a - d)^2 + 4bc = 0$ erhalten wir den einzigen Fixpunkt $z^* = \frac{a-d}{2c}$ und die Normalform

$$\frac{1}{M_A(z) - z^*} = \frac{1}{z - z^*} + \frac{1}{\frac{a}{c} - z^*}.$$

folgt wieder durch einfaches Nachrechnen.

Geometrische Deutung der Wirkung von M_A im Fall (c):

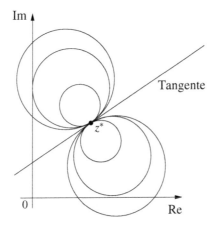

Abbildung 8.15: Ein parabolisches Kreisbüschel im Fall (c)

Die Gesamtheit aller verallgemeinerten Kreise durch den Fixpunkt z^*, die in z^* eine gemeinsame Tangente haben, bilden ein *parabolisches Kreisbüschel*. Dieses geht durch Anwendung der Möbiustransformation $M_A(z)$ als Ganzes in sich über, siehe Abbildung 8.15. Die Tangentenrichtung kann dabei beliebig gewählt werden. ∎

8.5 Der Riemannsche Abbildungssatz

Den folgenden Abbildungssatz hat Riemann 1851 in seiner Dissertation formuliert und für beschränkte Gebiete G mit stückweise glattem Rand einen Beweis skizziert. Sein Zugang basiert auf dem sogenannten Dirichletschen Variationsprinzip zur Lösung von Randwertproblemen mit harmonischen Funktionen, wurde aber erst ein halbes Jahrhundert später durch Hilbert streng begründet.
Einen modernen und vergleichsweise einfachen Beweis zum Riemannschen Abbildungssatz findet man etwa in dem Lehrbuch von Jänich [24, Kapitel 10].

Satz 8.34: Riemannscher Abbildungssatz
Es sei $G \subsetneq \mathbb{C}$ ein von ganz $\mathbb{C}$ verschiedenes, einfach zusammenhängendes Gebiet, siehe Definition 8.28. Dann gibt es eine biholomorphe Abbildung $f : G \to E$, d.h. G läßt sich biholomorph auf die offene Kreisscheibe $E := \{z \in \mathbb{C} : |z| < 1\}$ abbilden. □

Bemerkungen:

(1) Die Biholomorphie von $f : \Omega \to \Omega'$ mit Gebieten $\Omega, \Omega' \subseteq \mathbb{C}$ bedeutet:

    (i) f ist analytisch,

    (ii) f ist bijektiv,

    (iii) die Umkehrabbildung $f^{-1} : \Omega' \to \Omega$ ist analytisch.

    Es läßt sich hierbei zeigen, dass die Voraussetzung (iii) entbehrlich ist, da sie mit einfachen funktionentheoretischen Hilfsmitteln bereits aus (i) und (ii) folgt, siehe etwa [34, Satz 9.4.1].

(2) Der allgemeine Riemannsche Abbildungssatz ist ein Existenzsatz, obwohl sich für spezielle Gebiete biholomorphe Abbildungen explizit konstruieren lassen.

(3) Lösungen ebener Potentialprobleme, z.B. der Elektrostatik, der stationären Wärmeleitung und der reibungs- und wirbelfreien inkompressiblen Strömungen, die in einem einfach zusammenhängenden Gebiet $G \subsetneq \mathbb{C}$ bestimmt werden sollen, lassen sich im Prinzip mittels einer biholomorphen Abbildung $f : G \to E$ in den Einheitskreis bzw. in die Halbebene verpflanzen. Dabei bleiben die Differentialgleichungen der oben genannten Potentialprobleme invariant.

(4) Einfach zusammenhängende Gebiete $G \subsetneq \mathbb{C}$ können sehr kompliziert aussehen, siehe das Kochsche Schneeflockengebiet G_Δ mit fraktalem Rand in Abbildung 8.16 (rechts unten) sowie eine ihrer Varianten $G_\square$ in den Abbildungen 8.18 bzw. 8.19. Trotzdem gibt es eine biholomorphe Abbildung $f : G \to E$.

(5) Für $G = \mathbb{C}$ gibt es nach dem Satz von Liouville aus Aufgabe 8.9(e) keine biholomorphe Abbildung $f : G \to E$, denn diese wäre beschränkt und somit schon konstant, was der Biholomorphie widerspricht. Andererseits sind bis auf $G \neq \mathbb{C}$ alle Voraussetzungen des Abbildungssatzes nötig, wenn man nur an Homöomorphismen (d.h. f bijektiv und f, f^{-1} stetig) interessiert ist. Allein schon für Homöomorphismen liegt die Aussage des Riemannschen Abbildungssatzes nicht auf der Hand. □

Wir beschreiben nun die Konstruktion zweier Gebiete G_Δ bzw. $G_\square$ mit fraktalen Rändern. Für die Erzeugung des Kochschen Schneeflockengebietes G_Δ gehen wir von dem gleichseitigen Dreieck in Abbildung 8.16 links oben aus. Danach wird auf jedes mittlere Drittel der Randkanten ein neues gleichseitiges Dreieck aufgesetzt, siehe Abbildung 8.16 rechts oben. Ebenso verfahren wir in jedem weiteren Konstruktionsschritt. Die Konstruktion soll dabei so durchgeführt werden, dass eine Kette monoton aufsteigender einfach zusammenhängender Gebiete entsteht, deren Vereinigungsmenge gemäß dem nachfolgenden Satz 8.35 das einfach zusammenhängende Gebiet G_Δ liefert.

Analog erfolgt die Konstruktion der Gebietsvariante $G_\square$ mit Hilfe von Quadraten, welche in jedem Folgeschritt auf das mittlere Drittel aller Randkanten des vorhergehenden geschlossenen Polygonzugs aufgesetzt werden. Die dadurch entstehende Folge von einfach zusammenhängenden Gebieten $G_{\square,1}$ (Quadrat in Abbildung 8.17 links oben) und $G_{\square,2}$ (rechts oben) und so weiter liefert wieder eine aufsteigende Kette, deren Vereinigung das Gebiet $G_\square$ mit fraktalem Rand ist. Auch hier ist $G_\square$ nach dem Satz 8.35 einfach zusammenhängend.

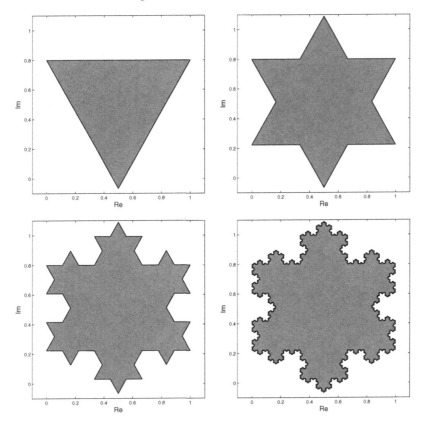

Abbildung 8.16: Die Kochsche Schneeflocke G_Δ (rechts unten) und all ihre Approximationen sind einfach zusammenhängende Gebiete.

Wir machen uns nun klar, dass der Rand von $G_\square$ eine komplizierte fraktale Struktur besitzt. Hierfür betrachten wir exemplarisch das abgeschlossene Geradensegment S mit den beiden Eckpunkten i und $1 + $ i. Links oben in Abbildung 8.17 ist S die obere Kante des Ausgangsquadrates mit den komplexen Eckpunkten 0, 1, $1 + $ i und i, dagegen in Abbildung 8.19 die untere Schnittkante des Bildrandes. Bei der oben beschriebenen Approximation von $G_\square$ müssen zur Konstruktion des Randes eines Folgegebietes in jedem Iterationsschritt die inneren mittleren Drittel aller Randkanten des vorhergehenden Polygonzugs entfernt werden, neue Randkanten entstehen dabei nur außerhalb des Segmentes S. Dadurch bilden die Randpunkte von $G_\square$ auf der unteren Schnittkante S in Abbildung 8.19 das in Beispiel 1.3 beschriebene *Cantorsche Diskontinuum*, welches eine in $\mathbb{R}$ überabzählbare Nullmenge darstellt. Ebenso tritt das Cantorsche Diskontinuum auch auf jeder achsenparalleler Kante einer beliebigen Folgefigur auf, die $G_\square$ approximiert. Somit kann der gesamte Rand von $G_\square$ als eine neue Variante des Cantorschen Diskontinuums in der Ebene aufgefasst werden.

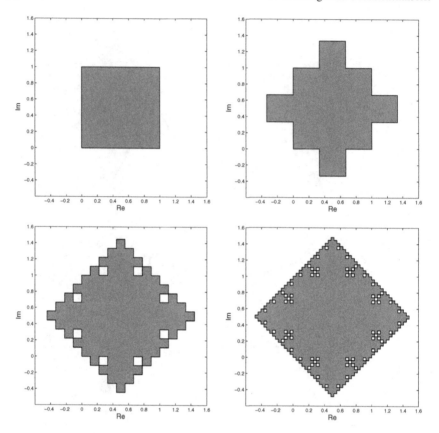

Abbildung 8.17: Die ersten vier Approximationen von $G_\square$. Alle sind einfach zusammenhängende Gebiete.

Es bezeichne $G_{\square,n}$ für $n \in \mathbb{N}$ das einfach zusammenhängende Gebiet zur Approximation von $G_\square$ im n-ten Konstruktionsschritt, beginnend mit dem Ausgangsquadrat $G_{\square,1}$ vom Flächeninhalt 1. Der Randumfang von $G_{\square,n}$ ist dann $4 \left(\dfrac{5}{3} \right)^{n-1}$, er wächst also für $n \to \infty$ unbeschränkt an. Dagegen liefert eine einfache Anwendung der geometrischen Reihe für $G_{\square,n}$ den Flächeninhalt

$$|G_{\square,n}| = 2 - \left(\frac{5}{9} \right)^{n-1}.$$

Trotz der komplizierten Randstruktur von $G_\square$ wird daher für $n \to \infty$ die im Verhältnis zur Fläche des Ausgangsquadrates doppelt so große Fläche des umschreibenden Quadrates in Abbildung 8.18 durch die Konstruktion der Gebiete $G_{\square,n}$ voll ausgeschöpft, d.h. der Rand von $G_\square$ ist eine Nullmenge im $\mathbb{R}^2$.

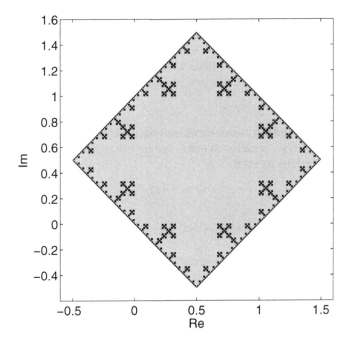

Abbildung 8.18: Das einfach zusammenhängende Gebiet $G_\square$ als Quadrat mit fraktalen Rissen ist eine Variante der Kochschen Schneeflocke.

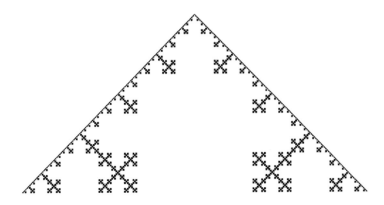

Abbildung 8.19: Der Rand des oberen Viertels von $G_\square$. Die Randpunkte auf der unteren Schnittkante bilden ein Cantorsches Diskontinuum.

Analoge Resultate wie für $G_\square$ erhalten wir für das Kochsche Schneeflockengebiet G_Δ, dessen Randpunkte auf einer beliebigen Randkante einer Approximationen von G_Δ ebenfalls ein Cantorsches Diskontinuum bilden.

Wir wollen jedoch an dieser Stelle die Beschreibung der Gebietsstruktur von $G_\square$ und G_Δ nicht weiter vertiefen und die mathematischen Details dem interessierten Leser überlassen.

Wir beschliessen den Theorieteil dieser Lektion mit der Formulierung und dem Beweis des folgenden allgemeinen Satzes, den wir oben zur Konstruktion von $G_\square$ und G_Δ verwendet haben:

Satz 8.35: Ketten einfach zusammenhängender Gebiete

Es sei $G_1 \subseteq G_2 \subseteq G_3 \dots$ eine monotone Folge einfach zusammenhängender Gebiete $G_j \subseteq \mathbb{C}$, $j \in \mathbb{N}$. Dann ist auch

$$G := \bigcup_{j=1}^{\infty} G_j$$

ein einfach zusammenhängendes Gebiet. $\square$

Beweis: Es sei $\gamma : [a,b] \to G$ ein geschlossener Weg in G. Da γ eine stetige Abbildung auf dem kompakten Intervall $[a,b]$ ist, erhalten wir die Kompaktheit von $\mathrm{Sp}(\gamma)$. Jeder Punkt $z \in \mathrm{Sp}(\gamma)$ liegt in einem der Gebiete G_j, und somit können wir zu z ein $r > 0$ so klein wählen, dass sogar $B_r(z) \subseteq G_j$ gilt. Wegen der Kompaktheit von $\mathrm{Sp}(\gamma)$ gibt es sogar nur endlich viele Kugeln $B_{r_1}(z_1) \subseteq G_{j_1}, \dots, B_{r_n}(z_n) \subseteq G_{j_n}$, die $\mathrm{Sp}(\gamma)$ überdecken. Setzen wir $j_* := \max(j_1, \dots, j_n)$, so liegt $\mathrm{Sp}(\gamma)$ bereits im einfach zusammenhängenden Gebiet G_{j_*}. Ist H eine Homotopie in $G_{j_*} \subseteq G$, die γ in einen konstanten Weg $\gamma_0 \in G_{j_*}$ überführt, so ist sie auch eine Homotopie in G, und G ist somit einfach zusammenhängend.   ■

8.6 Aufgaben

Aufgabe 8.1: Cauchy-Riemannsche Differentialgleichungen

(a) Man stelle fest, für welche Argumente die folgenden Funktionen $f_1, f_2 : \mathbb{C} \to \mathbb{C}$ bzw. $f_3, f_4 : \mathbb{C} \setminus \{0\} \to \mathbb{C}$ jeweils komplex differenzierbar sind:

$$f_1(z) = \bar{z}, \quad f_2(z) = z\,\mathrm{Re}(z), \quad f_3(z) = 1/\bar{z}, \quad f_4(z) = \bar{z}/|z|^2.$$

(b) Die Funktion $g : G \to \mathbb{C}$ sei auf dem Gebiet $G \subseteq \mathbb{C}$ holomorph. Man untersuche die folgenden Funktionen $f_5 : G \to \mathbb{C}$ sowie $f_6 : G_* \to \mathbb{C}$ auf Holomorphie:

$$f_5(z) = \overline{g(z)}, \quad f_6(z) = \overline{g(\bar{z})}.$$

Hierbei gehe das Gebiet G_* aus G durch Spiegelung an der reellen Achse hervor, d.h. durch punktweise komplexe Konjugation.

(c) Es sei $f : \mathbb{C} \to \mathbb{C}$ für $x, y \in \mathbb{R}$ gegeben durch $f(x + iy) = x^3 y^2 + ix^2 y^3$.

    (i) Man gebe alle $(x, y) \in \mathbb{R}^2$, in denen die Funktion f, aufgefaßt als reelle Abbildung $f : \mathbb{R}^2 \to \mathbb{R}^2$, reell differenzierbar ist.

    (ii) Man bestimme alle $z \in \mathbb{C}$, wo die Funktion $f(z)$ komplex differenzierbar ist.

    (iii) Gibt es ein Gebiet $G \subseteq \mathbb{C}$, auf dem die Funktion f holomorph ist?

(d) Man zeige, dass eine *reellwertige* holomorphe Abbildung $f : G \to \mathbb{C}$ auf einem Gebiet $G \subseteq \mathbb{C}$ bereits konstant ist.

(e) Gegeben sind ein Gebiet $G \subseteq \mathbb{C}$, dessen Punkte wir mit dem $\mathbb{R}^2$ identifizieren, sowie reellwertige Funktionen $u, v : G \to \mathbb{R}$. Die Abbildung $f : G \to \mathbb{C}$ mit $f(z) = u(x, y) + iv(x, y)$, wobei $z = x + iy \in G$ mit $(x, y) \in \mathbb{R}^2$ ist, sei holomorph auf ganz G. Man zeige:

$$\text{Det} \frac{\partial(u, v)}{\partial(x, y)} = |f'(z)|^2 \quad \forall z \in G.$$

Lösung:

(a) Wir zerlegen die Funktionen f_n für $n = 1, \ldots, 4$ gemäß

$$f_n(x + iy) = u(x, y) + iv(x, y)$$

in Real- und Imaginärteil und untersuchen sie auf komplexe Differenzierbarkeit mit Hilfe der Cauchy-Riemannschen Differentialgleichungen in Satz 8.7

$$\frac{\partial u}{\partial x} = \frac{\partial v}{\partial y}, \quad \frac{\partial u}{\partial y} = -\frac{\partial v}{\partial x}.$$

Dabei machen wir von der Tatsache Gebrauch, dass eine C^1-Funktion auf einer offenen Menge auch reell differenzierbar ist, siehe Heuser [19, 164.3 Satz] oder Walter [41, 3.9 Satz]. Wir erhalten der Reihe nach:

1. $f_1(x + iy) = \overline{x + iy} = x - iy$, $u(x, y) = x$, $v(x, y) = -y$, $\dfrac{\partial u}{\partial x} = 1$, $\dfrac{\partial v}{\partial y} = -1$, also $\dfrac{\partial u}{\partial x} \neq \dfrac{\partial v}{\partial y}$. Die Funktion $f_1(z) = \bar{z}$ ist nirgendwo komplex differenzierbar.

2. $f_2(x + iy) = (x + iy)x = x^2 + ixy$, $u(x, y) = x^2$, $v(x, y) = xy$, $\dfrac{\partial u}{\partial x} = 2x$, $\dfrac{\partial v}{\partial y} = x$, $\dfrac{\partial u}{\partial y} = 0$, $\dfrac{\partial v}{\partial x} = y$. Die Cauchy-Riemannschen Differentialgleichungen sind nur für $x = y = 0$ erfüllt. Die Funktion $f_2(z) = z\,\text{Re}(z)$ ist nur für $z = 0$ komplex differenzierbar.

3. Hier haben wir

$$f_3(x+iy) = \frac{1}{x-iy} = \frac{x+iy}{x^2+y^2} = \frac{x}{x^2+y^2} + i\frac{y}{x^2+y^2},$$

und für die Zerlegung in $u(x,y) = \dfrac{x}{x^2+y^2}$ bzw. $v(x,y) = \dfrac{y}{x^2+y^2}$ gilt:

$$\frac{\partial u}{\partial x}(x,y) = \frac{-x^2+y^2}{(x^2+y^2)^2}, \qquad \frac{\partial u}{\partial y}(x,y) = -\frac{2xy}{(x^2+y^2)^2},$$

$$\frac{\partial v}{\partial x}(x,y) = -\frac{2xy}{(x^2+y^2)^2}, \qquad \frac{\partial v}{\partial y}(x,y) = \frac{x^2-y^2}{(x^2+y^2)^2}.$$

Die Cauchy-Riemannschen Differentialgleichungen sind in $\mathbb{C}\setminus\{0\}$ nirgendwo erfüllt. Damit ist auch die Funktion f_3 nirgendwo in $\mathbb{C}\setminus\{0\}$ komplex differenzierbar.

4. Hier haben wir

$$f_4(x+iy) = \frac{x-iy}{x^2+y^2} = \frac{x}{x^2+y^2} - i\frac{y}{x^2+y^2}$$

mit $u(x,y) = \dfrac{x}{x^2+y^2}$, $v(x,y) = -\dfrac{y}{x^2+y^2}$ und

$$\frac{\partial u}{\partial x} = \frac{-x^2+y^2}{(x^2+y^2)^2}, \qquad \frac{\partial u}{\partial y} = -\frac{2xy}{(x^2+y^2)^2},$$

$$\frac{\partial v}{\partial x} = \frac{2xy}{(x^2+y^2)^2}, \qquad \frac{\partial v}{\partial y} = \frac{-x^2+y^2}{(x^2+y^2)^2}.$$

Die Cauchy-Riemannschen Differentialgleichungen sind in $\mathbb{C}\setminus\{0\}$ erfüllt, und die Funktion f_4 ist holomorph.

(b) Hier ist $g : G \to \mathbb{C}$, $g(x+iy) = g_1(x,y) + ig_2(x,y)$ komplex differenzierbar auf dem Gebiet G mit Realteil g_1 und Imaginärteil g_2. Wir erhalten somit

$$\frac{\partial g_1}{\partial x} = \frac{\partial g_2}{\partial y} \quad \text{und} \quad \frac{\partial g_1}{\partial y} = -\frac{\partial g_2}{\partial x}.$$

Es gilt für alle x, y aus $\mathbb{R}$ mit $x+iy \in G$:

$$f_5(x+iy) = \overline{g(x+iy)} = g_1(x,y) - ig_2(x,y),$$

also mit $u(x,y) = g_1(x,y)$, $v(x,y) = -g_2(x,y)$:

$$\begin{pmatrix} \dfrac{\partial u}{\partial x} & \dfrac{\partial u}{\partial y} \\[2mm] \dfrac{\partial v}{\partial x} & \dfrac{\partial v}{\partial y} \end{pmatrix} = \begin{pmatrix} \dfrac{\partial g_1}{\partial x} & \dfrac{\partial g_1}{\partial y} \\[2mm] -\dfrac{\partial g_2}{\partial x} & -\dfrac{\partial g_2}{\partial y} \end{pmatrix} = \begin{pmatrix} \dfrac{\partial g_1}{\partial x} & \dfrac{\partial g_1}{\partial y} \\[2mm] \dfrac{\partial g_1}{\partial y} & \dfrac{\partial g_1}{\partial x} \end{pmatrix}.$$

Damit haben wir $\dfrac{\partial v}{\partial y} = -\dfrac{\partial g_1}{\partial x}$, also ist die Funktion f_5 genau dann holomorph, wenn im gesamten Gebiet G folgendes gilt:

$$\frac{\partial g_1}{\partial x} = \frac{\partial g_1}{\partial y} = 0 \quad \text{bzw.} \quad \frac{\partial g_2}{\partial x} = \frac{\partial g_2}{\partial y} = 0.$$

Wir erhalten aus Aufgabe 2.2, dass die Funktion f_5 genau dann holomorph ist, wenn g bzw. f_5 im Gebiet G konstant ist.

Wir wollen nun zeigen, dass im Unterschied zu f_5 die Holomorphie von f_6 uneingeschränkt gilt. Wir zerlegen f_6 für alle x, y aus $\mathbb{R}$ mit $x + \mathrm{i}y \in G_*$ in Real- und Imaginärteil gemäß

$$f_6(x + \mathrm{i}y) = \overline{g(x - \mathrm{i}y)} = g_1(x, -y) - \mathrm{i}g_2(x, -y),$$

und erhalten für $u(x, y) = g_1(x, -y), v(x, y) = -g_2(x, -y)$:

$$\begin{pmatrix} \dfrac{\partial u}{\partial x}(x,y) & \dfrac{\partial u}{\partial y}(x,y) \\[2mm] \dfrac{\partial v}{\partial x}(x,y) & \dfrac{\partial v}{\partial y}(x,y) \end{pmatrix} = \begin{pmatrix} \dfrac{\partial g_1}{\partial x}(x,-y) & -\dfrac{\partial g_1}{\partial y}(x,-y) \\[2mm] -\dfrac{\partial g_2}{\partial x}(x,-y) & \dfrac{\partial g_2}{\partial y}(x,-y) \end{pmatrix}$$

$$= \begin{pmatrix} \dfrac{\partial g_1}{\partial x}(x,-y) & -\dfrac{\partial g_1}{\partial y}(x,-y) \\[2mm] \dfrac{\partial g_1}{\partial y}(x,-y) & \dfrac{\partial g_1}{\partial x}(x,-y) \end{pmatrix}.$$

Die Funktion $f_6(z) = \overline{g(\bar z)}$ ist also holomorph.

(c) Es sei für $x, y \in \mathbb{R}$ die Funktion $f(x + \mathrm{i}y) = u(x, y) + \mathrm{i}v(x, y)$ mit $u(x, y) = x^3 y^2$ und $v(x, y) = x^2 y^3$ gegeben.

(i) Wir schreiben f als vektorwertige reelle Funktion $f(x,y) = \begin{pmatrix} u(x,y) \\ v(x,y) \end{pmatrix}$. Da u, v auf $\mathbb{R}^2$ alle partiellen Ableitungen erster Ordnung besitzt und diese stetig sind, ist insbesondere f in $\mathbb{R}^2$ reell differenzierbar.

(ii) Die komplexe Differenzierbarkeit wird über die Cauchy-Riemannschen Differentialgleichungen bestimmt. Aus $\dfrac{\partial u}{\partial x} = \dfrac{\partial v}{\partial y}$ und $\dfrac{\partial u}{\partial y} = -\dfrac{\partial v}{\partial x}$ erhalten wir $3x^2 y^2 = 3x^2 y^2$ und $2x^3 y = -2xy^3$, also $xy(x^2 + y^2) = 0$.

Die Funktion ist damit nur für $y = 0$, d.h. auf der Realachse, bzw. für $x = 0$, d.h. auf der Imaginärachse komplex differenzierbar.

(iii) Die reelle und imaginäre Achse enthalten keine Gebiete in $\mathbb{R}^2$. Es gibt also auch kein Gebiet $G \subseteq \mathbb{C}$, auf dem die Funktion f holomorph ist.

(d) Aus den Cauchy-Riemannschen Differentialgleichungen für die komplex differenzierbare reellwertige Funktion

$$f : G \to \mathbb{R} \quad \text{mit} \quad f(x+iy) = u(x,y)$$

und $v \equiv 0$ folgt: $v_y = u_x \equiv 0$ und $v_x = -u_y \equiv 0$, also erhalten wir aus Aufgabe 2.2, dass f im Gebiet G konstant ist.

(e) Aus den Cauchy-Riemannschen Differentialgleichungen für die komplex differenzierbare Funktion $f : G \to \mathbb{C}$, $f(z) = u(x,y) + iv(x,y)$, $z = x + iy \in G$, ergibt sich für die Funktionaldeterminante

$$\text{Det}\,\frac{\partial(u,v)}{\partial(x,y)} = \begin{vmatrix} \dfrac{\partial u}{\partial x} & \dfrac{\partial u}{\partial y} \\ \dfrac{\partial v}{\partial x} & \dfrac{\partial v}{\partial y} \end{vmatrix} = \frac{\partial u}{\partial x}\frac{\partial v}{\partial y} - \frac{\partial u}{\partial y}\frac{\partial v}{\partial x}$$

$$= \left(\frac{\partial u}{\partial x}\right)^2 + \left(\frac{\partial v}{\partial x}\right)^2 = |f'(z)|^2 .$$

Aufgabe 8.2: Verkettung harmonischer mit holomorphen Funktionen
Die Funktion $f : \Omega \to \Omega'$ sei auf $\Omega \subseteq \mathbb{C}$ holomorph, wobei Ω, Ω' nichtleere und offene Teilmengen von $\mathbb{C}$ sind. Es sei $f(x+iy) = u(x,y) + iv(x,y)$ für $u := \text{Re}(f)$, $v := \text{Im}(f)$, wobei x, y reelle Zahlen mit $x + iy \in \Omega$ sind. Die zweimal stetig differenzierbare Funktion $\varphi : \Omega' \to \mathbb{R}$ sei harmonisch, also $\Delta\varphi = 0$ auf Ω'. Man zeige, dass $\psi : \Omega \to \mathbb{R}$ mit $\psi(x,y) = \varphi(u(x,y), v(x,y))$, $\psi = \varphi \circ f$, harmonisch auf Ω ist.

Beachte: Wir identifizieren hier $(x,y) \in \mathbb{R}^2$ mit $x + iy \in \mathbb{C}$.

Lösung:

Es seien $f : \Omega \to \Omega'$ mit $f(x+iy) = u(x,y) + iv(x,y)$ holomorph, $\varphi : \Omega' \to \mathbb{R}$ harmonisch, d.h. $\Delta\varphi = 0$ auf Ω' und $\psi : \Omega \to \mathbb{R}$ mit

$$\psi(x,y) = (\varphi \circ f)(x,y) = \varphi\big(u(x,y), v(x,y)\big) .$$

Wir haben

$$\frac{\partial\psi}{\partial x} = \frac{\partial\varphi}{\partial u}\frac{\partial u}{\partial x} + \frac{\partial\varphi}{\partial v}\frac{\partial v}{\partial x}, \quad \frac{\partial\psi}{\partial y} = \frac{\partial\varphi}{\partial u}\frac{\partial u}{\partial y} + \frac{\partial\varphi}{\partial v}\frac{\partial v}{\partial y}$$

und

$$\frac{\partial^2 \psi}{\partial x^2} = \frac{\partial^2 \varphi}{\partial u^2}\left(\frac{\partial u}{\partial x}\right)^2 + 2\frac{\partial^2 \varphi}{\partial u \partial v}\frac{\partial u}{\partial x}\frac{\partial v}{\partial x} + \frac{\partial^2 \varphi}{\partial v^2}\left(\frac{\partial v}{\partial x}\right)^2 + \frac{\partial \varphi}{\partial u}\frac{\partial^2 u}{\partial x^2} + \frac{\partial \varphi}{\partial v}\frac{\partial^2 v}{\partial x^2},$$

$$\frac{\partial^2 \psi}{\partial y^2} = \frac{\partial^2 \varphi}{\partial u^2}\left(\frac{\partial u}{\partial y}\right)^2 + 2\frac{\partial^2 \varphi}{\partial u \partial v}\frac{\partial u}{\partial y}\frac{\partial v}{\partial y} + \frac{\partial^2 \varphi}{\partial v^2}\left(\frac{\partial v}{\partial y}\right)^2 + \frac{\partial \varphi}{\partial u}\frac{\partial^2 u}{\partial y^2} + \frac{\partial \varphi}{\partial v}\frac{\partial^2 v}{\partial y^2}.$$

Aus den Cauchy-Riemannschen Differentialgleichungen folgen die Beziehungen:

$$\left(\frac{\partial u}{\partial x}\right)^2 + \left(\frac{\partial u}{\partial y}\right)^2 = \left(\frac{\partial v}{\partial x}\right)^2 + \left(\frac{\partial v}{\partial y}\right)^2,$$

$$\frac{\partial u}{\partial x}\frac{\partial v}{\partial x} + \frac{\partial u}{\partial y}\frac{\partial v}{\partial y} = 0, \quad \Delta u = \Delta v = 0.$$

Somit bekommen wir

$$\begin{aligned}
\Delta \psi &= \frac{\partial^2 \psi}{\partial x^2} + \frac{\partial^2 \psi}{\partial y^2} \\
&= \frac{\partial^2 \varphi}{\partial u^2}\left[\left(\frac{\partial u}{\partial x}\right)^2 + \left(\frac{\partial u}{\partial y}\right)^2\right] \\
&\quad + 2\frac{\partial^2 \varphi}{\partial u \partial v}\left[\frac{\partial u}{\partial x}\frac{\partial v}{\partial x} + \frac{\partial u}{\partial y}\frac{\partial v}{\partial y}\right] + \frac{\partial^2 \varphi}{\partial v^2}\left[\left(\frac{\partial v}{\partial x}\right)^2 + \left(\frac{\partial v}{\partial y}\right)^2\right] \\
&\quad + \frac{\partial \varphi}{\partial u}\underbrace{\left[\frac{\partial^2 u}{\partial x^2} + \frac{\partial^2 u}{\partial y^2}\right]}_{=\Delta u} + \frac{\partial \varphi}{\partial v}\underbrace{\left[\frac{\partial^2 v}{\partial x^2} + \frac{\partial^2 v}{\partial y^2}\right]}_{=\Delta v} \\
&= \underbrace{\left(\frac{\partial^2 \varphi}{\partial u^2} + \frac{\partial^2 \varphi}{\partial^2 v}\right)}_{=\Delta \varphi} \cdot \left(\left(\frac{\partial u}{\partial x}\right)^2 + \left(\frac{\partial u}{\partial y}\right)^2\right) = \Delta \varphi \cdot |f'|^2,
\end{aligned}$$

woraus wegen $\Delta \varphi = 0$ auch $\Delta \psi = 0$ folgt.

Bemerkung: Die Verkettung der äußeren harmonischen Funktion mit einer inneren holomorphen Funktion führte hier wieder auf eine harmonische Funktion. Diese Eigenschaft ist fundamental für die Verpflanzung von Lösungen der ebenen Laplace-Gleichung.   □

Aufgabe 8.3: Die holomorphe Ergänzung einer harmonischen Funktion
Es sei $\Omega \subseteq \mathbb{R}^2$ ein sternförmiges Gebiet und $z_0 = (x_0, y_0)$ ein Sternzentrum von Ω. Die C^2-Funktion $u : \Omega \to \mathbb{R}$ sei harmonisch. Wir definieren nun mit der Abkürzung $z = (x,y)$ die Funktion $v : \Omega \to \mathbb{R}$ gemäß

$$v(x,y) = \int_0^1 \left[(y - y_0)u_x\big(z_0 + t(z - z_0)\big) - (x - x_0)u_y\big(z_0 + t(z - z_0)\big)\right] dt.$$

Man zeige, dass durch $f(x+iy) := u(x,y) + iv(x,y)$ eine holomorphe Funktion $f : \Omega \to \mathbb{C}$ gegeben ist und auch v eine harmonische C^2-Funktion ist. Außerdem zeige man, dass man mit diesem Resultat auch unmittelbar eine Lösung der Aufgabe 8.2 erhält.

Hinweis: $\Omega \subseteq \mathbb{R}^2$ heißt sternförmig bzgl. des Sternzentrums $z_0 \in \Omega$, wenn Ω offen ist, und für alle $z \in \Omega$ das abgeschlossene Geradensegment von z_0 bis z komplett in Ω liegt. Dann ist Ω auch ein Gebiet.

Lösung:

Unter Beachtung, dass u harmonisch ist, bilden wir mit Hilfe der Differentiationsregeln und des Hauptsatzes der Differential- und Integralrechnung die ersten partiellen Ableitungen von

$$v(x,y) = \int\limits_0^1 \left[(y-y_0)\frac{\partial u}{\partial x}(z_0 + t(z-z_0)) - (x-x_0)\frac{\partial u}{\partial y}(z_0 + t(z-z_0)) \right] dt .$$

Wir erhalten:

$$\frac{\partial v}{\partial x}(x,y) = \int\limits_0^1 \left[t(y-y_0)\frac{\partial^2 u}{\partial x^2}(z_0 + t(z-z_0)) - \frac{\partial u}{\partial y}(z_0 + t(z-z_0)) \right.$$

$$\left. -t(x-x_0)\frac{\partial^2 u}{\partial x \partial y}(z_0 + t(z-z_0)) \right] dt$$

$$= -\int\limits_0^1 \left[t(y-y_0)\frac{\partial^2 u}{\partial y^2}(z_0 + t(z-z_0)) + \frac{\partial u}{\partial y}(z_0 + t(z-z_0)) \right.$$

$$\left. +t(x-x_0)\frac{\partial^2 u}{\partial x \partial y}(z_0 + t(z-z_0)) \right] dt ,$$

also

$$\frac{\partial v}{\partial x}(x,y) = -\int\limits_0^1 \frac{d}{dt}\left\{ t\frac{\partial u}{\partial y}(z_0 + t(z-z_0)) \right\} dt$$

$$= -t\frac{\partial u}{\partial y}(z_0 + t(z-z_0)) \bigg|_{t=0}^{t=1} = -\frac{\partial u}{\partial y}(x,y) ,$$

und analog

$$\frac{\partial v}{\partial y}(x,y) = \int\limits_0^1 \left[\frac{\partial u}{\partial x}(z_0 + t(z - z_0)) + t(y - y_0)\frac{\partial^2 u}{\partial y \partial x}(z_0 + t(z - z_0)) \right.$$

$$\left. - t(x - x_0)\frac{\partial^2 u}{\partial y^2}(z_0 + t(z - z_0)) \right] dt$$

$$= \int\limits_0^1 \frac{d}{dt}\left\{ t\frac{\partial u}{\partial x}(z_0 + t(z - z_0)) \right\} dt = \frac{\partial u}{\partial x}(x,y).$$

Damit sind u und v Lösungen der Cauchy-Riemannschen Differentialgleichungen, also liefert $f(x + iy) = u(x,y) + iv(x,y)$ auf Ω eine holomorphe Funktion.

Wir übernehmen nun die Bezeichnungen aus der Aufgabe 8.2 und weisen nochmals die Harmonizität der Verkettung $\psi = \varphi \circ f$ lokal in einer offenen kreisförmigen Umgebung $B_r(z_0) \subseteq \Omega$ des Punktes $z_0 \in \Omega$ nach. Da Ω, Ω' offen und f stetig ist, können wir Kreisradien $r, r' > 0$ so wählen, dass gilt:

$$B_r(z_0) \subseteq \Omega \quad \text{und} \quad f(B_r(z_0)) \subseteq B_{r'}(f(z_0)) \subseteq \Omega'.$$

Nach der obigen Lösung erweitern wir die harmonische Funktion φ lokal auf dem sternförmigen Gebiet $B_{r'}(f(z_0))$ zu einer holomorphen Funktion $g = \varphi + i\tilde{\varphi}$. Die auf $B_r(z_0)$ eingeschränkte holomorphe Funktion $g \circ f$ hat den harmonischen Realteil $\psi(z) = (\varphi \circ f)(z), z \in B_r(z_0)$.

Aufgabe 8.4: Komplexe Logarithmusfunktionen

Auf einem sternförmigen Gebiet Ω mit Sternzentrum $z_0 \in \Omega$ ist die holomorphe Abbildung $g : \Omega \to \mathbb{C}$ gegeben mit $g(z) \neq 0$ für alle $z \in \Omega$.

(a) Auf der geschlitzten Zahlenebene $\mathbb{C}_- := \mathbb{C} \setminus (-\infty, 0]$ definieren wir den *Hauptzweig des Logarithmus* $\log : \mathbb{C}_- \to \mathbb{C}$ als Erweiterung der gleichnamigen reellen Logarithmusfunktion gemäß

$$\log z := \log|z| + i\,\mathrm{arc}\,(z),$$

wobei für $z = x + iy \in \mathbb{C}_-$ mit $x, y \in \mathbb{R}$ die Winkelfunktion arc definiert wird:

$$\mathrm{arc}\,(z) := \begin{cases} \arctan\dfrac{y}{x}, & x > 0 \\[2mm] \dfrac{\pi}{2}\mathrm{sign}(y) - \arctan\dfrac{x}{y}, & x \leq 0. \end{cases}$$

Man zeige, dass der Hauptzweig des Logarithmus holomorph ist, die Gleichung

$$e^{\log z} = z \qquad \forall z \in \mathbb{C}_-$$

erfüllt, und die geschlitzte Zahlenebene $\mathbb{C}_-$ biholomorph *auf* den „Hauptstreifen" $S := \{z \in \mathbb{C} \mid -\pi < \mathrm{Im}(z) < \pi\}$ abbildet.

(b) Auf Ω sei eine holomorphe Funktion q gegeben mit $|q(z)| = 1$ für alle $z \in \mathbb{C}$. Man zeige mit Hilfe der Cauchy-Riemannschen Differentialgleichungen, dass q bereits konstant auf ganz Ω ist.

(c) Man zeige mit Verwendung der Aufgabe 8.2, dass durch $u : \Omega \to \mathbb{R}$ mit $u(z) := \log|g(z)|$ eine harmonische Funktion auf Ω gegeben ist, die wir gemäß Aufgabe 8.3 zu einer holomorphen Funktion $f(z) = u(z) + iv(z)$ auf Ω mit $u = \mathrm{Re}(f)$, $v = \mathrm{Im}(f)$ ergänzen.

(d) Man zeige mit der holomorphen Funktion f aus der Teilaufgabe (c), dass für alle $z \in \Omega$ gilt:

$$g(z) = g(z_0)\, e^{f(z)-f(z_0)}\,.$$

Hinweis: Die rechte Seite der letzten Gleichung bezeichne man mit $\tilde{g}(z)$, bilde den Quotienten $q(z) := g(z)/\tilde{g}(z)$, und zeige mit Hilfe der Teilaufgabe (b), dass $q(z) = 1$ für alle $z \in \mathbb{C}$ gilt.

Bemerkung: Mit der Eulerschen Zahldarstellung $g(z_0) = r_0 e^{i\varphi_0}$, wobei $r_0 > 0$ und $0 \le \varphi_0 \le 2\pi$ ist, erhält man dann endlich

$$g(z) = e^{f(z)-f(z_0)+\log r_0 + i\varphi_0}\,,$$

d.h. $f(z) - f(z_0) + \log r_0 + i\varphi_0$ ist eine komplexe Logarithmusfunktion von g auf ganz Ω. $\square$

Lösung:

(a) Die geschlitzte Ebene $\mathbb{C}_- = \mathbb{C} \setminus \{(-\infty,0]\}$ ist ein sternförmiges Gebiet, wobei jedes $z_0 \in \mathbb{R}_+$ ein Sternzentrum von $\mathbb{C}_-$ ist. Aber $z_0 = 0$ ist *kein* Sternzentrum. Wir untersuchen zunächst die Winkelfunktion

$$\mathrm{arc} : \mathbb{C}_- \to \mathbb{R} \quad \text{mit} \quad \mathrm{arc}\,(z) = \begin{cases} \arctan\frac{y}{x}, & x > 0, \\ \frac{\pi}{2}\,\mathrm{sign}(y) - \arctan\frac{x}{y}, & x \le 0. \end{cases} \tag{8.16}$$

Die Zahlenpaare $(x,y) \in \mathbb{R}^2$ werden mit den Zahlen $z = x + iy$ identifiziert. Wir können (8.16) mit $z \in \mathbb{C}_-$ in der alternativen Form schreiben:

$$\mathrm{arc}\,(z) = \begin{cases} \mathrm{sign}\,(y) \arccos \frac{x}{\sqrt{x^2+y^2}}, & y \ne 0, \\ 0, & y = 0. \end{cases} \tag{8.17}$$

Aufgrund der Darstellung (8.16) ist die arc-Funktion in der rechten Halbebene $x > 0$ stetig differenzierbar. In der oberen bzw. unteren Halbebene ist sie ebenfalls stetig differenzierbar wegen (8.17). Wir erhalten nun in Übereinstimmung mit beiden Darstellungen (8.16) sowie (8.17) der Winkelfunktion für alle komplexen Zahlen $z = x + iy \in \mathbb{C}_-$:

$$\frac{\partial\,\mathrm{arc}}{\partial x}(x+iy) = -\frac{y}{x^2+y^2} \tag{8.18}$$

bzw.

$$\frac{\partial \arc}{\partial y}(x+iy) = \frac{x}{x^2+y^2}.$$ (8.19)

Andererseits ist:

$$\frac{\partial}{\partial x}\log\sqrt{x^2+y^2} = \frac{1}{\sqrt{x^2+y^2}} \cdot \frac{2x}{2\sqrt{x^2+y^2}} = \frac{x}{x^2+y^2}$$ (8.20)

bzw.

$$\frac{\partial}{\partial y}\log\sqrt{x^2+y^2} = \frac{1}{\sqrt{x^2+y^2}} \cdot \frac{2y}{2\sqrt{x^2+y^2}} = \frac{y}{x^2+y^2}.$$ (8.21)

Nun ist aber $\log(z) = u(z) + iv(z)$ mit Realteil $u(z) = \log|z|$ bzw. Imaginärteil $v(z) = \arc(z)$, die nach den Gleichungen (8.18)-(8.21) die Cauchy-Riemannschen Differentialgleichungen erfüllen. Da nach der Eulerschen Zahlendarstellung

$$z = |z|\,e^{i\arc(z)} = e^{\log|z|+i\arc(z)}$$

für alle $z \in \mathbb{C}_-$ gilt, ist die Gleichung $e^{\log z} = z$ in $\mathbb{C}_-$ erfüllt. Die komplexe Logarithmus-Funktion $\log$ bildet den Bereich $\mathbb{C}_-$ biholomorph auf den Streifen

$$S = \{z \in \mathbb{C}: -\pi < \operatorname{Im} z < \pi\}$$

ab, da $\arc(z) \in (-\pi, \pi)$ für jedes $z \in \mathbb{C}_-$ den Winkel in der Eulerschen Zahlendarstellung von z aus dem Intervall $(-\pi, \pi)$ eindeutig bestimmt.

(b) Wir identifizieren komplexe Zahlen $z = x+iy \in \mathbb{C}$ mit reellen Zahlenpaaren $(x,y) \in \mathbb{R}^2$. Es sei $q: \Omega \to \mathbb{C}$ mit $q(x+iy) = u(x,y) + iv(x,y)$ und

$$|q(x+iy)|^2 = u^2(x,y) + v^2(x,y) = 1.$$ (8.22)

Da q stetig differenzierbar ist, existieren $\frac{\partial u}{\partial x}, \frac{\partial u}{\partial y}, \frac{\partial v}{\partial x}, \frac{\partial v}{\partial x}$ auf Ω mit

$$2u\frac{\partial u}{\partial x} + 2v\frac{\partial v}{\partial x} = 0,$$ (8.23)

$$2u\frac{\partial u}{\partial y} + 2v\frac{\partial v}{\partial y} = 0.$$ (8.24)

Es folgt aus den Cauchy-Riemannschen Differentialgleichungen

$$\frac{\partial u}{\partial x} = \frac{\partial v}{\partial y}, \quad \frac{\partial u}{\partial y} = -\frac{\partial v}{\partial x}$$

mit (8.23) und (8.24) sofort:

$$u\frac{\partial u}{\partial x} - v\frac{\partial u}{\partial y} = 0, \tag{8.25}$$

$$v\frac{\partial u}{\partial x} + u\frac{\partial u}{\partial y} = 0. \tag{8.26}$$

Multipliziert man die Gleichung (8.25) mit u bzw. $-v$ und die Gleichung (8.26) mit v bzw. u, und addiert anschliessend beide Gleichungen, so bekommt man wegen (8.22):

$$(u^2 + v^2)\frac{\partial u}{\partial x} = \frac{\partial u}{\partial x} = 0, \quad (u^2 + v^2)\frac{\partial u}{\partial y} = \frac{\partial u}{\partial y} = 0,$$

woraus mit den Cauchy-Riemannschen Differentialgleichungen in Ω folgt:

$$\nabla u = \nabla v = \underline{0}.$$

Da Ω ein Gebiet ist, bedeutet dies nach Aufgabe 2.2, dass die Funktionen u und v konstant in Ω sind. Somit ist auch q konstant in Ω.

(c) Betrachte die Abbildung $\varphi : \mathbb{C} \setminus \{0\} \to \mathbb{R}$ mit $\varphi(z) = \log|z|$. Wir zeigen, dass φ harmonisch auf dem *nicht* sternförmigen Definitionsgebiet $\Omega' := \mathbb{C} \setminus \{0\}$ ist. Dies folgt sofort aus:

$$\frac{\partial \varphi}{\partial x} = \frac{x}{x^2 + y^2}, \quad \frac{\partial \varphi}{\partial y} = \frac{y}{x^2 + y^2},$$

bzw.

$$\frac{\partial^2 \varphi}{\partial x^2} = \frac{x^2 + y^2 - 2x^2}{(x^2 + y^2)^2} = \frac{-x^2 + y^2}{(x^2 + y^2)^2},$$

$$\frac{\partial^2 \varphi}{\partial y^2} = \frac{x^2 + y^2 - 2y^2}{(x^2 + y^2)^2} = \frac{x^2 - y^2}{(x^2 + y^2)^2},$$

wonach

$$\Delta \varphi = \frac{\partial^2 \varphi}{\partial x^2} + \frac{\partial^2 \varphi}{\partial y^2} = 0$$

ist. Nach Aufgabe 8.2 ist die Abbildung $u := \varphi \circ g : \Omega \to \mathbb{R}$ mit $u(z) = \log|g(z)|$ auf dem sternförmigen Gebiet Ω harmonisch. Es sei $f = u + iv : \Omega \to \mathbb{C}$ ihre holomorphe Ergänzung gemäß Aufgabe 8.3 mit harmonischem Realteil u und Imaginärteil v.

(d) Wir definieren auf Ω die holomorphen Funktionen

$$\tilde{g}(z) := \underbrace{g(z_0)}_{\neq 0} e^{f(z) - f(z_0)} \quad \text{bzw.} \quad q(z) := \frac{g(z)}{\tilde{g}(z)}.$$

Es gilt

$$|q(z)| = \left|\frac{g(z)}{\tilde{g}(z)}\right| = \frac{|g(z)|}{|g(z_0)|} \, e^{-\mathrm{Re}\{f(z)-f(z_0)\}} = \frac{|g(z)|}{|g(z_0)|} \, e^{\log|g(z_0)|-\log|g(z)|}$$

$$= \frac{|g(z)|}{|g(z_0)|} \, e^{\log\frac{|g(z_0)|}{|g(z)|}} = \frac{|g(z)|}{|g(z_0)|} \cdot \frac{|g(z_0)|}{|g(z)|} = 1.$$

Nach Teilaufgabe (b) ist q konstant in Ω. Da $q(z_0) = 1$ ist, gilt $q(z) = 1$ für alle $z \in \Omega$, d.h. $g(z) = \tilde{g}(z) \quad \forall z \in \Omega$.

Aufgabe 8.5: Komplexe Arcus-Tangens-Funktionen

(a) Man entwickle die Funktion $f : \mathbb{C} \setminus \{\pm i\} \to \mathbb{C}$ mit $f(z) := \dfrac{1}{1+z^2}$ im Entwicklungspunkt $z_0 = 0$ in eine Potenzreihe und bestimme den offenen Konvergenzkreis $B_R = B_R(0)$ dieser Reihe mit Radius $R > 0$ um den Nullpunkt. Außerdem entwickle man die Stammfunktion F von f mit $F(0) = 0$ auf B_R in eine Potenzreihe. Schließlich ermittle man diejenigen Randpunkte von B_R, für die die Potenzreihe von F noch konvergiert.
Hinweis: Das Verhalten der Reihe von F auf dem Rand des Konvergenzkreises kann durch Multiplikation mit $1 + z^2$ geklärt werden.

(b) Man ermittle die komplexe Partialbruchzerlegung von $f(z)$ und bestimme hiernach eine Stammfunktion von $f(z)$ auf einem möglichst großen Definitionsgebiet.

Bemerkung: Wie im Reellen wollen wir auch im Komplexen eine Stammfunktion F zu f eine Arcus-Tangens Funktion nennen. Wir werden aber in der Teilaufgabe (b) sehen, dass in $\mathbb{C}$ ein maximales Definitionsgebiet von F nicht eindeutig festgelegt ist. $\qquad\qquad\qquad\square$

Lösung:

(a) Die Funktion $f : \mathbb{C} \setminus \{\pm i\} \to \mathbb{C}$ mit $f(z) = \dfrac{1}{1+z^2}$ hat auf dem offenen Einheitskreis $E := B_1(0) = \{z \in \mathbb{C} : |z| < 1\}$ die Potenzreihenentwicklung

$$\frac{1}{1+z^2} = 1 - z^2 + z^4 - z^6 + z^8 \mp \dots.$$

Es ist E auch der Konvergenzkreis um den Entwicklungspunkt 0, da $f(z) = \dfrac{1}{1+z^2}$ in den Punkten $z_{1,2} = \pm i$ vom Betrag 1 singulär ist. Die Stammfunktion F zu f mit $F(0) = 0$ kann also aus dieser Reihe in ganz E durch gliedweise Integration gewonnen werden:

$$F(z) = z - \frac{z^3}{3} + \frac{z^5}{5} - \frac{z^7}{7} + \frac{z^9}{9} \mp \dots.$$

Führen wir für die n-te Partialsumme dieser Reihe die eigene Bezeichnungsweise

$$F_n(z) := \sum_{k=0}^{n} (-1)^k \frac{z^{2k+1}}{2k+1}, \quad n \in \mathbb{N}_0,$$

ein, so ist also $F(z) = \lim\limits_{n\to\infty} F_n(z)$ mit

$$
\begin{aligned}
(1+z^2)\, F_n(z) &= (1+z^2)\sum_{k=0}^{n} (-1)^k \frac{z^{2k+1}}{2k+1} \\
&= z + \sum_{k=1}^{n} (-1)^k \frac{z^{2k+1}}{2k+1} + \sum_{k=0}^{n} (-1)^k \frac{z^{2k+3}}{2k+1} \\
&= z + \sum_{k=1}^{n} (-1)^k \frac{z^{2k+1}}{2k+1} + \sum_{k=1}^{n+1} (-1)^{k-1} \frac{z^{2k+1}}{2k-1} \\
&= z + (-1)^n \frac{z^{2n+3}}{2n+1} + \sum_{k=1}^{n} (-1)^k \left[\frac{1}{2k+1} - \frac{1}{2k-1} \right] z^{2k+1} \\
&= z + (-1)^n \frac{z^{2n+3}}{2n+1} - 2 \sum_{k=1}^{n} \frac{(-1)^k z^{2k+1}}{(2k+1)(2k-1)}.
\end{aligned}
$$

Hieraus folgt nun, dass

$$\lim_{n\to\infty} \left\{ (1+z^2)\, F_n(z) \right\} = z - 2 \sum_{k=1}^{\infty} \frac{(-1)^k z^{2k+1}}{(2k+1)(2k-1)} \tag{8.27}$$

für *alle* $z \in \mathbb{C}$ mit $|z| \le 1$ existiert. Für $z = \pm i$, d.h. $z^2 + 1 = 0$, ist aber

$$F(\pm i) = \pm i \left(1 + \frac{1}{3} + \frac{1}{5} + \frac{1}{7} + \dots \right)$$

divergent. Somit konvergiert die Reihe

$$F(z) = z - \frac{z^3}{3} + \frac{z^5}{5} - \frac{z^7}{7} + \frac{z^9}{9} - \dots.$$

für jedes $z \in \mathbb{C} \setminus \{\pm i\}$ mit $|z| \le 1$, und divergiert für alle übrigen Werte. Wir erhalten als Nebenresultat dieser Teilaufgabe aus (8.27) für $z = 1$:

$$\frac{\pi}{4} = \sum_{k=0}^{\infty} \frac{(-1)^k}{2k+1} = \frac{1}{2} - \sum_{k=1}^{\infty} \frac{(-1)^k}{(2k+1)(2k-1)}.$$

(b) Es gilt die Partialbruchzerlegung

$$\frac{1}{1+z^2} = \frac{i}{2} \left(\frac{1}{z+i} - \frac{1}{z-i} \right).$$

Hiernach sind $\pm i$ Polstellen von f. Wir setzen nun F analytisch fort.

Als mögliche Arcus-Tangens-Funktion kann dabei auf dem Gebiet

$$\Omega_1 := \mathbb{C} \setminus \{z = x + \mathrm{i}y \in \mathbb{C} : x \leq 0 \text{ und } y = \pm 1\}$$

die Funktion $F_1 : \Omega_1 \to \mathbb{C}$ mit

$$F_1(z) := \frac{\pi}{2} + \frac{\mathrm{i}}{2} \log(z + \mathrm{i}) - \frac{\mathrm{i}}{2} \log(z - \mathrm{i})$$

gewählt werden, siehe Aufgabe 8.4(a), oder z.B. auch auf dem Gebiet

$$\Omega_2 := \mathbb{C} \setminus \{z = x + \mathrm{i}y \in \mathbb{C} : x = 0 \text{ und } (y \geq 1 \vee y \leq -1)\}$$

die Funktion $F_2 : \Omega_2 \to \mathbb{C}$ mit

$$F_2(z) := \frac{\mathrm{i}}{2} \log(1 - \mathrm{i}z) - \frac{\mathrm{i}}{2} \log(1 + \mathrm{i}z).$$

Beachte: Die Zahlen $\pm \mathrm{i}$ sind zwar Polstellen von f, aber von $F_{1,2}$ nur logarithmische Singularitäten.

Aufgabe 8.6: Integraldarstellung der Hermite-Polynome

Es sei $r > 0$ und $\partial B_r(0) = \{z \in \mathbb{C} : |z| = r\}$ positiv orientiert. Man zeige für alle $n \in \mathbb{N}_0$ und $x \in \mathbb{R}$ die folgende Integraldarstellung der Hermite-Polynome aus Aufgabe 7.6:

$$H_n(x) = \frac{n!}{2\pi\mathrm{i}} \int\limits_{\partial B_r(0)} \mathrm{e}^{-z^2 + 2zx} z^{-n-1} \, \mathrm{d}z.$$

Hinweis: Man verwende die Reihendarstellung

$$\mathrm{e}^{-z^2 + 2zx} = \sum_{k=0}^{\infty} \frac{H_k(x)z^k}{k!}.$$

Lösung:

Es sei für $r > 0$ ein positiv orientierter Kreis $\partial B_r(0) = \{z \in \mathbb{C} : |z| = r\}$ gegeben. Wir haben für alle $n \in \mathbb{Z}$ nach Beispiel 8.14(a) die folgende Beziehung:

$$\frac{1}{2\pi\mathrm{i}} \int\limits_{\partial B_r(0)} \frac{\mathrm{d}z}{z^n} = \begin{cases} 1 & \text{für } n = 1, \\ 0 & \text{für } n \neq 1. \end{cases} \tag{8.28}$$

Aus der Reihendarstellung (7.14) der Hermite-Polynome folgt dann:

$$\frac{n!}{2\pi i} \int_{\partial B_r(0)} e^{-z^2+2zx} z^{-n-1}\,dz = \frac{n!}{2\pi i} \int_{\partial B_r(0)} \sum_{k=0}^{\infty} \frac{H_k(x)z^k}{k!} \frac{dz}{z^{n+1}}$$

$$= n! \sum_{k=0}^{\infty} \left[\frac{H_k(x)}{k!} \cdot \frac{1}{2\pi i} \int_{\partial B_r(0)} \frac{dz}{z^{n-k+1}} \right]$$

$$\underset{(8.28)}{=} n! \frac{H_n(x)}{n!} = H_n(x).$$

Hierbei ist die gliedweise Integration der Reihe nach der Vertauschungsregel aus Satz 8.13(c) möglich.

Aufgabe 8.7: Fresnelsche Integrale, Cauchyscher Integralsatz

Die Fresnelschen Integrale $\int_0^{\infty} \cos(t^2)\,dt$ und $\int_0^{\infty} \sin(t^2)\,dt$ spielen in der Theorie der Lichtbeugung eine Rolle. In dieser Aufgabe sollen sie mit Hilfe des Cauchyschen Integralsatzes 8.15(a) berechnet werden:

(a) Man beweise für alle $a \in \mathbb{R}$ mit $0 < a \le 1$ die folgende Integraldarstellung:

$$\int_0^{\infty} e^{-(1+ia)^2 t^2}\,dt = \frac{1}{2} \frac{1-ia}{1+a^2} \sqrt{\pi}.$$

Hinweis: Betrachte die holomorphe Funktion $f : \mathbb{C} \to \mathbb{C}$ mit $f(z) := e^{-z^2}$ und wende für jedes $r > 0$ den Cauchyschen Integralsatz auf f und den geschlossenen Dreiecksweg $\gamma_1 \oplus \gamma_2 \ominus \gamma_3$ an, wobei

$$\gamma_1(t) := t, \qquad\qquad 0 \le t \le r,$$
$$\gamma_2(t) := r + it, \qquad\quad 0 \le t \le ar,$$
$$\gamma_3(t) := (1+ia)t, \quad 0 \le t \le r.$$

Danach wird der Grenzübergang $r \to \infty$ durchgeführt.

(b) Durch Zerlegung der Integraldarstellung aus (a) in Real- und Imaginärteil leite man die Fresnelschen Formeln her:

$$\int_0^{\infty} \cos(t^2)\,dt = \int_0^{\infty} \sin(t^2)\,dt = \frac{1}{2}\sqrt{\frac{1}{2}\pi}.$$

Lösung:

(a) Die Funktion $f : \mathbb{C} \to \mathbb{C}$ mit $f(z) = e^{-z^2}$ ist holomorph in $\mathbb{C}$. Wir wenden den Cauchyschen Integralsatz für den Dreiecksweg $\gamma = \gamma_1 \oplus \gamma_2 \ominus \gamma_3$ an, wobei

$$\gamma_1(t) := t, \qquad\qquad 0 \le t \le r,$$
$$\gamma_2(t) := r + it, \qquad 0 \le t \le ar,$$
$$\gamma_3(t) := (1 + ia)t, \quad 0 \le t \le r$$

ist, siehe Abbildung 8.20. Wir erhalten aus $\int_\gamma f(z)\,dz = 0$:

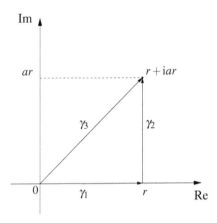

Abbildung 8.20: Integrationsweg $\gamma = \gamma_1 \oplus \gamma_2 \ominus \gamma_3$

$$\int_{\gamma_3} f(z)\,dz = \int_{\gamma_1} f(z)\,dz + \int_{\gamma_2} f(z)\,dz,$$

also

$$\int_0^r e^{-(1+ia)^2 t^2}\,(1+ia)\,dt = \int_0^r e^{-t^2}\,dt + i\int_0^{ar} e^{-(r+it)^2}\,dt = 0.$$

Nach der Lösung der Aufgabe 4.6(a) haben wir beim Grenzübergang $r \to \infty$:

$$\lim_{r \to \infty} \int_{\gamma_1(r)} f(z)\,dz = \frac{\sqrt{\pi}}{2}. \qquad (8.29)$$

Das komplexe Kurvenintegral $\int_{\gamma_2} f(z)\,dz$ erfüllt wegen $0 < a \le 1$ und

$$|f(\gamma_2(t))| = e^{-r^2 + t^2} \le e^{-r^2} \cdot e^{art} \le e^{-r^2} \cdot e^{rt}, \quad 0 \le t \le ar,$$

die Abschätzung

$$\left| \int_{\gamma_2} f(z)\,\mathrm{d}z \right| \leq \int_0^{ar} |f(\gamma_2(t))|\,\mathrm{d}t \leq \mathrm{e}^{-r^2} \int_0^r \mathrm{e}^{rt}\,\mathrm{d}t \leq \frac{1}{r},$$

woraus folgt

$$\lim_{r \to \infty} \int_{\gamma_2(r)} f(z)\,\mathrm{d}z = 0. \tag{8.30}$$

Aus (8.29) und (8.30) erhalten wir schließlich:

$$\int_0^\infty \mathrm{e}^{-(1+ia)^2 t^2}\,\mathrm{d}t = \frac{\frac{\sqrt{\pi}}{2}}{1+ia} = \frac{1}{2}\frac{1-ia}{1+a^2}\sqrt{\pi}. \tag{8.31}$$

(b) Die Zerlegung in Real- und Imaginärteil liefert

$$\int_0^\infty \mathrm{e}^{-(1+ia)^2 t^2}\,\mathrm{d}t = \int_0^\infty \mathrm{e}^{-(1-a^2+2ia)t^2}\,\mathrm{d}t$$

$$= \int_0^\infty \mathrm{e}^{(a^2-1)t^2}\cos\left(2at^2\right)\mathrm{d}t - i\int_0^\infty \mathrm{e}^{(a^2-1)t^2}\sin\left(2at^2\right)\mathrm{d}t\,,$$

woraus mit (8.31) folgt:

$$\int_0^\infty \mathrm{e}^{(a^2-1)t^2}\cos\left(2at^2\right)\mathrm{d}t = \frac{\sqrt{\pi}}{2(1+a^2)}\,,\qquad \int_0^\infty \mathrm{e}^{(a^2-1)t^2}\sin\left(2at^2\right)\mathrm{d}t = \frac{a\sqrt{\pi}}{2(1+a^2)}\,.$$

Für $a = 1$ und nach der Substitution $x = \sqrt{2}t$ gilt:

$$\int_0^\infty \cos\left(x^2\right)\mathrm{d}x = \int_0^\infty \sin\left(x^2\right)\mathrm{d}x = \frac{1}{2}\sqrt{\frac{\pi}{2}}\,.$$

Bemerkung: Die Fresnelschen Integrale wurden schon in Zusatz 4.3 berechnet. □

Aufgabe 8.8: Dirichlet-Integral und Cauchyscher Integralsatz
Man zeige mit Hilfe des Cauchyschen Integralsatzes:

$$\int_0^\infty \frac{\sin x}{x}\,\mathrm{d}x = \frac{\pi}{2}\,.$$

Hinweis: Man wende den Cauchyschen Integralsatz auf die Funktion

$$f : \mathbb{C}\setminus\{0\} \to \mathbb{C} \quad \text{mit} \quad f(z) = \mathrm{e}^{iz}/z$$

und den geschlossenen Weg $\gamma = \gamma_1 \oplus \gamma_2 \oplus \gamma_3 \oplus \gamma_4$ an mit

$$
\begin{aligned}
\gamma_1(t) &:= t, & 0 < r \le t \le R, \\
\gamma_2(t) &:= Re^{it}, & 0 \le t \le \pi, \\
\gamma_3(t) &:= t, & -R \le t \le -r, \\
\gamma_4(t) &:= -re^{-it}, & 0 \le t \le \pi,
\end{aligned}
$$

siehe Abbildung 8.21. Man führe anschließend den Grenzübergang $R \to \infty$ bzw. $r \downarrow 0$ durch.

Lösung:

Die Funktion $f(z) = \dfrac{e^{iz}}{z}$ ist auf einer offenen Umgebung desjenigen Normalbereiches holomorph, der durch den Weg $\gamma = \gamma_1 \oplus \gamma_2 \oplus \gamma_3 \oplus \gamma_4$ berandet wird, siehe Abbildung 8.21.

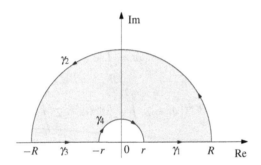

Abbildung 8.21: Der Integrationsweg zur Bestimmung des Dirichlet-Integrals

Nach dem Cauchyschen Integralsatz gilt daher

$$
0 = \int_{\gamma} \frac{e^{iz}}{z}\, dz. \tag{8.32}
$$

Andererseits haben wir

$$
\int_{\gamma} \frac{e^{iz}}{z}\, dz = \int_{\gamma_1} \frac{e^{iz}}{z}\, dz + \int_{\gamma_2} \frac{e^{iz}}{z}\, dz + \int_{\gamma_3} \frac{e^{iz}}{z}\, dz + \int_{\gamma_4} \frac{e^{iz}}{z}\, dz
$$

$$
= \int_{r}^{R} \frac{e^{it}}{t}\, dt + \int_{\gamma_2} \frac{e^{iz}}{z}\, dz + \int_{-R}^{-r} \frac{e^{it}}{t}\, dt + \int_{\gamma_4} \frac{e^{iz}}{z}\, dz,
$$

und somit

$$\int_\gamma \frac{e^{iz}}{z}\,dz = \int_r^R \frac{e^{it}}{t}\,dt + \int_R^r \frac{e^{-it}}{-t}\,(-1)\,dt + \int_{\gamma_2} \frac{e^{iz}}{z}\,dz + \int_{\gamma_4} \frac{e^{iz}}{z}\,dz$$

$$= 2i \int_r^R \frac{\sin t}{t}\,dt + \int_{\gamma_2} \frac{e^{iz}}{z}\,dz + \int_{\gamma_4} \frac{e^{iz}}{z}\,dz. \tag{8.33}$$

Für die Wegintegrale über γ_2 und γ_4 führen wir Abkürzungen ein:

$$I_2(R) := \int_{\gamma_2} \frac{e^{iz}}{z}\,dz, \quad I_4(r) := \int_{\gamma_4} \frac{e^{iz}}{z}\,dz.$$

Wegen $\sin t \geq \frac{2}{\pi} t$ für alle $t \in [0, \frac{\pi}{2}]$ ergibt sich für $I_2(R)$ die Abschätzung

$$|I_2(R)| = \left| \int_{\gamma_2} \frac{e^{iz}}{z}\,dz \right| = \left| \int_0^\pi \frac{e^{iRe^{it}}}{Re^{it}}\, iRe^{it}\,dt \right| \leq \int_0^\pi \left| e^{iRe^{it}} \right|\,dt$$

$$= \int_0^\pi \left| e^{iR\cos t - R\sin t} \right|\,dt = \int_0^\pi \left| e^{iR\cos t} \right| \cdot e^{-R\sin t}\,dt$$

$$= \int_0^\pi e^{-R\sin t}\,dt = 2 \int_0^{\pi/2} e^{-R\sin t}\,dt \leq 2 \int_0^{\pi/2} e^{-R\frac{2}{\pi}t}\,dt$$

$$= \frac{\pi}{R}\left(1 - e^{-R}\right),$$

und damit

$$\lim_{R \to \infty} I_2(R) = 0. \tag{8.34}$$

Das Integral über γ_4 schreiben wir in der Form

$$I_4(r) = \int_{\gamma_4} \frac{e^{iz}}{z}\,dz = \int_{\gamma_4} \frac{1}{z}\,dz + \int_{\gamma_4} \frac{e^{iz}-1}{z}\,dz = \int_0^\pi \frac{ire^{-it}}{-re^{-it}}\,dt + \int_{\gamma_4} \frac{e^{iz}-1}{z}\,dz$$

$$= -i\pi + \int_{\gamma_4} \frac{e^{iz}-1}{z}\,dz.$$

Aus der Potenzreihenentwicklung

$$\frac{e^{iz}-1}{z} = \sum_{k=0}^{\infty} \frac{i^{k+1}z^k}{(k+1)!}$$

folgt insbesondere die Stetigkeit und Beschränktheit von $\frac{e^{iz}-1}{z}$ auf der kompakten Einheitskreisscheibe $K := \{z \in \mathbb{C} : |z| \leq 1\}$, so dass für eine Konstante $M > 0$ gilt:

$$\left| \sum_{k=0}^{\infty} \frac{i^{k+1} z^k}{(k+1)!} \right| \leq M.$$

Auf jedem zu γ_4 gehörigen Halbkreisbogen mit Radius $0 < r < 1$ gilt damit

$$\left| \int_{\gamma_4} \frac{e^{iz}-1}{z} \, dz \right| \leq \pi r M,$$

und hieraus folgt endlich

$$\lim_{r \downarrow 0} I_4(r) = -i\pi. \tag{8.35}$$

Führen wir in (8.33) den Grenzübergang $R \to \infty$ bzw. $r \downarrow 0$ aus, so folgt aus (8.32) mit (8.34) und (8.35) für das Dirichletsche Integral der Wert

$$\int_0^{\infty} \frac{\sin t}{t} \, dt = \frac{\pi}{2}.$$

Bemerkung: Das Dirichletsche Integral wurde schon in Zusatz 4.3 berechnet. $\qquad\square$

Aufgabe 8.9: Von der Poisson-Formel zum Fundamentalsatz der Algebra
Im Folgenden sei stets $u : \mathbb{C} \to \mathbb{R}$ eine beliebige harmonische C^2-Funktion.

(a) Es sei f holomorph in einer Umgebung von $\overline{B_R} = \overline{B_R(0)}$, $R > 0$. Dann ist für jedes feste $z \in B_R$ auch die Hilfsfunktion $\frac{f(s)}{R^2 - \bar{z}s}$ holomorph in einer Umgebung von $\overline{B_R}$. Man wende die Integralformel von Cauchy auf obige Hilfsfunktion an, um die folgende Formel von Poisson für alle $z \in \mathbb{C}$ mit $|z| < R$ herzuleiten:

$$f(z) = \frac{R^2 - |z|^2}{2\pi} \int_0^{2\pi} \frac{f(R e^{i\varphi})}{|R e^{i\varphi} - z|^2} \, d\varphi.$$

Beachte: Für $z = 0$ folgt der Mittelwertsatz 8.16 für holomorphe Funktionen.

(b) Mit Hilfe von (a) leite man die Poissonsche Integralformel

$$u(r e^{i\vartheta}) = \frac{R^2 - r^2}{2\pi} \int_0^{2\pi} \frac{u(R e^{i\varphi}) \, d\varphi}{R^2 - 2rR \cos(\vartheta - \varphi) + r^2} \tag{8.36}$$

her, die für $0 \leq r < R$ und $0 \leq \vartheta < 2\pi$ gilt. Man schreibe auch $u(0)$ auf und interpretiere das Ergebnis. *Hinweis:* Aufgabe 8.3.

(c) Es sei nun $u \geq 0$ auf B_R. Man zeige mit Hilfe von (b), dass u die folgende Harnack-Ungleichung für alle $z \in \mathbb{C}$ mit $|z| < R$ erfüllt:

$$\frac{R - |z|}{R + |z|} u(0) \leq u(z) \leq \frac{R + |z|}{R - |z|} u(0).$$

(d) Man zeige unter Verwendung von (c) den folgenden *Satz von Liouville für harmonische Funktionen*: Ist u auf ganz $\mathbb{C}$ nach oben (bzw. unten) durch eine reelle Konstante γ beschränkt, dann ist u konstant auf $\mathbb{C}$.

(e) Man zeige unter Verwendung von (d) den folgenden *Satz von Liouville für holomorphe Funktionen*: Ist $f : \mathbb{C} \to \mathbb{C}$ holomorph und $|f|$ oder auch nur $\mathrm{Re}(f)$ beschränkt, dann ist f konstant.

(f) Es sei $p(z) = z^n + a_{n-1}z^{n-1} + \ldots + a_1 z^1 + a_0$ mit $a_0, a_1, \ldots, a_{n-1} \in \mathbb{C}$ ein normiertes Polynom vom Grad $n \geq 1$. Man beweise den *Fundamentalsatz der Algebra*, d.h. es gibt, abgesehen von der Reihenfolge, eindeutig bestimmte Nullstellen $c_1, \ldots, c_n \in \mathbb{C}$ von $p(z)$, so dass $p(z)$ wie folgt in Linearfaktoren zerfällt:

$$p(z) = \prod_{k=1}^{n} (z - c_k) \quad \forall z \in \mathbb{C}.$$

Bemerkungen:

(1) Der Fundamentalsatz der Algebra wird zur Bestimmung der Eigenwerte $\lambda \in \mathbb{C}$ einer quadratischen Matrix $A \in \mathbb{R}^{n \times n}$ benötigt. Dies sind die Nullstellen des charakteristischen Polynoms

$$p_A(\lambda) = \mathrm{Det}\,(A - \lambda E_n),$$

wobei $E_n \in \mathbb{R}^{n \times n}$ die Identitätsmatrix bezeichnet.

(2) Jedes Polynom $p(z)$ vom Grad $n \geq 1$ hat genau n Nullstellen, die gemäß ihrer algebraischen Vielfachheit gezählt werden müssen.

(3) Für die harmonische Funktion $u : B_R \to \mathbb{R}$ aus der Teilaufgabe (b) erhalten wir aus der Mittelwertsformel (8.36) und unter Verwendung von Polarkoordinaten:

$$\frac{1}{\pi R^2} \int_{B_R} u(x + \mathrm{i}y)\,\mathrm{d}x\mathrm{d}y = \frac{1}{\pi R^2} \int_0^R \left(\int_0^{2\pi} u(r\mathrm{e}^{\mathrm{i}\varphi})\,\mathrm{d}\varphi \right) r\,\mathrm{d}r$$

$$= \frac{1}{\pi R^2} \int_0^R 2\pi u(0)\,r\,\mathrm{d}r = \frac{2}{R^2} u(0) \cdot \left[\frac{1}{2}r^2 \right]_{r=0}^{r=R} = u(0),$$

d.h. für harmonische Funktionen gilt auch die „Volumen"-Mittelwertsformel

$$u(0) = \frac{1}{\pi R^2} \int_{B_R} u(x + \mathrm{i}y)\,\mathrm{d}x\mathrm{d}y.$$

$\square$

Lösung:

(a) Es sei für $R > 0$ ein $z \in B_R$ festgewählt. Für die holomorphe Funktion

$$g : U \to \mathbb{C} \quad \text{mit} \quad g(s) = \frac{f(s)}{R^2 - \bar{z}s}$$

und hinreiched kleiner offener Umgebung $U \supset \overline{B_R}$ erhalten wir mit der Cauchyschen Integralformel 8.15(b)

$$g(z) = \frac{1}{2\pi i} \int_{\partial B_R} \frac{g(s)}{s - z} \, ds,$$

also

$$f(z) = \frac{R^2 - |z|^2}{2\pi i} \int_{\partial B_R} \frac{f(s)}{R^2 - \bar{z}s} \cdot \frac{ds}{s - z}.$$

Mit der Kreisparametrisierung $\gamma : [0, 2\pi) \to \mathbb{C}$ mit $\gamma(\varphi) := Re^{i\varphi}$ und $R^2 = s\bar{s}$ für $s \in \partial B_R$ folgt für das Kurvenintegral

$$
\begin{aligned}
f(z) &= \frac{R^2 - |z|^2}{2\pi i} \int_0^{2\pi} \frac{f(Re^{i\varphi})}{s|s - z|^2} \, is \, d\varphi \\
&= \frac{R^2 - |z|^2}{2\pi} \int_0^{2\pi} \frac{f(Re^{i\varphi})}{|Re^{i\varphi} - z|^2} \, d\varphi.
\end{aligned}
$$

(8.37)

Für $z = 0 \in B_R(0)$ erhalten wir insbesondere

$$f(0) = \frac{1}{2\pi} \int_0^{2\pi} f(Re^{i\varphi}) \, d\varphi.$$

(b) Es sei $u : \mathbb{C} \to \mathbb{R}$ harmonisch. Dann gibt es nach Aufgabe 8.3 ein harmonisches $v : \mathbb{C} \to \mathbb{R}$, so dass $f(z) := u(z) + iv(z)$ holomorph in $\mathbb{C}$ ist. Durch Bildung des Realteils von (8.37) und unter Beachtung von $\cos(\vartheta - \varphi) = \cos\varphi \cos\vartheta + \sin\varphi \sin\vartheta$ folgt dann für $0 < r < R$:

$$u(re^{i\vartheta}) = \frac{R^2 - r^2}{2\pi} \int_0^{2\pi} \frac{u(Re^{i\varphi}) \, d\varphi}{R^2 - 2rR\cos(\vartheta - \varphi) + r^2}.$$

(8.38)

Damit erhalten wir für den Mittelwert von u über ∂B_R:

$$u(0) = \frac{1}{2\pi} \int_0^{2\pi} u(Re^{i\varphi}) \, d\varphi.$$

(8.39)

(c) Ist $u \geq 0$ auf B_R, so folgt aus (8.38) mit $z := re^{i\vartheta}$ und $|z| < R$, d.h. $0 \leq r < R$

$$\frac{R^2 - r^2}{2\pi} \int_0^{2\pi} \frac{u(Re^{i\varphi})\,d\varphi}{R^2 + 2rR + r^2} \leq u(z) \leq \frac{R^2 - r^2}{2\pi} \int_0^{2\pi} \frac{u(Re^{i\varphi})\,d\varphi}{R^2 - 2rR + r^2},$$

und somit aus (8.39)

$$\frac{R^2 - r^2}{(R+r)^2}\, u(0) \leq u(z) \leq \frac{R^2 - r^2}{(R-r)^2}\, u(0).$$

Dies ist gerade die Harnack-Ungleichung mit $r = |z| < R$.

(d) Ist $u(z) \leq \gamma$, $\gamma \in \mathbb{R}$, für alle $z \in \mathbb{C}$, so ist $\gamma - u \geq 0$ und harmonisch. Durch Anwendung der Harnack-Ungleichung auf $\gamma - u$ und Bildung des Grenzwertes für $R \to \infty$ folgt, dass $u = u(0) = $ konstant auf $\mathbb{C}$. Analog zeigen wir dies für harmonisches $u \geq \gamma$ auf $\mathbb{C}$. Dies ist der *Satz von Liouville für harmonische Funktionen*.

(e) Wegen $|\mathrm{Re}\,(f)| \leq |f|$ ist die Annahme der Beschränktheit von $|\mathrm{Re}\,(f)|$ schwächer als die der Beschränktheit von $|f|$. Ist $\mathrm{Re}\,(f)$ beschränkt, so ist $\mathrm{Re}\,(f) = $ konstant nach Teilaufgabe (d), denn $\mathrm{Re}\,(f)$ ist harmonisch. Nach den Cauchy-Riemannschen Differentialgleichungen ist dann auch $\mathrm{Im}\,(f) = $ konstant, also $f = $ konstant auf $\mathbb{C}$. Dies ist der *Satz von Liouville für holomorphe Funktionen*.

(f) Wir nehmen zunächst an, dass $p(z)$ keine Nullstelle besitzt, und wollen diese Annahme zum Widerspruch führen. Aus der Annahme $p(z) \neq 0 \ \forall z \in \mathbb{C}$ folgt, dass $f(z) := \dfrac{1}{p(z)}$ eine ganze Funktion ist. Nun gelten bei genügend großem $R > 0$ für alle $z \in \mathbb{C}$ mit $|z| \geq R$ die Ungleichungen

$$|f(z)| = \frac{1}{|p(z)|} = \frac{1}{|z^n|} \cdot \frac{1}{\left|1 + \sum_{k=0}^{n-1} a_k z^{k-n}\right|} \leq \frac{1}{R^n} \cdot \frac{1}{1 - \sum_{k=0}^{n-1} \frac{|a_k|}{R^{n-k}}}$$

und

$$1 - \sum_{k=0}^{n-1} \frac{|a_k|}{R^{n-k}} > 0.$$

Da f als stetige Funktion auch auf $\overline{B_R} := \{z \in \mathbb{C} : |z| \leq R\}$ beschränkt ist, muß sie nach dem Satz von Liouville für holomorphe Funktionen konstant sein. Dies steht im Widerspruch zur vorausgegangenen Abschätzung, wonach $\lim\limits_{|z| \to \infty} |f(z)| = 0$ bei $|f(z)| > 0 \quad \forall z \in \mathbb{C}$ gilt. Somit besitzt jedes Polynom $p(z)$ vom Grad $n \geq 1$ wenigstens eine Nullstelle $c_n \in \mathbb{C}$, und mittels Polynomdivision erhält man, dass $g(z) = \dfrac{p(z)}{z - c_n}$ ein Polynom vom Grad $n - 1$ ist. So fortschreitend erhält man eine

Produktzerlegung $p(z) = \prod_{k=1}^{n}(z - c_k)$ in Linearfaktoren. Da ein Produkt komplexer Zahlen genau dann verschwindet, wenn eines seiner Faktoren Null ist, stellen die c_k genau die Gesamtheit der Nullstellen von $p(z)$ dar. Die algebraische Vielfachheit $m \in \mathbb{N}$ einer Nullstelle c_k ergibt sich dabei eindeutig als die kleinste Ableitungsordnung m mit $p^{(m)}(c_k) \neq 0$, wie man aus der endlichen Taylorentwicklung von $p(z)$ im Punkte c_k abliest. Hieraus folgt die Eindeutigkeit der Zerlegung von $p(z)$ in Linearfaktoren.

Aufgabe 8.10: Der Konvergenzradius der Bernoullischen Potenzreihe
Man bestimme den Konvergenzradius der Taylor-Reihe

$$\frac{z}{e^z - 1} = \sum_{k=0}^{\infty} \frac{B_k}{k!} z^k$$

mit den Bernoulli-Zahlen B_k aus Aufgabe 1.6.

Hinweise: Man verwende für die Bestimmung des Konvergenzradius R die Hadamardsche Formel aus Satz 8.3. Nach Aufgabe 1.6(c) ist $B_{2n+1} = 0$ für alle $n \in \mathbb{N}$. Zudem kann das folgende für alle $n \in \mathbb{N}$ gültige Resultat aus Aufgabe 6.1(b) herangezogen werden:

$$\zeta(2n) = \sum_{k=1}^{\infty} \frac{1}{k^{2n}} = \frac{(-1)^{n-1}}{2} \frac{(2\pi)^{2n}}{(2n)!} B_{2n}.$$

Lösung:

Aus der in Aufgabe 6.1(b) gezeigten Beziehung

$$\zeta(2n) = \sum_{k=1}^{\infty} \frac{1}{k^{2n}} = \frac{(-1)^{n-1}}{2} \frac{(2\pi)^{2n}}{(2n)!} B_{2n}.$$

folgt für die Bernoulli-Zahlen mit geradem Index:

$$\frac{|B_{2k}|}{(2k)!} = \frac{2\zeta(2k)}{(2\pi)^{2k}}$$

und für den Grenzwert der ζ-Funktion:

$$\lim_{k \to \infty} \zeta(2k) = 1.$$

Damit ergibt sich der Konvergenzradius aus der Hadamardschen Formel aus Satz 8.3:

$$R = \left(\limsup_{n \to \infty} \sqrt[n]{\frac{B_n}{n!}} \right)^{-1} = \left(\lim_{k \to \infty} \sqrt[2k]{\frac{B_{2k}}{(2k)!}} \right)^{-1}$$

$$= \left(\lim_{k \to \infty} \sqrt[2k]{\frac{2\,\zeta(2k)}{(2\pi)^{2k}}} \right)^{-1} = \left(\frac{1}{2\pi} \lim_{k \to \infty} \sqrt[2k]{2\,\zeta(2k)} \right)^{-1}$$

$$= 2\pi \left(\lim_{k \to \infty} \sqrt[2k]{2} \cdot \lim_{k \to \infty} \sqrt[2k]{\zeta(2k)} \right)^{-1}$$

$$= 2\pi\,.$$

Bemerkungen:

(1) Da die Funktion $\dfrac{z}{e^z - 1}$ wegen $e^{2\pi i} - 1 = 0$ bei $z = 2\pi i$ eine Polstelle hat, ist von vornherein klar, dass der Konvergenzradius $R \le 2\pi$ sein muß. Wir haben aber hier mit Hilfe der Bernoullischen Potenzreihe und der Asymptotik der Bernoul-lischen Zahlen sogar $R = 2\pi$ gezeigt.

(2) Jedoch folgt mit (1) aus dem Potenzreihen-Entwicklungssatz 8.17 auch direkt $R = 2\pi$, ohne Kenntnis der Asymptotik der Bernoullischen Zahlen aus Aufga-be 6.1(b). □

Aufgabe 8.11: Integraldarstellung der Logarithmusfunktion

Es sei $s = \sigma + i\omega \in \mathbb{C} \setminus \{0\}$ mit $\operatorname{Re} s = \sigma \ge 0$ und $\operatorname{Im} s = \omega$.

(a) Man zeige für reelles $s > 0$:

$$\int_0^\infty \frac{e^{-t} - e^{-st}}{t}\, dt = \log s. \tag{8.40}$$

(b) Man zeige mittels analytischer Fortsetzung die Identität (8.40) für alle $s \in \mathbb{C}$ mit $\operatorname{Re} s > 0$.

(c) Man zeige, dass die Formel (8.40) auch im Grenzfall $\operatorname{Re} s = \sigma = 0$, $\omega \ne 0$, gültig bleibt.

Hinweis: Man wende auf die folgende Identität partielle Integration an:

$$\int_0^T \frac{e^{-t} - e^{-st}}{t}\, dt = \int_0^T \frac{1}{t} \cdot \frac{d}{dt} \left\{ (1 - e^{-t}) - \frac{1}{s}(1 - e^{-st}) \right\} dt, \quad T > 0.$$

Dabei untersuche man auch das Verhalten des neuen Integranden für $t \downarrow 0$. Hier-nach führe man den Grenzübergang $T \to \infty$ durch.

(d) Durch spezielle Wahl von s und Trennung in Real und Imaginärteil zeige man:

(i) $\displaystyle \int_0^\infty \frac{\sin t}{t}\, dt = \frac{\pi}{2}$,   (ii) $\displaystyle \int_0^\infty \frac{e^{-t} - \cos t}{t}\, dt = 0$.

Lösung: Zunächst gilt die allgemeine Beziehung

$$\frac{e^z - 1}{z} = \int_0^1 e^{uz}\,du \quad \forall z \in \mathbb{C}.$$

Für $z = 0$ sei demgemäß die linke Seite durch den Wert 1 gegeben. Für alle $t > 0$ und alle $s \in \mathbb{C} \setminus \{0\}$ mit $\operatorname{Re} s \geq 0$ folgt hieraus

$$\frac{e^{-t} - e^{-ts}}{t} = \int_0^1 (s e^{-uts} - e^{-ut})\,du.$$

Somit gilt für alle $t > 0$ und alle $s = \sigma + i\omega \in \mathbb{C} \setminus \{0\}$ mit $\operatorname{Re} s = \sigma \geq 0$ und $\omega \in \mathbb{R}$ die Abschätzung

$$\left| \frac{e^{-t} - e^{-ts}}{t} \right| \leq \int_0^1 (|s| e^{-ut\sigma} + e^{-ut})\,du \leq |s| + 1.$$

Aufgrund von

$$\int_0^\infty \left| \frac{e^{-t} - e^{-st}}{t} \right| dt \leq \underbrace{\int_0^1 \left| \frac{e^{-t} - e^{-st}}{t} \right| dt}_{\leq |s| + 1} + \int_1^\infty \frac{e^{-t} + e^{-\sigma t}}{t}\,dt < \infty \tag{8.41}$$

ist dann das linksstehende Integral in (8.40) für jedes $s \in \mathbb{C}$ mit $\operatorname{Re} s = \sigma > 0$ absolut konvergent.

(a) Wir definieren für $s > 0$ die Funktion $g : \mathbb{R}_+ \to \mathbb{R}$ mit

$$g(s) := \int_0^\infty \frac{e^{-t} - e^{-st}}{t}\,dt. \tag{8.42}$$

Mit dem Differentiationssatz 4.14 für parameterabhängige Lebesgue-Integrale erhalten wir

$$\frac{d}{ds} g(s) = \int_0^\infty \frac{d}{ds} \left(\frac{e^{-t} - e^{-st}}{t} \right) dt = \int_0^\infty e^{-st}\,dt = \lim_{T \to \infty} \left[\frac{e^{-st}}{-s} \right]_{t=0}^{t=T} = \frac{1}{s},$$

also $g(s) = \log s + C$ mit einer Integrationskonstanten $C \in \mathbb{R}$. Es folgt $g(1) = 0$ aus (8.42), also ist $C = 0$. Damit ist die Behauptung $g(s) = \log s$ für $s > 0$ bewiesen. Man vergleiche dieses Ergebnis mit Beispiel 4.16.

(b) Es sei s aus der rechten Halbebene $H_r := \{s = \sigma + i\omega \in \mathbb{C} : \sigma > 0\}$. Der Definitionsbereich der Funktion g in (8.42) kann wegen (8.41) auf die rechte Halbebene H_r erweitert werden. Die so fortgesetzte Funktion g erfüllt dann auf H_r die Cauchy-Riemannschen Differentialgleichungen, die mittels des Differentiationssatzes für parameterabhängige Integrale bestätigt werden können. Nach dem analytischen Fortsetzungsprinzip gilt dann

$$\int_0^\infty \frac{e^{-t} - e^{-st}}{t}\, dt = \log s \quad \forall s \in H_r.$$

(c) Wir betrachten nun den allgemeinen Fall $s = \sigma + i\omega \in \mathbb{C} \setminus \{0\}$ mit $\sigma \geq 0$ und $\omega \in \mathbb{R}$. Aus der partiellen Integration erhalten wir dann

$$\int_0^T \frac{e^{-t} - e^{-st}}{t}\, dt = \lim_{\varepsilon \downarrow 0} \int_\varepsilon^T \frac{1}{t} \cdot \frac{d}{dt}\left\{(1 - e^{-t}) - \frac{1}{s}(1 - e^{-st})\right\} dt$$

$$= \lim_{\varepsilon \downarrow 0} \left[\frac{(1 - e^{-t}) - \frac{1}{s}(1 - e^{-st})}{t}\right]_{t=\varepsilon}^{t=T}$$

$$+ \lim_{\varepsilon \downarrow 0} \int_\varepsilon^T \frac{(1 - e^{-t}) - \frac{1}{s}(1 - e^{-st})}{t^2}\, dt.$$

Der Ausdruck

$$\frac{(1 - e^{-t}) - \frac{1}{s}(1 - e^{-st})}{t^2} = \int_0^1 \frac{e^{-ut} - e^{-sut}}{ut} \cdot u\, du$$

ist wegen

$$\frac{e^{-ut} - e^{-sut}}{ut} = \int_0^1 (s e^{-uvts} - e^{-uvt})\, dv$$

auch in $t = 0$ für ausnahmslos jeden Parameter $s \in \mathbb{C}$ regulär. Damit ist insbesondere das Riemann-Integral

$$\int_0^T \frac{(1 - e^{-t}) - \frac{1}{s}(1 - e^{-st})}{t^2}\, dt = \lim_{\varepsilon \downarrow 0} \int_\varepsilon^T \frac{(1 - e^{-t}) - \frac{1}{s}(1 - e^{-st})}{t^2}\, dt$$

für $s \in \mathbb{C} \setminus \{0\}$ mit $\operatorname{Re} s \geq 0$ wohlbestimmt. Wir haben somit für $T > 0$ mit dem Randterm

$$R(T) := \lim_{\varepsilon \downarrow 0} \left[\frac{1}{t}\left((1 - e^{-t}) - \frac{1}{s}(1 - e^{-st})\right)\right]_{t=\varepsilon}^{t=T} = \frac{1 - e^{-T} - \frac{1}{s}(1 - e^{-sT})}{T}$$

die entscheidende Identität zwischen Riemann-Integralen

$$\int\limits_0^T \frac{e^{-t} - e^{-st}}{t}\, dt = R(T) + \int\limits_0^T \frac{(1 - e^{-t}) - \frac{1}{s}(1 - e^{-st})}{t^2}\, dt, \qquad (8.43)$$

die auch im Grenzfall $\sigma = 0$ gilt.

Nun untersuchen wir das Konvergenzverhalten der Integrale in (8.43) für $T \to \infty$. Der Ausdruck $(1 - e^{-t}) - \frac{1}{s}(1 - e^{-st})$ bleibt bei festem $s = \sigma + i\omega \neq 0$ mit $\sigma \geq 0$ und $\omega \in \mathbb{R}$ beschränkt, d.h.

$$|(1 - e^{-t}) - \frac{1}{s}(1 - e^{-st})| \leq 1 + \frac{2}{|s|} \quad \forall t > 0. \qquad (8.44)$$

Zum einen verschwindet daher für $T \to \infty$ der Randterm in (8.43), d.h.

$$\lim_{T \to \infty} R(T) = 0,$$

und zum anderen folgt für alle $s \in \mathbb{C} \setminus \{0\}$ mit $\operatorname{Re} s \geq 0$ für $T \to \infty$ aus (8.43) die Beziehung

$$\int\limits_0^\infty \frac{e^{-t} - e^{-st}}{t}\, dt = \int\limits_0^\infty \frac{(1 - e^{-t}) - \frac{1}{s}(1 - e^{-st})}{t^2}\, dt \qquad (8.45)$$

mit einem Lebesgueschen Integral auf der rechten Seite.

Mit der Teilaufgabe (b) folgt aus (8.45):

$$\int\limits_0^\infty \frac{(1 - e^{-t}) - \frac{1}{s}(1 - e^{-st})}{t^2}\, dt = \log s \quad \forall s \in H_r. \qquad (8.46)$$

Wegen der Ungleichung (8.44) können wir nach dem Konvergenzsatz von Lebesgue das linksstehende Integral in (8.46) stetig auf die obere bzw. untere imaginäre Achse fortsetzen. Mit der Stetigkeit der Logarithmusfunktion und der Gleichung (8.45) erhalten wir endlich die Gültigkeit von (8.40) auch für $s = i\omega$ mit $\omega \neq 0$.

(d) Wir setzen $s = i$ in (8.40) und erhalten das uneigentliche Integral

$$\int\limits_0^\infty \frac{e^{-t} - \cos t + i \sin t}{t}\, dt = i \frac{\pi}{2}.$$

Durch Trennung der Real- und Imaginärteile folgt daraus die Behauptung. Das Dirichletsche Integral in (i) haben wir bereits mehrfach hergeleitet.

Aufgabe 8.12: Das Maximumprinzip

Die C^2-Funktion $h : G \to \mathbb{R}$ sei harmonisch und nicht konstant auf dem Gebiet $G \subseteq \mathbb{C}$.

(a) **Maximumprinzip für harmonische Funktionen** Mit Hilfe der Mittelwertei-genschaft $h(z_0) = \frac{1}{2\pi} \int_0^{2\pi} h(z_0 + Re^{i\varphi}) \, d\varphi$, die für alle $z_0 \in G$ und $R > 0$ mit $\overline{B_R(z_0)} \subset G$ gilt, zeige man, dass h in G kein Maximum hat.

Hinweis: Man nehme an, dass h sein Maximum in $z_* \in G$ annimmt, und unter-suche die beiden Mengen

$$G_1 := \{z \in G : h(z) < h(z_*)\}, \quad G_2 := \{z \in G : h(z) = h(z_*)\}.$$

(b) **Maximumprinzip für analytische Funktionen**

Die Funktion $f : G \to \mathbb{C}$ sei analytisch. Man zeige mit Hilfe von (a): Für ein $z_0 \in G$ und alle $z \in G$ sei $|f(z)| \leq |f(z_0)|$. Dann ist f in G konstant.

Hinweis: Man nehme an, $|f(\cdot)|$ (f analytisch) erreicht sein Maximum in $z_0 \in G$ und betrachte die durch $f_2(z) := f(z) + 2f(z_0)$ gegebene holomorphe Funktion.

(c) **Maximumprinzip für analytische Funktionen auf beschränkten Gebieten**

Die Funktion $f : \overline{G} \to \mathbb{C}$ sei in dem beschränkten Gebiet G analytisch und auf $\overline{G} := G \cup \partial G$ stetig. Man zeige: Dann wird das Maximum von $|f|$ auf dem Gebietsrand ∂G angenommen. Man mache sich auch klar, dass diese Aussage *nicht* für unbeschränkte Gebiete gilt.

Lösung:

(a) Angenommen, h nimmt sein Maximum in einem Punkt $z_* \in G$ an, d.h.

$$h(z) \leq h(z_*) \quad \forall z \in G.$$

Wir definieren nun

$$G_1 := \{z \in G : h(z) < h(z_*)\}, \quad G_2 := \{z \in G : h(z) = h(z_*)\},$$

wobei $G_1 \neq \emptyset$ gilt, da h nicht konstant in G ist, und $z_* \in G_2 \neq \emptyset$ trivial erfüllt ist. Die beiden Mengen sind per Definition disjunkt, d.h. $G_1 \cap G_2 = \emptyset$, und $G_1 \cup G_2 = G$. Da G ein Gebiet ist, also eine offene und zusammenhängende Menge, reicht es zu zeigen, dass G_1 und G_2 offen sind, um die Annahme zum Widerspruch zu führen:

(i) Die Offenheit von G_1 folgt direkt aus der Stetigkeit von h.

(ii) Es sei $z_0 \in G_2$. Wir wählen einen Kreisradius $R > 0$ mit $\overline{B_R(z_0)} \subset G$ und erhalten aus der Mittelpunktsformel für harmonische Funktionen für alle r mit $0 \leq r \leq R$ die Beziehung

$$\frac{1}{2\pi} \int_0^{2\pi} \left\{ h(z_0) - h(z_0 + re^{i\varphi}) \right\} \, d\varphi = 0. \tag{8.47}$$

Da z_0 nach Definition von G_2 eine Maximalstelle von h ist, folgt für alle $\varphi \in [0, 2\pi)$

$$h(z_0) - h(z_0 + re^{i\varphi}) \geq 0. \tag{8.48}$$

Wäre $h(z_0) - h(z_0 + re^{i\varphi_0}) > 0$ für ein r mit $0 \leq r \leq R$ und ein $\varphi_0 \in [0, 2\pi)$, d.h. $z_0 + re^{i\varphi_0} \notin G_2$, so gäbe es bei festem z_0 und r wegen der Stetigkeit von h bereits ein ganzes φ-Intervall mit $h(z_0) - h(z_0 + re^{i\varphi}) > 0$, und aus (8.47),(8.48) ergibt sich der Widerspruch $0 > 0$. Somit ist G_2 offen.

(b) Mit Hilfe von (a) ist das Maximumprinzip für analytische Funktionen abzuleiten. Hierzu sei die Ungleichung $|f(z)| \leq |f(z_0)|$ für ein $z_0 \in G$ und alle $z \in G$ erfüllt. Wir müssen zeigen, dass f konstant ist.
Da für $f(z_0) = 0$ die Behauptung unmittelbar folgt, setzen wir $|f(z_0)| > 0$ voraus. Für die analytische Funktion $f_2 : G \to \mathbb{C}$ mit $f_2(z) := f(z) + 2f(z_0)$ erhalten wir wegen der Maximalität von $|f(z_0)|$ in G für alle $z \in G$ die entscheidenden Abschätzungen

$$|f_2(z)| \geq 2|f(z_0)| - |f(z)| \geq |f(z_0)| > 0$$

bzw.

$$|f_2(z)| \leq |f(z)| + 2|f(z_0)| \leq 3|f(z_0)| = |f_2(z_0)|,$$

aus denen hervorgeht, dass der Ausdruck $|f_2(\cdot)|$ ebenfalls sein Maximum in $z_0 \in G$ annimmt und dabei überall in G strikt positiv ist.
Somit ist die harmonische Funktion $h : G \to \mathbb{R}$ mit $h(z) := \log|f_2(z)|$ für alle $z \in G$ wohldefiniert, siehe auch Aufgaben 8.2 und 8.4(c), und h nimmt das Maximum in $z_0 \in G$ an. Nach der Teilaufgabe (a) ist dann h konstant. Somit ist auch $|f_2|$ konstant, und wie in Aufgabe 8.4(b) zeigt man, dass f_2 und damit auch f selber konstant sind. In Aufgabe 8.4 wurde zwar ein sternförmiges Gebiet vorausgesetzt, aber in Teilaufgabe 8.4(b) sowie für die Bildung der verketteten harmonischen Funktion h gemäß Aufgaben 8.4(c) wurde von der Sternförmigkeit kein Gebrauch gemacht.

(c) ist nach der Teilaufgabe (b) klar, da die stetige Funktion $|f|$ auf der kompakten Menge $\overline{G}$ ihr Maximum annimmt. Man vergleiche diese Herleitung mit der im folgenden Zusatz 9.4.
Die Funktion $f : \mathbb{C} \to \mathbb{C}$ mit $f(z) := e^{iz}$ ist auf der oberen offenen Halbebene H unbeschränkt, aber auf dem Gebietsrand $\partial H = \mathbb{R}$ beschränkt, so dass das Maximum von $|f|$ nicht auf dem Rand von H angenommen wird.

Aufgabe 8.13: Schwarzsches Lemma

Sei $f : E \to E$ eine analytische Abbildung von $E = \{z \in \mathbb{C} : |z| < 1\}$ in sich mit $f(0) = 0$. Man zeige: Dann ist $|f'(0)| \leq 1$ und $|f(z)| \leq |z|$ für alle $z \in E$. Gilt dabei $|f'(0)| = 1$ oder an einer Stelle $z_0 \in E \setminus \{0\}$ die Gleichheit $|f(z_0)| = |z_0|$, so ist f eine Drehung um 0 mit $f(z) = \lambda z$ für alle $z \in E$ und eine Konstante $\lambda \in \mathbb{C}$ mit $|\lambda| = 1$.

Hinweis: Zeige, dass $f(z) = z g(z)$ für alle $z \in E$ mit einer analytischen Funktion $g : E \to \mathbb{C}$ gilt. Betrachte $g(z)$ auf Kreislinien $0 < |z| = r < 1$ und wende das Maximumprinzip an.

Lösung:

Wir definieren die Funktion $g : E \to \mathbb{C}$ gemäß

$$
g(z) := \begin{cases} \dfrac{f(z)}{z}, & z \in E \setminus \{0\}, \\[2mm] \lim\limits_{z \to 0} \dfrac{f(z)}{z} = f'(0), & z = 0. \end{cases}
$$

Dass g analytisch ist, folgt für $z \in E \setminus \{0\}$ aus der Quotientenregel sowie für hinreichend kleines $|z| < 1$ durch Taylorentwicklung von f im Nullpunkt. Auf den Kreislinien $0 < |z| = r < 1$ gilt $1 \geq |f(z)| = |z| \, |g(z)| = r|g(z)|$, also auch die Ungleichung

$$
|z| = r \Rightarrow |g(z)| \leq \frac{1}{r} \quad \forall z \in E \setminus \{0\},
$$

denn f nimmt nach Voraussetzung nur Werte in E an. Wenden wir auf g im Kreis $\overline{B}_r$ die Version (c) des Maximumprinzips aus Aufgabe 8.12 an, so erhalten wir aus der letzten Ungleichung die folgende entscheidende Verschärfung:

$$
|z| \leq r \Rightarrow |g(z)| \leq \frac{1}{r} \quad \forall r \in (0,1) \; \forall z \in E.
$$

Im Grenzfall $r \uparrow 1$ erhalten wir dann für alle $z \in E$

$$
|g(z)| \leq 1, \quad \text{d.h.} \quad |f(z)| \leq |z|.
$$

Setzt man hier noch $z := 0$ ein, so folgt $g(0) = f'(0) \leq 1$.

Nun gelte zusätzlich $|f'(0)| = 1$ bzw. an einer Stelle $z_0 \in E \setminus \{0\}$ die Gleichheit $|f(z_0)| = |z_0|$. Dann nimmt g einen Maximalwert vom Betrag 1 in E an, und eine nochmalige Anwendung des Maximumprinzips ergibt in diesem Fall für alle $z \in E$ sofort $g(z) = \lambda$ bzw. $f(z) = \lambda z$ für eine Konstante $\lambda \in \mathbb{C}$ mit $|\lambda| = 1$.

Bemerkung: Aus dem Schwarzschen Lemma ergibt sich nun eine einfache Charakterisierung aller analytischen Automorphismen auf dem Einheitskreis E bzw. auf der oberen Halbebene H. Diese untersuchen wir in den Zusätzen 9.2 und 9.3. $\square$

Aufgabe 8.14: Nullstellenanzahl, Satz von Rouché

(a) Es seien $G \subseteq \mathbb{C}$ ein Gebiet, $f : G \to \mathbb{C}$ eine analytische Funktion und $B \subset \mathbb{C}$ ein (kompakter) Normalbereich bzgl. der beiden Achsen mit positiv orientiertem und stückweise glattem Rand ∂B. Die Nullstellen von f im Inneren von B seien $a_1, a_2, \ldots, a_N$ gemäß ihrer Vielfachheit. Es seien $b_1, b_2, \ldots, b_P \in B$ die Polstellen von f im Inneren von B gemäß ihrer Vielfachheit, sowie U eine offene Umgebung von B, so dass $U \setminus \{b_1, b_2, \ldots, b_P\} \subset G$ gilt. Darüber hinaus liege in $U \setminus \{a_1, a_2, \ldots, a_N, b_1, b_2, \ldots, b_P\}$ keine weitere Null- bzw. Polstelle von f. Man zeige:

$$\frac{1}{2\pi i} \int_{\partial B} \frac{f'(z)}{f(z)} \, dz = N - P. \tag{8.49}$$

Hinweis: Man schreibe

$$f(z) = \frac{\prod_{k=1}^{N} (z - a_k)}{\prod_{k=1}^{P} (z - b_k)} \, g(z)$$

für alle $z \in U \setminus \{b_1, b_2, \ldots, b_P\} \subset G$ mit der analytischen sowie nullstellenfreien Funktion $g : U \to \mathbb{C}$.

(b) Man beweise den *Satz von Rouché*:

Es seien $G \subseteq \mathbb{C}$ ein Gebiet und $f, g : G \to \mathbb{C}$ analytisch in G. Es sei $B \subset G$ ein Normalbereich bzgl. der beiden Achsen mit positiv orientiertem und stückweise glattem Rand ∂B. Es gelte

$$|f(z) - g(z)| < |f(z)| \quad \forall z \in \partial B.$$

Dann haben f und g die gleiche Anzahl von Nullstellen innerhalb B, jeweils gezählt gemäß ihrer Vielfachheit.

Hinweis: Man betrachte $F(z) := \frac{g(z)}{f(z)}$ in einer geeigneten Umgebung von ∂B und verwende (a).

(c) Gegeben sei ein Polynom $P(z) = z^n + a_{n-1} z^{n-1} + \ldots + a_1 z + a_0$ vom Grad $n \geq 1$. Ist es möglich, dass $|P(z)| < 1$ für alle $z \in \mathbb{C}$ mit $|z| = 1$ gilt?

Hinweis: Man wende den Satz von Rouché auf die Funktionen $f(z) = z^n$ und $g(z) = -a_{n-1} z^{n-1} - \ldots - a_1 z - a_0$ an.

(d) Lokalisierung der Nullstellen

(i) Man zeige, dass alle Nullstellen von $g(z) = z^4 - 5z - 1$ in der Kreisscheibe $B_2(0) = \{z \in \mathbb{C} : |z| < 2\}$ liegen.
Hinweis: Man wende den Satz von Rouché auf $f(z) = z^4$ und $g(z)$ an.

(ii) Man zeige, dass $g(z) = z^4 - 5z - 1$ genau eine Nullstelle innerhalb der Einheitskreisscheibe hat.
Hinweis: Man wende den Satz von Rouché auf $f(z) = -5z - 1$ und $g(z)$ an.

Lösung:

(a) Nach den Voraussetzungen des Satzes gibt es genau eine analytische und null-stellenfreie Funktion $g : U \to \mathbb{C}$ mit

$$f(z) = \frac{\prod\limits_{k=1}^{N} (z - a_k)}{\prod\limits_{k=1}^{P} (z - b_k)} g(z) \quad \forall z \in U \setminus \{b_1, \ldots, b_P\}, \tag{8.50}$$

die auch in den Polstellen $b_1, \ldots, b_P$ von f definiert ist. Wir erhalten aus (8.50) für alle $z \in U \setminus \{b_1, \ldots, b_P\}$:

$$\frac{f'(z)}{f(z)} = \sum_{j=1}^{N} \frac{1}{z - a_j} - \sum_{j=1}^{P} \frac{1}{z - b_j} + \frac{g'(z)}{g(z)}. \tag{8.51}$$

Aus dem Residuensatz 8.23 folgt für $z_0 = a_1, \ldots, a_N, b_1, \ldots, b_P$

$$\int_{\partial B} \frac{dz}{z - z_0} = 2\pi i. \tag{8.52}$$

Die logarithmische Ableitung $\frac{g'}{g} : U \to \mathbb{C}$ ist nach der Darstellung in (8.51) analytisch, und es gilt $\partial B \subset U$, da B kompakt und U offen ist. Somit gilt nach dem Cauchychen Integralsatz

$$\int_{\partial B} \frac{g'(z)}{g(z)} \, dz = 0. \tag{8.53}$$

Aus (8.51),(8.52) und (8.53) folgt schließlich die Behauptung.

(b) Wegen $|f(z) - g(z)| < |f(z)| \; \forall z \in \partial B$ haben weder $f(z)$ noch $g(z)$ eine Nullstellen auf dem Rand ∂B. Daher folgt

$$\left| \frac{g(z)}{f(z)} - 1 \right| < 1 \quad \forall z \in \partial B.$$

Dann gibt es eine offene Umgebung V von ∂B, in der weder f noch g eine Nullstelle haben, $F := \frac{g}{f}$ analytisch ist, und überdies die folgende Ungleichung gilt:

$$|F(z) - 1| < 1 \quad \forall z \in V.$$

Damit gilt auch

$$F(V) \subseteq B_1(1) \subset \mathbb{C}_-,$$

womit $\log(F)$ eine auf V wohldefinierte Stammfunktion von

$$\frac{F'}{F} = \frac{g'}{g} - \frac{f'}{f}$$

ist. Somit gilt

$$\frac{1}{2\pi i} \int_{\partial B} \frac{F'(z)}{F(z)} \, dz = 0,$$

und mit der Teilaufgabe (a) folgt, dass $f(z)$ und $g(z)$ die gleiche Anzahl von Nullstellen innerhalb B haben.

(c) Wir nehmen an, dass $|P(z)| < 1$ für alle $z \in \mathbb{C}$ mit $|z| = 1$ gilt. Für $f(z) = z^n$ ist $|f(z)| = 1$ bei $|z| = 1$. Es sei daher g nicht das Nullpolynom. Nun sei

$$|f(z) - g(z)| = |P(z)| < 1 = |f(z)|$$

für alle z mit $|z| = 1$. Da $z_0 = 0$ eine n-fache Nullstelle von $f(z)$ im Einheitskreis ist, folgt aus dem Satz von Rouché, dass g auch n Nullstellen im Einheitskreis hat. Dies ist ein Widerspruch, da g nicht das Nullpolynom ist und nach dem Fundamentalsatz der Algebra aus Aufgabe 8.9(f) genau $n - 1$ Nullstellen hat.

(d) (i) Für $|z| = 2$ haben wir

$$|f(z) - g(z)| = |5z + 1| \leq |5z| + 1 = 11 < 16 = |z|^4 = |f(z)|.$$

Die Funktion $f(z) = z^4$ hat in $z = 0 \in B_2(0)$ eine 4-fache Nullstelle. Nach dem Satz von Rouché muß $g(z)$ auch 4 Nullstellen in $B_2(0)$ haben.
(ii) Für $|z| = 1$ gilt

$$|f(z) - g(z)| = |-z^4| = 1 < 4 = \big||5z| - |-1|\big| \leq |5z + 1| = |f(z)|.$$

Die Funktion $f(z) = -5z - 1$ hat genau eine einfache Nullstelle $z = -\frac{1}{5}$ innerhalb des Einheitskreises. Damit folgt aus dem Satz von Rouché, dass auch $g(z)$ genau eine Nullstelle innerhalb der Einheitskreisscheibe hat.

Bemerkungen:

(1) Mit den Voraussetzungen der Teilaufgabe (a) kann man auch zeigen: Besitzt f überdies keine Polstelle und genau eine Nullstelle c im Inneren von B, die einfach ist, so gilt

$$c = \frac{1}{2\pi i} \int_{\partial B} \frac{zf'(z)}{f(z)} \, dz,$$

denn aus dem Cauchyschen Integralsatz und (8.49) folgt

$$\frac{1}{2\pi i} \int_{\partial B} \frac{zf'(z)}{f(z)} \, dz = \underbrace{\frac{1}{2\pi i} \int_{\partial B} \frac{(z-c)f'(z)}{f(z)} \, dz}_{=0} + c \cdot \underbrace{\frac{1}{2\pi i} \int_{\partial B} \frac{f'(z)}{f(z)} \, dz}_{=1} = c.$$

(2) Im Folgenden verwenden wir die Tatsache, dass $g(z) = z^4 - 5z - 1$ ein Polynom vierter Ordnung mit reellen Koeffizienten ist. In der Teilaufgabe (d) haben wir gezeigt, dass g genau eine Nullstelle z_1 im Einheitskreis $E = B_1(0)$ hat. Da $g(-1/2) = 25/16 > 0$ und $g(0) = -1 < 0$ ist, folgt aus dem Zwischenwertsatz, dass diese Nullstelle reell ist. Ebenfalls nach dem Zwischenwertsatz erhalten wir noch eine zweite reelle Nullstelle $z_2 \in (1,2)$ wegen $g(1) = -5 < 0$ und $g(2) = 5 > 0$. Die Einschränkung von g auf die reelle Achse ist offenbar strikt konvex. Daher besitzt g genau zwei reelle Nullstellen. Die restlichen beiden Nullstellen z_3 und z_4 von g sind somit komplexwertig und zueinander komplex konjugiert.   □

Aufgabe 8.15: Anwendungen des Residuensatzes

(a) Man berechne die Fourier-Transformierte von $f(x) = \dfrac{1}{\cosh x}$, $x \in \mathbb{R}$, d.h.

$$F(\omega) = \frac{1}{\sqrt{2\pi}} \int_{-\infty}^{\infty} \frac{e^{i\omega x}}{\cosh x}\, dx,$$

aus dem Integral $\displaystyle\int_{\gamma} \frac{e^{i\omega z}}{\cosh z}\, dz$ mit dem Weg γ gemäß Abbildung 8.22 für $R \to \infty$.

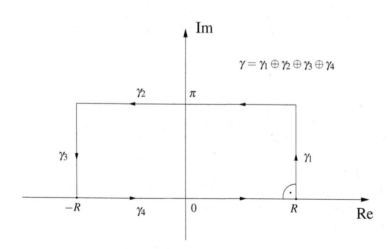

Abbildung 8.22: Integrationsweg

Hinweise:

(i) Die Integrale über γ_1 und γ_3 verschwinden für $R \to \infty$.

(ii) Das Integral über γ_2 kann mit Hilfe der Identität
$\cosh(x + \pi\mathrm{i}) = -\cosh x$ vereinfacht werden.

(iii) Das Integral über den Gesamtweg γ wird mit Hilfe des Residuensatzes und der Identität $\cosh z = \mathrm{i}\sinh(z - \frac{\pi}{2}\mathrm{i})$ bestimmt.

(b) Man berechne für $0 < \varepsilon < 1$ mittels Residuenkalkül das reelle Integral

$$I := \int_0^{2\pi} \frac{\mathrm{d}\varphi}{1 + \varepsilon\cos\varphi}.$$

Hinweis: Man integriere $1/(z^2 + \frac{2z}{\varepsilon} + 1)$ über die komplexe Einheitskreislinie.

Lösung:

(a) Wir definieren für $R > 0$ den Rechteckweg $\gamma = \gamma_1 \oplus \gamma_2 \oplus \gamma_3 \oplus \gamma_4$ durch

$$\begin{aligned}
\gamma_1(t) &:= R + \mathrm{i}t, & 0 \leq t \leq \pi, \\
\gamma_2(t) &:= -t + \mathrm{i}\pi, & -R \leq t \leq R, \\
\gamma_3(t) &:= -R + \mathrm{i}(\pi - t), & 0 \leq t \leq \pi, \\
\gamma_4(t) &:= t, & -R \leq t \leq R.
\end{aligned}$$

Die komplexe Integrationsvariable sei für $x, y \in \mathbb{R}$ mit $z = x + \mathrm{i}y \in \mathbb{C}$ bezeichnet. Wir erhalten mit $\gamma_R := \gamma$:

$$\begin{aligned}
\int_{\gamma_R} \frac{\mathrm{e}^{\mathrm{i}\omega z}}{\cosh z}\,\mathrm{d}z &= \int_{-R}^{R} \frac{\mathrm{e}^{\mathrm{i}\omega x}}{\cosh x}\,\mathrm{d}x - \int_{-R}^{R} \frac{\mathrm{e}^{\mathrm{i}\omega(x+\pi\mathrm{i})}}{\cosh(x + \pi\mathrm{i})}\,\mathrm{d}x \\
&\quad + \mathrm{i}\int_0^{\pi} \frac{\mathrm{e}^{\mathrm{i}\omega(R+\mathrm{i}y)}}{\cosh(R + \mathrm{i}y)}\,\mathrm{d}y - \mathrm{i}\int_0^{\pi} \frac{\mathrm{e}^{\mathrm{i}\omega(-R+\mathrm{i}y)}}{\cosh(-R + \mathrm{i}y)}\,\mathrm{d}y.
\end{aligned}$$

Wegen

$$\cosh(\pm R + \mathrm{i}y) = \cosh R\cos y \pm \mathrm{i}\sinh R\sin y,$$

$$|\mathrm{e}^{\mathrm{i}\omega(\pm R+\mathrm{i}y)}| = \mathrm{e}^{-\omega y} \leq \max(1, \mathrm{e}^{-\omega\pi}),$$

und

$$|\cosh(\pm R + \mathrm{i}y)| = \left(\cosh R^2\cos^2 y + \sinh^2 R\sin^2 y\right)^{1/2} \geq \sinh R,$$

also

$$|\cosh(\pm R + \mathrm{i}y)| \geq \sinh R \to \infty \quad \text{für } R \to \infty,$$

verschwinden die letzten beiden Integrale für $R \to \infty$, während die ersten beiden konvergieren. Damit erhalten wir aufgrund $\cosh(x + \pi\mathrm{i}) = -\cosh x$ die Beziehung

$$\lim_{R \to \infty} \int_{\gamma_R} \frac{e^{i\omega z}}{\cosh z}\, dz = \int_{-\infty}^{\infty} \frac{e^{i\omega x}}{\cosh x} \left(1 + e^{-\omega\pi}\right) dx. \tag{8.54}$$

Weiterhin folgt aus

$$\cosh z = i \sinh\left(z - \frac{\pi}{2}i\right) = i\left[\left(z - \frac{\pi}{2}i\right) + \frac{1}{3!}\left(z - \frac{\pi}{2}i\right)^3 + \ldots\right],$$

dass $\frac{e^{i\omega z}}{\cosh z}$ bei $z = \frac{\pi}{2}i$ einen einfachen Pol mit Residuum $\frac{e^{-\omega\frac{\pi}{2}}}{i}$ besitzt. Da $z = \frac{\pi}{2}i$ die einzige Polstelle im von γ berandeten Gebiet ist, gilt nach dem Residuensatz

$$\lim_{R \to \infty} \int_{\gamma_R} \frac{e^{i\omega z}}{\cosh z}\, dz = 2\pi i \frac{e^{-\omega\frac{\pi}{2}}}{i} = 2\pi e^{-\omega\frac{\pi}{2}}. \tag{8.55}$$

Aus (8.54) und (8.55) folgt für die Fourier-Transformierte $F(\omega)$ von $f(x) = \dfrac{1}{\cosh x}$:

$$F(\omega) = \frac{1}{\sqrt{2\pi}} \int_{-\infty}^{\infty} \frac{e^{i\omega x}}{\cosh x}\, dx = \frac{\sqrt{2\pi} e^{-\omega\frac{\pi}{2}}}{1 + e^{-\omega\pi}} = \sqrt{\frac{\pi}{2}} \frac{1}{\cosh\left(\omega\frac{\pi}{2}\right)}.$$

(b) Es sei $\gamma : [0, 2\pi] \to \mathbb{C}$ mit $\gamma(\varphi) := e^{i\varphi}$. Es ist

$$\int_{\gamma} \frac{dz}{z^2 + \frac{2}{\varepsilon}z + 1} = \int_0^{2\pi} \frac{i e^{i\varphi}\, d\varphi}{e^{2i\varphi} + \frac{2}{\varepsilon}e^{i\varphi} + 1} = \int_0^{2\pi} \frac{i\, d\varphi}{e^{i\varphi} + e^{-i\varphi} + \frac{2}{\varepsilon}}$$

$$= \frac{i\varepsilon}{2} \int_0^{2\pi} \frac{d\varphi}{1 + \varepsilon\cos\varphi} \tag{8.56}$$

Von den Singularitäten $z_{1,2} = -\frac{1}{\varepsilon} \pm \frac{1}{\varepsilon}\sqrt{1 - \varepsilon^2}$ liegt wegen $0 < \varepsilon < 1$ lediglich $z_1 = -\frac{1}{\varepsilon} + \frac{1}{\varepsilon}\sqrt{1 - \varepsilon^2}$ im Einheitskreis. Da z_1 ein einfacher Pol ist, ergibt sich das Residuum aus $\lim\limits_{z \to z_1} \dfrac{z - z_1}{z^2 + \frac{2}{\varepsilon}z + 1} = \lim\limits_{z \to z_1} \dfrac{1}{z_1 - z_2} = \dfrac{\varepsilon}{2\sqrt{1 - \varepsilon^2}}$. Somit folgt nach dem Residuensatz

$$\int_{\gamma} \frac{dz}{z^2 + \frac{2}{\varepsilon}z + 1} = 2\pi i \frac{\varepsilon}{2\sqrt{1 - \varepsilon^2}} = \frac{\varepsilon\pi i}{\sqrt{1 - \varepsilon^2}}.$$

Zusammen mit (8.56) folgt

$$\int_0^{2\pi} \frac{d\varphi}{1 + \varepsilon\cos\varphi} = \frac{2}{i\varepsilon} \frac{\varepsilon\pi i}{\sqrt{1 - \varepsilon^2}} = \frac{2\pi}{\sqrt{1 - \varepsilon^2}}.$$

Bemerkung: Mit den Rechenregeln für die Fourier-Transformierte folgt nach Aufgabe 7.3, dass

$$\frac{1}{\cosh\left(\sqrt{\frac{\pi}{2}}x\right)}$$

ein "Fixpunkt" der Fourier-Transformation ist. Unendlich viele weiteren "Fixpunkte" haben wir schon in Aufgabe 7.7(a) als Eigenlösungen der Fourier-Transformation zum Eigenwert 1 bestimmt, nämlich $e^{-x^2/2}H_{4n}(x)$, wobei $n \in \mathbb{N}_0$ und $H_{4n}(x)$ die Hermite-Polynome mit durch vier teilbarem Index sind. $\qquad\qquad\square$

Aufgabe 8.16: Homotopie und einfacher Zusammenhang

(a) Man entscheide, welche geschlossenen Wege γ_1, γ_2 im jeweiligen Gebiet $G \subseteq \mathbb{C}$ homotop sind:
   (i) $G = \mathbb{C}$, $\gamma_1, \gamma_2 : [0, 2\pi] \to G$ mit $\gamma_1(x) = \exp(ix)$, $\gamma_2(x) = \exp(2ix)$.
   (ii) $G = \mathbb{C} \setminus \{0\}$, γ_1, γ_2 wie bei (i).
(b) Für $a, b > 0$ seien $\gamma_1, \gamma_2 : [0, 2\pi] \to \mathbb{C}$ definiert durch

$$\gamma_1(x) := a\cos x + ia\sin x \quad \text{bzw.} \quad \gamma_2(x) := a\cos x + ib\sin x.$$

(i) Man zeige:

$$\int_{\gamma_1} \frac{dz}{z} = \int_{\gamma_2} \frac{dz}{z}.$$

(ii) Man beweise mit Hilfe von (i):

$$\int_0^{2\pi} \frac{dx}{a^2 \cos^2 x + b^2 \sin^2 x} = \frac{2\pi}{ab}.$$

Hinweise: Für die Wege in (a) betrachten wir jeweils einen festgehaltenen Anfangsbzw. Endpunkt. Für (b) kann der Cauchysche Integralsatz für homotope Wege benutzt werden.

Lösung:

(a) (i) Es seien $G = \mathbb{C}$, $\gamma_1, \gamma_2 : [0, 2\pi] \to G$ mit $\gamma_1(x) = e^{ix}$, $\gamma_2(x) = e^{2ix}$. Die Wege γ_1, γ_2 sind homotop, denn die *triviale Homotopie*

$$H(s, x) = s\gamma_1(x) + (1 - s)\gamma_2(x), \quad 0 \geq s \geq 1,$$

leistet das Gewünschte.
(ii) Wären γ_1, γ_2 in $G = \mathbb{C} \setminus \{0\}$ homotop, so wäre nach der Homotopie-Version des Cauchyschen Satzes

$$\int_{\gamma_1} \frac{dz}{z} = \int_{\gamma_2} \frac{dz}{z},$$

was offensichtlich wegen $\int_{\gamma_1} \frac{dz}{z} = 2\pi i$, $\int_{\gamma_2} \frac{dz}{z} = 4\pi i$ ein Widerspruch ist. Die triviale Homotopie H für das Gebiet $G = \mathbb{C}$ aus der Teilaufgabe (i) ist hier nicht anwendbar, da sie den Wert $H(1/2, \pi) = 0$ liefert, der nicht in $G = \mathbb{C} \setminus \{0\}$ liegt.

(b) (i) Wie in (a),(i) argumentieren wir, dass die Wege $\gamma_1, \gamma_2 : [0, 2\pi] \to G$ mit

$$\gamma_1(x) := a\cos x + i a \sin x = a e^{ix} \quad \text{bzw.} \quad \gamma_2(x) := a\cos x + i b \sin x$$

bei $a, b > 0$ in $G := \mathbb{C} \setminus \{0\}$ homotop sind, denn es ist

$$|s\gamma_1(x) + (1-s)\gamma_2(x)|^2 = |a\cos x + i(sa + (1-s)b)\sin x|^2$$
$$= a^2 \cos^2 x + (sa + (1-s)b)^2 \sin^2 x > 0$$

für alle $s \in [0, 1]$ und alle $x \in [0, 2\pi]$. Damit gilt nach der Homotopie-Version des Cauchyschen Integralsatzes 8.29:

$$\int_{\gamma_1} \frac{dz}{z} = \int_{\gamma_2} \frac{dz}{z}.$$

(ii) Einerseits gilt nach (8.28) aus Aufgabe 8.6

$$\int_{\gamma_1} \frac{dz}{z} = 2\pi i, \tag{8.57}$$

andererseits aber

$$\int_{\gamma_2} \frac{dz}{z} = \int_0^{2\pi} \frac{-a\sin x + ib\cos x}{a\cos x + ib\sin x}\, dx = \int_0^{2\pi} \frac{(-a\sin x + ib\cos x)\cdot(a\cos x - ib\sin x)}{a^2 \cos^2 x + b^2 \sin^2 x}\, dx,$$

also

$$\int_{\gamma_2} \frac{dz}{z} = \int_0^{2\pi} \frac{-a^2 \sin x \cos x + b^2 \sin x \cos x}{a^2 \cos^2 x + b^2 \sin^2 x}\, dx + i \int_0^{2\pi} \frac{ab\sin^2 x + ab\cos^2 x}{a^2 \cos^2 x + b^2 \sin^2 x}\, dx$$

$$= \int_0^{2\pi} \frac{(b^2 - a^2)\sin x \cos x}{a^2 \cos^2 x + b^2 \sin^2 x}\, dx + i \int_0^{2\pi} \frac{ab}{a^2 \cos^2 x + b^2 \sin^2 x}\, dx. \tag{8.58}$$

Gemäß der Teilaufgabe (i) können wir den Real- und Imaginärteil in (8.57) und (8.58) vergleichen, und erhalten so die Identität

$$\int\limits_0^{2\pi} \frac{dx}{a^2\cos^2 x + b^2\sin^2 x} = \frac{2\pi}{ab}.$$

Aufgabe 8.17: Die Möbius-Transformation
Wir betrachten die Möbius-Transformation

$$M_A(z) := \frac{az+b}{cz+d}$$

mit *regulärer* Koeffizienten-Matrix $A := \begin{pmatrix} a & b \\ c & d \end{pmatrix} \in \mathbb{C}^{2\times 2}$.

(a) Man zeige für alle $z, z_0 \in \mathbb{C}$:

$$\left| |z_0|^2 - |z-z_0|^2 - z\bar{z}_0 \right| = |z||z-z_0|.$$

(b) Man zeige für alle $z, z_0 \in \mathbb{C}\setminus\{0\}$:

$$|z-z_0| = |z_0| \Leftrightarrow \frac{1}{2} = \operatorname{Re}\left(\frac{z_0}{z}\right).$$

(c) Mit Hilfe von (a) und (b) zeige man, dass die Inversion $f : \mathbb{C}_\infty \to \mathbb{C}_\infty$ mit $f(z) := \frac{1}{z}$ verallgemeinerte Kreise wieder auf verallgemeinerte Kreise abbildet, und bestimme diese jeweils explizit.
(d) Für je zwei reguläre Matrizen $A, B \in \mathbb{C}^{2\times 2}$ zeige man $M_{AB}(z) = M_A\big(M_B(z)\big)$ für alle $z \in \mathbb{C}_\infty$, und hiermit endlich, dass die Möbius-Transformation M_A für reguläres A verallgemeinerte Kreise wieder auf verallgemeinerte Kreise abbildet. *Hinweis:* Man schreibe $M_A(z)$ bei $c \neq 0$ in der Form

$$M_A(z) = \frac{a}{c} - \frac{ad-bc}{c}\cdot\frac{1}{cz+d}.$$

Lösung:

Für diese Aufgabe erinnern wir an die Vereinbarungen aus dem Abschnitt 8.4.

(a) Es gilt für alle komplexen Zahlen z, z_0:

$$\left| |z_0|^2 - |z-z_0|^2 - z\bar{z}_0 \right| = |z_0\bar{z}_0 - (z\bar{z} - z\bar{z}_0 - z_0\bar{z} + z_0\bar{z}_0) - z\bar{z}_0|$$
$$= |-(z-z_0)\bar{z}|$$
$$= |z||z-z_0|.$$

(b) Für alle $z, z_0 \in \mathbb{C}$ mit $z \neq 0$ gilt:

$$|z - z_0| = |z_0| \Leftrightarrow |z - z_0|^2 = |z_0|^2$$

$$\Leftrightarrow |z|^2 = z\bar{z}_0 + \bar{z}z_0$$

$$\Leftrightarrow \frac{1}{2} = \frac{z\bar{z}_0 + \bar{z}z_0}{2|z|^2} = \text{Re}\left(\frac{z_0}{z}\right).$$

(c) Wir betrachten mit Hilfe von (a) und (b) die Wirkung der Inversion $f : \mathbb{C}_\infty \to \mathbb{C}_\infty$ mit $f(z) := \frac{1}{z}$ auf verallgemeinerte Kreise, und unterscheiden hierfür die folgenden drei Fälle:

Fall A: Der verallgemeinerte Kreis sei eine Nullpunktsgerade der Art

$$g = \{z \in \mathbb{C} : z = \lambda z_0, \quad \lambda \in \mathbb{R}\} \cup \{\infty\}$$

mit festem $z_0 \in \mathbb{C} \setminus \{0\}$. Das Bild von g unter der Inversion ist dann

$$f(g) = \left\{\frac{1}{\lambda z_0} : \lambda \in \mathbb{R} \setminus \{0\}\right\} \cup \{0, \infty\}$$

$$= \left\{\frac{\bar{z}_0}{\lambda |z_0|^2} : \lambda \in \mathbb{R} \setminus \{0\}\right\} \cup \{0, \infty\}$$

$$= \{\mu \bar{z}_0 : \mu \in \mathbb{R}\} \cup \{\infty\}.$$

Im Falle A entsteht also $f(g)$ aus g durch Spiegelung an der Re-Achse, und es gilt damit natürlich auch $f(f(g)) = g$.

Fall B: Betrachte den Kreis K um z_0 mit Radius $R \neq |z_0|$:

$$K := \{z \in \mathbb{C} : |z - z_0| = R\}.$$

Für jedes $z \in K$ ist dann $\left|z\left(|z_0|^2 - R^2\right)\right| \neq 0$, so dass nach (a) gilt:

$$\left||z_0|^2 - R^2 - z\bar{z}_0\right| = |z|R \Leftrightarrow \left|\frac{1}{z} - \frac{\bar{z}_0}{|z_0|^2 - R^2}\right| = \frac{R}{\left||z_0|^2 - R^2\right|}.$$

Somit liegt $\tilde{z} := \frac{1}{z}$ in dem Kreis $\tilde{K}$ um $\tilde{z}_0 := \dfrac{\bar{z}_0}{|z_0|^2 - R^2}$ mit Radius

$$\tilde{R} := \frac{R}{\left||z_0|^2 - R^2\right|}.$$

Da mit derselben Argumentation $f(\tilde{z}) = f^{-1}(\tilde{z}) \in K$ für alle $\tilde{z} \in \tilde{K}$ gilt, werden auch alle Punkte von K durch f auf $\tilde{K}$ abgebildet, und umgekehrt. Es gilt also sowohl $f(K) = \tilde{K}$ als auch $f(\tilde{K}) = K$.

Fall C: Betrachte für $z_0 \neq 0$ einen Kreis

$$K := \{ z \in \mathbb{C} : |z - z_0| = |z_0| \}$$

durch den Nullpunkt. Dann liefert nach (b)

$$f(K) = g_{z_0} := \left\{ w \in \mathbb{C} : \frac{1}{2} = \mathrm{Re}(z_0 w) \right\} \cup \{\infty\}$$

für passendes $z_0 \neq 0$ jede Gerade, die nicht durch den Nullpunkt verläuft. Nach (b) werden K und g_{z_0} durch $f(z) = \frac{1}{z}$ wechselseitig aufeinander abgebildet.

(d) Gegeben seien die folgenden beiden regulären Matrizen aus dem $\mathbb{C}^{2 \times 2}$:

$$A := \begin{pmatrix} a & b \\ c & d \end{pmatrix}, \qquad B := \begin{pmatrix} a' & b' \\ c' & d' \end{pmatrix}.$$

Ihr Produkt ist wieder regulär mit

$$AB = \begin{pmatrix} aa' + bc' & ab' + bd' \\ ca' + dc' & cb' + dd' \end{pmatrix}.$$

Dann gilt für alle $z \in \mathbb{C}_\infty$:

$$\begin{aligned}
M_A\big(M_B(z)\big) = \frac{a M_B(z) + b}{c M_B(z) + d} &= \frac{a \frac{a'z + b'}{c'z + d'} + b}{c \frac{a'z + b'}{c'z + d'} + d} \\
&= \frac{a(a'z + b') + b(c'z + d')}{c(a'z + b') + d(c'z + d')} = \frac{(aa' + bc')z + (ab' + bd')}{(ca' + dc')z + (cb' + dd')} \\
&= M_{AB}(z).
\end{aligned}$$

Definieren wir nun für $c \neq 0$ die regulären Matrizen

$$A_1 := \begin{pmatrix} -\dfrac{ad - bc}{c} & \dfrac{a}{c} \\ 0 & 1 \end{pmatrix}, \quad A_2 := \begin{pmatrix} 0 & 1 \\ 1 & 0 \end{pmatrix}, \quad A_3 := \begin{pmatrix} c & d \\ 0 & 1 \end{pmatrix},$$

so gilt nach dem Hinweis zur Teilaufgabe und dem zuvor Gezeigten für alle $z \in \mathbb{C}_\infty$:

$$M_A(z) = M_{A_1}\big(M_{A_2}\big(M_{A_3}(z)\big)\big).$$

M_{A_2} ist die Inversion, und M_{A_1}, M_{A_3} sind affine Abbildungen. Diese bilden verallgemeinerte Kreise auf verallgemeinerte Kreise ab, und folglich auch deren Komposition $M_A = M_{A_1 A_2 A_3}$. Für $c = 0$ ist M_A selbst affin.

Aufgabe 8.18: Biholomorphe Abbildungen

Man bilde $E = \{z \in \mathbb{C} : |z| < 1\}$ biholomorph auf die geschlitzte Zahlenebene $\mathbb{C}_- = \mathbb{C} \setminus \{x \in \mathbb{R} : x \leq 0\}$ bzw. auf den Streifen $S := \{z \in \mathbb{C} : 0 < \mathrm{Re}(z) < 1\}$ ab.

Lösung:

Es sei

$$H = \{z \in \mathbb{C} : \mathrm{Im}(z) > 0\}$$

die obere Halbebene bzw.

$$-iH = \{z \in \mathbb{C} : \mathrm{Re}(z) > 0\}$$

die rechte Halbebene. Die Zahlen $(x, y) \in \mathbb{R}^2$ werden im Folgenden wie gewohnt mit den komplexen Zahlen $z = x + iy$ identifiziert.

1.) Die inverse Cayley-Transformation $f_1 : E \to H$ mit

$$f_1(z) := T_C^{-1}(z) = i\,\frac{1+z}{1-z}$$

bildet E biholomorph auf H ab.

2.) Die Funktion $f_2 : H \to -iH$ mit

$$f_2(z) := -iz$$

bildet die obere Halbebene H biholomorph auf die rechte Halbebene $-iH$ ab.

3.) Die Funktion $f_3 : -iH \to \mathbb{C}_-$ mit

$$f_3(z) := z^2$$

bildet die rechte Halbebene $-iH$ biholomorph auf die geschlitzte Zahlenebene $\mathbb{C}_-$ ab, wobei $f_3'(z) \neq 0$ für alle $z \in -iH$ zu beachten ist.

4.) Der Hauptzweig des Logarithmus $f_4 : \mathbb{C}_- \to \mathbb{R} \times (-\pi, \pi)$ mit

$$f_4(z) := \log(z)$$

bildet die geschlitzte Zahlenebene $\mathbb{C}_-$ biholomorph auf den horizontalen Streifen $\mathbb{R} \times (-\pi, \pi)$ ab. Man beachte dabei $f_4'(z) = 1/z \neq 0$ für alle $z \in \mathbb{C}_-$.

5.) Durch $f_5 : \mathbb{R} \times (-\pi, \pi) \to S$ mit

$$f_5(z) := \frac{1}{2} + \frac{iz}{2\pi}$$

wird der horizontale Streifen $\mathbb{R} \times (-\pi, \pi)$ auf den vertikalen Streifen S abgebildet.

Aus 1.)-5.) folgt nun: Die Abbildung $f_3 \circ f_2 \circ f_1 : E \to \mathbb{C}_-$ mit

$$(f_3 \circ f_2 \circ f_1)(z) = \left(\frac{1+z}{1-z}\right)^2$$

bildet E biholomorph auf $\mathbb{C}_-$ ab.

Die Abbildung $f : E \to S$ mit $f := f_5 \circ f_4 \circ f_3 \circ f_2 \circ f_1$ bildet endlich E biholomorph auf S ab. Wir vereinfachen f wie folgt, indem wir die holomorphen Hilfsabbildungen $h_1, h_2 : E \to \mathbb{R} \times (-\pi, \pi)$ mit

$$h_1(z) := 2 \log\left(\frac{1+z}{1-z}\right) \quad \text{und} \quad h_2(z) := \log\left(\left(\frac{1+z}{1-z}\right)^2\right)$$

definieren, und zeigen, dass sie gleich sind:

Für jedes reelle $x \in E$, also für $-1 < x < 1$, gilt $h_1(x) = h_2(x)$ nach den Potenzrechengesetzen für reelle Logarithmusfunktionen. Nun kann aber mit Hilfe der Kettenregel leicht $h_1'(z) = h_2'(z)$ für alle $z \in E$ gezeigt werden, so dass die Abbildungen h_1 und h_2 sogar in ganz E übereinstimmen.

Zusammenfassend erhalten wir, dass die Abbildung $f : E \to S$ mit

$$f(z) := \frac{1}{2} + \frac{i}{\pi} \log\left(\frac{1+z}{1-z}\right)$$

das Innere des Einheitskreises biholomorph auf den Streifen S abbildet.

Aufgabe 8.19: Eine biholomorphe Einschränkung der Sinus-Funktion

Es sei $\sin : \Omega \to H$ mit dem Halbstreifen $\Omega = (-\frac{\pi}{2}, \frac{\pi}{2}) \times (0, \infty)$ und der oberen Halbebene $H = \mathbb{R} \times \mathbb{R}_+$ gegeben.

Man zeige die Biholomorphie der so eingeschränkten Sinusfunktion.

Lösung: Es sei $u := \operatorname{Re}(\sin z)$, $v := \operatorname{Im}(\sin z)$, wobei $z = x + iy \in \Omega$ ist. Nach den Additionstheoremen gilt

$$\tilde{z} := \sin z = \sin(x + iy) = \sin x \cosh y + i \cos x \sinh y.$$

Somit haben wir

$$\operatorname{Re}(\tilde{z}) = u = \sin x \cosh y, \quad \operatorname{Im}(\tilde{z}) = v = \cos x \sinh y > 0,$$

und es ist bei gegebenem $z \in \Omega$ in der Tat $\tilde{z} = \sin z \in H$. Weiterhin ergeben sich dann die Gleichungen

$$(u \pm 1)^2 + v^2 = (\sin x \cosh y \pm 1)^2 + \cos^2 x \sinh^2 y$$
$$= \sin^2 x \cosh^2 y \pm 2 \sin x \cosh y + 1 + \cos^2 x (\cosh^2 y - 1)$$
$$= \cosh^2 y \pm 2 \sin x \cosh y + \sin^2 x$$
$$= (\cosh y \pm \sin x)^2.$$

Da $|\sin x| \leq 1 \; \forall x \in \mathbb{R}$ und $\cosh y \geq 1 \; \forall y \in \mathbb{R}$, also $\cosh y \pm \sin x \geq 0$ für alle $x, y \in \mathbb{R}$ ist, erhalten wir aus den letzten beiden Gleichungen eindeutig

$$\cosh y \pm \sin x = \sqrt{(u \pm 1)^2 + v^2} = |\bar{z} \pm 1|.$$

Daraus ergeben sich die Gleichungen

$$\cosh y = \frac{1}{2} \left(|\bar{z} + 1| + |\bar{z} - 1| \right), \tag{8.59}$$

$$\sin x = \frac{1}{2} \left(|\bar{z} + 1| - |\bar{z} - 1| \right). \tag{8.60}$$

Umgekehrt kann $y > 0$ für gegebenes $\bar{z} = u + iv \in H$ wegen der bei $v > 0$ gültigen Dreiecksungleichung

$$1 = \frac{1}{2} |(\bar{z} + 1) - (\bar{z} - 1)| < \frac{1}{2} (|\bar{z} + 1| + |\bar{z} - 1|)$$

eindeutig aus der Gleichung (8.59) bestimmt werden, und wir erhalten

$$y = \operatorname{arcosh} \left\{ \frac{1}{2} \left(|\bar{z} + 1| + |\bar{z} - 1| \right) \right\}. \tag{8.61}$$

Dann ergibt sich weiter aufgrund der bei $v > 0$ gültigen Abschätzung

$$1 = \frac{1}{2} |(\bar{z} + 1) - (\bar{z} - 1)| > \frac{1}{2} (|\bar{z} + 1| - |\bar{z} - 1|),$$

dass $x \in (-\pi/2, \pi/2)$ für $\bar{z} \in H$ eindeutig aus der Gleichung (8.60) bestimmt werden kann gemäß

$$x = \arcsin \left\{ \frac{1}{2} \left(|\bar{z} + 1| - |\bar{z} - 1| \right) \right\}. \tag{8.62}$$

Aus (8.61) und (8.62) folgt, dass die Abbildung $\sin : \Omega \to H$ bijektiv ist. Die Biholomorphie von $\sin : \Omega \to H$ folgt nun unter Beachtung der ersten Bemerkung zum Riemannschen Abbildungssatz 8.34. Diese Biholomorphie kann aber auch aus der Tatsache gefolgert werden, dass die Ableitungsfunktion $\cos : \Omega \to H$ an keiner Stelle von Ω verschwindet.

Bemerkung: Hiermit erhalten wir auch die Surjektivität der trigonometrischen Funktionen $\sin : \mathbb{C} \to \mathbb{C}$ bzw. $\cos : \mathbb{C} \to \mathbb{C}$ mit $\cos(z - \frac{\pi}{2}) = \sin z$. $\qquad \square$

Lektion 9
Anwendungen der Funktionentheorie

9.1 Hyperbolische Geometrie

Einige Anregungen zur Entstehung dieses Abschnittes stammen aus den Lehrbüchern von Weinberg [42, Chapter 1.1], Königsberger [27] und Zeitler [45]. Wir erinnern uns an das Poincarésche Modell der hyperbolischen Geometrie im Einheitskreis

$$E := \{ z \in \mathbb{C} : \ |z| < 1 \},$$

das wir im Abschnitt 5.2 eingeführt haben. Mit Hilfe einer geeigneten biholomorphen Transformation wollen wir nun dieses Modell isomorph in die obere offene Halbebene

$$H := \{ w \in \mathbb{C} : \ \text{Im}(w) > 0 \}$$

verpflanzen. Hierzu verwenden wir die Cayley-Transformation $T_C : H \to E$ mit

$$T_C(w) = \frac{w - \text{i}}{w + \text{i}}, \tag{9.1}$$

die H biholomorph auf E abbildet, sowie ihre Umkehrabbildung $T_C^{-1} : E \to H$ mit

$$T_C^{-1}(z) = \text{i} \frac{1 + z}{1 - z}. \tag{9.2}$$

Mit Hilfe der Abbildung T_C^{-1} können wir nun die H-Punkte bzw. H-Geraden vom Poincaréschen Kreismodell ins Poincarésche Halbebenenmodell übertragen. Der H-Abstand $\tilde{d}(w_1, w_2)$ zweier H-Punkte $w_1, w_2 \in H$ ist im Halbebenenmodell gegeben durch

$$\tilde{d}(w_1, w_2) = d(T_C(w_1), T_C(w_2)),$$

wobei $d(p, q)$ mit $p, q \in E$ der H-Abstand im Kreismodell ist.
Zuerst zeigen wir, dass die Cayley-Transformation $T_C : H \to E$ mit $T_C(w) = \frac{w - \text{i}}{w + \text{i}}$ die Halbebene H biholomorph auf E abbildet. In Abbildung 9.1 ist der Übergang vom

Kreismodell zum Halbebenenmodell mit Hilfe der inversen Cayley-Transformation anhand der Bilder von sechs H-Geraden und dazugehörigen vier H-Randpunkten dargestellt.

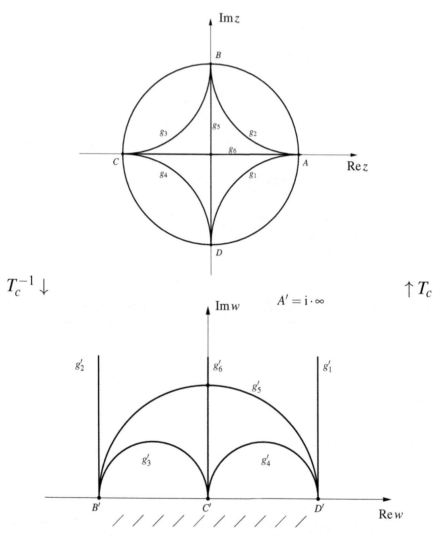

Abbildung 9.1: Übergang vom Kreismodell zum Halbebenenmodell

Die H-Punkte im Halbebenenmodell sind die Punkte der offenen oberen Halbebene, die H-Randpunkte liegen dagegen in diesem Modell mit Ausnahme des H-Randpunktes $i \cdot \infty$ auf der Realachse, sind aber keine H-Punkte. Die H-Geraden im Halbebenenmodell sind entweder die zur Realachse orthogonalen Halbkreise, in

Abbildung 9.1 beispielhaft durch g_3', g_4' und g_5' dargestellt, oder die zur Realachse orthogonalen Halbgeraden der oberen Halbebene, beispielhaft durch g_1', g_2' und g_6' dargestellt. Die Urbilder der H-Randpunkte sowie der H-Geraden im Kreismodell werden hier durch die entsprechenden ungestrichenen Größen dargestellt.

Für den Biholomorphie-Nachweis der Cayley-Transformation definieren wir für jedes $v_0 > 0$ im Halbebenenmodell den sogenannten (unendlichen) *Horozyklenbogen*

$$\text{Horo}(v_0) := \{ w \in H \,:\, \text{Im}(w) = v_0 \} \cup \{\infty\}.$$

Da die obere Imaginärachse durch T_C auf den in E verlaufenden Teil der Realachse $-1 < x < 1$ abgebildet wird und die Kurven $\text{Horo}(v_0)$ die obere Imaginärachse senkrecht schneiden, so muß auch jede Bildkurve $T_C(\text{Horo}(v_0))$ für $v_0 > 0$ die Realachse in E senkrecht schneiden. Wegen $T_C(\infty) = 1$ muß $T_C(\text{Horo}(v_0))$ im Kreismodell auch durch den H-Randpunkt $z = 1$ laufen, schließlich aber auch durch den H-Punkt $T_C(i v_0) = \frac{v_0 - 1}{v_0 + 1}$ im Kreismodell mit

$$-1 < \frac{v_0 - 1}{v_0 + 1} < 1.$$

Somit ist aufgrund der verallgemeinerten Kreistreue der Möbius-Transformationen das Bild

$$T_C(\text{Horo}(v_0)) = \left\{ z \in E \,:\, \left| z - \frac{v_0}{v_0 + 1} \right| = \frac{1}{v_0 + 1} \right\}$$

Teil eines parabolischen Kreisbüschels in E, dass den Rand ∂E von E tangential in $z = 1$ berührt und ganz E ausfüllt, siehe Abbildung 9.2. Damit ist die Biholomorphie von T_C gezeigt.

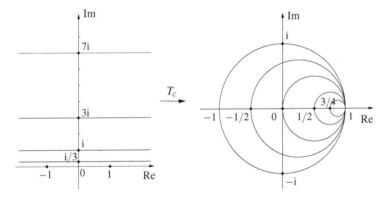

Abbildung 9.2: Biholomorphienachweis der Cayley-Transformation

Allgemein heißt ein Kreis, der genau einen Berührpunkt auf ∂E hat und im übrigen innerhalb E verläuft, ein *Horozyklus* im Poincaréschen Kreismodell. Dagegen sind im Poincaréschen Halbebenenmodell die Horozyklen neben den zur Re-Achse parallelen Geraden Horo(v_0) mit $v_0 > 0$, siehe Abbildung 9.2, noch durch alle Kreise in H gegeben, die tangential in einen Randpunkt von ∂H einmünden.

Wir können nun einige interessante Analogien bzw. Unterschiede zwischen der hyperbolischen und der sphärischen Geometrie behandeln. Die sphärische Geometrie ist völlig anschaulich, da sich die Kugeloberfläche komplett durch mindestens zwei geeignete Parametrisierungen in den dreidimensionalen Raum einbetten läßt. Wir haben schon im Abschnitt 5.3 erwähnt, dass eine solche Einbettung für die hyperbolische Geometrie nicht möglich ist. Stattdessen können wir immer nur einen Teil der hyperbolischen Modell-Welt in den dreidimensionalen Raum einbetten, was wir im Folgenden tun werden.

Für den positiven Parameter $a > 0$ definieren wir die sogenannte Schleppkurve bzw. Traktrix als den Graphen der Funktion $T : (0, a] \to \mathbb{R}$ mit

$$T(x) := \frac{a}{2} \log \frac{a + \sqrt{a^2 - x^2}}{a - \sqrt{a^2 - x^2}} - \sqrt{a^2 - x^2}.$$

Hieraus erhält man für alle $x \in (0, a]$ die Ableitung

$$T'(x) = -\frac{\sqrt{a^2 - x^2}}{x}.$$

Bezeichnen wir die Funktionswerte von T mit $z = T(x)$, so ist

$$z = T(x_0) + T'(x_0)(x - x_0)$$

die Gleichung der Tangente mit Berührpunkt $P = (x_0, T(x_0))$, und diese Tangente schneidet z-Achse für $x = 0$ bei $z_0 = T(x_0) - x_0 T'(x_0)$ im Punkte $Q = (0, z_0)$. Die Länge des Tangentenabschnitts vom Berührpunkt P bis zum Schnittpunkt Q mit der z-Achse hat dann unabhängig von der Wahl von $x_0 \in (0, a]$ immer den konstanten Wert $a = \sqrt{x_0^2 + x_0^2 T'(x_0)^2}$, siehe Abbildung 9.3. Daher rührt der Name "Schleppkurve" bzw. "Traktrix" für den Funktionsgraphen von $z = T(x)$. Lassen wir nun die Traktrix um die z-Achse rotieren, so erhalten wir die sogenannte Pseudosphäre. Im Folgenden spielt auch die in Abbildung 9.4 dargestellte geschlitzte Pseudosphäre, dort ohne die Randkurven im Fettdruck, eine wichtige Rolle. Für die geschlitzte Pseudosphäre verwenden wir die Flächenparametrisierung $\Phi : (0, \infty) \times (0, 2\pi) \to \mathbb{R}^3$ mit

$$\Phi(t, \varphi) := \begin{pmatrix} x(t, \varphi) \\ y(t, \varphi) \\ z(t, \varphi) \end{pmatrix} = \begin{pmatrix} a\,\dfrac{\cos\varphi}{\cosh t} \\ a\,\dfrac{\sin\varphi}{\cosh t} \\ a\,(t - \tanh t) \end{pmatrix}.$$

Wir erhalten für das Quadrat des Längenelementes auf der geschlitzten Pseudosphäre

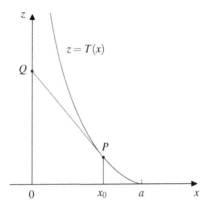

Abbildung 9.3: Schleppkurve mit Tangentenabschnitt $[P,Q]$ der Länge a.

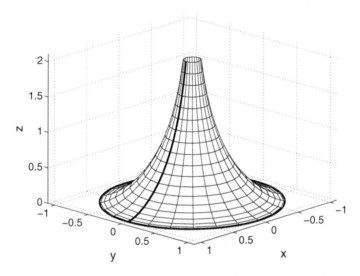

Abbildung 9.4: Die geschlitzte Pseudosphäre ohne die Berandungen im Fettdruck.

$$\mathrm{d}s^2 = g_{tt}(t,\varphi)\,\mathrm{d}t^2 + 2g_{t\varphi}(t,\varphi)\,\mathrm{d}t\,\mathrm{d}\varphi + g_{\varphi\varphi}(t,\varphi)\,\mathrm{d}\varphi^2 \qquad (9.3)$$

mit den metrischen Tensorkomponenten

$$g_{tt}(t,\varphi) = a^2\,\frac{\sinh^2 t}{\cosh^2 t}\,, \quad g_{t\varphi}(t,\varphi) = 0\,, \quad g_{\varphi\varphi}(t,\varphi) = \frac{a^2}{\cosh^2 t}\,.$$

Durch Einführung der neuen Koordinaten

$$u = \varphi, \qquad 0 < u < 2\pi,$$
$$v = \cosh t, \quad 1 < v < \infty, \tag{9.4}$$

nimmt das Quadrat des Längenelementes in (9.3) die folgende Form an:

$$ds^2 = \frac{a^2}{v^2} \left(du^2 + dv^2 \right). \tag{9.5}$$

Wir werden in Aufgabe 9.2(b) zeigen, dass (9.5) genau den Metriktensor der hyperbolischen Geometrie im Halbebenenmodell liefert, hier jedoch eingeschränkt auf den offenen *Horozyklensektor*

$$\tilde{S} := \left\{ (u,v) \in H : v > 1, 0 < u < 2\pi \right\}.$$

Dieser Horozyklensektor ist nur ein kleiner Teil der hyperbolischen Welt, siehe Abbildung 9.5. Er hat nach (5.5) in Bemerkung (3) zur Definition 5.2 für Oberflächenintegrale den *endlichen* H-Flächeninhalt

$$|\tilde{S}|_{\tilde{H}} = a^2 \int_0^{2\pi} \int_1^\infty \frac{dv}{v^2} \, du = 2\pi a^2.$$

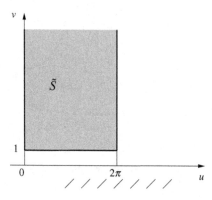

Abbildung 9.5: Horozyklensektor $\tilde{S}$ im Halbebenenmodell.

Dies ist somit nach dem Transformationsgesetz für Oberflächenintegrale auch der Flächeninhalt der (geschlitzten) Pseudosphäre.

Hier und anhand vieler weiterer Beispiele ist also deutlich zu sehen, dass aufgrund einer gewissen Willkür bei der Wahl von Koordinaten verschiedene Metriktensoren zur selben Geometrie führen können. Allgemein muß man sich daher die Frage stellen, wie wir bei vorgelegter Metrik herausfinden können, ob diese Metrik zumindest lokal die Euklidische Geometrie, die Kugelgeometrie, die hyperbolische Geometrie oder sonst eine andere, kompliziertere Geometrie beschreibt.

Gauß fand hierzu bei seinen Untersuchungen zur Flächentheorie eine Funktion, die allein von den $g_{\mu\nu}$ und ihren partiellen Ableitungen bis zur Ordnung zwei abhängt, aber unter Koordinatentransformationen invariant ist. Dies ist das berühmte Gaußsche Krümmungsmaß, gegeben durch die Formel

$$
\begin{aligned}
K(\xi_1, \xi_2) = \frac{1}{2g} &\left[2\frac{\partial^2 g_{12}}{\partial \xi_1 \partial \xi_2} - \frac{\partial^2 g_{11}}{\partial \xi_2^2} - \frac{\partial^2 g_{22}}{\partial \xi_1^2} \right] \\
&- \frac{g_{22}}{4g^2} \left[\left(\frac{\partial g_{11}}{\partial \xi_1} \right) \left(2\frac{\partial g_{12}}{\partial \xi_2} - \frac{\partial g_{22}}{\partial \xi_1} \right) - \left(\frac{\partial g_{11}}{\partial \xi_2} \right)^2 \right] \\
&+ \frac{g_{12}}{4g^2} \left[\left(\frac{\partial g_{11}}{\partial \xi_1} \right) \left(\frac{\partial g_{22}}{\partial \xi_2} \right) - 2 \left(\frac{\partial g_{11}}{\partial \xi_2} \right) \left(\frac{\partial g_{22}}{\partial \xi_1} \right) \right. \\
&\left. + \left(2\frac{\partial g_{12}}{\partial \xi_1} - \frac{\partial g_{11}}{\partial \xi_2} \right) \left(2\frac{\partial g_{12}}{\partial \xi_2} - \frac{\partial g_{22}}{\partial \xi_1} \right) \right] \\
&- \frac{g_{11}}{4g^2} \left[\left(\frac{\partial g_{22}}{\partial \xi_2} \right) \left(2\frac{\partial g_{12}}{\partial \xi_1} - \frac{\partial g_{11}}{\partial \xi_2} \right) - \left(\frac{\partial g_{22}}{\partial \xi_1} \right)^2 \right].
\end{aligned}
$$

Hierbei ist die Metrik $g_{\mu\nu} = g_{\mu\nu}(\xi_1, \xi_2)$ durch die Koordinaten ξ_1, ξ_2 aus einem Parametergebiet gegeben, und $g := g_{11} g_{22} - g_{12}^2$ die Determinante des Metriktensors. Beschreibt nun der Metriktensor einen Teil der Euklidischen Ebene, so wird koordinatenunabhängig die Gaußsche Krümmung überall Null:

$$K(\xi_1, \xi_2) = 0.$$

Für die hyperbolische Geometrie finden wir beim Kreismodell wie beim Halbebenenmodell die konstante negative Krümmung

$$K(\xi_1, \xi_2) = -\frac{1}{a^2}, \tag{9.6}$$

während auf der Kugeloberfläche mit Kugelradius $r > 0$ überall gilt:

$$K(\xi_1, \xi_2) = +\frac{1}{r^2}. \tag{9.7}$$

Formal geht (9.7) in (9.6) über, wenn man dort r durch $i \cdot a$ ersetzt, dasselbe gilt für die Flächenformeln für Dreiecke und Kreise in der sphärischen bzw. hyperbolischen Geometrie. Der Leser möge dies analog für die Formeln der sphärischen bzw. hyperbolischen Trigonometrie überprüfen.

In der folgenden Aufgabe beschreiben wir das Poincarésche Kreismodell aus Abschnitt 5.2 und seine orientierungstreuen Kongruenzabbildungen zunächst funktionentheoretisch.

Aufgabe 9.1: Möbius-Transformationen im Poincaréschen Kreismodell

Wir betrachten für reelles φ und komplexes $b \in \mathbb{C}$ mit $|b| < 1$ die Menge aller Möbius-Transformationen der Form

$$M(z) := e^{i\varphi} \frac{z-b}{1-\bar{b}z}, \tag{9.8}$$

die wir im Folgenden kurz mit Aut(E) bezeichnen.

(a) Man zeige: Für jedes $M \in \text{Aut}(E)$ und alle $z \in E$ gilt auch $M(z) \in E$. Außerdem folgt aus $|z| = 1$ auch stets $|M(z)| = 1$.

(b) Man zeige: Die Menge Aut(E) bildet bzgl. der Komposition $\circ$ von Abbildungen eine Gruppe, die Gruppe der sogenannten H-Kongruenzabbildungen, so dass insbesondere nach der Teilaufgabe (a) durch $M \in \text{Aut}(E)$ der offene Einheitskreis E biholomorph auf sich abgebildet wird. Jedes $M \in \text{Aut}(E)$ bildet H-Geraden wieder auf H-Geraden ab.

(c) Es seien $P, Q \in E$ zwei H-Punkte, die wir im Folgenden auf kanonische Weise mit den entsprechenden komplexen Zahlen p und q vom Betrag kleiner als Eins identifizieren werden. Für $M \in \text{Aut}(E)$ setzen wir nun $p' = M(p)$, $q' = M(q)$. Man zeige die Invarianz des H-Abstandes:

$$d(p,q) = d(p',q').$$

Hinweis: Man ersetze in den Termen $|p' - q'|^2$ sowie $1 - |p'|^2$ bzw. $1 - |q'|^2$ die Zahlen p' bzw. q' durch $M(p)$ bzw. $M(q)$. Hierbei genügt es, für M jeweils eine reine Drehung bzw. eine Abbildung der Form (9.8) mit $\varphi = 0$ zu betrachten.

(d) Es seien $P, Q, R \in E$ drei aufeinanderfolgende H-Punkte auf einer H-Geraden g. Man zeige die Additivität des H-Abstandes:

$$d(P,R) = d(P,Q) + d(Q,R).$$

Hinweis: Man bringe die drei Punkte durch eine geschickte Anwendung von Möbius-Transformationen aus Aut(E) in die Speziallage, für die wir schon in Aufgabe 5.8 die Additivität des H-Abstandes bewiesen haben.

(e) Es sei $B \subseteq E$ eine offene Teilmenge, $M \in \text{Aut}(E)$ sowie $B' = M(B) := \{M(z) : z \in B\}$. Man zeige die Invarianz des H-Flächeninhaltes $|B|_H = |B'|_H$, d.h.

$$|B|_H = 4a^2 \iint\limits_{B} \frac{dx_1\, dx_2}{(1 - x_1^2 - x_2^2)^2} = 4a^2 \iint\limits_{B'} \frac{dx_1'\, dx_2'}{(1 - x_1'^2 - x_2'^2)^2} = |B'|_H.$$

Lösung:

(a) Es sei $M \in \text{Aut}(E)$ von der Form (9.8) gegeben, also

$$M(z) = e^{i\varphi} \frac{z-b}{1-\bar{b}z}.$$

mit $\varphi \in [0, 2\pi)$ und $|b| < 1$. Zunächst ist für $|z| = 1$ wegen $z\bar{z} = 1$ auch

$$|M(z)| = \left| z \cdot \frac{1 - b\bar{z}}{1 - \bar{b}z} \right| = |z| \frac{|1 - b\bar{z}|}{|1 - \bar{b}z|} = 1.$$

Wir haben zudem für alle $z \in \mathbb{C}$ mit $|z| < 1$ die folgenden Äquivalenzumformungen:

$$|M(z)| < 1 \Leftrightarrow \left| \frac{z - b}{1 - \bar{b}z} \right|^2 < 1$$

$$\Leftrightarrow |z - b|^2 < |1 - \bar{b}z|^2$$

$$\Leftrightarrow |z|^2 - z\bar{b} - \bar{z}b + |b|^2 < 1 - \bar{b}z - b\bar{z} + |\bar{b}z|^2$$

$$\Leftrightarrow |z|^2 + |b|^2 < 1 + |\bar{b}z|^2$$

$$\Leftrightarrow (1 - |z|^2)(1 - |b|^2) > 0,$$

wobei die letzte Ungleichung offensichtlich für $|b| < 1$ erfüllt ist. Damit ist die Teilaufgabe (a) gezeigt.

(b) In (9.8) ergibt sich für $\varphi = b = 0$, dass die Identität in $\mathrm{Aut}(E)$ liegt. Auch die zu M inverse Möbius-Transformation M^{-1} liegt wegen

$$M^{-1}(z) = \mathrm{e}^{-\mathrm{i}\varphi} \frac{z - (-b\mathrm{e}^{\mathrm{i}\varphi})}{1 - (-b\mathrm{e}^{\mathrm{i}\varphi})z}$$

wieder in $\mathrm{Aut}(E)$. Wir geben nun zwei Transformationen M_1, M_2 aus $\mathrm{Aut}(E)$ vor mit

$$M_1(z) = \mathrm{e}^{\mathrm{i}\varphi} \frac{z - b}{1 - \bar{b}z}, \quad M_2(z) = \mathrm{e}^{\mathrm{i}\psi} \frac{z - c}{1 - \bar{c}z},$$

und erhalten für deren Komposition:

$$(M_1 \circ M_2)(z) = \mathrm{e}^{\mathrm{i}\vartheta} \frac{z - d}{1 - \bar{d}z}.$$

Hierbei liegt

$$d := \frac{c\mathrm{e}^{\mathrm{i}\psi} + b}{\mathrm{e}^{\mathrm{i}\psi} + b\bar{c}} = \mathrm{e}^{-\mathrm{i}\psi} \frac{b + c\mathrm{e}^{\mathrm{i}\psi}}{1 + \overline{c\mathrm{e}^{\mathrm{i}\psi}}b}$$

nach der Teilaufgabe (a) wieder in E, und $\vartheta \in [0, 2\pi)$ muß so gewählt werden, dass gilt:

$$\mathrm{e}^{\mathrm{i}\vartheta} = -\frac{(M_1 \circ M_2)(0)}{d} = \mathrm{e}^{\mathrm{i}(\varphi + \psi)} \frac{1 + b\overline{(c\mathrm{e}^{\mathrm{i}\psi})}}{1 + \bar{b}(c\mathrm{e}^{\mathrm{i}\psi})}.$$

Also ist auch $M_1 \circ M_2 \in \mathrm{Aut}(E)$, und $(\mathrm{Aut}(E), \circ)$ eine nichtabelsche Gruppe mit der Identität als Neutralelement. Die Möbius-Transformationen aus $\mathrm{Aut}(E)$ sind also auch biholomorphe Abbildungen des Einheitskreises E. Da sie auf einer offenen Umgebung des abgeschlossenen Einheitskreises auch konform sind und den Rand

∂E von E auf sich abbilden, erhalten sie insbesondere die orthogonalen Schnittwinkel zwischen den H-Geraden und dem Einheitskreis. Somit bildet jedes $M \in \mathrm{Aut}(E)$ H-Geraden stets wieder auf H-Geraden ab.

(c) Der H-Abstand $d(P,Q)$ zweier H-Punkte P,Q berechnet sich aus der Formel

$$\sinh^2\left(\frac{d(P,Q)}{2a}\right) = \frac{(x_1 - y_1)^2 + (x_2 - y_2)^2}{(1 - x_1^2 - x_2^2)(1 - y_1^2 - y_2^2)},$$

die wir nach der Identifizierung der Punkte P, Q mit den komplexen Zahlen p, q auch in der folgenden Form schreiben können:

$$\sinh^2\left(\frac{d(p,q)}{2a}\right) = \frac{|p - q|^2}{(1 - |p|^2)(1 - |q|^2)}.$$

Aufgrund dieser Gleichung genügt es, die Invarianz des Quotienten

$$\frac{|p - q|^2}{(1 - |p|^2)(1 - |q|^2)}$$

unter den Transformationen aus $\mathrm{Aut}(E)$ nachzuweisen. Für eine reine Drehung der Form $M(z) = e^{i\varphi} z$ in der komplexen Zahlenebenen ist dies aufgrund der Invarianz der Euklid-Norm unter Drehungen sicherlich erfüllt. Es genügt daher aufgrund der in (b) gezeigten Gruppeneigenschaft der Transformationen aus $\mathrm{Aut}(E)$ von der Form (9.8), den Invarianz-Nachweis nur für die speziellen Transformationen

$$M(z) = \frac{z - b}{1 - \bar{b}z}$$

für beliebiges b mit $|b| < 1$ zu zeigen. Setzt man aber

$$p' := M(p), \qquad q' := M(q),$$

so folgt durch einfaches Nachrechnen einerseits

$$|p' - q'| = |p - q| \frac{1 - |b|^2}{|1 - \bar{b}p||1 - \bar{b}q|},$$

und andererseits

$$1 - |p'|^2 = (1 - |p|^2) \frac{1 - |b|^2}{|1 - \bar{b}p|^2},$$

$$1 - |q'|^2 = (1 - |q|^2) \frac{1 - |b|^2}{|1 - \bar{b}q|^2}.$$

(9.9)

Hieraus ergibt sich die Invarianz des H-Abstandes unter allen $M \in \mathrm{Aut}(E)$.

(d) Sind P, Q und R drei aufeinanderfolgende H-Punkte auf einer H-Geraden g mit Q zwischen P und R, und entspricht dem H-Punkt Q die komplexe Zahl q vom Betrag kleiner als Eins, so wird unter der Möbius-Transformation

$$M(z) := \frac{z - q}{1 - \overline{q}z}$$

der Punkt Q auf den Nullpunkt O abgebildet, die Punkte P, Q auf P', Q', und die H-Gerade g auf eine H-Gerade g' durch den Nullpunkt. Anschließend lassen sich die drei Punkte P', O und Q' noch in die gewünschte Speziallage auf der reellen Achse drehen, für die wir die H-Additivität in Aufgabe 5.8(a) schon gezeigt haben. Zusammen mit der Teilaufgabe (c) folgt dann die Behauptung.

(e) Der H-Flächeninhalt $|B|_H$ der offenen Teilmenge $B \subseteq E$ ist

$$|B|_H = 4a^2 \iint\limits_B \frac{\mathrm{d}x\,\mathrm{d}y}{(1 - x^2 - y^2)^2} .$$

Ist nun $M : E \to E$ eine (mitsamt ihrer Umkehrabbildung M^{-1} stetig differenzierbare) biholomorphe Abbildung, die wir gemäß $M = u + iv$ in Real- und Imaginärteil zerlegen, so ist aufgrund der Cauchy-Riemannschen Differentialgleichungen die Jacobi-Determinante von M für alle $(x, y) \in E$ gegeben durch

$$\mathrm{Det}\left(\frac{\partial(u, v)}{\partial(x, y)}(x, y) \right) = |M'(x + iy)|^2 ,$$

siehe Aufgabe 8.1(e). Damit liefert die Transformationsregel für jedes offene $B \subseteq E$:

$$|M(B)|_H = 4a^2 \iint\limits_B \frac{|M'(x + iy)|^2 \, \mathrm{d}x \, \mathrm{d}y}{(1 - |M(x + iy)|^2)^2} , \tag{9.10}$$

und dies gilt auch für $|M(B)|_H = \infty$.

Für eine Drehung um den Ursprung $M(z) = e^{i\varphi} z$ folgt daraus sofort die Invarianz $|B|_H = |M(B)|_H$. Ist dagegen M von der Form $M(z) = \dfrac{z - b}{1 - \overline{b}z}$ mit $|b| < 1$, so erhalten wir einerseits für jedes $z \in E$

$$M'(z) = \frac{1 - |b|^2}{(1 - \overline{b}z)^2} \tag{9.11}$$

und andererseits nach der Gleichung (9.9) aus der Teilaufgabe (c)

$$1 - |M(z)|^2 = (1 - |z|^2) \frac{1 - |b|^2}{|1 - \overline{b}z|^2} . \tag{9.12}$$

Aus (9.10), (9.11) und (9.12) folgt nun auch hier $|B|_H = |M(B)|_H$.

Aufgabe 9.2: Das Halbebenenmodell der hyperbolischen Geometrie
Hier wird das Kreismodell auf das Halbebenenmodell übertragen. Wir erinnern an die Cayley-Transformation $T_C : H \to E$ und ihre Umkehrabbildung $T_C^{-1} : E \to H$ mit

$$T_C(w) = \frac{w-i}{w+i}, \qquad T_C^{-1}(z) = i\,\frac{1+z}{1-z} = \frac{iz+i}{-z+1}.$$

Den H-Abstand $\tilde{d}(w_1, w_2)$ zweier H-Punkte $w_1, w_2 \in H$ haben wir im Halbebenenmodell erklärt gemäß

$$\tilde{d}(w_1, w_2) = d\big(T_C(w_1), T_C(w_2)\big),$$

wobei $d(p,q)$ mit $p,q \in E$ der H-Abstand im Kreismodell ist. Man zeige:

(a) Die Möbius-Transformationen der Form $M_A(z) = \dfrac{ez+f}{gz+h}$ mit regulärer und reeller Koeffizientenmatrix

$$A = \begin{pmatrix} e & f \\ g & h \end{pmatrix} \in \mathbb{R}^{2\times2} \quad \text{und} \quad \text{Det}(A) = eh - fg > 0$$

bilden eine Gruppe bzgl. der Komposition von Abbildungen, die Gruppe $\text{Aut}(H)$, und für alle $M_A \in \text{Aut}(H)$ gilt: $T_C \circ M_A \circ T_C^{-1} \in \text{Aut}(E)$, siehe Aufgabe 9.1. Es ist $\text{Aut}(H)$ die Gruppe der orientierungstreuen H-Kongruenzabbildungen im Halbebenenmodell.

(b) Es sei $w = u + iv \in H$ bzw. $w + dw = (u + du) + i(v + dv) \in H$ für $u, du \in \mathbb{R}$ und $v, v + dv > 0$. Dann ist für infinitesimale du, dv der H-Abstand $\tilde{d}(w, w+dw)$ gegeben durch $\tilde{d}(w, w+dw) = \frac{a^2}{v^2}(du^2 + dv^2)$ mit dem Metriktensor

$$\tilde{g}_{11}(u,v) = \tilde{g}_{22}(u,v) = a^2/v^2, \quad \tilde{g}_{12}(u,v) = 0.$$

(c) Der H-Flächeninhalt einer offenen Teilmenge $B \subseteq H$ ist im Halbebenenmodell gegeben durch $a^2 \displaystyle\int_B \frac{du\,dv}{v^2}$, und er ist invariant unter allen Transformationen aus $\text{Aut}(H)$.

(d) Ein H-Dreieck Δ mit Innenwinkeln α, β, γ hat den endlichen H-Flächeninhalt $a^2(\pi - \alpha - \beta - \gamma)$.
Hinweis: Man reduziere das Problem auf den Fall eines entarteten hyperbolischen Dreiecks mit einem H-Randpunkt in $i \cdot \infty$.

Lösung:
Wir bezeichnen zur Unterscheidung die H-Punkte des Kreismodells meist mit $z = x + iy \in E$, die Koordinaten von z sind dann $x \in \mathbb{R}$ bzw. $y \in \mathbb{R}$ mit $x^2 + y^2 < 1$, die allgemeinen H-Punkte des Halbebenenmodells dagegen mit $w = u + iv \in H$ und den Koordinaten $u \in \mathbb{R}$ bzw. $v > 0$.

(a) Die Möbius-Transformationen $M_A \in \text{Aut}(H)$ mit reeller Koeffizientenmatrix $A \in \mathbb{R}^{2\times2}$ und positiver Determinante $\text{Det}(A) > 0$ bilden nach dem Multiplikationssatz für Determinanten und dem Resultat aus Aufgabe 8.17(d) eine Gruppe. Wir zeigen genauer, dass $(\text{Aut}(H), \circ)$ eine isomorphe Version der Gruppe $(\text{Aut}(E), \circ)$ vom Kreismodell darstellt und entsprechend die orientierungstreuen H-Kongruenzabbildungen im Halbebenenmodell liefert.

Es sei hierzu zunächst $M_A \in \text{Aut}(H)$ gegeben. Verwenden wir die Matrixdarstellung der Möbius-Transformationen T_C, M_A und T_C^{-1}, so erhalten wir nach Aufgabe 8.17(d) durch Berechnung eines einfachen Matrizenproduktes die Darstellung

$$T_C \circ M_A \circ T_C^{-1} = M_B$$

mit der Matrix

$$B = \begin{pmatrix} +(g-f)+\mathrm{i}(e+h) & +(g+f)+\mathrm{i}(e-h) \\ -(g+f)+\mathrm{i}(e-h) & -(g-f)+\mathrm{i}(e+h) \end{pmatrix}.$$

Aufgrund der Determinantenbedingung $eh - fg > 0$ ist $-(g-f)+\mathrm{i}(e+h) \neq 0$, so dass wir die darstellende Matrix B auch ersetzen können durch die Matrix

$$B' = \begin{pmatrix} \eta & b\,\eta \\ \bar{b} & 1 \end{pmatrix},$$

wobei $M_B = M_{B'}$ gilt,

$$\eta := \frac{+(g-f)+\mathrm{i}(e+h)}{-(g-f)+\mathrm{i}(e+h)}$$

den Betrag Eins hat und

$$b := \frac{+(g+f)+\mathrm{i}(e-h)}{+(g-f)+\mathrm{i}(e+h)} \in E$$

gilt wegen

$$|b|^2 < 1 \Leftrightarrow (g+f)^2 + (e-h)^2 < (g-f)^2 + (e+h)^2$$
$$\Leftrightarrow 4\,(eh - fg) > 0.$$

Es folgt somit $M_B \in \text{Aut}(E)$. Um zu zeigen, dass $\text{Aut}(H)$ die Gruppe der orientierungstreuen H-Kongruenzabbildungen im Halbebenenmodell ist, muß also nach Aufgabe 9.1(b), wo wir die Gruppenstruktur von $\text{Aut}(E)$ nachgewiesen haben, nur noch sichergestellt werden, dass sich auch *jedes* $M_B \in \text{Aut}(E)$ in der Form

$$T_C \circ M_A \circ T_C^{-1} = M_B \quad \Leftrightarrow \quad M_A = T_C^{-1} \circ M_B \circ T_C$$

mit passendem $M_A \in \text{Aut}(H)$ schreiben läßt. Wir betrachten für $M_B \in \text{Aut}(E)$ zunächst eine reine Nullpunktsdrehung mit der darstellenden Matrix

$$B := \begin{pmatrix} e^{i\varphi} & 0 \\ 0 & 1 \end{pmatrix},$$

wobei $0 < \varphi < 2\pi$ gelten soll, und erhalten $M_A = T_C^{-1} \circ M_B \circ T_C \in \text{Aut}(H)$ für die Matrix

$$A := \begin{pmatrix} \sin\varphi & 1 - \cos\varphi \\ -1 + \cos\varphi & \sin\varphi \end{pmatrix} \in \mathbb{R}^{2\times 2}$$

mit positiver Determinante $\text{Det}(A) = 2(1 - \cos\varphi)$.
Im zweiten Falle legen wir für $M_B \in \text{Aut}(E)$ eine Matrix der Form

$$B = \begin{pmatrix} 1 & b \\ \bar{b} & 1 \end{pmatrix} \quad \text{mit} \quad b = b_1 + i b_2 \in E \ (b_1, b_2 \in \mathbb{R})$$

zugrunde, und erhalten $M_A = T_C^{-1} \circ M_B \circ T_C \in \text{Aut}(H)$ für die Matrix

$$A := \begin{pmatrix} 1 + b_1 & -b_2 \\ -b_2 & 1 - b_1 \end{pmatrix} \in \mathbb{R}^{2\times 2}$$

mit positiver Determinante $1 - |b|^2$.
Aus beiden Fallunterscheidungen und der Gruppenstruktur von $\text{Aut}(E)$, siehe Aufgabe 9.1(b), folgt nun sofort die Lösung von Teilaufgabe (a).

(b) ist eine Anwendung der Transformationsregel für den Metriktensor sowie für die Cauchy-Riemannschen Differentialgleichungen, mit deren Hilfe sich hier das Transformationsgesetz auf eine besonders einfache Form bringen lässt:
In Aufgabe 5.8 haben wir für den Metriktensor im Kreismodell gefunden:

$$G(z) = \begin{pmatrix} g_{11}(z) & g_{12}(z) \\ g_{21}(z) & g_{22}(z) \end{pmatrix} = \frac{4a^2}{(1 - |z|^2)^2} \cdot \begin{pmatrix} 1 & 0 \\ 0 & 1 \end{pmatrix} \in \mathbb{R}^{2\times 2} \quad \forall z \in E. \qquad (9.13)$$

Schreiben wir, wie schon vereinbart, die Punkte von E in der Form $z = x + iy$, aber die Punkte von H in der Form $w = u + iv$, so gilt $T_C(w) = 1 - 2i/(w+i)$, und folglich für die Ableitung der Cayley-Transformation:

$$T_C'(w) = \frac{2i}{(w+i)^2}. \qquad (9.14)$$

Bezeichnen wir mit $\dfrac{\partial(x,y)}{\partial(u,v)}(w)$ die reelle 2×2-Jacobi-Matrix der Ableitung $T_C'(w)$, so gilt für den gesuchten Metriktensor im Halbebenenmodell

$$\tilde{G}(w) = \begin{pmatrix} \tilde{g}_{11}(w) & \tilde{g}_{12}(w) \\ \tilde{g}_{21}(w) & \tilde{g}_{22}(w) \end{pmatrix} \in \mathbb{R}^{2\times 2}$$

in Matrixform nach dem allgemeinen Transformationsgesetz (5.9)

$$\tilde{G}(w) = \frac{\partial(x,y)}{\partial(u,v)}(w)^T \ G\big(T_C(w)\big) \ \frac{\partial(x,y)}{\partial(u,v)}(w) \quad \forall w \in H. \tag{9.15}$$

Aus den Cauchy-Riemannschen Differentialgleichungen folgt aber mit (9.14) auch ohne explizite Kenntnis der Komponenten von $\frac{\partial(x,y)}{\partial(u,v)}(w)$:

$$\frac{\partial(x,y)}{\partial(u,v)}(w)^T \frac{\partial(x,y)}{\partial(u,v)}(w) = |T_C'(w)|^2 \cdot \begin{pmatrix} 1 & 0 \\ 0 & 1 \end{pmatrix} = \frac{4}{|w+i|^4} \cdot \begin{pmatrix} 1 & 0 \\ 0 & 1 \end{pmatrix} \quad \forall w \in H.$$

Nach (9.13) und (9.15) erhalten wir somit

$$\tilde{G}(w) = \frac{4a^2}{(1 - |T_C(w)|^2)^2} \cdot \frac{4}{|w+i|^4} \cdot \begin{pmatrix} 1 & 0 \\ 0 & 1 \end{pmatrix},$$

wonach sich die Lösung der Teilaufgabe (b) aus folgender für jedes $w = u + iv \in H$ gültigen Gleichung ergibt:

$$\frac{4a^2}{(1 - |T_C(w)|^2)^2} \cdot \frac{4}{|w+i|^4} = \frac{16a^2}{(|w+i|^2 - |w-i|^2)^2} = \frac{a^2}{v^2}.$$

Weniger formal folgt dies auch aus der Gleichung

$$\sinh^2\left(\frac{\tilde{d}(w, w+dw)}{2a}\right) = \sinh^2\left(\frac{d\big(T_C(w), T_C(w+dw)\big)}{2a}\right),$$

durch quadratische Taylorentwicklung im Punkt w, wonach dann insbesondere der Ausdruck $T_C(w + dw)$ durch $T_C(w) + T_C'(w) \, dw$ ersetzt wird.

(c) Bezeichnen wir den H-Flächeninhalt einer offenen Menge $B \subseteq H$ im Halbebenenmodell zur Unterscheidung zum Kreismodell mit $|B|_{\tilde{H}}$, so gilt nach der allgemeinen Transformationsformel für Oberflächenintegrale:

$$|B|_{\tilde{H}} = |T_C(B)|_H. \tag{9.16}$$

Gegeben sei nun ein beliebiges $M \in \text{Aut}(H)$. Da nach der ersten Teilaufgabe die Möbius-Transformation $T_C \circ M \circ T_C^{-1}$ in $\text{Aut}(E)$ liegt, erhalten wir nach der bereits bewiesenen Invarianz des H-Flächenmaßes $|\cdot|_H$ im Kreismodell unter den Transformationen aus $\text{Aut}(E)$ nach (9.16):

$$\begin{aligned}
|M(B)|_{\tilde{H}} &= |(T_C \circ M)(B)|_H \\
&= |(T_C \circ M \circ T_C^{-1})(T_C(B))|_H \\
&= |T_C(B)|_H \\
&= |B|_{\tilde{H}},
\end{aligned}$$

womit auch die Invarianz des H-Flächeninhaltes im Halbebenenmodell folgt. Nach der Teilaufgabe (b) haben wir zudem im Halbebenenmodell:

$$|B|_{\tilde{H}} = \int\limits_B \sqrt{\tilde{g}_{11}(u,v)\tilde{g}_{22}(u,v) - \tilde{g}_{12}^2(u,v)}\,\mathrm{d}u\,\mathrm{d}v = a^2 \int\limits_B \frac{\mathrm{d}u\,\mathrm{d}v}{v^2}.$$

(d) Hier werden die H-Flächeninhalte der H-Dreiecke in Analogie zur Geometrie der Kugeloberfläche allein mit Hilfe der Innenwinkel berechnet. Euklidische und hyperbolische Winkel sind bei den von uns betrachteten beiden Modellen (Kreismodell und Halbebenenmodell) stets gleich, so dass wir hyperbolische Winkel nicht mit dem Präfix "H" versehen müssen. Es gibt aber andere Modelle der hyperbolischen Geometrie, die diese Winkeltreue nicht besitzen, wo also zwischen beiden Begriffen sorgfältig unterschieden werden muß. Die von uns im Folgenden hergeleitete Flächenformel für H-Dreiecke ist aber dennoch unabhängig vom Modell, wenn man in ihr nur die Winkel α, β, γ als hyperbolische Winkel interpretiert.

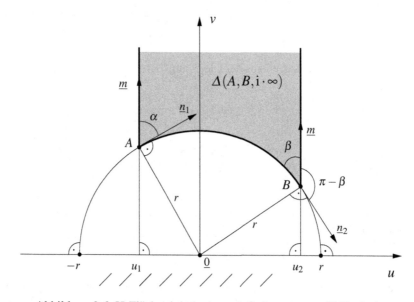

Abbildung 9.6: H-Flächeninhalt eines einfach entarteten H-Dreiecks

Wir zeigen nun, dass das sogenannte einfach asymptotisch entartete H-Dreieck mit den beiden H-Eckpunkten A und B und dem ausgezeichneten H-Randpunkt $i \cdot \infty$ als drittem "H-Eckpunkt" in Abbildung 9.6 den endlichen H-Fächeninhalt $a^2(\pi - \alpha - \beta)$ besitzt. Ohne Beschränkung der Allgemeinheit möge der Euklidische Mittelpunkt der H-Geraden durch $A = (u_1, v_1) \in H$ und $B = (u_2, v_2) \in H$ mit Euklidischem Radius r wie in Abbildung 9.6 mit dem Koordinatenursprung zusammenfallen. Es sei $\underline{m} := \begin{pmatrix} 0 \\ 1 \end{pmatrix}$ der Einheitsvektor in Richtung der Imaginärachse, den wir an die H-Punkte A und B anheften wollen, und

$$\underline{n}_1 := \frac{1}{r} \begin{pmatrix} \sqrt{r^2 - u_1^2} \\ -u_1 \end{pmatrix}, \quad \underline{n}_2 := \frac{1}{r} \begin{pmatrix} \sqrt{r^2 - u_2^2} \\ -u_2 \end{pmatrix}$$

die Tangenten-Einheitsvektoren zu den Berührpunkten A und B an die H-Gerade durch A und B. Wir erhalten dann zusammen mit $0 < \alpha < \pi$ bzw. $0 < \beta < \pi$ durch eindeutige Umkehrung für die Winkel α, β in Abbildung 9.6 die beiden Beziehungen

$$\arcsin(\frac{u_1}{r}) = \alpha - \frac{\pi}{2}, \quad \arcsin(\frac{u_2}{r}) = (\pi - \beta) - \frac{\pi}{2} = \frac{\pi}{2} - \beta .$$

Hiermit berechnet man nach der Teilaufgabe (c) den H-Flächeninhalt des entarteten H-Dreiecks $\Delta(A, B, \mathrm{i} \cdot \infty)$ mit den Eckpunkten A, B, $\mathrm{i} \cdot \infty$ und mit den Notationen aus Abbildung 9.6 gemäß

$$|\Delta(A, B, \mathrm{i} \cdot \infty)|_{\tilde{H}} = a^2 \int_{\Delta(A, B, \mathrm{i} \cdot \infty)} \frac{du\, dv}{v^2} = a^2 \int_{u_1}^{u_2} \int_{\sqrt{r^2 - u^2}}^{\infty} \frac{dv}{v^2}\, du$$

$$= a^2 \int_{u_1}^{u_2} \frac{du}{\sqrt{r^2 - u^2}} = a^2 \left[\arcsin(\frac{u_2}{r}) - \arcsin(\frac{u_1}{r}) \right]$$

$$= a^2 (\pi - \alpha - \beta) .$$

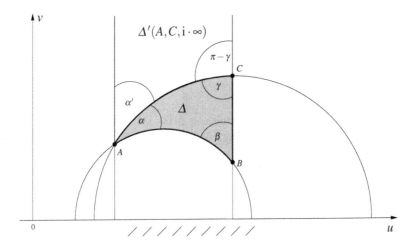

Abbildung 9.7: H-Flächeninhalt eines nicht entarteten H-Dreiecks

Zum Nachweis der Flächenformel für ein nicht entartetes H-Dreieck Δ mit den H-Eckpunkten A, B, C und zugehörigen Innenwinkeln α, β und γ legen wir die Notationen aus Abbildung 9.7 zugrunde, und erhalten endlich den gewünschten H-Flächeninhalt $|\Delta|_{\bar{H}}$ als Differenz der H-Flächeninhalte der beiden einfach entarteten H-Dreiecke $\Delta(A,B,i\cdot\infty)$ und $\Delta' = \Delta(A,C,i\cdot\infty)$ gemäß

$$\begin{aligned}
|\Delta|_{\bar{H}} &= |\Delta(A,B,i\cdot\infty)|_{\bar{H}} - |\Delta(A,C,i\cdot\infty)|_{\bar{H}}\\
&= a^2\left(\pi - (\alpha + \alpha') - \beta\right) - a^2\left((\pi - \alpha' - (\pi - \gamma)\right)\\
&= a^2\left(\pi - \alpha - \beta - \gamma\right).
\end{aligned}$$

Hierbei läßt sich jedes nichtentartete H-Dreieck, dessen H-Eckpunkte A, B und C im positiven Sinne orientiert seien, durch eine H-Kongruenzabbildung aus $\mathrm{Aut}(H)$ auf die in Abbildung 9.7 beschriebene Spezialform mit einer ausgezeichneten Halbgeraden durch B und C und dem H-Eckpunkt A auf der linken Seite bringen. Bei Anwendung dieser H-Kongruenzabbildung ändert sich der H-Flächeninhalt nach der Teilaufgabe (c) nicht. Wir haben also gezeigt, dass für jedes H-Dreieck Δ die Summe $\alpha + \beta + \gamma$ seiner Innenwinkel kleiner als $\pi = 180^0$ ist und die Differenz $\pi - (\alpha + \beta + \gamma)$ seinem H-Flächeninhalt proportional ist.

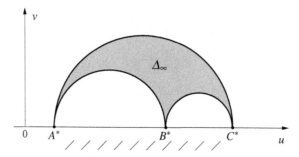

Abbildung 9.8: Dreifach entartetes H-Dreieck mit H-Randpunkten A^*, B^*, C^*.

Lassen wir daher alle drei H-Eckpunkte von Δ ins Unendliche auf den Rand der hyperbolischen Modell-Welt zulaufen, so erhalten wir ein dreifach entartetes bzw. asymptotisches H-Dreieck Δ_∞ mit formaler Innenwinkelsumme 0^0, siehe Abbildung 9.8, und maximalem H-Flächeninhalt πa^2.

Zusatz 9.1: Die H-Kongruenzabbildungen

Wir wissen bereits, dass jede konforme Abbildung, und dazu zählen insbesondere die Möbius-Transformationen, die orientierten Winkel erhalten. In Aufgabe 9.1(b) haben wir bzgl. der Komposition von Abbildungen die Gruppeneigenschaft der Möbius-Transformationen aus $\mathrm{Aut}(E)$ bewiesen. Diese Transformationen bilden die Gruppe der orientierungstreuen H-Kongruenzabbildungen im Poincaréschen Kreismodell. Daneben gibt es noch weitere H-Kongruenzabbildungen, die die Orientierung nicht erhalten. Hierzu zählen speziell für $0 < |b| < 1$ die H-Spiegelungen der Form

$$S(z) := \frac{\overline{b}}{b} \cdot \frac{b - \overline{z}}{1 - \overline{b}z},$$

unter denen diejenigen H-Geraden g invariant bleiben, die aus allen $z \in E$ bestehen mit

$$\left| z - \frac{1}{b} \right|^2 = \frac{1}{|b|^2} - 1 .$$

Die Punkte dieser H-Geraden sind genau die Fixpunkte der H-Spiegelung $S(z)$, und hierzu zählt insbesondere der Fixpunkt

$$z = \frac{\overline{b}}{1 + \sqrt{1 - |b|^2}} .$$

Um die Gruppe aller H-Kongruenzabbildungen im Poincaréschen Kreismodell zu erhalten, müssen wir bei frei wählbarem $b \in E$ und $\varphi \in \mathbb{R}$ neben den Möbius-Transformationen aus $\mathrm{Aut}(E)$ der Form

$$M(z) := \mathrm{e}^{i\varphi} \frac{z - b}{1 - \overline{b}z}$$

noch alle Kongruenzabbildungen

$$\overline{M}(z) := \mathrm{e}^{-i\varphi} \frac{\overline{z} - \overline{b}}{1 - b\overline{z}}$$

mit hinzunehmen, die allerdings nicht mehr holomorph sind.

Die in Abbildung 9.9 dargestellte Parkettierung der hyperbolischen Ebene ist eine interessante Anwendung der oben behandelten H-Kongruenzabbildungen. Hierzu betrachten wir im Einheitskreis E die drei H-Punkte

$$R_k = \sqrt{\frac{1 + \sqrt{2} - \sqrt{3}}{1 + \sqrt{2} + \sqrt{3}}} \; \mathrm{e}^{2\pi i k/3}, \quad k = 0, 1, 2 .$$

Diese bestimmen ein gleichseitiges H-Dreieck Δ mit drei H-Winkeln von jeweils $45°$. Eine diskrete Gruppe von H-Kongruenzabbildungen liefert die dargestellte Parkettierung, bei der sich jeweils acht H-Dreiecke einen gemeinsamen Eckpunkt teilen. Alle H-Dreiecke dieser Parkettierung sind dabei H-kongruent zu Δ.

Zusatz 9.2: Die biholomorphen Automorphismen von E

Es sei $f : E \to E$ eine biholomorphe Abbildung von E *auf* sich, d.h. f und f^{-1} analytisch. Dann gibt es eine Konstante $\varphi \in \mathbb{R}$ und eine Konstante $b \in E$ mit

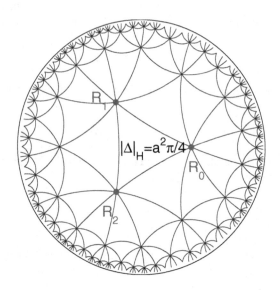

Abbildung 9.9: Parkettierung der hyperbolischen Ebene mit H-kongruenten gleich-seitigen H-Dreiecken vom H-Flächeninhalt $|\Delta|_H = a^2 \pi / 4$.

$$f(z) = e^{i\varphi} \frac{z - b}{1 - \bar{b}z} \quad \forall z \in E \,,$$

d.h. es ist $f \in \mathrm{Aut}(E)$ mit den Bezeichungsweisen von Aufgabe 9.1.

Beweis: In Aufgabe 9.1(b) haben wir bereits gezeigt, dass die Möbius-Transfor-mationen in $\mathrm{Aut}(E)$ von der oben genannten Form bzgl. der Komposition von Abbildungen eine Gruppe bilden, d.h. eine Untergruppe der Gruppe $\mathrm{Aut}_{holo}(E)$ *aller* biholomorphen Automorphismen von E. Wir erhalten also die Gleichheit $\mathrm{Aut}(E) = \mathrm{Aut}_{holo}(E)$ beider Gruppen, indem wir eine biholomorphe Abbildung $f : E \to E$ betrachten und zeigen, dass f in $\mathrm{Aut}(E)$ liegt:
Die Abbildung $\tilde{f} : E \to E$ mit

$$\tilde{f}(z) := \frac{f(z) - f(0)}{1 - \overline{f(0)}\, f(z)}$$

ist dann ebenfalls biholomorph mit $\tilde{f}(0) = 0$. Nach dem Schwarzschen Lemma aus Aufgabe 8.13, angewandt auf $\tilde{f}$ und $\tilde{f}^{-1} \in \mathrm{Aut}_{holo}(E)$, die beide 0 als Fixpunkt haben, gilt für alle $z \in E$:

$$|\tilde{f}(z)| \le |z| \,, \quad |z| = |\tilde{f}^{-1}(\tilde{f}(z))| \le |\tilde{f}(z)| \,,$$

also $|\tilde{f}(z)| = |z|$ für alle $z \in E$. Mit dem zweiten Teil des Schwarzschen Lemmas in Aufgabe 8.13 folgt dann, dass $\tilde{f}$ eine Nullpunktsdrehung $\tilde{f}(z) = \lambda z$ für alle $z \in E$ und eine Konstante $\lambda \in \partial E$ ist. Somit gilt für die Konstante $b := -\frac{f(0)}{\lambda}$:

$$f(z) = \lambda \frac{z-b}{1-\bar{b}z} \quad \forall z \in E,$$

was zu zeigen war. ∎

Zusatz 9.3: Die biholomorphen Automorphismen von H

Es sei $f : H \to H$ eine biholomorphe Abbildung der oberen Halbebene auf sich, d.h. f und f^{-1} sollen beide analytisch sein. Dann gibt es Konstanten $\alpha, \beta, \gamma, \delta \in \mathbb{R}$ mit $\alpha\delta - \beta\gamma > 0$ und

$$f(z) = \frac{\alpha z + \beta}{\gamma z + \delta} \quad \forall z \in H,$$

d.h. es ist $f \in \text{Aut}(H)$ gemäß Aufgabe 9.2.

Beweis: Dies folgt aus dem Zusatz 9.2 sowie der Aufgabe 9.2. ∎

Zusatz 9.4: Die analytische Beschreibung eines H-Kreises

Gegeben ist für $|b| < 1$ und $\varphi \in [0, 2\pi)$ die folgende Möbius-Transformation $M_A \in \text{Aut}(E)$ mit

$$M_A(z) := e^{i\varphi} \frac{z-b}{1-\bar{b}z}, \quad A := \begin{pmatrix} e^{i\varphi} & -be^{i\varphi} \\ -\bar{b} & 1 \end{pmatrix}. \tag{9.17}$$

Wir berechnen das Bild $M_A(B_r)$ eines beliebigen um den Nullpunkt zentrierten Kreises

$$K_r := \{z \in \mathbb{C} : |z| = r\} \tag{9.18}$$

mit Radius $0 < r < 1$. Nun ist aber $A = A_1 A_2 A_3$ mit

$$A_1 = \begin{pmatrix} \frac{1-|b|^2}{\bar{b}} e^{i\varphi} & -\frac{1}{\bar{b}} e^{i\varphi} \\ 0 & 1 \end{pmatrix}, \quad A_2 = \begin{pmatrix} 0 & 1 \\ 1 & 0 \end{pmatrix}, \quad A_3 = \begin{pmatrix} -\bar{b} & 1 \\ 0 & 1 \end{pmatrix},$$

und folglich nach Aufgabe 8.17:

$$M_A(K_r) = M_{A_1}\big(M_{A_2}\big(M_{A_3}(K_r)\big)\big).$$

Die Möbius-Transformationen M_{A_1}, M_{A_3} sind aber affin, während M_{A_2} die Inversion ist. Daher können wir nach der Aufgabe 8.17 alle Bildkreise explizit berechnen:

Zunächst gilt

$$M_{A_3}(K_r) = \{ z' \in \mathbb{C} : |z' - 1| = |b|\, r \}.$$

Dieser Kreis verläuft nicht durch den Nullpunkt, also können wir sein Bild unter der Inversion M_{A_2} gemäß Fall B aus der Aufgabe 8.17(c) berechnen:

$$M_{A_2}\left(M_{A_3}(K_r) \right) = \left\{ z'' \in \mathbb{C} : \left| z'' - \frac{1}{1 - r^2 |b|^2} \right| = \frac{|b|\, r}{1 - r^2 |b|^2} \right\}.$$

Hierauf wenden wir noch die affine Abbildung M_{A_3} an, und erhalten endlich:

$$M_A(K_r) = \left\{ z''' \in \mathbb{C} : \left| z''' + e^{i\varphi} \frac{b(1 - r^2)}{1 - r^2 |b|^2} \right| = r\, \frac{1 - |b|^2}{1 - r^2 |b|^2} \right\}. \tag{9.19}$$

Die Kreispunkte $z, z', z'', z''' \in \mathbb{C}$ stehen dabei für die sukzessiven Bilder $z' = M_{A_3}(z)$, $z'' = M_{A_2}(z')$ bzw. $z''' = M_{A_3}(z'') = M_A(z)$.

Hiermit sieht man erneut wie in der Lösung der Teilaufgabe (a), dass $M_A(K_r)$ wegen $0 < r < 1$ in E liegt, d.h. dass für $|b| < 1$ die Ungleichung

$$\frac{|b|(1 - r^2)}{1 - r^2 |b|^2} + r\, \frac{1 - |b|^2}{1 - r^2 |b|^2} < 1$$

gilt, die wir durch Äquivalenzumformung in die symmetrische Gestalt

$$1 - |b|\,(1 - r^2) - r\,(1 - |b|^2) - r^2\,|b|^2 > 0 \tag{9.20}$$

bringen können. Nun ist aber die linke Seite der Ungleichung (9.20) das Produkt

$$(1 - |b|)(1 - r)(1 - |b|\, r) > 0.$$

Es ist $z_E := -e^{i\varphi} \dfrac{b(1 - r^2)}{1 - r^2 |b|^2}$ der Euklidische Mittelpunkt und $r_E := r\, \dfrac{1 - |b|^2}{1 - r^2 |b|^2}$ der Euklidische Radius des Bildkreises $M_A(K_r)$ in (9.19). Wir können diesen Bildkreis aber auch wie folgt als H-Kreis mit H-Mittelpunkt z_H sowie dem H-Radius r_H auffassen:

Ein H-Kreis ist definiert als die Menge aller H-Punkte, die von einem gegebenen H-Mittelpunkt einen fest vorgegebenen H-Abstand r_H haben. Nach Lektion 5, Abschnitt 5.2 sind die konzentrischen Kreise K_r in (9.18) auch H-Kreise mit dem Nullpunkt als H-Mittelpunkt. Wegen der Invarianz des H-Abstandes unter der Möbius-Transformation M_A in (9.17) ist daher der Bildkreis $M_A(K_r)$ auch ein H-Kreis mit dem H-Mittelpunkt

$$z_H = M_A(0) = -e^{i\varphi}\, b \tag{9.21}$$

und dem H-Radius

$$r_H = 2a\, \operatorname{arsinh} \frac{r}{\sqrt{1 - r^2}} = a \log \frac{1 + r}{1 - r}. \tag{9.22}$$

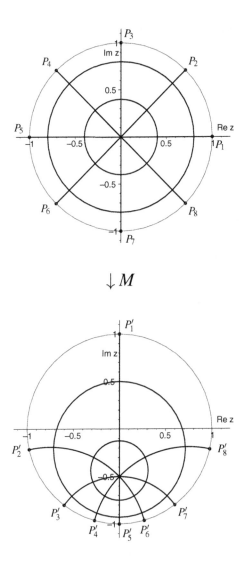

Abbildung 9.10: Bilder von H-Geraden und H-Kreisen unter der orientierungstreu-en H-Kongruenzabbildung $M(z) = \mathrm{e}^{\mathrm{i}\pi/2} \cdot \frac{2z-1}{2-z}$

H-Kreise im Poincaréschen Kreismodell sind also auch aus Euklidischer Sicht Krei-se, jedoch ist deren H-Mittelpunkt gegenüber dem Euklidischen Mittelpunkt umso stärker zum Rand des Einheitskreises hin verschoben, je größer r_H wird. Im Folgen-den nehmen wir $0 < |b| < 1$ an.

Das elliptische Kreisbüschel mit den beiden Fixpunkten $M_A(0) = z_H \in E$ bzw. $M_A(\infty) = -e^{i\varphi}/\overline{b} \notin E$ wird durch die inverse Möbius-Transformation M_A^{-1} auf das Geradenbüschel durch den Nullpunkt 0 und den Punkt ∞ abgebildet, und entsprechend werden die Bildkreise $M_A(K_r)$ aus dem hyperbolischen Kreisbüschel zu den Fixpunkten z_H und $-e^{i\varphi}/\overline{b}$ unter M_A^{-1} wieder auf die konzentrischen Kreise K_r zurücktransformiert. Das elliptische und hyperbolische Kreisbüschel sind daher ebenso zueinander orthogonal wie das Geradenbüschel durch den Nullpunkt zu den konzentrischen Kreisen K_r. Man beachte aber, dass die Fixpunkte z_H und $-e^{i\varphi}/\overline{b}$ dieses elliptisch-hyperbolischen Kreisbüschels nicht mit den Fixpunkten der Möbius-Transformation M_A verwechselt werden dürfen.

9.2 Dirichletsches Randwertproblem für die ebene Laplace-Gleichung

Problemstellung und Zusammenfassung der Resultate

In diesem Abschnitt untersuchen wir mit den Methoden der Funktionentheorie und Fourier-Reihen auf einem Gebiet $\Omega \subseteq \mathbb{C}$ das Dirichletsche Randwertproblem

$$\begin{aligned} \Delta u &= 0 \quad \text{in } \Omega, \\ u &= h \quad \text{auf } \partial\Omega \end{aligned} \tag{9.23}$$

der ebenen Laplace-Gleichung für eine geeignete Randvorgabe $h : \partial\Omega \to \mathbb{R}$. Das gesuchte Potential $u : \Omega \to \mathbb{R}$ ist dann eine harmonische Funktion. Wir beschränken uns hauptsächlich auf den Fall, dass Ω der Einheitskreis E bzw. die obere Halbebene H ist, betrachten aber gelegentlich auch noch allgemeinere Gebiete.

Für $\Omega = E$ und quadratisch integrierbare Randvorgaben $h : \partial E \to \mathbb{R}$ erhalten wir explizite Lösungsformeln für u sowie für die zu u konjugiert harmonische Funktion v in E, die u zu einer holomorphen Funktion $f = u + iv$ ergänzt.

Für stückweise stetige Randvorgaben h, d.h. alle einseitigen Grenzwerte $h_\pm$ von h sollen auf ∂E existieren und bis auf endlich viele Sprungstellen übereinstimmen, zeigen wir mit einer weiteren Methode die Existenz und Eindeutigkeit der Lösung u. Hierzu entwickeln wir ein sogenanntes Renormierungsverfahren, das mit Hilfe komplexer Logarithmusfunktionen Sprünge in Randvorgaben berücksichtigt. Wir verwenden schließlich noch die Verpflanzungsmethode, um mit Hilfe der Cayley-Transformation T_C in (9.1) bzw. ihrer Umkehrung T_C^{-1} in (9.2) die Darstellungsformel für u vom Einheitskreis E auf die Halbebene H zu übertragen.

In der Aufgabe 8.9(b) haben wir die Lösung des Randwertproblems (9.23) auf dem Einheitskreis $E := \{z \in \mathbb{C} : |z| < 1\}$ für Randdaten h einer holomorphen Funktion bereits mit der Poissonschen Integralformel konstruiert. Wenn wir das Argument $z = x + iy$ der reellen harmonischen Funktion u in Polarkoordinaten $z = re^{i\vartheta}$ mit $0 \le r < 1$ und $0 \le \vartheta < 2\pi$ umschreiben, lautet die Lösung:

$$u(re^{i\vartheta}) = \begin{cases} \dfrac{1-r^2}{2\pi} \displaystyle\int\limits_0^{2\pi} \dfrac{h(e^{i\varphi})\,d\varphi}{1-2r\cos(\vartheta-\varphi)+r^2} & \text{für } 0 \le r < 1\,, \\[2ex] h(re^{i\vartheta}) & \text{für } r = 1\,. \end{cases} \qquad (9.24)$$

Der für $0 \le r < 1$ definierte positive Ausdruck

$$P_r(\varphi) = \frac{1-r^2}{1-2r\cos\varphi+r^2} > 0$$

heißt der *Poissonsche Kern*. Die Lösung der Randwertaufgabe (9.23) läßt sich damit für $z = re^{i\vartheta} \in E$ wie folgt als Faltungsintegral darstellen:

$$u(re^{i\vartheta}) = (P_r * h)(\vartheta) := \frac{1}{2\pi} \int\limits_0^{2\pi} P_r(\vartheta-\varphi)h(e^{i\varphi})\,d\varphi\,.$$

Integralformeln von Poisson-Schwarz für den Einheitskreis und quadratisch integrierbare Randvorgaben

Wir wollen nun die Poissonsche Lösungsformel für allgemeinere *quadratisch integrierbare* reelle Randvorgaben $h : \partial E \to \mathbb{R}$ mit Hilfe von *Fourier-Reihen* herleiten. Darüber hinaus konstruieren wir zur harmonischen Lösung u noch die holomorphe Ergänzung, siehe auch Aufgabe 8.3.

Die Fourier-Reihe von h können wir dann mit reellen Koeffizienten h_0, a_n, b_n und $n \in \mathbb{N}$ in der Form

$$h(e^{i\varphi}) = h_0 + \sum_{n=1}^{\infty} [a_n \cos(n\varphi) + b_n \sin(n\varphi)]\,, \qquad \varphi \in \mathbb{R}\,, \qquad (9.25)$$

schreiben. Mit h ist dann auch die sogenannte *konjugierte Randfunktion* $\tilde{h} : \partial E \to \mathbb{R}$,

$$\tilde{h}(e^{i\varphi}) := \tilde{h}_0 + \sum_{n=1}^{\infty} [-b_n \cos(n\varphi) + a_n \sin(n\varphi)]\,, \qquad \varphi \in \mathbb{R}\,, \qquad (9.26)$$

eine wohldefinierte L_2-Funktion, wobei $\tilde{h}_0 \in \mathbb{R}$ eine (zunächst frei wählbare) Konstante ist. Beide Fourier-Reihen sind hier im Sinne der L_2-Konvergenz zu interpretieren. Überdies besitzen beide Funktionen h und $\tilde{h}$ im Spezialfall ihrer Mittelwertfreiheit dieselbe L_2-Norm aus Definition 7.3(a), denn aus der Parseval-Gleichung von Satz 6.13 folgt für $h_0 = \tilde{h}_0 = 0$:

$$\|h\|_2^2 = \|\tilde{h}\|_2^2 = \int\limits_0^{2\pi} |h(e^{i\varphi})|^2\,d\varphi = \pi \sum_{n=1}^{\infty} (a_n^2 + b_n^2)\,.$$

Nun definieren wir mit den Koeffizienten

$$c_0 := h_0 + i\tilde{h}_0, \quad c_n := a_n - ib_n, \quad n \in \mathbb{N}, \tag{9.27}$$

die komplexe Potenzreihe

$$f(z) := \sum_{n=0}^{\infty} c_n z^n, \tag{9.28}$$

die nach der Cauchy-Schwarzschen Ungleichung

$$\sum_{n=0}^{\infty} |c_n| |z|^n \leq \sqrt{\sum_{n=0}^{\infty} |c_n|^2} \cdot \sqrt{\sum_{n=0}^{\infty} |z|^{2n}}$$

für alle $z \in E$ (absolut) konvergiert und somit eine holomorphe Funktion $f : E \to \mathbb{C}$ darstellt. Wir zerlegen f gemäß $f = u + iv$ in $\mathrm{Re}(f) = u$ und $\mathrm{Im}(f) = v$. Hieraus folgt für $0 \leq r < 1$ und $\varphi \in \mathbb{R}$ aus (9.27) und (9.28)

$$\begin{aligned} u(re^{i\varphi}) &= h_0 + \sum_{n=1}^{\infty} r^n \mathrm{Re}\big((a_n - ib_n) \cdot (\cos(n\varphi) + i\sin(n\varphi))\big) \\ &= h_0 + \sum_{n=1}^{\infty} r^n [a_n \cos(n\varphi) + b_n \sin(n\varphi)] \end{aligned} \tag{9.29}$$

mit der folgenden L_2-Konvergenz (Konvergenz im quadratischen Mittel) gegen die Randfunktion h:

$$\lim_{r\uparrow 1} \int_0^{2\pi} |h(e^{i\varphi}) - u(re^{i\varphi})|^2 \, d\varphi = 0. \tag{9.30}$$

Zum anderen haben wir

$$\begin{aligned} v(re^{i\varphi}) &= \tilde{h}_0 + \sum_{n=1}^{\infty} r^n \mathrm{Im}\big((a_n - ib_n) \cdot (\cos(n\varphi) + i\sin(n\varphi))\big) \\ &= \tilde{h}_0 + \sum_{n=1}^{\infty} r^n [-b_n \cos(n\varphi) + a_n \sin(n\varphi)] \end{aligned} \tag{9.31}$$

mit der L_2-Konvergenz gegen die Randfunktion $\tilde{h}$:

$$\lim_{r\uparrow 1} \int_0^{2\pi} |\tilde{h}(e^{i\varphi}) - v(re^{i\varphi})|^2 \, d\varphi = 0. \tag{9.32}$$

Nun gilt aber

$$\sum_{k=-\infty}^{+\infty} r^{|k|} e^{ik\alpha} = 1 + 2 \cdot \sum_{k=1}^{\infty} r^k \cos(k\alpha) = \frac{1 - r^2}{1 - 2r\cos(\alpha) + r^2} \tag{9.33}$$

für $0 \leq r < 1$ und jedes $\alpha \in \mathbb{R}$ über die Zerlegung der geometrischen Reihen

$$\sum_{k=0}^{\infty} r^k \mathrm{e}^{ik\alpha} = \frac{1}{1 - r\mathrm{e}^{i\alpha}}, \quad \sum_{k=1}^{\infty} r^k \mathrm{e}^{-ik\alpha} = \frac{r\mathrm{e}^{-i\alpha}}{1 - r\mathrm{e}^{-i\alpha}}$$

in Real- bzw. Imaginärteil.

Aus den Orthogonalitätsrelationen für die trigonometrischen Funktionen folgt für alle $n \in \mathbb{N}_0$, $k \in \mathbb{N}$ mit dem Kronecker-Delta-Symbol δ_{nk}:

$$\int_0^{2\pi} \cos(n\varphi) \cos(k(\vartheta - \varphi)) \, \mathrm{d}\varphi = \pi \cos(n\vartheta) \delta_{nk},$$

$$\int_0^{2\pi} \sin(n\varphi) \cos(k(\vartheta - \varphi)) \, \mathrm{d}\varphi = \pi \sin(n\vartheta) \delta_{nk}. \tag{9.34}$$

Mit der Darstellung (9.25) der L_2-Randfunktion h und der harmonischen Funktion u in (9.29) erhalten wir nun unter Beachtung von (9.33), (9.34) erneut die Poissonsche Integralformel (9.24):

$$u(r\mathrm{e}^{i\vartheta}) = \frac{1}{2\pi} \sum_{k=-\infty}^{+\infty} \int_0^{2\pi} h(\mathrm{e}^{i\varphi}) r^{|k|} \mathrm{e}^{ik(\vartheta - \varphi)} \, \mathrm{d}\varphi$$

$$= \frac{1}{2\pi} \int_0^{2\pi} h(\mathrm{e}^{i\varphi}) \left[\sum_{k=-\infty}^{+\infty} r^{|k|} \mathrm{e}^{ik(\vartheta - \varphi)} \right] \mathrm{d}\varphi$$

$$= \frac{1}{2\pi} \int_0^{2\pi} h(\mathrm{e}^{i\varphi}) \frac{1 - r^2}{1 - 2r\cos(\vartheta - \varphi) + r^2} \, \mathrm{d}\varphi. \tag{9.35}$$

Die Vertauschbarkeit der Reihenbildung mit der Integration ist aufgrund der für $0 \le r \le R < 1$ gültigen gleichmäßigen Konvergenz der Reihe garantiert. Für alle $n \in \mathbb{N}_0$, $k \in \mathbb{N}$ gilt

$$\int_0^{2\pi} \cos(n\varphi) \sin(k(\vartheta - \varphi)) \, \mathrm{d}\varphi = \pi \sin(n\vartheta) \delta_{nk},$$

$$\int_0^{2\pi} \sin(n\varphi) \sin(k(\vartheta - \varphi)) \, \mathrm{d}\varphi = -\pi \cos(n\vartheta) \delta_{nk}. \tag{9.36}$$

Wir erhalten nun aus (9.25) und (9.31), (9.36) noch die Darstellung

$$v(re^{i\vartheta}) = \tilde{v}_0 + \frac{1}{2\pi} \sum_{k=1}^{\infty} \int_0^{2\pi} h(e^{i\varphi}) \cdot 2r^k \sin(k(\vartheta - \varphi)) \, d\varphi$$

$$= \tilde{v}_0 + \frac{1}{2\pi} \int_0^{2\pi} h(e^{i\varphi}) \left[\sum_{k=1}^{\infty} 2r^k \sin(k(\vartheta - \varphi)) \right] d\varphi$$

$$= \tilde{v}_0 + \frac{1}{2\pi} \int_0^{2\pi} h(e^{i\varphi}) \frac{2r\sin(\vartheta - \varphi)}{1 - 2r\cos(\vartheta - \varphi) + r^2} \, d\varphi. \qquad (9.37)$$

Bevor wir unsere Resultate zusammenfassen, benötigen wir folgende

Definition 9.1: Der Hardy-Raum $H_2(E)$
Der *Hardy Raum* $H_2(E)$ besteht aus allen holomorphen Funktionen $f : E \to \mathbb{C}$ mit

$$\|f\|_{H_2(E)} := \left(\frac{1}{2\pi} \sup_{0 < r < 1} \int_0^{2\pi} |f(re^{it})|^2 \, dt \right)^{\frac{1}{2}} < \infty. \qquad (9.38)$$

$\square$

Bemerkungen:

(1) Der Ausdruck $\|f\|_{H^2(E)}$ definiert dabei eine Norm auf $H_2(E)$. Ist nämlich

$$f(z) = \sum_{n=0}^{\infty} c_n z^n, \quad z \in E, \qquad (9.39)$$

die Taylor-Entwicklung von $f \in H^2(E)$ in $z = 0$, so gilt für $u := \mathrm{Re}(f)$ und $v := \mathrm{Im}(f)$ nach (9.29) und (9.31)

$$\|f\|_{H_2(E)} := \left(\frac{1}{2\pi} \lim_{r \uparrow 1} \int_0^{2\pi} |f(re^{it})|^2 \, dt \right)^{\frac{1}{2}},$$

d.h. das Supremum in (9.38) kann durch den Limes ersetzt werden. Es gilt

$$\|f\|_{H_2(E)}^2 = \sum_{n=0}^{\infty} |c_n|^2.$$

Damit ist $H_2(E)$ sogar ein komplexer Hilbertraum.

(2) Jedem $f \in H_2(E)$ mit der Darstellung (9.39) ordnen wir eine L_2-Randfunktion $f_{\partial E} : \partial E \to \mathbb{C}$ zu mittels der L_2-konvergenten Fourier-Reihe

$$f_{\partial E}(e^{it}) = \sum_{n=0}^{\infty} c_n e^{int}, \quad t \in \mathbb{R}.$$

Hierbei ist $f_{\partial E} = h + i\tilde{h}$ mit $\|f_{\partial E}\|_2^2 = 2\pi\|f\|_{H_2(E)}^2$, und aus (9.30), (9.32) folgt

$$\lim_{r\uparrow 1} \int_0^{2\pi} |f(re^{it}) - f_{\partial E}(e^{it})|^2 \, dt = 0.$$

(3) Die Behandlung holomorpher Funktionen mit L_p-Randfunktionen führt auf die allgemeine Theorie der Hardy-Räume. Wir verweisen hierfür auf das Lehrbuch von Rudin [37, Chapter Seventeen] sowie auf die Monographien von Garnett [17], Hoffman [22] und Koosis [28]. □

Schon im Jahre 1870 gab Hermann Amandus Schwarz (1843-1921) eine Integral-formel für analytische Funktionen f an, in der nur noch über den Realteil h von f auf dem Rand integriert werden muß. Diese Integralformel steht uns nun für jede holomorphe Funktionen $f : E \to \mathbb{C}$ im Hardy-Raum $H_2(E)$ zur Verfügung:

Satz 9.2: Integralformeln von Poisson-Schwarz für den Einheitskreis
Es seien $f \in H_2(E)$ und $h(z) := \text{Re}(f_{\partial E}(z))$ bzw. $\tilde{h}(z) := \text{Im}(f_{\partial E}(z))$ für $z \in \partial E$ der Realteil bzw. der Imaginärteil der L_2-Randfunktion $f_{\partial E}$ von f.

(a) Für alle $z \in E$ gilt die Integralformel von Schwarz:

$$f(z) = i\,\text{Im}(f(0)) + \frac{1}{2\pi i} \int_{\partial E} h(w) \frac{w+z}{w-z} \frac{dw}{w}$$

$$= i\,\text{Im}(f(0)) + \frac{1}{2\pi} \int_{-\pi}^{\pi} h(e^{i\varphi}) \frac{e^{i\varphi}+z}{e^{i\varphi}-z} \, d\varphi.$$

(b) Ist weiterhin $f(z) = u(z) + iv(z)$ die Zerlegung von f in Real- und Imaginärteil, so gelten bei $0 \le r < 1$ für alle $z = re^{i\vartheta} \in E$ die Poisson-Schwarzschen Formeln

$$u(re^{i\vartheta}) = \frac{1}{2\pi} \int_0^{2\pi} h(e^{i\varphi}) \frac{1-r^2}{1-2r\cos(\vartheta-\varphi)+r^2} \, d\varphi,$$

$$v(re^{i\vartheta}) = \text{Im}(f(0)) + \frac{1}{2\pi} \int_0^{2\pi} h(e^{i\varphi}) \frac{2r\sin(\vartheta-\varphi)}{1-2r\cos(\vartheta-\varphi)+r^2} \, d\varphi.$$

(c) Für $z = e^{i\vartheta} \in \partial E$, d.h. auf der Kreislinie, besitze $h(e^{i\vartheta})$ die Fourier-Entwicklung

$$h(e^{i\vartheta}) = \text{Re}(f(0)) + \sum_{n=1}^{\infty} [a_n \cos(n\vartheta) + b_n \sin(n\vartheta)].$$

Dann hat $\tilde{h}(e^{i\vartheta})$ die Fourier-Entwicklung

$$\tilde{h}(e^{i\vartheta}) = \text{Im}(f(0)) + \sum_{n=1}^{\infty} [-b_n \cos(n\vartheta) + a_n \sin(n\vartheta)]. \qquad \square$$

Beweis: Die Teilaussagen (b) bzw. (c) dieses Satzes folgen bereits aus den Beziehungen (9.35), (9.37) bzw. (9.25), (9.26). Für den Nachweis von (a) muß nur noch mit $f(0) = h_0 + i\tilde{h}_0 = c_0$ die Darstellung

$$u(re^{i\vartheta}) + iv(re^{i\vartheta}) = i\tilde{h}_0 + \frac{1}{2\pi} \int\limits_{-\pi}^{\pi} h(e^{i\varphi}) \frac{e^{i\varphi} + re^{i\vartheta}}{e^{i\varphi} - re^{i\vartheta}} \, d\varphi$$

gezeigt werden. Diese ergibt sich aber direkt aus (9.35), (9.37), indem man vom Ausdruck $\dfrac{e^{i\varphi} + re^{i\vartheta}}{e^{i\varphi} - re^{i\vartheta}}$ den Real- bzw. Imaginärteil bildet. Man beachte, dass aufgrund der 2π-Periodizität der Integranden der Integrationsbereich $[0, 2\pi]$ auch durch $[-\pi, \pi]$ ersetzt werden kann, was gelegentlich von Vorteil ist. ∎

Stetig auf den Rand fortsetzbare Lösungen und deren Eindeutigkeit

Mit dem folgenden Satz lösen wir unabhängig von der eben vorgestellten Methode das Randwertproblem (9.23) für stetige Randvorgaben h. Der Satz garantiert dann eine Lösung u, die sich stetig bis auf den Rand ∂E fortsetzen läßt:

Satz 9.3: Stetig auf den Rand fortsetzbare Lösungen im Einheitskreis
Für die stetige Randfunktion $h : \partial E \to \mathbb{R}$ sei $u : E \to \mathbb{R}$ gemäß der Poissonschen Integralformel in (9.24) gegeben. Dann läßt sich u auf die kompakte Kreisscheibe $\overline{E}$ stetig fortsetzen mit $u(z) = h(z)$ für alle $z \in \partial E$. □

Beweis: Die Randfunktion schreiben wir aus beweistechnischen Gründen in der Form $\hat{h}(\alpha) := h(e^{i\alpha})$ mit beliebigem $\alpha \in \mathbb{R}$.
Bei der für $0 \leq r < 1$ gültigen gliedweisen Integration der linken Seite von (9.33) von $\alpha = -\pi$ bis $\alpha = \pi$ verschwinden alle Summanden mit $k \neq 0$, während sich für $k = 0$ der Integralwert 1 ergibt. Somit ist für alle r mit $0 \leq r < 1$:

$$1 = \frac{1 - r^2}{2\pi} \int\limits_{-\pi}^{\pi} \frac{d\vartheta}{1 + r^2 - 2r\cos\vartheta} \, .$$

Wir schreiben $z = re^{i\varphi}$ mit $0 \leq r < 1$ und $\varphi \in \mathbb{R}$, und erhalten mit der Abkürzung $\hat{h}(\varphi) = h(e^{i\varphi})$ aus der Poissonsche Integralformel aufgrund der vorigen Gleichung und der 2π-Periodizität des Integranden die Beziehung

$$u(re^{i\varphi}) - \hat{h}(\varphi) = \frac{1 - r^2}{2\pi} \int\limits_{-\pi}^{\pi} \frac{\hat{h}(\varphi + \vartheta) - \hat{h}(\varphi)}{1 + r^2 - 2r\cos\vartheta} \, d\vartheta \, . \tag{9.40}$$

Wegen der Stetigkeit von h sind für $0 < \delta < \pi$ die folgenden beiden Größen wohldefiniert:

$$M := \max_{0 \le \vartheta < 2\pi} |\hat{h}(\vartheta)|, \quad \omega(\delta, \varphi) := \max_{|\vartheta| \le \delta} |\hat{h}(\varphi + \vartheta) - \hat{h}(\varphi)|.$$

Damit gilt für $0 < \delta < \pi$ und $0 \le r < 1$ aufgrund der Positivität des Poissonschen Kernes zum einen die Abschätzung

$$\left| \frac{1 - r^2}{2\pi} \int_{-\delta}^{\delta} \frac{\hat{h}(\varphi + \vartheta) - \hat{h}(\varphi)}{1 + r^2 - 2r \cos \vartheta} \, d\vartheta \right| \le \omega(\delta, \varphi), \tag{9.41}$$

und zum anderen mit der Abkürzung $\displaystyle \int_{\delta \le |\vartheta| \le \pi} f(\vartheta) \, d\vartheta := \int_{-\pi}^{-\delta} f(\vartheta) \, d\vartheta + \int_{\delta}^{\pi} f(\vartheta) \, d\vartheta$

und der Symmetrie des Poissonschen Kernes die Abschätzung

$$\left| \frac{1 - r^2}{2\pi} \int_{\delta \le |\vartheta| \le \pi} \frac{\hat{h}(\varphi + \vartheta) - \hat{h}(\varphi)}{1 + r^2 - 2r \cos \vartheta} \, d\vartheta \right|$$

$$\le 2M \cdot \frac{1 - r^2}{2\pi} \int_{\delta \le |\vartheta| \le \pi} \frac{d\vartheta}{1 + r^2 - 2r \cos \vartheta} \tag{9.42}$$

$$\le 2M \frac{2(\pi - \delta)}{2\pi} \frac{1 - r^2}{1 + r^2 - 2r \cos \delta} \le 2M \frac{(\pi - \delta)}{\pi} \frac{1 - r^2}{2r - 2r \cos \delta}$$

$$\le \frac{M}{r} \frac{1 - r^2}{1 - \cos \delta}.$$

Wegen der für jedes reelle φ_0 gültigen Dreiecksungleichung

$$|u(re^{i\varphi}) - \hat{h}(\varphi_0)| \le |u(re^{i\varphi}) - \hat{h}(\varphi)| + |\hat{h}(\varphi) - \hat{h}(\varphi_0)|.$$

erhalten wir mit (9.40), (9.41), (9.42) für alle r mit $0 \le r < 1$, für alle $\delta \in (0, \pi)$ sowie für alle reellen φ, φ_0 die Ungleichung

$$|u(re^{i\varphi}) - \hat{h}(\varphi_0)| \le \omega(\delta, \varphi) + \frac{M}{r} \frac{1 - r^2}{1 - \cos \delta} + |\hat{h}(\varphi) - \hat{h}(\varphi_0)|.$$

Mit dieser Ungleichung wollen wir nun den Grenzübergang $re^{i\varphi} \to e^{i\varphi_0}$ zum Rand ∂E des Einheitskreises studieren.
Wir wählen hierzu $\delta = \delta(r)$ gemäß

$$\delta(r) := (1 - r^2)^{1/4}$$

in Abhängigkeit von r, und erhalten wegen $0 < \delta(r) < 1 < \pi/2$ aufgrund der für $0 < x \le \pi/2$ gültigen Ungleichung $\sin x \ge \dfrac{2}{\pi} x$ die Abschätzung

$$\frac{M}{r}\frac{1-r^2}{1-\cos\delta(r)} = \frac{M}{r}\frac{(1-r^2)(1+\cos\delta(r))}{\sin^2\delta(r)} \leq \frac{M\pi^2}{2r}\sqrt{1-r^2},$$

bei der die rechte Seite der letzten Ungleichung für $r\uparrow 1$ verschwindet.

Es sei nun $\varepsilon > 0$ beliebig gegeben. Die stetige Funktion h ist auf dem kompakten Definitionsbereich ∂E definiert, so dass die 2π-periodische Funktion $\hat{h}$ sogar gleichmäßig stetig ist. Damit gibt es zu $\varepsilon > 0$ eine Konstante $\eta > 0$, so dass

$$|\vartheta| < \eta \;\Rightarrow\; |\hat{h}(\varphi+\vartheta) - \hat{h}(\varphi)| < \varepsilon/3 \quad \forall \varphi, \vartheta \in \mathbb{R}.$$

Es sei nun eine Konstante $\rho > 0$ so klein gewählt, dass für alle $r \in (0,1)$ mit $1-r < \rho$ die folgenden beiden Ungleichungen simultan erfüllt sind:

$$\delta(r) = (1-r^2)^{1/4} < \eta \quad \text{und} \quad \frac{M\pi^2}{2r}\sqrt{1-r^2} < \varepsilon/3.$$

Für alle $r \in (0,1)$ mit $1-r < \rho$ und alle $\varphi, \varphi_0 \in \mathbb{R}$ mit $|\varphi - \varphi_0| < \eta$ folgt dann endlich

$$|u(re^{i\varphi}) - \hat{h}(\varphi_0)| \leq \omega(\delta(r),\varphi) + \frac{M}{r}\frac{1-r^2}{1-\cos\delta(r)} + |\hat{h}(\varphi) - \hat{h}(\varphi_0)| < 3\varepsilon/3 = \varepsilon.$$

Damit ist der Fortsetzungssatz bewiesen.   ∎

Wir wenden uns nun der Frage nach der Eindeutigkeit der stetigen Lösungen zu, indem wir das Maximumprinzip allgemein für beschränkte Gebiete zeigen:

Satz 9.4: Das Maximumprinzip für das Dirichletsche Randwertproblem
Es sei $G \subset \mathbb{C}$ ein beschränktes Gebiet, so dass also $\overline{G} = G \cup \partial G$ kompakt ist. Eine nichtkonstante Funktion $u : \overline{G} \to \mathbb{R}$ sei stetig und in G harmonisch. Dann nimmt u sein Maximum bzw. Minimum auf dem Rand ∂G an.   □

Beweis: Für beliebiges $\varepsilon > 0$ definieren wir die Funktion $u_\varepsilon : \overline{G} \to \mathbb{R}$ mit

$$u_\varepsilon(x,y) := u(x,y) + \varepsilon(x^2 + y^2).$$

Dann erfüllt u_ε in G die Differentialgleichung

$$\Delta u_\varepsilon = 4\varepsilon > 0.$$

Wir nehmen an, dass das Maximum von u_ε in einem Punkt $(x_*, y_*) \in G$, d.h aus dem Inneren von $\overline{G}$, angenommen wird. Dann merken wir uns zunächst, dass notwendigerweise der Gradient $\nabla u(x_*, y_*)$ verschwindet. Für jeden festen Richtungswinkel $\varphi \in [0, 2\pi)$ und jedes $n \in \mathbb{N}$ sei

$$(x_n, y_n) := (x_*, y_*) + \frac{1}{n}(\cos\varphi, \sin\varphi).$$

Für genügend großes $n \geq n_0$ liegt der Punkt (x_n, y_n) in einer kompakten Kreisscheibe $\overline{B}_r(x_*, y_*) \subset G$ mit Radius $r > 0$ um den Maximalpunkt. Durch Taylorentwicklung des Ausdrucks $g(\lambda) := u_\varepsilon\big(x_* + \lambda(x_n - x_*), y_* + \lambda(y_n - y_*)\big)$ an der Stelle $\lambda = 0$ mit Werten von λ aus einer hinreichend kleinen offenen Umgebung des Intervalles $[0, 1]$ folgt:

$$u_\varepsilon(x_n, y_n) - u_\varepsilon(x_*, y_*)$$
$$= \frac{\partial^2 u_\varepsilon}{\partial x^2}(\tilde{x}, \tilde{y}) \frac{\cos^2 \varphi}{n^2} + 2 \frac{\partial^2 u_\varepsilon}{\partial x \partial y}(\tilde{x}, \tilde{y}) \frac{\sin \varphi \cos \varphi}{n^2} + \frac{\partial^2 u_\varepsilon}{\partial y^2}(\tilde{x}, \tilde{y}) \frac{\sin^2 \varphi}{n^2},$$

wobei $(\tilde{x}, \tilde{y}) = \big(x_* + \xi_n \frac{\cos \varphi}{n}, y_* + \xi_n \frac{\sin \varphi}{n}\big)$ mit einer Zwischenstelle $\xi_n \in (0, 1)$ gilt. Aus der Maximalität von $u_\varepsilon(x_*, y_*)$ erhalten wir die Ungleichung

$$\frac{\partial^2 u_\varepsilon}{\partial x^2}(\tilde{x}, \tilde{y}) \cos^2 \varphi + 2 \frac{\partial^2 u_\varepsilon}{\partial x \partial y}(\tilde{x}, \tilde{y}) \sin \varphi \cos \varphi + \frac{\partial^2 u_\varepsilon}{\partial y^2}(\tilde{x}, \tilde{y}) \sin^2 \varphi \leq 0.$$

Führen wir in dieser Ungleichung den Grenzübergang $n \to \infty$ durch, so erhalten wir mit der speziellen Wahl $\varphi = 0$ bzw. $\varphi = \frac{\pi}{2}$ die beiden Extremal-Bedingungen

$$\frac{\partial^2 u_\varepsilon}{\partial x^2}(x_*, y_*) \leq 0, \quad \frac{\partial^2 u_\varepsilon}{\partial y^2}(x_*, y_*) \leq 0.$$

Das steht aber im Widerspruch zu $\Delta u_\varepsilon > 0$, so dass die Funktion u_ε ihr Maximum auf dem Gebietsrand ∂G annimmt. Mit der Stetigkeit von u folgt dann wegen $u \leq u_\varepsilon$ die Ungleichungskette

$$\max_{\overline{G}} u(x, y) \leq \max_{\overline{G}} u_\varepsilon(x, y) = \max_{\partial G} u_\varepsilon(x, y) \leq \max_{\partial G} u(x, y) + \varepsilon \max_{\partial G}(x^2 + y^2).$$

Weil $\varepsilon > 0$ beliebig klein sein kann, ergibt sich

$$\max_{\overline{G}} u(x, y) = \max_{\partial G} u(x, y).$$

Indem wir u durch $-u$ ersetzen, folgt schließlich auch noch die entsprechende Aussage des Minimumprinzips. ∎

Satz 9.5: Die Eindeutigkeit der stetig fortsetzbaren Lösungen

Es sei $G \subset \mathbb{C}$ ein beschränktes Gebiet. Die Funktionen $u_1, u_2 : \overline{G} \to \mathbb{R}$ seien stetig und in G harmonisch. Wenn u_1 und u_2 auf dem Rand ∂G übereinstimmen, so gilt bereits $u_1 = u_2$ in ganz $\overline{G}$. □

Beweis: Man wende das Maximumprinzip auf die beiden harmonischen Differenzen $u_2 - u_1$ bzw. $u_1 - u_2$ an. ∎

Renormierungsverfahren für stückweise stetige Randvorgaben

Bei der Lösung des Randwertproblems

$$-\Delta u = 0 \quad \text{in} \quad E\,,$$
$$u = h \quad \text{auf} \quad \partial E$$

auf dem Einheitskreis $E := \{ z \in \mathbb{C} : |z| < 1 \}$ haben wir für eine quadratisch integrierbare Randvorgabe $h : \partial E \to \mathbb{R}$ die Lösung u bereits mit der Poissonschen Integralformel aus Satz 9.2(b) konstruiert. Gemäß Gleichung (9.30) konvergiert dabei die Lösung bei Annäherung an den Rand ∂E des Einheitskreises im quadratischen Mittel gegen die Randvorgabe h.

Aber was passiert bei Annäherung an einzelne Randpunkte des Einheitskreises? Zur Klärung dieser Frage nehmen wir zunächst den speziellen Fall an, dass h stückweise glatt ist und überdies an jeder Sprungstelle mit dem arithmetischen Mittelwert aus links- und rechtsseitigem Grenzwert übereinstimmt. Dann konvergiert die Fourier-Reihe (9.25) von h gemäß Satz 6.15 sogar punktweise für alle $\vartheta \in \mathbb{R}$ gegen $h(\mathrm{e}^{\mathrm{i}\vartheta})$. Wir erinnern uns nun an den Abelschen Grenzwertsatz 8.4. Aus diesem Satz folgt dann auch für alle $\vartheta \in [0, 2\pi)$:

$$\lim_{r \uparrow 1} u(r\mathrm{e}^{\mathrm{i}\vartheta}) = h(\mathrm{e}^{\mathrm{i}\vartheta})\,.$$

Das bedeutet, dass die Poissonsche Lösung durch radialen Grenzübergang vom Gebiet E auf den Rand ∂E des Einheitskreises in die vorgeschriebene stückweise glatte Randfunktion h überführt wird.

Dieses Resultat wollen wir nun verallgemeinern, indem wir stückweise stetige Randvorgaben h betrachten. Bei dieser Gelegenheit arbeiten wir auch eine interessante „Renormierungs"-Methode zur Behandlung von *Sprungunstetigkeiten* in den Randvorgaben aus.

Hierzu definieren wir die Funktion $A : (\partial E) \times (\overline{E} \setminus \{z'\}) \to \mathbb{R}$ gemäß

$$A(z', z) := \frac{1}{2} - \frac{1}{\pi} \arc\left(1 - \frac{z}{z'}\right)\,.$$

Für festes z' ist dann $A(z', \cdot)$ eine in E harmonische Funktion, die durch Bildung des Realteils aus dem folgenden für $z \in E$ holomorphen Ausdruck hervorgeht:

$$L(z', z) := \frac{1}{2} - \frac{1}{\mathrm{i}\pi} \log\left(1 - \frac{z}{z'}\right)\,,$$

siehe Aufgabe 8.4 zur Einführung der Funktionen arc und log.

Durchlaufen wir dagegen die Randpunkte $z \in \partial E$ in mathematisch positiver Orientierung, so springt beim Durchlauf durch den ausgeschlossenen Randpunkt $z' = \mathrm{e}^{\mathrm{i}\alpha}$ der Ausdruck $A(z', z)$ vom Wert 0 auf den Wert 1, d.h.

$$\lim_{\beta \uparrow \alpha} A(\mathrm{e}^{\mathrm{i}\alpha}, \mathrm{e}^{\mathrm{i}\beta}) = 0\,, \quad \lim_{\beta \downarrow \alpha} A(\mathrm{e}^{\mathrm{i}\alpha}, \mathrm{e}^{\mathrm{i}\beta}) = 1\,.$$

Auf dem Rand des Einheitskreises ist dies auch die einzige singuläre Stelle von $A(z',\cdot)$. Hat nun die vorgegebene Randfunktion h nur die endlich vielen Sprungstellen $z'_1,\cdots,z'_m$ mit $m \geq 0$, so definieren wir für alle $z \in \partial E$, die von $z'_1,\cdots,z'_m$ verschieden sind, die neue Randfunktion

$$\tilde{h}(z) := h(z) - \sum_{k=1}^{m} \left(h_+(z'_k) - h_-(z'_k)\right) \cdot A(z'_k,z), \quad z \in \partial E \setminus \{z'_1,\cdots,z'_m\}.$$

Diese neue Randfunktion läßt sich nun stetig an den Sprungstellen $z'_1,\cdots,z'_m$ der ursprünglichen Randfunktion h fortsetzen, und man erhält so eine auf ∂E stetige Randfunktion $\tilde{h} : \partial E \to \mathbb{R}$. Es sei nun $\tilde{u} : E \to \mathbb{R}$ die zu den stetigen Randdaten $\tilde{h}$ gehörige Lösung des Dirichletschen Problems auf E gemäß der Poissonschen Formel.

Nach Satz 9.3 wissen wir aber schon, dass $\tilde{u}$ bei Annäherung an den Rand ∂E des Einheitskreises stetig in die Randdaten $\tilde{h}$ übergeht. Nach dem Superpositionsprinzip und dem Eindeutigkeitssatz 9.5 ist also die Abbildung $u : E \to \mathbb{R}$ mit

$$u(z) := \tilde{u}(z) + \sum_{k=1}^{m} \left(h_+(z'_k) - h_-(z'_k)\right) \cdot A(z'_k,z), \quad z \in E,$$

die eindeutig bestimmte Lösung des ursprünglichen Dirichletschen Problems mit den Randdaten h.

Aufgabe 9.3: Renormierung der Sprungunstetigkeiten einer Randvorgabe
Man löse mit Hilfe der Renormierungsmethode für $h_0, h_1 \in \mathbb{R}$ auf dem Einheitskreis das Dirichletschen Randwertproblem (9.23) mit der Randbelegung

$$h(z) := \begin{cases} h_0 & \text{für} \quad z \in K_+ \\ h_1 & \text{für} \quad z \in K_- \,. \end{cases}$$

Mit K_+ bzw. K_- bezeichnen wir den oberen bzw. unteren Halbkreislinie

$$K_+ := \{e^{i\vartheta} \in \partial E : \vartheta \in [0,\pi)\} \quad \text{bzw.} \quad K_- := \{e^{i\vartheta} \in \partial E : \vartheta \in [\pi,2\pi)\}.$$

Lösung: Die Sprungstellen der Randfunktion sind

$$z'_1 = 1, \quad z'_2 = -1,$$

und die zugehörigen einseitigen Grenzwerte von h beim Durchlauf der Kreislinie im mathematischen Urzeigersinn:

$$h_+(z'_1) = h_-(z'_2) = h_0, \quad h_-(z'_1) = h_+(z'_2) = h_1.$$

Zur Renormierung der beiden Sprungunstetigkeiten subtrahieren wir von der gesuchten Lösung u den Realteil des komplexen Potentials $\Phi : E \to E$ mit

$$\Phi(z) := (h_0 - h_1)\left[\frac{1}{2} - \frac{1}{\pi\mathrm{i}}\log(1-z)\right] - (h_0 - h_1)\left[\frac{1}{2} - \frac{1}{\pi\mathrm{i}}\log(1+z)\right] \quad \forall z \in E\,,$$

das wir auch in folgender Form schreiben können:

$$\Phi(z) = \frac{h_0 - h_1}{\pi\mathrm{i}}\log\left(\frac{1+z}{1-z}\right) \quad \forall z \in E\,.$$

Die beiden Ausdrücke für Φ können sich nämlich höchstens um eine Integrationskonstante unterscheiden, wobei die spezielle Einsetzung $z := 0$ sogar die Gleichheit aufzeigt. Da die Halbkreislinie $K_+ \setminus \{1\}$ durch die Abbildung

$$z \to \frac{1+z}{1-z}$$

auf den oberen Teil der Imaginärachse abgebildet wird, und entsprechend $K_- \setminus \{-1\}$ auf den unteren Teil der Imaginärachse, so haben wir

$$\mathrm{Re}(\Phi(z)) = \frac{h_0 - h_1}{2} \text{ für } z \in K_+ \setminus \{1\}\,,$$

$$\mathrm{Re}(\Phi(z)) = -\frac{h_0 - h_1}{2} \text{ für } z \in K_- \setminus \{-1\}\,.$$

Die gesuchte Lösung $u : E \to \mathbb{R}$ des Randwertproblems können wir damit auch in der folgenden Form schreiben:

$$u(z) = \frac{h_0 + h_1}{2} + \mathrm{Re}(\Phi(z)) = \frac{h_0 + h_1}{2} + \frac{h_0 - h_1}{\pi}\mathrm{arc}\left(\frac{1+z}{1-z}\right) \quad \forall z \in E\,.$$

Wir beachten nun, dass für alle $z \in E$ gilt:

$$\mathrm{arc}\left(\frac{1+z}{1-z}\right) = \mathrm{arc}\left(\frac{1+2\mathrm{i}\,\mathrm{Im}\,z - |z|^2}{|1-z|^2}\right)\,.$$

Für $x, y \in \mathbb{R}$ mit $z = x + \mathrm{i}y \in E$ ist somit, siehe auch Aufgabe 8.4 zur arc-Funktion,

$$\mathrm{arc}\left(\frac{1+z}{1-z}\right) = \arctan\frac{\frac{2\mathrm{Im}\,z}{|1-z|^2}}{\frac{1-|z|^2}{|1-z|^2}} = \arctan\frac{2y}{1-x^2-y^2}\,, \tag{9.43}$$

und wir können unsere Lösung schliesslich noch in der reellen Schreibweise darstellen:

$$u(x,y) = \frac{h_0 + h_1}{2} + \frac{h_0 - h_1}{\pi}\arctan\frac{2y}{1-x^2-y^2}\,, \quad x^2 + y^2 < 1\,. \tag{9.44}$$

Zusatz 9.5: Neumannsche Interpretation der stationären Wärmeleitung

Das Potentialproblem aus Aufgabe 9.3 kann man als stationäres Wärmeleitungsproblem betrachten. Dabei setzten wir voraus, dass der obere Halbkreis mit der normierten Temperatur $h_0 = 1$ geheizt und der untere Halbkreis mit der Temperatur $h_1 = 0$ gekühlt wird. Die folgende statistische Interpretation der Lösung des Wärmeleitungsproblems geht auf C. Neumann (1884) zurück. Die Temperatur im

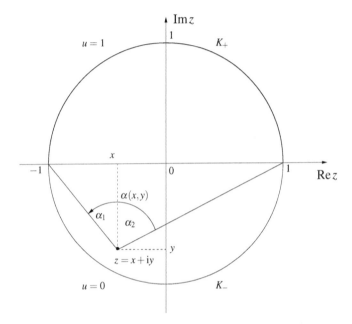

Abbildung 9.11: Interpretation der Lösung des stationären Wärmeleitungsproblems.

beliebigen Punkt $z = x + \mathrm{i}y \in E$ ist der Wahrscheinlichkeit $W : \Omega \to [0,1]$ proportional, dass ein Partikel in z unter der Brownschen thermischen Bewegung das obere Randstück K_+ erreicht. Wir werden zeigen, dass

$$W(x,y) = \frac{\alpha(x,y)}{\pi} - \frac{1}{2}$$

die Lösung des Dirichletschen Randwertproblems

$$\Delta u = 0 \quad \text{in } E$$
$$u = h \quad \text{auf } \partial E$$

ist mit der Randbelegung

$$h(z) = \begin{cases} 1 & \text{für} \quad z \in K_+ \\ 0 & \text{für} \quad z \in K_- \,, \end{cases}$$

wobei $\alpha(x,y)$ der Blickwinkel ist, unter dem das Randstück K_+ vom Punkt $z = x + iy$ aus gesehen wird, siehe Abbildung 9.11.

Es sei zunächst $y < 0$. Aus

$$\alpha_1 = \arctan \frac{1+x}{|y|} \quad \text{und} \quad \alpha_2 = \arctan \frac{1-x}{|y|}$$

und mit dem Additionstheorem

$$\arctan a + \arctan b = \pi - \arctan \frac{a+b}{ab-1} \quad \text{für } a > 0,\, ab > 1$$

erhalten wir den Blickwinkel:

$$\alpha = \alpha_1 + \alpha_2 = \arctan \frac{1+x}{|y|} + \arctan \frac{1-x}{|y|} = \pi - \arctan \frac{2|y|}{1-x^2-y^2}\,,$$

und damit endlich für $\alpha = \alpha(x,y)$ unter Beachtung von $|y| = -y$:

$$W(x,y) = \frac{\alpha(x,y)}{\pi} - \frac{1}{2} = \frac{1}{2} + \frac{1}{\pi} \arctan \frac{2y}{1-x^2-y^2}\,,$$

was mit der Lösungsformel (9.44) aus der vorigen Aufgabe 9.3 für $h_0 = 1$ und $h_1 = 0$ übereinstimmt. Benutzen wir die komplexe Notation $W(z) = W(x,y)$ bzw. $\alpha(z) = \alpha(x,y)$, so ist $W(\bar{z}) = 1 - W(z)$ die komplementäre Wahrscheinlichkeit mit dem komplementären Blickwinkel $\alpha(\bar{z}) = 2\pi - \alpha(z)$, womit auch der Fall $y > 0$ eingeschlossen ist. Für $y = 0$ gilt unabhängig von $x \in (-1,1)$ noch $W(x,0) = \frac{1}{2}$ mit $\alpha = \pi$.

Diese Wahrscheinlichkeits-Interpretation geht mit der integralen Mittelwerteigenschaft für harmonische Funktionen konform, und beinhaltet somit die Isotropie der Brownschen Bewegung. Das bedeutet, die Bewegung erfolgt in allen Raumrichtungen lokal mit derselben Wahrscheinlichkeit. ∎

Lösungen des Dirichletschen Randwertproblems für die Halbebene

Zusatz 9.6: Poissonsche Integralformel für die Halbebene
Wir wollen nun die Lösung der Dirichletschen Randwertaufgabe

$$\begin{aligned} -\Delta u &= 0 \quad \text{in} \quad H\,, \\ u &= h \quad \text{auf} \quad \partial H \end{aligned} \qquad (9.45)$$

für die Halbebene $H := \{z \in \mathbb{C} : \operatorname{Im}(z) > 0\}$ mit Hilfe der Verpflanzungsmethode bestimmen. Wir setzten voraus, dass $h : \mathbb{R} \to \mathbb{R}$ stückweise stetig im folgenden Sinne ist: Alle einseitigen Grenzwerte $h_\pm$ von h sollen existieren und bis auf endlich viele Sprungstellen übereinstimmen, und überdies sollen auch die folgenden Grenzwerte existieren:

$$\lim_{x \to \pm\infty} h(x). \tag{9.46}$$

Hieraus folgt dann insbesondere die Beschränktheit von h. Die Halbebene bilden wir nun biholomorph auf den Einheitskreis ab mittels

$$\tilde{T} : H \to E \quad \text{mit} \quad \tilde{T}(z) := -T_C(z) = \frac{i - z}{i + z}, \tag{9.47}$$

wobei $T_C : H \to E$ mit $T_C(z) = \dfrac{z - i}{z + i}$ die Cayley-Transformation ist. Die reelle Achse ∂H wird dabei auf den Rand ∂E des Einheitskreises E abgebildet. Die Umkehrabbildung zu $\tilde{T}$ ist gegeben durch

$$\tilde{T}^{-1} : E \to H \quad \text{mit} \quad \tilde{T}^{-1}(\xi) = i\frac{1 - \xi}{1 + \xi}.$$

Auf dem Rand des Einheitskreises erhalten wir die entsprechende Verpflanzung der Randbedingung durch Definition der Randfunktion $h^* : \partial E \setminus \{-1\} \to \mathbb{R}$ mit

$$h^*(e^{i\varphi}) := h(\tilde{T}^{-1}(e^{i\varphi})) = h\left(i\frac{1 - e^{i\varphi}}{1 + e^{i\varphi}}\right) \quad \text{für} \quad -\pi < \varphi < \pi.$$

Aufgrund der stückweisen Stetigkeit von h und aufgrund der Eigenschaften der Verpflanzungsfunktion f ist dann $h^* : \partial E \to \mathbb{R}$ stückweise stetig. Man beachte hierbei, dass die Randbedingungen (9.46) für h im Unendlichen die Sprungbedingungen für h^* im Punkte $z = -1 \in \partial E$ liefern.

Nun sei u^* die durch das Renormierungsverfahren bestimmte Lösung der Dirichletschen Randwertaufgabe für den Einheitskreis mit der Randbedingung

$$u^* = h^* \quad \text{auf} \quad \partial E.$$

Aus dem Verpflanzungsprinzip folgt mit der Poissonschen Integralformel auf dem Einheitskreis, siehe die erste Formel in Satz 9.2(b), für die Lösung $u : H \to \mathbb{R}$ des Dirichletschen Problems auf der Halbebene:

$$u(z) = u^*(\tilde{T}(z)) = \frac{1}{2\pi} \int_{-\pi}^{\pi} \frac{1 - |\tilde{T}(z)|^2}{|e^{i\varphi} - \tilde{T}(z)|^2} h^*(e^{i\varphi}) \, d\varphi$$

$$= \frac{1}{2\pi} \int_{-\pi}^{\pi} \frac{1 - \left|\frac{i-z}{i+z}\right|^2}{\left|e^{i\varphi} - \frac{i-z}{i+z}\right|^2} h\left(i\frac{1 - e^{i\varphi}}{1 + e^{i\varphi}}\right) d\varphi.$$

Zur Vereinfachung substituieren wir im obigen Integral $s := i\dfrac{1 - e^{i\varphi}}{1 + e^{i\varphi}}$, also

$$s = \left(\frac{e^{i\varphi/2} - e^{-i\varphi/2}}{2i}\right) \cdot \left(\frac{e^{i\varphi/2} + e^{-i\varphi/2}}{2}\right)^{-1} = \frac{\sin(\varphi/2)}{\cos(\varphi/2)} = \tan(\varphi/2),$$

$$e^{i\varphi} = \frac{i - s}{i + s} \quad \text{und} \quad d\varphi = \frac{2\,ds}{1 + s^2}.$$

Weiterhin beachten wir für $z = x + iy \in H$ mit $x \in R$, $y \in \mathbb{R}^+$:

$$\frac{1 - \left|\frac{i-z}{i+z}\right|^2}{\left|\frac{i-s}{i+s} - \frac{i-z}{i+z}\right|^2} = \frac{|i+s|^2\left(|i+z|^2 - |i-z|^2\right)}{|(i-s)(i+z) - (i-z)(i+s)|^2}$$

$$= \frac{(1+s^2)(-2iz + 2i\bar{z})}{|i(2z - 2s)|^2} = \frac{(1+s^2)y}{(x-s)^2 + y^2}.$$

Damit erhalten wir aus (9.47) die Lösung für die Halbebene

$$u(x,y) = \frac{1}{2\pi} \int\limits_{-\infty}^{\infty} \frac{y(1+s^2)}{(x-s)^2 + y^2} h(s) \frac{2\,ds}{1 + s^2},$$

d.h.

$$u(x,y) = \frac{y}{\pi} \int\limits_{-\infty}^{\infty} \frac{h(s)\,ds}{(x-s)^2 + y^2}.$$

Der positive Ausdruck

$$S_y(s) := \frac{y}{\pi(s^2 + y^2)}$$

heißt *Schwarzscher Kern*. Die Lösung der Randwertaufgabe (9.45) kann damit als Faltungsintegral dargestellt werden:

$$u(x,y) = (S_y * h)(x) := \int\limits_{-\infty}^{\infty} S_y(x - s)h(s)\,ds.$$

Bemerkung: Man beachte, dass für eine allgemeine Formulierung des Randwertproblems in der Halbebene Bedingungen benötigt werden, die neben der Existenz noch die Eindeutigkeit der harmonischen Lösungen garantieren. Als warnendes Beispiel betrachten wir in der oberen Halbebene die beiden harmonischen Funktionen

$$u_\pm(x,y) := e^{\pm y} \cos(x)$$

mit denselben beschränkten Randwerten $u_-(x,0) = u_+(x,0) = \cos(x)$, $x \in \mathbb{R}$, wobei u_+ im Gegensatz zu u_- unbeschränkt ist. $\square$

Aufgabe 9.4: Verpflanzungsmethode für Potentialprobleme

Betrachte auf einem Gebiet $\Omega \subseteq \mathbb{C}$ das Dirichletsche Randwertproblem (9.23) für das gesuchte Potential $u : \overline{\Omega} \to \mathbb{R}$. Die Randbedingung $h : \partial\Omega \to \mathbb{R}$ ist dabei in den folgenden Teilaufgaben vorgegeben.

(a) Es sei $\Omega := E = \{z \in \mathbb{C} : |z| < 1\}$. Mit K_+ bzw. K_- bezeichnen wir den oberen bzw. unteren Halbkreislinie wie in Aufgabe 9.3. Man löse wie in dieser Aufgabe für $h_0, h_1 \in \mathbb{R}$ auf dem Einheitskreis erneut mittels Verpflanzung das Dirichletsche Randwertproblem (9.23) mit der Randbelegung

$$h(z) := \begin{cases} h_0 & \text{für} \quad z \in K_+ \\ h_1 & \text{für} \quad z \in K_- . \end{cases}$$

Hinweis: Man verwende die Verpflanzungsmethode mit der folgenden biholomorphen Abbildung von dem Einheitskreis E auf den vertikalen Streifen $S := \{z \in \mathbb{C} : 0 < \operatorname{Re} z < 1\}$ mit

$$f(z) = \frac{1}{2} + \frac{i}{\pi} \log\left(\frac{1+z}{1-z}\right),$$

siehe Aufgabe 8.18. Die explizite Lösung auf dem Streifen S kann dabei leicht erraten werden.

(b) Wir definieren den vertikalen Halbstreifen

$$\Omega := \left\{z \in \mathbb{C} : \operatorname{Im} z > 0, \ -\frac{\pi}{2} < \operatorname{Re} z < \frac{\pi}{2}\right\}.$$

Man löse auf Ω das Randwertproblem (9.23) für die Randbelegung

$$h(z) := \begin{cases} 1 & \text{für} \quad z \in [-\frac{\pi}{2}, \frac{\pi}{2}] \\ 0 & \text{für} \quad z \in \partial\Omega \setminus [-\frac{\pi}{2}, \frac{\pi}{2}] . \end{cases}$$

Hinweis: Man verpflanze den Halbstreifen Ω auf die obere Halbebene

$$H = \{z \in \mathbb{C} : \operatorname{Im} z > 0\}$$

mit Hilfe der biholomorphen Abbildung $\sin : \Omega \to H$, und verwende die Poissonsche Integralformel für die Halbebene. Die Biholomorphie von $\sin : \Omega \to H$ wurde bereits in Aufgabe 8.19 bewiesen.

Lösung:

(a) Es sei $z = re^{i\varphi} \in E$, $r > 0$, $\varphi \in [0, 2\pi)$. Nach Aufgabe 8.18 bildet

$$f(z) = \frac{1}{2} + \frac{i}{\pi} \log\left(\frac{1+z}{1-z}\right)$$

den Einheitskreis auf den Streifen $S = \{w \in \mathbb{C} : 0 < \mathrm{Re}\, w < 1\}$ biholomorph ab. Der obere bzw. untere Halbkreis

$$K_+ := \{z \in \partial E : \mathrm{Im}\, z > 0\} \quad \text{bzw.} \quad K_- := \{z \in \partial E : \mathrm{Im}\, z < 0\}$$

wird unter f auf die vertikalen Geraden

$$G_0 := \{w \in \mathbb{C} : \mathrm{Re}\, w = 0\} \quad \text{bzw.} \quad G_1 := \{w \in \mathbb{C} : \mathrm{Re}\, w = 1\}$$

abgebildet. Wir suchen für den Halbstreifen S eine Lösung $u_S(\tilde{z}) : \overline{S} \to \mathbb{R}$ des Potentialproblems

$$\begin{aligned} \Delta u_S &= 0 && \text{in } S \\ u_S &= h_S && \text{auf } \partial S \end{aligned}$$

für die stückweise konstante Randbelegung

$$h_S(w) = \begin{cases} h_0 & \text{für} \quad \mathrm{Re}\, w = 0 \\ h_1 & \text{für} \quad \mathrm{Re}\, w = 1. \end{cases}$$

Die lineare Funktion $u_S : \overline{S} \to \mathbb{R}$ mit

$$u_S(\tilde{x}, \tilde{y}) = h_0 + (h_1 - h_0)\tilde{x}$$

ist offensichtlich harmonisch und erfüllt auf dem Gebiet $S = f(E)$ die Randbedingungen

$$u_S(0, \tilde{y}) = h_0 \quad \text{und} \quad u_S(1, \tilde{y}) = h_1 \,.$$

Aus dem Verpflanzungsprinzip erhalten wir das Potential $u : \overline{E} \to \mathbb{R}$ gemäß

$$u(z) = u_S(f(z)) \,.$$

Wir beachten nun

$$\mathrm{Re}\, f(z) = \frac{1}{2} - \frac{1}{\pi} \mathrm{arc}\left(\frac{1+z}{1-z}\right) \,.$$

Also gilt für $z = x + iy \in E$, d.h. $|z| < 1$, unter Beachtung von (9.43):

$$\mathrm{Re}\, f(x+iy) = \frac{1}{2} - \frac{1}{\pi} \arctan \frac{2y}{1 - x^2 - y^2} \,.$$

Mit $\tilde{x} = \mathrm{Re}\, f(z)$ folgt dann erneut die Lösung der Aufgabe 9.3, die wir bereits mit Hilfe des Renormierungsverfahrens gewonnen haben:

$$\begin{aligned} u(x,y) &= h_0 + (h_1 - h_0)\, \mathrm{Re}\, f(x+iy) \\ &= h_0 + (h_1 - h_0)\left(\frac{1}{2} - \frac{1}{\pi} \arctan \frac{2y}{1 - x^2 - y^2}\right) \\ &= \frac{h_0 + h_1}{2} + \frac{h_0 - h_1}{\pi} \arctan \frac{2y}{1 - x^2 - y^2} \,. \end{aligned}$$

Ausgewählte Isolinien dieser Lösung haben wir in Abbildung 9.12 dargestellt.

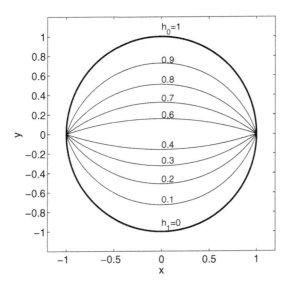

Abbildung 9.12: Die Lösung der Aufgabe 9.4(a): Isolinien $u(x,y) = c$, $c > 0$ für $h_0 = 1$ und $h_1 = 0$.

(b) Es sei

$$z \in \Omega = \{z \in \mathbb{C} : \operatorname{Im} z > 0, \, -\frac{\pi}{2} < \operatorname{Re} z < \frac{\pi}{2}\}.$$

Die Funktion $f : \Omega \to H$ mit $f(z) = \sin z$ bildet den Streifen Ω biholomorph auf die obere Halbebene

$$H = \{z \in \mathbb{C} : \operatorname{Im} z > 0\}$$

ab. Der Gebietsrand $\partial \Omega$ wird unter f auf die reelle Achse abgebildet, wobei das horizontale Randstück $[-\frac{\pi}{2}, \frac{\pi}{2}]$ auf das Segment $[-1, 1]$, und die vertikalen Halbgeraden

$$\{z \in \partial \Omega : \operatorname{Re} z = -\frac{\pi}{2}\} \quad \text{bzw.} \quad \{z \in \partial \Omega : \operatorname{Re} z = \frac{\pi}{2}\}$$

auf die Strahlen

$$\{w \in \partial H : w \in (-\infty, -1)\} \quad \text{bzw.} \quad \{w \in \partial H : w \in (1, \infty)\}$$

übergehen. Die harmonische Funktion $u_H : H \to \mathbb{R}$, die den stückweise konstanten Randbedingungen

$$u_H(\tilde{x}, 0) = \begin{cases} 1, & \text{für } \tilde{x} \in [-1, 1] \\ 0, & \text{für } \tilde{x} \in \mathbb{R} \setminus [-1, 1] \end{cases}$$

genügt, erhalten wir aus der Poissonschen Formel für die Halbebene

$$u_H(\tilde{x}, \tilde{y}) = \frac{\tilde{y}}{\pi} \int\limits_{-1}^{1} \frac{ds}{(\tilde{x} - s)^2 + \tilde{y}^2}$$

$$= \frac{1}{\pi} \left(\arctan \frac{1 - \tilde{x}}{\tilde{y}} + \arctan \frac{1 + \tilde{x}}{\tilde{y}} \right).$$

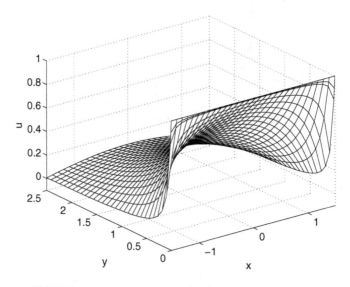

Abbildung 9.13: Die Lösung $u(x, y)$ von Aufgabe 9.4(b).

Hieraus folgt in der oberen Halbebene die Abklingbedingung

$$\lim_{|\tilde{z}| \to \infty} u_H(\tilde{z}) = 0.$$

Mit $\sin(x + iy) = \sin x \cosh y + i \cos x \sinh y$ erhalten wir schließlich gemäß der Aufgabe 8.19 die auf den Halbstreifen Ω verpflanzte Lösung $u(z) = u_H(f(z))$:

$$u(x, y) = \frac{1}{\pi} \arctan \frac{1 - \sin x \cosh y}{\cos x \sinh y} + \frac{1}{\pi} \arctan \frac{1 + \sin x \cosh y}{\cos x \sinh y}.$$

Diese Lösung haben wir in Abbildung 9.13 graphisch dargestellt.

9.3 Potentialprobleme in der Elektrostatik und Strömungsmechanik

Zwei physikalische Potentialprobleme in der Ebene

Wir betrachten hier zwei physikalische Anwendungen für Potentialprobleme, zum einen die ebene Elektrostatik, beschrieben durch die beiden Differentialgleichungen

$$\frac{\partial E_1}{\partial x} + \frac{\partial E_2}{\partial y} = 0, \qquad \frac{\partial E_1}{\partial y} - \frac{\partial E_2}{\partial x} = 0$$

für ein elektrisches Feld mit den Komponenten E_1 und E_2 in der x,y-Ebene, und zum anderen die ebene Potentialströmung einer idealen inkompressiblen Flüssigkeit, deren Geschwindigkeitsfeld $\underline{w} = (w_1, w_2)$ und Druck p den folgenden Eulerschen Strömungsgleichungen genügen:

$$\frac{\partial w_1}{\partial x} + \frac{\partial w_2}{\partial y} = 0, \qquad \frac{\partial w_1}{\partial y} - \frac{\partial w_2}{\partial x} = 0,$$

$$w_1 \frac{\partial w_1}{\partial x} + w_2 \frac{\partial w_1}{\partial y} + \frac{\partial p}{\partial x} = 0, \qquad w_1 \frac{\partial w_2}{\partial x} + w_2 \frac{\partial w_2}{\partial y} + \frac{\partial p}{\partial y} = 0.$$

Beide Differentialgleichungssysteme zeichnen sich dadurch aus, dass sich, wie auch die ebene Laplace-Gleichung im vorigen Abschnitt, ihre Lösungen aus einer Potential- bzw. Stromfunktion ergeben, die invariant unter konformen bzw. biholomorphen Transformationen im Argument ist. Dies machen wir uns in den folgenden Anwendungen zunutze.

So betrachten wir für das elektrostatische Problem kreisförmige Gebietsränder und verwenden für die Verpflanzung spezielle Möbiustransformationen, da diese verallgemeinerte Kreise wieder auf verallgemeinerte Kreise abbilden, siehe hierzu auch die Aufgabe 8.17.

Für das zweite Modell mit den Eulerschen Strömungsgleichungen leiten wir zunächst eine Formel für die Auftriebskraft her. Mit der expliziten Konstruktion einer nach Joukowski benannten biholomorphen Abbildung studieren wir schliesslich noch die Umströmung eines Tragflügels. Für Leser, die an der Umsetzung der Theorie auf einem Rechner interessiert sind, empfehlen wir das Buch [16].

Anwendungen zu beiden Modellen mit expliziten Lösungen

Aufgabe 9.5: Elektrostatik und Möbius-Transformationen

Auf einem Gebiet $\Omega \subseteq \mathbb{C}$ sei die holomorphe Funktion $f : \Omega \to \mathbb{C}$ gegeben mit $\mathrm{Re}(f) = u$ und $\mathrm{Im}(f) = v$. Dann heißt u das elektrostatische Potential des elektrischen Feldvektors $\underline{E} = -\nabla u$. Durch $u(x,y) = $ konstant sowie durch $v(x,y) = $ konstant sind die Äquipotential- bzw. elektrischen Feldlinien gegeben.

(a) Zeige, dass das elektrische Feld $\underline{E} = (E_1, E_2)^T$ die folgenden Differentialgleichungen erfüllt:

$$\frac{\partial E_1}{\partial x} + \frac{\partial E_2}{\partial y} = 0, \qquad \frac{\partial E_1}{\partial y} - \frac{\partial E_2}{\partial x} = 0.$$

(b) Zeige, dass für $V_0 \in \mathbb{R}$ und $0 < r_0 < 1$ in dem geschlitzten Ringgebiet

$$\mathscr{R}(r_0) := \{w \in \mathbb{C} : r_0 < |w| < 1\} \setminus \{w \in \mathbb{R} : w < 0\}$$

ein elektrostatisches Potential gegeben ist durch

$$\varphi(w) := \frac{V_0}{\log r_0} \log|w|.$$

(c) Es sei $E := \{z \in \mathbb{C} : |z| < 1\}$ und $0 < r < r' < r' + r < 1$ für gegebene reelle
Zahlen r' and r. Setze

$$\kappa := \sqrt{[1 - (r' + r)^2] \cdot [1 - (r' - r)^2]},$$

$$b := \frac{1 + r'^2 - r^2 - \kappa}{2r'} = \frac{2r'}{1 + r'^2 - r^2 + \kappa}$$

und definiere hiermit die Möbiustransformation

$$W(z) := \frac{z - b}{bz - 1} = W^{-1}(z).$$

Zeige:

$$W \in \text{Aut}(E), \quad W(r' - r) > 0 \quad \text{und} \quad W(r' + r) + W(r' - r) = 0,$$

und bestimme die Urbilder der Ursprungsgeraden sowie der konzentrischen
Kreise um den Nullpunkt unter der Abbildung W. Hiermit mache man sich klar,
dass das geschlitzte Gebiet

$$G := \{z \in \mathbb{C} : |z| < 1, |z - r'| > r\} \setminus \{z \in \mathbb{R} : z > r' + r\}.$$

zwischen $\partial E := \{z \in \mathbb{C} : |z| = 1\}$ und dem Kreis

$$K := \{z \in \mathbb{C} : |z - r'| = r\}$$

unter W *auf* das konzentrische Ringgebiet $\mathscr{R}(r_0)$ aus (b) mit $r_0 = W(r' - r)$
abgebildet wird.

(d) Ermittle mit Hilfe von (b) und (c) dasjenige elektrostatische Potential $u : G \to \mathbb{R}$,
das auf $\partial E \setminus \{1\}$ den Wert 0 und auf $K \setminus \{r' + r\}$ einen konstanten Wert V_0 annimmt. Man bestimme die Äquipotentiallinien und die elektrischen Feldlinien
und fertige eine Skizze zu deren geometrischen Veranschaulichung an.

Lösung:

(a) Es sei $f : \Omega \to \mathbb{C}$ mit $f(x+iy) = u(x,y) + iv(x,y)$ holomorph auf dem Gebiet $\Omega \subseteq \mathbb{C}$, wobei mit $(x,y) \in \mathbb{R}^2$ die komplexen Zahlen $z = x+iy$ aus Ω identifiziert werden. Die holomorphe Funktion f ist beliebig oft in Ω differenzierbar, insbesondere gilt daher $u,v \in C^2(\Omega)$, so dass die Reihenfolge der Differentiation bei den gemischten partiellen Ableitungen vertauscht werden kann. Aus den Cauchy-Riemannschen Differentialgleichungen

$$\frac{\partial u}{\partial x} = \frac{\partial v}{\partial y}, \quad \frac{\partial u}{\partial y} = -\frac{\partial v}{\partial x}$$

erhalten wir für das elektrische Feld $\underline{E} = -\nabla u$:

$$\nabla \cdot \underline{E} = \frac{\partial E_1}{\partial x} + \frac{\partial E_2}{\partial y} = -\frac{\partial^2 u}{\partial x^2} - \frac{\partial^2 u}{\partial y^2} = -\Delta u = 0,$$

da der Realteil u der holomorphen Funktion f harmonisch ist, sowie

$$\frac{\partial E_1}{\partial y} - \frac{\partial E_2}{\partial x} = -\frac{\partial^2 u}{\partial y \partial x} + \frac{\partial^2 u}{\partial x \partial y} = 0.$$

(b) Der Realteil der holomorphen Funktion

$$f : \mathscr{R}(r_0) \to \mathbb{C} \quad \text{mit} \quad f(w) := \frac{V_0}{\log r_0} \log w,$$

wobei $\log : \mathbb{C}_- \to \mathbb{C}$ der Hauptzweig des komplexen Logarithmus ist, siehe Aufgabe 8.4, ist nach Teilaufgabe (a) das gesuchte elektrostatische Potential

$$\varphi : \mathscr{R}(r_0) \to \mathbb{R} \quad \text{mit} \quad \varphi(x,y) = \text{Re}(f(w)) = \frac{V_0}{\log r_0} \log |w|.$$

(c) Für $0 < r < r' < r' + r < 1$, $\kappa = \sqrt{[1-(r'+r)^2][1-(r'-r)^2]}$,

$$b := \frac{1 + r'^2 - r^2 - \kappa}{2r'} = \frac{2r'}{1 + r'^2 - r^2 + \kappa}$$

erhalten wir

$$\frac{1}{b} = \frac{1 + r'^2 - r^2 + \kappa}{2r'} > b > 0,$$

also $0 < b < 1$. Somit gilt $W \in \text{Aut}(E)$ für die Abbildung

$$W(z) := -\frac{z-b}{1-bz} = e^{i\pi} \frac{z-b}{1-bz}$$

gemäß der Lösung von Aufgabe 9.1(a). Es ist

$$W(r'-r) = \frac{1}{b} \frac{(r'-r)-b}{(r'-r)-\frac{1}{b}}$$

$$= \frac{1}{b} \frac{2r'(r'-r)-(1+r'^2-r^2-\kappa)}{2r'(r'-r)-(1+r'^2-r^2+\kappa)}$$

$$= \frac{1}{b} \frac{1-(r'-r)^2-\kappa}{1-(r'-r)^2+\kappa}.$$

Nach der Ungleichung vom arithmetisch-geometrischen Mittel haben wir

$$\kappa \le 1 - \frac{(r'+r)^2+(r'-r)^2}{2},$$

und somit wegen $1-(r'-r)^2 > 0$ und $\kappa > 0$

$$W(r'-r) = \frac{1}{b} \frac{1-(r'-r)^2-\kappa}{1-(r'-r)^2+\kappa}$$

$$\ge \frac{1}{b} \frac{\frac{(r'+r)^2+(r'-r)^2}{2}-(r'-r)^2}{1-(r'-r)^2+\kappa}$$

$$= \frac{1}{b} \frac{\frac{(r'+r)^2-(r'-r)^2}{2}}{1-(r'-r)^2+\kappa} > 0.$$

Nach Zusatz 9.4 erhalten wir, dass der Kreis K durch W *auf* den Kreis $W(K)$ um den Nullpunkt mit Radius $W(r'-r)$ abgebildet wird. Somit ist insbesondere $W(r'-r) + W(r'+r) = 0$. Wir betrachten nun das elliptische Kreisbüschel $\mathscr{E}(b,1/b)$ zu den beiden Fixpunkten b und $1/b$ sowie das hierzu orthogonale hyperbolische Kreisbüschel $\mathscr{H}(b,1/b)$. Nach demselben Zusatz werden diejenigen geschlitzten H-Kreise aus dem hyperbolischen Kreisbüschel $\mathscr{H}(b,1/b)$, die in G liegen, durch W abgebildet auf die geschlitzten konzentrischen Kreise des Ringgebietes

$$W(G) = \mathscr{R}(W(r'-r)).$$

(d) Nach der Teilaufgabe (c) ist die holomorphe Funktion $f : G \to \mathbb{C}$ mit

$$f(z) := V_0 \frac{\log W(z)}{\log W(r'-r)}$$

wohldefiniert, da $W(G) = \mathscr{R}(W(r'-r))$ ein Teilgebiet der geschlitzten Zahlenebene $\mathbb{C}_-$ ist. Somit ist durch $u : G \to \mathbb{R}$ mit

$$u(z) := \mathrm{Re}\,(f(z)) = V_0 \frac{\log|W(z)|}{\log W(r'-r)}$$

ein elektrisches Potential auf G definiert. Die Bestimmung des zugehörigen elektrischen Feldes gemäß $\underline{E} = -\nabla u$ wurde in der Teilaufgabe (a) bereits behandelt.

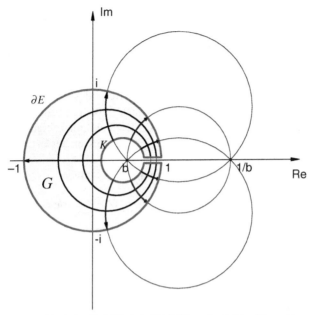

(a) Das elliptische Kreisbüschel $\mathscr{E}(b, 1/b)$ zu den beiden Fixpunkten b und $1/b$ sowie das hierzu orthogonale hyperbolische Kreisbüschel $\mathscr{H}(b, 1/b)$.

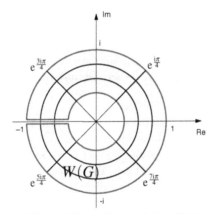

(b) Die geschlitzten konzentrischen Kreise des Ringgebietes $W(G) = \mathscr{R}(W(r' - r))$.

Abbildung 9.14: Elektrostatische Felder

Außerdem gilt $|W(z)| = 1$ für alle $z \in \partial E \setminus \{1\}$, so dass sich das Potential u auf den Teil des Gebietsrandes $\partial E \setminus \{1\}$ von G analytisch zum Wert Null fortsetzen läßt. Analog liefert die analytische Fortsetzung von u auf den Teil $K \setminus \{r + r'\}$ des Gebietsrandes von G den gewünschten konstanten Wert V_0, da $W(r'+r) = W(r'-r)$ in der Teilaufgabe (c) nachgewiesen wurde.

Wir betrachten nun das von dem Potential u erzeugte elektrische Feld $\underline{E} = -\nabla u$. Die zugehörigen Feldlinien sind die in G verlaufenden Teile der verallgemeinerten Kreise des elliptischen Büschels $\mathscr{E}(b, 1/b)$. Die Äquipotentiallinien stehen hierzu senkrecht, sind also die in G verlaufenden Teile der Kreise des hyperbolischen Büschels $\mathscr{H}(b, 1/b)$, da der Gradient des Potentials stets in Gegenrichtung der Feldlinien weist und orthogonal zu den Niveaulinien ist. Die Feldlinien zeigen dabei immer in die Richtung der kleineren Potentialwerte, d.h. sie müssen bei $V_0 > 0$ auf den Rand von E zulaufen.

Die Äquipotentiallinien in G werden durch die Gleichungen

$$\log|W(z)| = \text{konstant}, \quad \text{d.h.} \quad |W(z)| = \text{konstant}$$

beschrieben, und entsprechend die elektrischen Feldlinien durch

$$\text{arc}(W(z)) = \text{konstant}.$$

Schließlich muß noch hervorgehoben werden, dass das elektrische Potential $u = \text{Re}(f)$ sich sogar stetig differenzierbar auf den Schlitz des Gebietes G fortsetzten läßt, nicht aber die Funktion $v = \text{Im}(f)$. Nun ist aber mit f auch $-\mathrm{i} \cdot f$ holomorph auf G, wobei der Realteil von $-\mathrm{i} \cdot f$ durch v gegeben ist. Auch $v = \text{Im}(f)$ ist daher ein elektrisches Potential auf G, dieses läßt sich aber nicht mehr auf den Schlitz von G analytisch fortsetzen. Das zum Potential v gehörige elektrische Feld $\underline{E}' = -\nabla v$ besitzt daher Feldlinien, die auf der einen Seite des Schlitzes von G starten, längs der Äquipotentiallinien des ursprüglichen Feldes $\underline{E}$ verlaufen, und nach einem Umlauf auf der anderen Seite des Schlitzes wieder enden. Der Schlitz verhindert dabei wie zu erwarten die Ausbildung geschlossener elektrostatischer Feldlinien von $\underline{E}'$.

Aufgabe 9.6: Ebene Potentialströmung einer idealen Flüssigkeit

Es sei $f : \Omega \to \mathbb{C}$ holomorph auf einem Gebiet Ω mit $u = \text{Re}(f)$ und $v = \text{Im}(f)$. Wir definieren das „Geschwindigkeitsfeld" $w : \Omega \to \mathbb{R}^2$ mit $w = (w_1, w_2)^T$ gemäß $w := \nabla u$, also $w_1 = u_x$, $w_2 = u_y$, und den "Druck" gemäß $p := -\frac{1}{2}(w_1^2 + w_2^2)$.

(a) Man zeige: w und p sind Lösungen der

$$\frac{\partial w_1}{\partial x} + \frac{\partial w_2}{\partial y} = 0, \quad \frac{\partial w_1}{\partial y} - \frac{\partial w_2}{\partial x} = 0,$$

$$w_1 \frac{\partial w_1}{\partial x} + w_2 \frac{\partial w_1}{\partial y} + \frac{\partial p}{\partial x} = 0, \quad w_1 \frac{\partial w_2}{\partial x} + w_2 \frac{\partial w_2}{\partial y} + \frac{\partial p}{\partial y} = 0.$$

(b) Die Felder w und p lassen sich auch in komplexer Form schreiben:

$$w(z) = \overline{f'(z)}, \quad p(z) = -\frac{1}{2}|f'(z)|^2.$$

Für ein Außengebiet Ω sei $\gamma : [a,b] \to \mathbb{C}$ eine gegebene, stückweise glatte, positiv orientierte Parametrisierung von $\partial\Omega$. Es lasse sich w stetig auf $\partial\Omega$ fortsetzen und sei dort tangential zu $\partial\Omega$. Man leite damit für die Auftriebskraft $F := i \int_\gamma p \, dz$ die *Formel von Blasius* her:

$$F = -\frac{i}{2} \overline{\int_\gamma f'(z)^2 \, dz}.$$

Hinweis: Beachte $u_x \dot{y} = u_y \dot{x}$ längs der Kurve $\gamma(t) = (x(t), y(t))^T$.

(c) Berechnung der Zirkulation Γ und des Auftriebs F für die ebene Umströmung der Einheitskreisscheibe E, siehe Beispiel 4 aus [32, Kapitel 10, §6.1] sowie Abbildung 9.15:

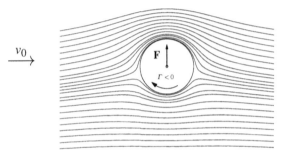

Abbildung 9.15: Auftriebskraft F bei der Umströmung von $\bar{E}$.

Für konstantes $v_0 \in \mathbb{R}$ und $k \geq 0$ betrachten wir die im Außengebiet $G := \mathbb{C}_- \cap \{z \in \mathbb{C} : |z| > 1\}$ holomorphe Funktion $f : G \to \mathbb{C}$ mit

$$f(z) := v_0 \left(z + \frac{1}{z} \right) + ik \log z, \quad v_0 > 0.$$

Wir parametrisieren ∂E wieder gemäß $\gamma(\varphi) := e^{i\varphi}$, $0 \leq \varphi < 2\pi$.
Man zeige, dass das Geschwindigkeitsfeld $w = w(z)$ die Einheitskreisscheibe tangential umströmt und berechne die Auslaufgeschwindigkeit $\lim\limits_{x \to \pm\infty} w(x + iy)$, die Zirkulation

$$\Gamma := \operatorname{Re} \int_\gamma f'(z) \, dz,$$

die Auftriebskraft F sowie die Staupunkte aus dem Bereich $G \cup \{z \in \mathbb{C} : |z| = 1\}$ mit $f'(z) = 0$.

Lösung:

(a) Die holomorphe Funktion $f : \Omega \to \mathbb{C}$ mit $f(z) = u(z) + iv(z)$ ist zweimal stetig differenzierbar. Für $w : \Omega \to \mathbb{R}^2$ mit $w = \nabla u$ und $p := -\frac{1}{2}(w_1^2 + w_2^2)$ erhalten wir aus den Cauchy-Riemannschen Differentialgleichungen, siehe auch Aufgabe 8.1,

$$\frac{\partial w_1}{\partial x} + \frac{\partial w_2}{\partial y} = \frac{\partial^2 u}{\partial x^2} + \frac{\partial^2 u}{\partial y^2} = 0,$$

$$\frac{\partial w_1}{\partial y} - \frac{\partial w_2}{\partial x} = \frac{\partial^2 u}{\partial y \partial x} - \frac{\partial^2 u}{\partial x \partial y} = 0,$$

$$w_1 \frac{\partial w_1}{\partial x} + w_2 \frac{\partial w_1}{\partial y} + \frac{\partial p}{\partial x}$$

$$= \frac{\partial u}{\partial x} \frac{\partial^2 u}{\partial x^2} + \frac{\partial u}{\partial y} \frac{\partial^2 u}{\partial y \partial x} - \frac{1}{2}\left(2\frac{\partial u}{\partial x} \frac{\partial^2 u}{\partial x^2} + 2\frac{\partial u}{\partial y} \frac{\partial^2 u}{\partial x \partial y}\right) = 0,$$

$$w_1 \frac{\partial w_2}{\partial x} + w_2 \frac{\partial w_2}{\partial y} + \frac{\partial p}{\partial y}$$

$$= \frac{\partial u}{\partial x} \frac{\partial^2 u}{\partial x \partial y} + \frac{\partial u}{\partial y} \frac{\partial^2 u}{\partial y^2} - \frac{1}{2}\left(2\frac{\partial u}{\partial x} \frac{\partial^2 u}{\partial y \partial x} + 2\frac{\partial u}{\partial y} \frac{\partial^2 u}{\partial y^2}\right) = 0.$$

(b) Es sei $\gamma : [a,b] \to \mathbb{C}$ die Parametrisierung von $\partial\Omega$. Die Tangente an $\partial\Omega$ ist durch $\dot{\gamma} = \dot{x} + i\dot{y}$ bestimmt. Da $w = \nabla u$ tangential an $\partial\Omega$ ist, gilt $u_x \dot{y} = u_y \dot{x}$. Folglich erhalten wir aus den Cauchy-Riemannschen Differentialgleichungen

$$\int_\gamma f'(z)^2 \, dz = \int_\gamma (u_x + iv_x)^2 \, dz = \int_\gamma (u_x - iu_y)^2 \, dz$$

$$= \int_a^b (u_x^2 - 2iu_x u_y - u_y^2) \cdot (\dot{x} + i\dot{y}) \, dt$$

$$= \int_a^b (u_x^2 \dot{x} - u_y^2 \dot{x} + 2u_y \underbrace{u_x \dot{y}}_{=u_y \dot{x}}) \, dt + i \int_a^b (u_x^2 \dot{y} - u_y^2 \dot{y} - 2u_x \underbrace{u_y \dot{x}}_{=u_x \dot{y}}) \, dt$$

$$= \int_a^b (u_x^2 + u_y^2) \dot{x} \, dt - i \int_a^b (u_x^2 + u_y^2) \dot{y} \, dt = \int_a^b (u_x^2 + u_y^2)(\dot{x} - i\dot{y}) \, dt$$

$$= \overline{\int_\gamma |f'(z)|^2 \, dz}.$$

Mit $p(z) = -\frac{1}{2}|f'(z)|^2$ folgt daher für die Auftriebskraft

$$F = i \int_\gamma p \, dz = -\frac{i}{2} \int_\gamma |f'(z)|^2 \, dz = -\frac{i}{2} \overline{\int_\gamma f'(z)^2 \, dz}.$$

(c) Es ist $f'(z) = v_0(1 - \frac{1}{z^2}) + i\frac{k}{z}$. Daraus folgt $\lim\limits_{x \to \pm\infty} w(x+iy) = v_0$ (konstante Anströmung in $x = -\infty$). Es sei $\gamma : [0, 2\pi) \to \mathbb{C}$ mit $\gamma(\varphi) = \cos\varphi + i\sin\varphi$ die Kreisparametrisierung. Damit haben wir für $|z| = 1$, d.h. für $\frac{1}{z} = \bar{z}$:

$$
\begin{aligned}
w(z) = \overline{f'(z)} &= v_0(1 - z^2) - ikz \\
&= v_0\underbrace{(1 - \cos^2\varphi + \sin^2\varphi - 2i\cos\varphi\sin\varphi)}_{=\sin^2\varphi} - ik(\cos\varphi + i\sin\varphi) \\
&= 2v_0\sin\varphi(\sin\varphi - i\cos\varphi) + k(\sin\varphi - i\cos\varphi) \\
&= \underbrace{(2v_0\sin\varphi + k)}_{\in\mathbb{R}} \cdot \underbrace{(\sin\varphi - i\cos\varphi)}_{=-\dot{\gamma}(\varphi)},
\end{aligned}
$$

woraus folgt, dass die Geschwindigkeit $\nabla u = (2v_0\sin\varphi + k)(-\sin\varphi, \cos\varphi)^T$ tangential an ∂E ist. Für die Zirkulation Γ entlang γ gilt gemäß der Fundamentalformel (8.28):

$$
\Gamma = \operatorname{Re} \int_\gamma f'(z)\,dz = \operatorname{Re} \int_\gamma \left(v_0(1 - \frac{1}{z^2}) + i\frac{k}{z}\right)\,dz = -2\pi k.
$$

Aus der Blasius-Formel in (b) erhalten wir analog für die Auftriebskraft

$$
F = -\frac{i}{2}\overline{\int_\gamma f'(z)^2\,dz} = -\frac{i}{2}\overline{\int_\gamma \left(v_0(1 - \frac{1}{z^2}) + i\frac{k}{z}\right)^2\,dz} = -\frac{i}{2}(-4\pi v_0 k)
$$

$$
= 2\pi i v_0 k = -i v_0 \Gamma.
$$

$F = -iv_0\Gamma$ ist die *Auftriebsformel von Kutta*.
Die Auftriebskraft ist wegen $\Gamma \leq 0$ um $\frac{\pi}{2}$ im Vergleich zur Anströmgeschwindigkeit $v_0 > 0$ gedreht, zeigt also bei paralleler Anströmung senkrecht nach oben. Wir bemerken noch, dass es ohne Zirkulation, d.h. für $k = 0$, keinen Auftrieb gibt.
Aus der Staupunkt-Bedingung $f'(z) = 0$ für $z \in G \cup \{z \in \mathbb{C} : |z| = 1\}$ erhalten wir die Bestimmungsgleichung $v_0(1 - \frac{1}{z^2}) + i\frac{k}{z} = 0$. Diese ist für $z \neq 0$ äquivalent zur quadratischen Gleichung $z^2 + \frac{ik}{v_0}z - 1 = 0$. Deren Lösungen lauten:

$$
z_{1,2} = -\frac{ik}{2v_0} \pm i\sqrt{\left(\frac{k}{2v_0}\right)^2 - 1}.
$$

Das obere bzw. untere Vorzeichen bezieht sich hierbei auf z_1 bzw. z_2. Wir setzen abkürzend

$$
\alpha := \frac{k}{2v_0} \geq 0,
$$

so dass für die beiden Staupunkte $z_{1,2}$ gilt:

$$z_{1,2} = i\left(-\alpha \pm \sqrt{\alpha^2 - 1}\right) = \frac{-i}{\alpha \pm \sqrt{\alpha^2 - 1}}.$$

Wir unterscheiden nun zwei Fälle:

A. $1 \geq \alpha \geq 0$: $|z_{1,2}| = \sqrt{\alpha^2 + 1 - \alpha^2} = 1$, d.h. die Staupunkte liegen auf dem Einheitskreis und rücken für $\alpha = 1$, d.h. $k = 2v_0$, zum einzigen Staupunkt $z = -i$ zusammen. Für $\alpha = 0$, d.h. $k = 0$, sind $z_{1,2} = \mp 1$ die beiden Staupunkte.

B. $\alpha > 1$: $|z_1| = \dfrac{1}{\alpha + \sqrt{\alpha^2 - 1}} < 1$ und $|z_2| = 1/|z_1| = \alpha + \sqrt{\alpha^2 - 1} > 1$. In diesem Falle haben wir nur einen physikalischen Staupukt z_2, da der Punkt z_1 sich innerhalb des umströmten Kreises befindet.

In den Abbildungen 9.16-9.19 wurde die Anströmgeschwindigkeit $v_0 = 1$ gewählt. Dargestellt werden die Stromlinien und die Staupunkte für verschiedene Parameterwerte von k. Die Stromlinien sind die Niveaulinien der Stromfunktion $\Psi(z) := \mathrm{Im} f(z)$ zum komplexen Potential $f(z)$.

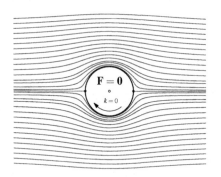

Abbildung 9.16: $\alpha = 0, \quad z_1 = -1, \quad z_2 = +1.$

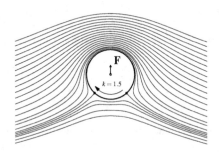

Abbildung 9.17: $\alpha = \frac{3}{4}, \quad z_1 = -\frac{\sqrt{7}}{4} - \frac{3}{4}i, \quad z_2 = \frac{\sqrt{7}}{4} - \frac{3}{4}i$

In den Abbildung 9.16 und 9.17 liegen die Staupunkte noch getrennt auf dem Rand des Einheitskreises, während sie in Abbildung 9.18 zum Punkt $z = -\mathrm{i}$ verschmolzen sind. In Abbildung 9.19 erhalten wir einen Staupunkt im Außenbereich des Einheitskreises. Die sich kreuzenden Stromlinien lassen hier diesen singulären Punkt erkennen.

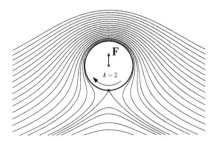

Abbildung 9.18: $\alpha = 1$, $z_{1,2} = -\mathrm{i}$.

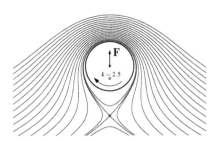

Abbildung 9.19: $\alpha = \frac{5}{4}$, $z_1 = -\frac{\mathrm{i}}{2}$, $z_2 = -2\mathrm{i}$

Zusatz 9.7: Joukowski Abbildung für die Umströmung eines Tragflügels
Es ist das Ziel dieses Abschnittes, die Stromfunktion $\Psi : \mathbb{C} \setminus \overline{E} \to \mathbb{R}$ mit

$$\Psi(x + \mathrm{i}y) = \operatorname{Im} f(x + \mathrm{i}y) = v_0 \left(y - \frac{y}{x^2 + y^2} \right) + k \log \sqrt{x^2 + y^2} \qquad (9.48)$$

zum komplexen Potential $f(z) = v_0(z + \frac{1}{z}) + \mathrm{i}k \log z$ aus Aufgabe 9.6(c) vom Außenbereich des Einheitskreises auf den Außenbereich eines sogenannten Joukowski-Profiles biholomorph zu verpflanzen. Dieses nach dem russischen Mathematiker und Ingenieur Nikolai Joukowski (1847-1921) benannte Tragflügelprofil findet Verwendung in der Aerodynamik für die Konstruktion von Flugzeugtragflächen.

Die Strömung sowie die Geometrie des Tragflügels werden durch bestimmte Parameter beschrieben. Die Parameter lassen sich dann so aufeinander abstimmen, dass auch eine glatte Abströmung von der Spitze des Joukowski-Profiles erreicht wird. Das funktionentheoretische Verpflanzungsprinzip garantiert dabei, dass wir auch für die Umströmung des neuen Profiles wieder eine Lösung der Eulerschen Gleichungen aus der Stromfunktion erhalten. In dieser Anwendung hat die Stromfunktion im Gegensatz zur komplexen Potentialfunktion noch den Vorteil, im gesamten Außenbereich des jeweiligen Strömungsprofiles definiert und dort glatt zu sein.

Die Strömung wird durch zwei Parameter $v_0 > 0$ (Anströmgeschwindigkeit) und $k \geq 0$ (Zirkulation) beschrieben, siehe hierzu Aufgabe 9.6(c), wobei im Grenzfall $k = 0$ kein Auftrieb vorhanden ist. Zur Konstruktion des Joukowski-Profiles benötigen wir einen weiteren, i.a. komplexen Parameter $m \in \mathbb{C}$, der folgenden beiden Ungleichungen genügen muss:

$$\operatorname{Re}(m) < 0, \quad \operatorname{Im}(m) \geq 0. \tag{9.49}$$

Die erste Ungleichung ist dabei zur folgenden Bedingung äquivalent:

$$|m + 1| < |m - 1|. \tag{9.50}$$

Es bezeichne K_m die Kreislinie mit Mittelpunkt m durch den Punkt 1 in der komplexen Zahlenebene. Das durch K_m bestimmte Außengebiet $\Omega_m \subset \mathbb{C}$ ist dann gegeben durch

$$\Omega_m := \{|m - 1|z + m : |z| > 1\}. \tag{9.51}$$

Wir definieren die Joukowski-Abbildung $J : \mathbb{C} \setminus 0 \to \mathbb{C}$ mit

$$J(z) := z + \frac{1}{z}. \tag{9.52}$$

Bildet man mit der Joukowski-Abbildung den Kreis K_m durch den Punkt $z = 1$ ab, d.h. den Rand von Ω_m, so erhält man als Bilder die *Joukowski-Profile*. Speziell für $z = 1 \in K_m$ erhalten wir die *Trägerspitze* $J(1) = 2$, die alle Joukowski-Profile gemeinsam haben. Beispiele sind in Abbildung 9.20 illustriert, in denen die Kreise K_m zusammen mit den Joukowski-Profilen $J(K_m)$ abgebildet sind.

Man beachte hierbei, dass die Joukowski-Abbildung nicht in $z = 0$ definiert ist und zudem in den beiden Ausnahmepunkten $z = \pm 1$ nicht konform ist. Die Ungleichung (9.50) garantiert, dass der Innenbereich des Kreises K_m den Punkt $z = -1$ und somit auch den Nullpunkt enthält. Wir fassen zusammen, dass keiner der drei Punkte $0, \pm 1$ in Ω_m liegt, und zeigen nun den folgenden

Satz 9.6: Verpflanzung mit der Joukowski-Abbildung
Die Einschränkung $J_m : \Omega_m \to J(\Omega_m)$ der Joukowski-Abbildung auf Ω_m, also $J_m(z) = J(z)$ für alle $z \in \Omega_m$, ist biholomorph. $\qquad\square$

Beweis: Nach dem Biholomorphiekriterium aus der ersten Bemerkung zum Riemannschen Abbildungssatz ist es ausreichend, die Injektivität von J_m, d.h. von J auf dem Bereich Ω_m, zu beweisen. Wir führen den Nachweis in drei Teilschritten.

Schritt 1: Sind $z \neq z'$ zwei von Null verschiedene komplexe Zahlen, so haben wir

$$\frac{J(z) - J(z')}{z - z'} = 1 - \frac{1}{zz'},$$

und hieraus folgt, dass $J(z) = J(z')$ nur für $z' = 1/z$ möglich ist.

Schritt 2: Gemäß Schritt 1 genügt es, die Implikation $z \in \Omega_m \Rightarrow 1/z \notin \Omega_m$ für alle komplexen Zahlen z zu beweisen, d.h.

$$|z - m| > |1 - m| \Rightarrow |1/z - m| \leq |1 - m| \quad \forall z \in \mathbb{C}.$$

Ersetzen wir in dieser Bedingung überall z durch die neue Variable $u := \dfrac{1 - m}{z - m}$, so lautet die zu beweisende Behauptung

$$|u| < 1 \Rightarrow \left| \frac{(1+m)u - m}{mu + (1-m)} \right| \leq 1. \tag{9.53}$$

Schritt 3: Wir definieren die Möbius-Transformation $M : \bar{E} \to \mathbb{C}$

$$M(u) := \frac{(1+m)u - m}{mu + (1-m)}, \tag{9.54}$$

die in der abgeschlossenen Einheitskreisscheibe $\bar{E}$ stetig ist. Dies folgt aus der Tatsache, dass der Pol $\frac{m-1}{m}$ von M wegen der ersten Ungleichung $\mathrm{Re}(m) < 0$ in (9.49) vom Betrag größer als 1 ist. Im Folgenden werden wir die rechts stehende Ungleichung in (9.53) sogar unter der schwächeren Annahme $|u| \leq 1$ zeigen. Nach dem Maximumprinzip aus Aufgabe 8.12(c) ist nur noch die folgende Implikation zu zeigen:

$$|u| = 1 \Rightarrow |mu + (1-m)|^2 - |(1+m)u - m|^2 \geq 0.$$

Berechnet man das Betragsquadrat einer komplexen Zahl w nach der Vorschrift $|w|^2 = w\bar{w}$, so folgt für alle komplexen Zahlen $u = e^{i\varphi}$ mit $|u| = 1$ nach einfacher Rechnung:

$$\begin{aligned}
|mu + (1-m)|^2 - |(1+m)u - m|^2 &= |m-1|^2 - |m+1|^2 + (m+\bar{m})(u+\bar{u}) \\
&= |m-1|^2 - |m+1|^2 + 4\,\mathrm{Re}(m)\cos\varphi.
\end{aligned}$$

Schließlich beachten wir, dass $x := \mathrm{Re}(m) < 0$ gilt, und erhalten mit $m = x + \mathrm{i}y$:

$$|mu + (1-m)|^2 - |(1+m)u - m|^2 = -4x(1 - \cos\varphi) \geq 0.$$

Damit ist der Nachweis der Biholomorphie von J_m erbracht.   ∎

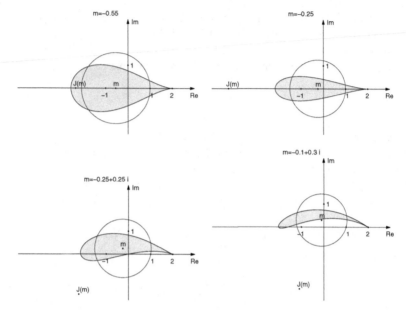

Abbildung 9.20: Verschiedene Joukowski-Profile als Bilder der Kreise K_m unter der Joukowski Transformation J. Für $\mathrm{Im}(m) = 0$ ergeben sich symmetrische Profile.

Nachfolgend werden in Abbildung 9.21 die Stromlinien für die Umströmung der beiden nichtsymmetrischen Joukowski-Profile aus Abbildung 9.20 für verschwindende Zirkulation, d.h. $k = 0$, und mit Anströmgeschwindigkeit $v_0 = 1$ illustriert.

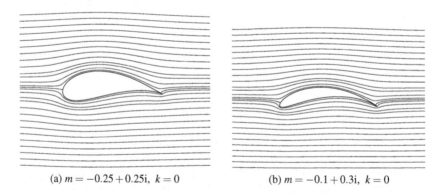

(a) $m = -0.25 + 0.25\mathrm{i}$, $k = 0$ (b) $m = -0.1 + 0.3\mathrm{i}$, $k = 0$

Abbildung 9.21: Stromlinien für zwei Joukowski-Profile.

Wir erinnern nun an die Stromfunktion Ψ in (9.48). Für jedes $c \in \mathbb{R}$ bezeichnen wir mit S_c^E die Stromlinie $\Psi(x + iy) = c$ bei Umströmung von E. Die Stromlinien um das Joukowski-Profil $J(K_m)$ werden durch Verpflanzung unter der Transformation $F_m(z) := J(|m - 1|z + m)$ bestimmt gemäß $S_c^J = F_m(S_c^E)$.

Durch Einbauen einer Zirkulation kann man ein glattes Abströmen erreichen, bei dem der Staupunkt auf der Trägerspitze liegt, d.h. wir haben in Abhängigkeit von $k \geq 0$ und m die folgende Staupunktbedingung aus Aufgabe 9.6(c) für die Nullstellen $z_{1,2} = z_{1,2}(k)$ von f':

$$F_m(z_{1,2}(k)) = 2.$$

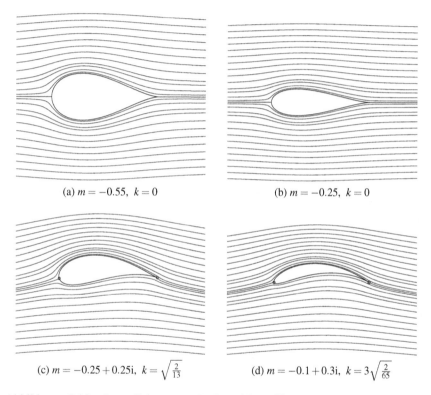

(a) $m = -0.55, \ k = 0$ (b) $m = -0.25, \ k = 0$

(c) $m = -0.25 + 0.25i, \ k = \sqrt{\frac{2}{13}}$ (d) $m = -0.1 + 0.3i, \ k = 3\sqrt{\frac{2}{65}}$

Abbildung 9.22: Stromlinien um Joukowski-Profile, für welche die Kutta-Abströmbedingung an der Trägerspitze erfüllt ist.

Wir erhalten also für festes $k \geq 0$ die Bedingung

$$|m - 1|z_{1,2}(k) + m + \frac{1}{|m - 1|z_{1,2}(k) + m} = 2,$$

woraus durch Vereinfachung folgt

$$|m - 1|z_{1,2}(k) + m = 1\,.$$

Aus der Staupunkt-Formel für $z_{1,2}(k)$ in Aufgabe 9.6(c) erhalten wir mit $\alpha = \frac{k}{2v_0}$ endlich die Bestimmungsgleichung

$$\mathrm{i}\,|m - 1| \cdot (-\alpha \pm \sqrt{\alpha^2 - 1}) + m = 1\,.$$

Um in dieser Beziehung die Real- und Imaginärteile vergleichen zu können, führen wir eine Fallunterscheidung durch:

A. $1 \geq \alpha \geq 0$: $\mp|m - 1|\alpha + \mathrm{Im}(m) = 0$. Wegen $\alpha \geq 0$ folgt aus der zweiten Ungleichung $\mathrm{Im}(m) \geq 0$ in (9.49) eindeutig

$$\alpha = \frac{\mathrm{Im}(m)}{|m - 1|}\,.$$

B. $\alpha > 1$: Hier folgt $\mathrm{Re}(m) = 1$. Dies steht im Widerspruch zur ersten Bedingung aus (9.49). Der Fall B muss also verworfen werden.

Wir erhalten mit $\alpha = \dfrac{k}{2v_0}$ schließlich die *Kutta-Abströmbedingung*:

$$k = 2v_0 \frac{\mathrm{Im}(m)}{|m - 1|}\,, \quad 0 \leq k \leq 2v_0\,.$$

In Abbildung 9.22 ist die Umströmung von vier ausgewählten Joukowski-Profilen dargestellt. Die Parameter m und k sind hier so gewählt, dass die Kutta-Abströmbedingung erfüllt ist. Die Anströmgeschwindigkeit ist wieder $v_0 = 1$. Im Grenzfall $k = \mathrm{Im}(m) = 0$ ist die Abströmbedingung von Kutta immer erfüllt, und wir erhalten wie in Abbildung 9.22(a),(b) eine glatte Abströmung von einem symmetrischen Joukowski-Profil.

Man beachte den Unterschied bei der Abströmung an der Trägerspitze gegenüber Abbildung 9.21, bei der die Kutta-Abströmbedingung nicht erfüllt ist.

9.4 Die Gamma-Funktion

Für diesen Abschnitt haben wir Anregungen von Artin [2], Remmert [35] und Andrews, Askey, Roy [1] erhalten. Die Γ-Funktion ist eine spezielle Funktion mit wichtigen Anwendungen. Sie erfüllt in ihrem Definitionsbereich die Funktionalgleichung $\Gamma(z + 1) = z \cdot \Gamma(z)$ und interpoliert die Fakultät gemäß $\Gamma(n + 1) = n!$ für alle $n \in \mathbb{N}_0$. Euler hat schon 1729 die Γ-Funktion als uneigentliches Integral bzw. unendliches Produkt dargestellt. Die Γ-Funktion tritt z.B., oft im Zusammenhang mit anderen speziellen Funktionen, beim Studium der Riemannschen ζ-Funktion, in der analytischen Zahlentheorie und in der Quantenmechanik bei der Rutherford-Streuung am Coulomb Potential auf. Für letzteres Problem siehe [38, Chapter 9.2].

Für $\mathrm{Re}(z) > 0$, $z \in \mathbb{C}$, definieren wir die Γ-Funktion gemäß

$$\Gamma(z) = \int_0^\infty t^{z-1} \mathrm{e}^{-t}\,\mathrm{d}t\,, \tag{9.55}$$

wobei $t^{z-1} = \mathrm{e}^{(z-1)\log t}$ ist. Dann ist das uneigentliche Integral wegen

$$\left| \int_0^\infty t^{z-1} \mathrm{e}^{-t}\,\mathrm{d}t \right| \leq \int_0^\infty |t^{z-1}|\,\mathrm{e}^{-t}\,\mathrm{d}t = \int_0^\infty t^{\mathrm{Re}(z)-1}\,\mathrm{e}^{-t}\,\mathrm{d}t < \infty$$

absolut konvergent, und mittels partieller Integration folgt die Funktionalgleichung

$$\Gamma(z+1) = z\,\Gamma(z)\,, \tag{9.56}$$

aber auch $\Gamma(n+1) = n!$ $\quad \forall n \in \mathbb{N}_0$, siehe Aufgabe 4.7(b). Mit Hilfe der Funktional-gleichung (9.56) läßt sich die Γ-Funktion auf das Gebiet

$$D_\Gamma := \mathbb{C} \setminus \{0, -1, -2, -3, \ldots\}$$

analytisch fortsetzen, so dass die Funktionalgleichung (9.56) für alle $z \in D_\Gamma$ gültig ist. Das Integral in (9.55) divergiert aber für $z \in \mathbb{C}$ mit $\mathrm{Re}(z) < 0$, so dass wir nun eine alternative Darstellung für $\Gamma(z)$ suchen, die für alle $z \in D_\Gamma$ gilt. Mit der Eulerschen Konstanten

$$\gamma = \lim_{n \to \infty} \left(\sum_{k=1}^n \frac{1}{k} - \log n \right) = 0.5772156\ldots,$$

siehe Aufgabe 4.8, zeigen wir zunächst den

Satz 9.7: Produktdarstellung der Γ-Funktion
Für alle $z \in \mathbb{C}$ wird durch

$$G(z) := z\,\mathrm{e}^{\gamma z} \prod_{k=1}^\infty \left\{ \left(1 + \frac{z}{k}\right) \mathrm{e}^{-\frac{z}{k}} \right\} \tag{9.57}$$

eine ganze Funktion $G : \mathbb{C} \to \mathbb{C}$ definiert. Die Nullstellen von G sind gegeben durch $z = 0, -1, -2, -3, \ldots$, und es gilt

$$\frac{G'(z)}{G(z)} = \gamma + \sum_{k=0}^\infty \left(\frac{1}{z+k} - \frac{1}{k+1} \right) \quad \forall z \in D_\Gamma$$

bzw.

$$-\frac{\mathrm{d}}{\mathrm{d}z}\left(\frac{G'(z)}{G(z)} \right) = \sum_{k=0}^\infty \frac{1}{(z+k)^2} \quad \forall z \in D_\Gamma\,. \qquad \square$$

Beweis:

Schritt 1: Für alle $s \in \mathbb{C}$ mit $|s| \leq \frac{1}{2}$ gilt

$$\log(1+s) - s = -\sum_{m=2}^{\infty} (-1)^m \frac{s^m}{m}$$

mit

$$|\log(1+s) - s| \leq \sum_{m=2}^{\infty} \frac{|s|^m}{m} \leq \frac{|s|^2}{2} \left(1 + |s| + |s|^2 + |s|^3 + \ldots\right)$$

$$= \frac{|s|^2}{2(1-|s|)} \leq \frac{|s|^2}{2(1-\frac{1}{2})} = |s|^2.$$

Schritt 2: Für $k \in \mathbb{N}$ mit $k \geq 2|z|$, d.h. für $\left|\frac{z}{k}\right| \leq \frac{1}{2}$, gilt nach *Schritt 1*:

$$\left|\log\left(1 + \frac{z}{k}\right) - \frac{z}{k}\right| \leq \frac{|z|^2}{k^2},$$

so dass die Funktionenfolge $G_n : \mathbb{C} \to \mathbb{C}$ mit $G_n(z) := z e^{\gamma z} \prod_{k=1}^{n} \left\{\left(1 + \frac{z}{k}\right) e^{-z/k}\right\}$ für $n \in \mathbb{N}$ und $z \in \mathbb{C}$ auf ganz $\mathbb{C}$ lokal gleichmäßig konvergiert.

Schritt 3: Mit dem Weierstraßschen Konvergenzsatz 8.19 und *Schritt 2* wird durch (9.57) eine ganze Funktion G dargestellt, und es gilt überdies mit lokal gleichmäßiger Konvergenz für all $z \in \mathbb{C}$:

$$G'(z) = \lim_{n \to \infty} G_n'(z) \quad \text{und} \quad G''(z) = \lim_{n \to \infty} G_n''(z). \tag{9.58}$$

Da die einzigen Nullstellen von G aufgrund der Produktdarstellung

$$G(z) = z e^{\gamma z} \prod_{k < 2|z|} \left\{\left(1 + \frac{z}{k}\right) e^{-z/k}\right\} \cdot \exp\left(\sum_{k \geq 2|z|} \left\{\log\left(1 + \frac{z}{k}\right) - \frac{z}{k}\right\}\right)$$

bei $z = 0, -1, -2, -3, \ldots$ liegen, erhalten wir mit (9.58) die folgende Reihendarstellung für die logarithmische Ableitung $\frac{G'(z)}{G(z)}$ sowie für $-\frac{d}{dz}\left(\frac{G'(z)}{G(z)}\right)$:

$$\frac{G'(z)}{G(z)} = \frac{1}{z} + \gamma + \sum_{k=1}^{\infty} \left\{\frac{1}{1 + \frac{z}{k}} \cdot \frac{1}{k} - \frac{1}{k}\right\}$$

$$= \gamma + \sum_{k=0}^{\infty} \left\{\frac{1}{z+k} - \frac{1}{k+1}\right\} \quad \forall z \in D_\Gamma$$

bzw. $-\dfrac{d}{dz}\left(\dfrac{G'(z)}{G(z)}\right) = \displaystyle\sum_{k=0}^{\infty} \frac{1}{(z+k)^2} \quad \forall z \in D_\Gamma.$ ∎

Wir zeigen nun den

Satz 9.8: Integralformel und Produktdarstellung der Γ-Funktion
Für $\mathrm{Re}(z) > 0$ ist

$$\Gamma(z) = \int_0^\infty t^{z-1} \cdot e^{-t}\, dt = \frac{1}{G(z)}\,.$$

$\square$

Beweis: Nach Satz 9.7 ist $G(z)$ für $\mathrm{Re}(z) > 0$ analytisch, und Nullstellen treten dort bei G nicht auf. Das Integral ist für $\mathrm{Re}(z) > 0$ ebenfalls analytisch. Daher reicht es nach dem Identitätssatz, die Aussage für alle positiven Zahlen $z = x > 0$ zu beweisen: Definiere hierzu die Hilfsfunktion $h : (0,\infty) \to \mathbb{R}$ mit

$$h(x) := \frac{\Gamma'(x)}{\Gamma(x)} + \frac{G'(x)}{G(x)}\,,$$

die wegen $\Gamma(x), G(x) > 0$ wohldefiniert ist. Dann ist zum einen

$$\frac{G'(x+1)}{G(x+1)} = \gamma + \sum_{k=0}^\infty \left(\frac{1}{x+1+k} - \frac{1}{k+1}\right) = -\frac{1}{x} + \frac{G'(x)}{G(x)}$$

und zum anderen wegen $\Gamma(x+1) = x\Gamma(x)$ bzw. $\Gamma'(x+1) = \Gamma(x) + x\Gamma'(x)$:

$$\frac{\Gamma'(x+1)}{\Gamma(x+1)} = \frac{\Gamma(x) + x\Gamma'(x)}{x\Gamma(x)} = \frac{1}{x} + \frac{\Gamma'(x)}{\Gamma(x)}\,,$$

und damit für alle $x > 0$

$$h(x) = h(x+1)\,. \tag{9.59}$$

Nach dem Differentiationssatz 4.14 für Parameter-Integrale gilt für alle $x > 0$ sowohl

$$\Gamma'(x) = \int_0^\infty (\log t)\, t^{x-1} e^{-t}\, dt$$

als auch

$$\Gamma''(x) = \int_0^\infty (\log t)^2\, t^{x-1} e^{-t}\, dt\,.$$

Für $A(t) := t^{\frac{x-1}{2}} e^{-t/2},\ B(t) := (\log t)\, t^{\frac{x-1}{2}} e^{-t/2}$ gilt nach der Cauchy-Schwarzschen Ungleichung $\left(\int_0^\infty A(t)^2\, dt\right) \cdot \left(\int_0^\infty B(t)^2\, dt\right) \geq \left(\int_0^\infty A(t) \cdot B(t)\, dt\right)^2$, d.h.

$$\Gamma(x) \cdot \Gamma''(x) \geq \Gamma'(x)^2 \quad \forall x > 0\,.$$

Nun folgt

$$\eta(x) := \frac{\mathrm{d}}{\mathrm{d}x}\left(\frac{\Gamma'(x)}{\Gamma(x)}\right) = \frac{\Gamma''(x)\Gamma(x) - \Gamma'(x)^2}{\Gamma(x)^2} \geq 0 \quad \forall x > 0.$$

Andererseits ist aber auch

$$\vartheta(x) := \frac{\mathrm{d}}{\mathrm{d}x}\left(\frac{G'(x)}{G(x)}\right) = -\sum_{k=0}^{\infty}\frac{1}{(x+k)^2} \quad \forall x > 0$$

und

$$\lim_{\substack{n\in\mathbb{N}\\n\to\infty}} \vartheta(x+n) = 0.$$

Mit der 1-Periodizität von h gemäß (9.59) folgt daher

$$h'(x) = h'(x+1) = \lim_{\substack{n\to\infty\\n\in\mathbb{N}}} [\eta(x+n) + \vartheta(x+n)]$$

$$= \lim_{\substack{n\to\infty\\n\in\mathbb{N}}} \eta(x+n) \geq 0 \quad \forall x > 0.$$

Wir nehmen nun an, es gibt eine Stelle $x_0 > 0$ mit $h'(x_0) > 0$. Da h' stetig ist, folgt aus dieser Annahme der Widerspruch

$$0 = h(x_0 + 1) - h(x_0) = \int_{x_0}^{x_0+1} h'(t)\,\mathrm{d}t > 0.$$

Damit ist $h'(x) = 0$ für alle $x > 0$, d.h. es gibt eine Konstante $c \in \mathbb{R}$ mit

$$\frac{\Gamma'(x)}{\Gamma(x)} = c - \frac{G'(x)}{G(x)} \quad \forall x > 0,$$

und hieraus folgt durch erneute Integration mit $\Gamma(x), G(x) > 0$ und einer weiteren Konstanten $d \in \mathbb{R}$:

$$\Gamma(x) = \frac{\mathrm{e}^{cx+d}}{G(x)} \quad \forall x > 0. \tag{9.60}$$

Nun folgt aber aus der Definition von G zum einen

$$1 = \Gamma(1) = \lim_{x\downarrow 0}\Gamma(1+x) = \lim_{x\downarrow 0}(x\Gamma(x)) = \lim_{x\downarrow 0}\frac{x\,\mathrm{e}^{cx+d}}{G(x)} = \mathrm{e}^d,$$

also

$$d = 0, \tag{9.61}$$

zum anderen

$$\log(G(1)) = \lim_{n\to\infty}\left[\gamma + \sum_{k=1}^{n}\left\{\log(k+1) - \log k - \frac{1}{k}\right\}\right]$$

$$= \lim_{n\to\infty}\left[\gamma + \log\left(1 + \frac{1}{n}\right) + \log n - \sum_{k=1}^{n}\frac{1}{k}\right]$$

$$= \gamma - \gamma = 0,$$

also $G(1) = \Gamma(1) = 1$ und

$$c = 0. \tag{9.62}$$

Aus (9.60)-(9.62) folgt die Behauptung. ∎

Folgerung 9.9: Eigenschaften der Gamma-Funktion im Reellen
Die Γ-Funktion ist für $x > 0$ strikt logarithmisch konvex, d.h.

$$\frac{d^2}{dx^2}(\log\Gamma(x)) > 0 \quad \forall x > 0.$$

Die n-te Ableitung von $\log\Gamma$ lautet für alle $n \geq 2$ und alle $x > 0$

$$\left(\frac{d^n\log\Gamma}{dx^n}\right)(x) = (-1)^n \cdot (n-1)! \sum_{k=0}^{\infty}\frac{1}{(x+k)^n}. \tag{9.63}$$

Mit $\frac{\Gamma'(1)}{\Gamma(1)} = -\gamma$ folgt aus (9.63) durch Taylorentwicklung in $x = 1$

$$\log\Gamma(x) = -\gamma \cdot (x-1) + \sum_{n=2}^{\infty}\frac{(-1)^n}{n}\zeta(n) \cdot (x-1)^n \quad \forall x \in (0,2).$$

□

Wir fassen unsere bisherigen Ergebnisse zusammen.

Satz 9.10: Grundeigenschaften der Gamma-Funktion
Für die Eulersche Γ-Funktion gelten mit $D_\Gamma = \mathbb{C} \setminus \{0, -1, -2, \ldots\}$ die folgenden Beziehungen:

(a) Die Γ-Funktion $\Gamma : D_\Gamma \to \mathbb{C}$ hat keine Nullstellen, aber einfache Polstellen in $z = 0, -1, -2, \ldots$, und erfüllt für alle $z \in D_\Gamma$ die Funktionalgleichung

$$\Gamma(z+1) = z\Gamma(z).$$

(b) Es gilt $\Gamma(n+1) = n!$ für alle $n \in \mathbb{N}_0$.

(c) $\Gamma(z) = \int\limits_{0}^{\infty} t^{z-1}\,e^{-t}\,dt$ für $\mathrm{Re}(z) > 0$.

(d) Die Funktion $1/\Gamma$ ist auf ganz $\mathbb{C}$ holomorph fortsetzbar und erfüllt dort die Produktdarstellung

$$\frac{1}{\Gamma(z)} = z e^{\gamma z} \prod_{k=1}^{\infty} \left\{ \left(1 + \frac{z}{k}\right) e^{-z/k} \right\}. \tag{9.64}$$

(e) Die logarithmische Ableitung der Γ-Funktion genügt der Darstellung

$$-\frac{\Gamma'(z)}{\Gamma(z)} = \gamma + \sum_{k=0}^{\infty} \left(\frac{1}{z+k} - \frac{1}{k+1} \right) \quad \forall z \in \mathbb{C} \setminus \{0, -1, -2 \cdots\}. \tag{9.65}$$

(f) Es gilt

$$\frac{\mathrm{d}}{\mathrm{d}z} \left(\frac{\Gamma'(z)}{\Gamma(z)} \right) = \sum_{k=0}^{\infty} \frac{1}{(z+k)^2} \quad \forall z \in \mathbb{C} \setminus \{0, -1, -2 \cdots\}. \tag{9.66}$$

□

Weitere wichtige Eigenschaften der Γ-Funktion werden in den folgenden Aufgaben hergeleitet.

Aufgabe 9.7: Residuen der Gamma-Funktion
Man bestimme für alle $m \in \mathbb{N}_0$ die Residuen der Γ-Funktion an den Polstellen $z = -m$.

Hinweis: Verwende die Funktionalgleichung der Γ-Funktion für $\Gamma(z+m+1)$.

Lösung: Die Γ-Funktion ist auf dem Gebiet $D_\Gamma = \mathbb{C} \setminus \{0, -1, -2, \ldots\}$ definiert. Aus der Funktionalgleichung der Γ-Funktion folgt

$$\Gamma(z+m+1) = z(z+1) \cdot \ldots \cdot (z+m) \Gamma(z) \quad \forall z \in D_\Gamma \ \forall m \in \mathbb{N}_0,$$

und wegen $\Gamma(z)z = \Gamma(z+1)$ erhalten wir:

$$\operatorname{Res}_\Gamma(0) = \lim_{\substack{z \to 0 \\ z \in D_\Gamma}} \Gamma(z)z = \Gamma(1) = 1,$$

sowie für jedes $m \in \mathbb{N}$:

$$\operatorname{Res}_\Gamma(-m) = \lim_{\substack{z \to -m \\ z \in D_\Gamma}} \Gamma(z)(z+m)$$

$$= \lim_{\substack{z \to -m \\ z \in D_\Gamma}} \frac{\Gamma(z+m+1)}{z(z+1) \cdot \ldots \cdot (z+m-1)} = \frac{(-1)^m}{m!}.$$

Die letzte Formel ist also für alle $m \in \mathbb{N}_0$ richtig. Die Polstellen sind in Abbildung 9.23 dargestellt.

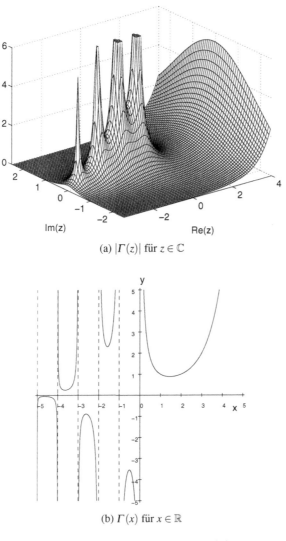

(a) $|\Gamma(z)|$ für $z \in \mathbb{C}$

(b) $\Gamma(x)$ für $x \in \mathbb{R}$

Abbildung 9.23: Die Gamma-Funktion.

Aufgabe 9.8: Weitere Eigenschaften der Gamma-Funktion im Komplexen

(a) Man zeige die *Gaußsche Produktformel*:

$$\frac{1}{\Gamma(z)} = \lim_{n \to \infty} \frac{z(z+1) \cdot \ldots \cdot (z+n)}{n! \, n^z} \quad \forall z \in \mathbb{C}.$$

Hinweis: Man bilde den Quotienten vom n-ten Partialprodukt in (9.64) mit dem n-ten Partialprodukt der Gaußschen Produktdarstellung.

(b) Man zeige die *Ergänzungsformel*:

$$\frac{1}{\Gamma(1+z)\,\Gamma(1-z)} = \prod_{n=1}^{\infty}\left(1-\frac{z^2}{n^2}\right) = \frac{\sin(\pi z)}{\pi z} \quad \forall z \in \mathbb{C}.$$

Beachte: Für $z = 0$ soll die rechte Seite den Wert 1 haben.

Hinweis: Man verwende die Darstellung (9.64) und das Eulersche Sinusprodukt aus Aufgabe 6.7, die dort für $x \in (-1,1)$ gezeigt ist, sowie das analytische Fortsetzungsprinzip.

(c) Man zeige die *Verdoppelungsformel*:

$$\frac{1}{\Gamma(z)} \cdot \frac{1}{\Gamma(z+\frac{1}{2})} = \frac{2^{2z}}{2\sqrt{\pi}\,\Gamma(2z)} \quad \forall z \in \mathbb{C}.$$

Hinweis: Definiere die Funktion $g : (0,\infty) \to (0,\infty)$ mit

$$g(x) := 2^{2x-1}\,\frac{\Gamma(x)\,\Gamma(x+\frac{1}{2})}{\sqrt{\pi}\,\Gamma(2x)},$$

und zeige $g(x+1) = g(x)$ sowie $\dfrac{\mathrm{d}}{\mathrm{d}x}\left(\dfrac{g'(x)}{g(x)}\right) = 0$ für alle $x > 0$ mit Hilfe der Darstellung (9.66). Mit $\Gamma(\frac{1}{2}) = \sqrt{\pi}$, siehe Bemerkung zur Lösung der Aufgabe 4.7(b), berechne man hieraus $g(x)$ für $x > 0$. Schließlich wende man analytische Fortsetzung an.

Lösung:

(a) Es sei $P_n(z)$ bzw. $Q_n(z)$ für alle $z \in \mathbb{C} \setminus \{0, -1, -2, \cdots\}$ das n-te Partialprodukt in (9.64) bzw. in der Gaußschen Produktdarstellung, d.h.

$$P_n(z) := z\,e^{\gamma z}\prod_{k=1}^{n}\left\{\left(1+\frac{z}{k}\right)e^{-z/k}\right\} \quad \text{bzw.} \quad Q_n(z) := \frac{z(z+1)\cdot\ldots\cdot(z+n)}{n!\,n^z}.$$

Wir haben

$$\frac{P_n(z)}{Q_n(z)} = \frac{z\,e^{\gamma z}\prod\limits_{k=1}^{n}\left\{\left(1+\frac{z}{k}\right)e^{-z/k}\right\}}{\left(\dfrac{z(z+1)\cdot\ldots\cdot(z+n)}{n!\,n^z}\right)} = \frac{\frac{1}{n!}\exp(\gamma z)\exp\left(-z\sum\limits_{k=1}^{n}\frac{1}{k}\right)\prod\limits_{k=0}^{n}(k+z)}{\frac{1}{n!}\exp(-z\log n)\prod\limits_{k=0}^{n}(k+z)}$$

$$= \exp\left\{z\left(\gamma - \left[\sum_{k=1}^{n}\frac{1}{k} - \log n\right]\right)\right\},$$

also

$$\lim_{n\to\infty} \frac{P_n(z)}{Q_n(z)} = \lim_{n\to\infty} \exp\left\{ z\left(\gamma - \left[\sum_{k=1}^{n} \frac{1}{k} - \log n \right] \right) \right\}$$

$$= \exp\left\{ \lim_{n\to\infty} \left\{ z\left(\gamma - \left[\sum_{k=1}^{n} \frac{1}{k} - \log n \right] \right) \right\} \right\}$$

$$= \exp\left\{ z\gamma - z \lim_{n\to\infty} \left[\sum_{k=1}^{n} \frac{1}{k} - \log n \right] \right\}$$

$$= \exp\left\{ z\gamma - z\gamma \right\} = 1.$$

Daraus folgt mit $\lim\limits_{n\to\infty} P_n(z) = \frac{1}{\Gamma(z)}$ die auch für $z = 0, -1, -2, \cdots$ gültige Gaußsche Produktdarstellung

$$\lim_{n\to\infty} Q_n(z) = \lim_{n\to\infty} \frac{z(z+1)\cdot\ldots\cdot(z+n)}{n!\,n^z} = \frac{1}{\Gamma(z)} \quad \forall z \in \mathbb{C}.$$

(b) Aus der Produktdarstellung (9.64) erhalten wir für alle $z \in \mathbb{C}$

$$\frac{1}{\Gamma(1+z)\Gamma(1-z)}$$

$$= e^{\gamma z} \lim_{n\to\infty} \prod_{k=1}^{n} \left\{ \left(1 + \frac{z}{k}\right) e^{-z/k} \right\} \cdot e^{-\gamma z} \lim_{n\to\infty} \prod_{k=1}^{n} \left\{ \left(1 - \frac{z}{k}\right) e^{z/k} \right\} \qquad (9.67)$$

$$= \lim_{n\to\infty} \prod_{k=1}^{n} \left(1 - \frac{z^2}{k^2}\right) = \prod_{k=1}^{\infty} \left(1 - \frac{z^2}{k^2}\right).$$

Daraus folgt mit der Produktdarstellung der reellen Sinus-Funktion

$$\sin(\pi x) = \pi x \prod_{k=1}^{\infty} \left(1 - \frac{x^2}{k^2}\right) \quad \forall x \in (-1,1),$$

siehe Aufgabe 6.7, die Identität

$$\frac{1}{\Gamma(x+1)\Gamma(1-x)} = \frac{\sin(\pi x)}{\pi x} \quad \forall x \in (-1,1).$$

Die Funktion $\dfrac{\sin(\pi z)}{\pi z} = \displaystyle\sum_{n=0}^{\infty} \frac{(-1)^n \pi^{2n}}{(2n+1)!} z^{2n}$ ist offensichtlich in ganz $\mathbb{C}$ analytisch. Zusammen mit (9.67) erhalten wir aus dem analytischen Fortsetzungsprinzip zum einen

$$\frac{\sin(\pi z)}{\pi z} = \prod_{k=1}^{\infty} \left(1 - \frac{z^2}{k^2}\right) \quad \forall z \in \mathbb{C},$$

und zum anderen, dass die Ergänzungsformel in ganz $\mathbb{C}$ gilt.

(c) Es sei $g : (0,\infty) \to (0,\infty)$ mit $g(x) = 2^{2x-1} \dfrac{\Gamma(x)\,\Gamma(x+\frac{1}{2})}{\sqrt{\pi}\,\Gamma(2x)}$. Mit der Funktionalgleichung der Γ-Funktion folgt die 1-Periodizität von g gemäß

$$g(x+1) = 2^{2x+1} \frac{\Gamma(x+1)\,\Gamma(x+\frac{3}{2})}{\sqrt{\pi}\,\Gamma(2x+2)}$$

$$= 2^{2x+1} \frac{x\,\Gamma(x)\,(x+\frac{1}{2})\,\Gamma(x+\frac{1}{2})}{\sqrt{\pi}\,(2x+1)2x\,\Gamma(2x)}$$

$$= 2^{2x-1} \frac{\Gamma(x)\,\Gamma(x+\frac{1}{2})}{\sqrt{\pi}\,\Gamma(2x)} = g(x).$$

Für die Ableitung der logarithmischen Ableitung von g haben wir

$$\frac{\mathrm{d}}{\mathrm{d}x}\left(\frac{g'(x)}{g(x)}\right) = \frac{\mathrm{d}^2}{\mathrm{d}x^2}\left(\log g(x)\right)$$

$$= \frac{\mathrm{d}^2}{\mathrm{d}x^2}\left((2x-1)\log 2 + \log\Gamma(x) + \log\Gamma(x+\tfrac{1}{2}) - \log\sqrt{\pi} - \log\Gamma(2x)\right)$$

$$= \frac{\mathrm{d}}{\mathrm{d}x}\left(\frac{\Gamma'(x)}{\Gamma(x)}\right) + \frac{\mathrm{d}}{\mathrm{d}x}\left(\frac{\Gamma'(x+\frac{1}{2})}{\Gamma(x+\frac{1}{2})}\right) - 2\frac{\mathrm{d}}{\mathrm{d}x}\left(\frac{\Gamma'(2x)}{\Gamma(2x)}\right)$$

$$= \sum_{k=0}^{\infty}\frac{1}{(x+k)^2} + \sum_{k=0}^{\infty}\frac{1}{(x+\frac{1}{2}+k)^2} - 4\sum_{k=0}^{\infty}\frac{1}{(2x+k)^2}$$

$$= \sum_{k=0}^{\infty}\frac{4}{(2x+2k)^2} + \sum_{k=0}^{\infty}\frac{4}{(2x+2k+1)^2} - \sum_{k=0}^{\infty}\frac{4}{(2x+k)^2} = 0.$$

Mit reellen Konstanten $\alpha,\ \beta \in \mathbb{R}$ folgt daraus $\log g(x) = \alpha x + \beta$, also $g(x) = \mathrm{e}^{\alpha x + \beta}$. Aus der 1-Periodizität von g erhalten wir die Beziehung $\mathrm{e}^{\alpha x + \alpha + \beta} = \mathrm{e}^{\alpha x + \beta}$ $\quad \forall x > 0$. Somit muß $\alpha = 0$ gelten. Um die Konstante β zu bestimmen, werten wir $g(x)$ für $x = \frac{1}{2}$ aus. Wir haben mit $\Gamma(\frac{1}{2}) = \sqrt{\pi}$ einerseits

$$g(\tfrac{1}{2}) = 2^0 \cdot \frac{\Gamma(\frac{1}{2})\,\Gamma(1)}{\sqrt{\pi}\,\Gamma(1)} = 1,$$

andererseits aber

$$g(\tfrac{1}{2}) = \mathrm{e}^{\beta}.$$

Daraus ergibt sich $\beta = 0$, und wir erhalten für alle $x > 0$ die Beziehung $g(x) = 1$, also

$$\frac{1}{\Gamma(x)} \cdot \frac{1}{\Gamma(x+\frac{1}{2})} = \frac{2^{2x}}{2\sqrt{\pi}\,\Gamma(2x)} \quad \forall x > 0.$$

Aus dem analytischen Fortsetzungsprinzip folgt die Behauptung.

Aufgabe 9.9: Euler-Stieltjes Formel für γ

(a) Man zeige durch Logarithmierung von (9.64) die Potenzreihendarstellung:

$$\log\Gamma(1+x) = -\log(1+x) + x(1-\gamma) + \sum_{n=2}^{\infty}(-1)^n(\zeta(n)-1)\frac{x^n}{n} \quad \forall x \in (-1,1).$$

Hinweis: $\log\left(1+\dfrac{x}{n}\right) = -\displaystyle\sum_{k=1}^{\infty}\frac{(-1)^k}{k}\left(\frac{x}{n}\right)^k \quad \forall n \in \mathbb{N}, \forall x \in (-1,1).$

(b) Man zeige die *Euler-Stieltjes Formel* für γ:

$$\gamma = 1 - \log\frac{3}{2} - \sum_{k=1}^{\infty}\frac{\zeta(2k+1)-1}{4^k(2k+1)}$$

Hinweis: Man setze in die Formel der Teilaufgabe (a) die Werte $x = \pm\dfrac{1}{2}$ ein.

Lösung:

(a) Es sei $x \in (-1,1)$. Durch Logarithmieren der Darstellungsformel (9.64) erhalten wir mit der Funktionalgleichung der Γ-Funktion

$$-\log\Gamma(x+1) = -\log(x\Gamma(x)) = \log\left\{e^{\gamma x}\prod_{n=1}^{\infty}\left\{\left(1+\frac{x}{n}\right)e^{-x/n}\right\}\right\}$$

$$= \gamma x + \sum_{n=1}^{\infty}\left[\log\left(1+\frac{x}{n}\right)-\frac{x}{n}\right]$$

$$= \gamma x + \log(1+x) - x + \sum_{n=2}^{\infty}\left[\log\left(1+\frac{x}{n}\right)-\frac{x}{n}\right].$$

Mit der Potenzreihenentwicklung der Logarithmusfunktion

$$\log\left(1+\frac{x}{n}\right)-\frac{x}{n} = -\sum_{k=2}^{\infty}\frac{(-1)^k}{k}\left(\frac{x}{n}\right)^k \quad \forall n \in \mathbb{N}, \forall x \in (-1,1)$$

folgt daraus aufgrund der Vertauschbarkeit der Summation in absolut konvergenten Doppelreihen:

$$-\log\Gamma(x+1) = x(\gamma-1) + \log(1+x) - \sum_{n=2}^{\infty}\sum_{k=2}^{\infty}\frac{(-1)^k}{k}\left(\frac{x}{n}\right)^k$$

$$= x(\gamma-1) + \log(1+x) - \sum_{k=2}^{\infty}(-1)^k\frac{x^k}{k}\sum_{n=2}^{\infty}\frac{1}{n^k}$$

$$= x(\gamma-1) + \log(1+x) - \sum_{k=2}^{\infty}(-1)^k(\zeta(k)-1)\frac{x^k}{k}.$$

Wir erhalten daher für alle $x \in (-1, 1)$ die Reihendarstellung

$$\log \Gamma(x+1) = x(1-\gamma) - \log(1+x) + \sum_{n=2}^{\infty} (-1)^n (\zeta(n) - 1) \frac{x^n}{n}.$$

(b) Setzen wir in die Reihendarstellung aus Teilaufgabe (a) die Werte $x = \pm\frac{1}{2}$, so erhalten wir durch Subtrahieren

$$\log \Gamma(\tfrac{3}{2}) - \log \Gamma(\tfrac{1}{2})$$

$$= (1-\gamma) - \log \frac{3}{2} + \log \frac{1}{2} + \sum_{n=2}^{\infty} (-1)^n (\zeta(n) - 1) \frac{1}{n\, 2^n}$$

$$- \sum_{n=2}^{\infty} (-1)^n (\zeta(n) - 1) \frac{(-1)^n}{n\, 2^n}$$

$$= 1 - \gamma - \log \frac{3}{2} + \log \frac{1}{2} + 2 \sum_{k=1}^{\infty} \frac{(-1)^{2k+1} (\zeta(2k+1) - 1)}{2^{2k+1}(2k+1)}$$

$$= 1 - \gamma - \log \frac{3}{2} + \log \frac{1}{2} - \sum_{k=1}^{\infty} \frac{\zeta(2k+1) - 1}{4^k(2k+1)}.$$

Tabelle 9.1: Die Partialsummen γ_n und ihre absoluten Fehler zur Eulerschen Konstanten.

n	γ_n	$\lvert \gamma - \gamma_n \rvert \leq$
1	0.577696816628...	0.49e-3
2	0.577235219689...	0.20e-4
3	0.577216582909...	0.92e-6
4	0.577215711211...	0.47e-7
5	0.577215667337...	0.25e-8
6	0.577215665033...	0.14e-9
7	0.577215664908...	0.73e-11

Daraus folgt mit

$$\log \Gamma(\tfrac{3}{2}) - \log \Gamma(\tfrac{1}{2}) = \log \frac{\frac{1}{2} \Gamma(\frac{1}{2})}{\Gamma(\frac{1}{2})} = \log \frac{1}{2}$$

die Reihendarstellung von Euler-Stieltjes

$$\gamma = 1 - \log \frac{3}{2} - \sum_{k=1}^{\infty} \frac{\zeta(2k+1) - 1}{4^k(2k+1)}.$$

Die Partialsummen $\gamma_n := 1 - \log \frac{3}{2} - \sum_{k=1}^{n} \frac{\zeta(2k+1)-1}{4^k(2k+1)}$ konvergieren sehr schnell gegen $\gamma = 0.57721566490153286060....$ In Tabelle 9.1 sind die ersten sieben Partialsummen sowie ihre absoluten Fehler zur Eulerschen Konstanten aufgelistet. Die 7-te Partialsumme liefert bereits einen absoluten Approximationsfehler, der kleiner als 10^{-11} ist. Die Werte $\zeta(2k+1)$ lassen sich numerisch mit der allgemeinen Eulerschen Summenformel gut approximieren.

Aufgabe 9.10: Stirlingsche Formel für die Gamma-Funktion

(a) Zeige

$$\Gamma(z) = \exp\left[\left(z - \frac{1}{2}\right)\log z - z + \log\sqrt{2\pi} - \int_0^\infty \frac{\beta_1(t)}{z+t}\, dt\right] \quad \forall z \in \mathbb{C}_-.$$

Hinweis: Verwende die Darstellung (9.65) für positive reelle Zahlen sowie die Eulersche Summenformel zur Berechnung der logarithmischen Ableitung der Γ-Funktion. Bestimme die Integrationskonstante zur Ermittlung von $\log\Gamma$ aus der Stirlingschen Formel für natürliche Zahlen aus Aufgabe 1.8. Setze anschließend analytisch fort.

(b) Für $0 < \alpha < \pi$ sei $K_\alpha := \{z = re^{i\varphi} \in \mathbb{C} : r > 0, \ \varphi \in (-\alpha, +\alpha)\}$. Man zeige für $z \in K_\alpha$ die *Stirlingsche Formel* für die Γ-Funktion:

$$\Gamma(z) \sim \exp\left[\left(z - \frac{1}{2}\right)\log z - z + \log\sqrt{2\pi}\right] \quad \text{für} \quad z \in K_\alpha, \ |z| \to \infty.$$

Hinweis: Man untersuche das Konvergenzverhalten des Korrekturintegrals in der Formel aus Teilaufgabe (a).

Lösung:

(a) Es sei $x > 0$. Wir erinnern im Zusammenhang mit der Eulerschen Summenformel an die 1-periodischen Funktionen $\beta_1, \beta_2 : \mathbb{R} \to \mathbb{R}$ mit

$$\beta_1(x) = x - \lfloor x \rfloor - \frac{1}{2}, \quad \beta_2(x) = \frac{1}{2}(x - \lfloor x \rfloor)^2 - \frac{1}{2}(x - \lfloor x \rfloor) + \frac{1}{12},$$

siehe Aufgabe 1.6. Wir werden die Eulersche Summenformel aus Aufgabe 1.5 bzw. 1.7 auf die folgende absolut konvergente Reihe in (9.65) anwenden:

$$\sum_{k=0}^{\infty} \left(\frac{1}{x+k} - \frac{1}{k+1}\right) = \sum_{k=0}^{\infty} \frac{1-x}{(x+k)(k+1)}.$$

Aus der Beziehung (9.65) folgt dann

$$-\frac{d}{dx}\log\Gamma(x)$$

$$= \gamma + \lim_{T\to\infty}\int_0^T \left(\frac{1}{x+t} - \frac{1}{t+1}\right) dt + \lim_{T\to\infty}\frac{1}{2}\left[\frac{1}{x} - 1 + \frac{1}{x+T} - \frac{1}{T+1}\right]$$

$$+ \lim_{T\to\infty}\int_0^T \beta_1(t)\left[-\frac{1}{(x+t)^2} + \frac{1}{(1+t)^2}\right] dt$$

$$= \gamma + \lim_{T\to\infty}\left[\log\frac{x+t}{t+1}\right]_{t=0}^{t=T} + \frac{1}{2x} - \frac{1}{2} + \lim_{T\to\infty}\int_0^T \beta_1(t)\left[-\frac{1}{(x+t)^2} + \frac{1}{(1+t)^2}\right] dt$$

$$= \gamma - \log x + \frac{1}{2x} - \frac{1}{2} + \lim_{T\to\infty}\int_0^T \beta_1(t)\left[-\frac{1}{(x+t)^2} + \frac{1}{(1+t)^2}\right] dt\,.$$

Mit der 1-Periodizität der β_1-Funktion und mit der Identität

$$\gamma = \frac{1}{2} - \int_1^\infty \frac{\beta_1(t)}{t^2}\, dt\,,$$

siehe (4.4) in Aufgabe 4.8, erhalten wir daher

$$-\frac{d}{dx}\log\Gamma(x) = \gamma - \log x + \frac{1}{2x} - \frac{1}{2} - \int_0^\infty \frac{\beta_1(t)}{(x+t)^2}\, dt + \int_1^\infty \frac{\beta_1(t)}{t^2}\, dt$$

$$= -\log x + \frac{1}{2x} - \int_0^\infty \frac{\beta_1(t)}{(x+t)^2}\, dt\,,$$

also

$$\frac{d}{dx}\log\Gamma(x) = \log x - \frac{1}{2x} + \int_0^\infty \frac{\beta_1(t)}{(x+t)^2}\, dt\,. \tag{9.68}$$

Die Funktion $h : (0,\infty) \to \mathbb{R}$ mit $h(x) := \int_0^\infty \frac{\beta_1(t)}{x+t}\, dt$ ist wohldefiniert, denn zum einen gelten die groben Abschätzungen

$$\int_k^{k+1} \left|\frac{\beta_1(t)}{x+t}\right| dt \le \frac{1}{2(x+k)}\,, \qquad \int_k^{k+1} \frac{|\beta_2(t)|}{(x+t)^2}\, dt \le \frac{1}{12(x+k)^2} \qquad \forall k \in \mathbb{N}_0\,,$$

und zum anderen erhalten wir für alle $n \in \mathbb{N}_0$:

$$\int_0^{n+1} \frac{\beta_1(t)}{x+t}\,dt = \sum_{k=0}^{n} \int_k^{k+1} \frac{\beta_2'(t)}{x+t}\,dt = \sum_{k=0}^{n} \left\{ \left[\frac{\beta_2(t)}{x+t} \right]_{t=k}^{t=k+1} + \int_k^{k+1} \frac{\beta_2(t)}{(x+t)^2}\,dt \right\}$$

$$= \sum_{k=0}^{n} \left\{ -\frac{1}{12(x+k)(x+k+1)} + \int_k^{k+1} \frac{\beta_2(t)}{(x+t)^2}\,dt \right\}. \qquad (9.69)$$

Für $T > 0$ definieren wir nun $h_T : (0,\infty) \to \mathbb{R}$ mit $h_T(x) := \int_0^T \frac{\beta_1(t)}{x+t}\,dt$. Die Funk-

tionenfolge $\{h_T'(x)\}_{T \in \mathbb{N}}$ ist für alle $x > 0$ gegen den Ausdruck $-\int_0^{\infty} \frac{\beta_1(t)}{(x+t)^2}\,dt$ kon-

vergent, denn

$$\left| \int_T^{\infty} \frac{\beta_1(t)}{(x+t)^2}\,dt \right| \le \frac{1}{2(x+T)} < \frac{1}{2T}.$$

Somit ist

$$h'(x) = - \int_0^{\infty} \frac{\beta_1(t)}{(x+t)^2}\,dt \quad \forall x > 0,$$

und es gilt für alle $x > 0$ und $\varepsilon > 0$ die Abschätzung

$$|h_T'(x) - h'(x)| < \varepsilon \quad \forall T > \frac{1}{2\varepsilon}.$$

Wir dürfen daher unter dem uneigentlichen Integral nach x ableiten:

$$\frac{d}{dx} \left[\int_0^{\infty} \frac{\beta_1(t)}{x+t}\,dt \right] = - \int_0^{\infty} \frac{\beta_1(t)}{(x+t)^2}\,dt.$$

Damit haben wir nach der Integration in (9.68)

$$\log \Gamma(x) = x\log x - x - \frac{1}{2}\log x - \int_0^{\infty} \frac{\beta_1(t)}{x+t}\,dt + C, \qquad (9.70)$$

wobei $C \in \mathbb{R}$ die zu bestimmende Integrationskonstante ist. Nach der Stirling-Formel (1.4) für die Fakultät, siehe Aufgabe 1.8, gilt

$$\lim_{n \to \infty} \left\{ \log(n!) - (n + \frac{1}{2}) \log n + n \right\} = \log \sqrt{2\pi}.$$

Folglich muß in der Beziehung (9.70) aufgrund

$$\lim_{n \to \infty} \int_0^\infty \frac{\beta_1(t)}{n+t} \, dt = 0 \quad \text{und} \quad \log \Gamma(n) = \log(n!) - \log n,$$

$C = \log \sqrt{2\pi}$ gelten. Damit erhalten für alle $x > 0$ die Stirling-Formel für die Γ-Funktion

$$\Gamma(x) = \exp\left[\left(x - \frac{1}{2} \right) \log x - x + \log \sqrt{2\pi} - \int_0^\infty \frac{\beta_1(t)}{x+t} \, dt \right]. \qquad (9.71)$$

Die rechte Seite von (9.71) kann nach dem Weierstraßschen Konvergenzsatz 8.19 analytisch in $\mathbb{C}_-$ fortsetzt werden, weil das Korrekturintegral durch eine absolut und lokal gleichmäßig konvergente Funktionenreihe mit den Partialsummen in (9.69) ersetzt werden kann. Setzen wir die linke und die rechte Seite von (9.71) analytisch in $\mathbb{C}_-$ fort, so folgt die Stirling-Formel für die Γ-Funktion im Komplexen.

(b) Es sei $z \in K_\alpha = \{ z = re^{i\varphi} \in \mathbb{C} : r > 0, \; \varphi \in (-\alpha, \alpha) \}$ mit $0 < \alpha < \pi$. Für $0 < r < s < \infty$ haben wir nach der partiellen Integration zunächst

$$\int_r^s \frac{\beta_1(t)}{z+t} \, dt = \left[\frac{\int_0^t \beta_1(\vartheta) \, d\vartheta}{z+t} \right]_{t=r}^{t=s} + \int_r^s \left(\int_0^t \beta_1(\vartheta) \, d\vartheta \right) \frac{dt}{(z+t)^2}. \qquad (9.72)$$

Wir beachten, dass nach Aufgabe 1.1, dort mit $g = \beta_1$, die Beziehung

$$\int_0^t \beta_1(\vartheta) \, d\vartheta = \frac{1}{2}(t - \lfloor t \rfloor)^2 - \frac{1}{2}(t - \lfloor t \rfloor)$$

für alle $t > 0$ gilt, und damit ist

$$\left| \int_0^t \beta_1(\vartheta) \, d\vartheta \right| \le \frac{1}{8} \quad \forall t > 0. \qquad (9.73)$$

Mit (9.72), (9.73) und einer Variablensubstitution folgen nun die Abschätzungen des Korrekturintegrals für $z = |z|e^{i\varphi} \in \mathbb{C}_-$

$$\left| \int_0^\infty \frac{\beta_1(t)}{z+t} \, dt \right| = \left| \int_0^\infty \left(\int_0^t \beta_1(\vartheta) \, d\vartheta \right) \frac{dt}{(z+t)^2} \right| \le \frac{1}{8} \int_0^\infty \frac{dt}{|z+t|^2}$$

$$= \frac{1}{8} \int_0^\infty \frac{dt}{|z|^2 + 2t|z| \cos\varphi + t^2} = \frac{1}{8|z|^2} \int_0^\infty \frac{dt}{1 + 2\frac{t}{|z|} \cos\varphi + \left(\frac{t}{|z|} \right)^2},$$

also

$$\left| \int_0^\infty \frac{\beta_1(t)}{z+t} \, dt \right| \leq \frac{1}{8|z|} \int_0^\infty \frac{ds}{1+2s\cos\varphi+s^2} = \frac{1}{8|z|} \int_0^\infty \frac{ds}{(s+\cos\varphi)^2+\sin^2\varphi} \, .$$

Das letzte Integral hängt nur von $|\varphi|$ ab, und wir erhalten für $0 < |\varphi| < \pi$:

$$\int_0^\infty \frac{ds}{(s+\cos\varphi)^2+\sin^2\varphi} = \left[\frac{\arctan\left(\frac{\cos|\varphi|+s}{\sin|\varphi|}\right)}{\sin|\varphi|} \right]_{s=0}^{s=\infty}$$

$$= \frac{1}{\sin|\varphi|} \left\{ \frac{\pi}{2} - \arctan\left(\tan\left(\frac{\pi}{2}-|\varphi|\right)\right) \right\}$$

$$= \frac{1}{\sin|\varphi|} \left\{ \frac{\pi}{2} - \left(\frac{\pi}{2}-|\varphi|\right) \right\} = \frac{\varphi}{\sin\varphi} \, ,$$

und für $\varphi = 0$ ist $\int_0^\infty \frac{ds}{(s+1)^2} = 1$. Mit $\frac{\varphi}{\sin\varphi} := 1$ für $\varphi = 0$ erhalten wir daher

$$\int_0^\infty \frac{ds}{(s+\cos\varphi)^2+\sin^2\varphi} = \frac{\varphi}{\sin\varphi} \quad \forall\varphi \in (-\pi,\pi) \, .$$

Damit haben wir für das Korrekturintegral die Abschätzung

$$\left| \int_0^\infty \frac{\beta_1(t)}{z+t} \, dt \right| \leq \frac{1}{8|z|} \cdot \frac{\text{arc}(z)}{\sin(\text{arc}(z))} \quad \forall z \in \mathbb{C}_- \, . \tag{9.74}$$

Weiterhin beachten wir, dass die Funktion $F : (-\pi,\pi) \to \mathbb{R}$ mit $F(\varphi) := \frac{\varphi}{\sin\varphi}$ monoton wachsend in $[0,\pi)$ ist. Diese Tatsache folgt mit

$$\varphi \leq \tan\varphi \;\; \forall\varphi \in [0,\tfrac{\pi}{2}) \quad \text{und} \quad \cos\varphi \leq 0 \;\; \forall\varphi \in [\tfrac{\pi}{2},\pi)$$

aus der Abschätzung

$$F'(\varphi) = \frac{\sin\varphi - \varphi\cos\varphi}{\sin^2\varphi} \geq 0 \quad \forall\varphi \in [0,\pi) \, .$$

Aus Symmetriegründen ist F dann monoton fallend in $(-\pi,0]$. Damit folgt aus (9.74) die Abschätzung des Korrekturintegrals im Winkelraum K_α:

$$\left| \int_0^\infty \frac{\beta_1(t)}{z+t} \, dt \right| \leq \frac{1}{8|z|} \cdot \frac{\alpha}{\sin\alpha} \quad \forall z \in K_\alpha \, .$$

Daraus erhalten wir

$$\lim_{\substack{|z|\to\infty \\ z\in K_\alpha}} \left| \int_0^\infty \frac{\beta_1(t)}{z+t}\, dt \right| = 0 \, ,$$

womit die Stirling-Formel für den Winkelraum bewiesen ist.

9.5 Der Satz von Wiener-Ikehara

Der Primzahlsatz ist eine asymptotische Aussage über die Anzahl $\pi(x)$ der Primzahlen unterhalb einer reellen Zahl $x \geq 1$. Er besagt

$$\lim_{x\to\infty} \frac{\pi(x)\log x}{x} = 1 \, , \qquad (9.75)$$

wofür man auch schreibt

$$\pi(x) \sim \frac{x}{\log x} \, .$$

Das Interessante an diesem Satz ist der große Kontrast zwischen seiner einfachen Formulierung und der Schwierigkeit, ihn zu beweisen. Der bis heute einfachste Zugang erfolgt über die Riemannsche Zeta-Funktion, kürzer ζ-Funktion genannt, und die funktionentheoretischen Hilfsmittel der komplexen Wegintegration. Auf diese Weise wurde der Primzahlsatz 1896 von Hadamard und unabhängig davon von de la Vallée-Poussin gezeigt. Hierzu definieren wir zunächst das exponentielle Integral

$$\mathrm{Ei}(z) := \gamma + \log z + \mathrm{Ei}_0(z) \qquad (9.76)$$

mit der Euler-Mascheronischen Konstanten γ, siehe Aufgaben 4.8, 9.9, und der ganzen Funktion

$$\mathrm{Ei}_0(z) := \sum_{k=1}^{\infty} \frac{z^k}{k \cdot k!} = \int_0^1 \frac{e^{uz}-1}{u}\, du \, . \qquad (9.77)$$

Im Gegensatz zur ganzen Funktion Ei_0 sind die Funktionen Ei und der Hauptzweig $\log$ des Logarithmus nur in der geschlitzten Zahlenebene $\mathbb{C}_- = \mathbb{C} \setminus (-\infty, 0]$ definiert. Mit dem reellen logarithmischen Integral

$$\mathrm{Li}(x) := \mathrm{Ei}(\log(x)), \quad x > 1 \, , \qquad (9.78)$$

bewies de la Vallée-Poussin sogar die im Vergleich zu (9.75) wesentlich genauere asymptotische Beziehung

$$\pi(x) = \mathrm{Li}(x) + O(x \cdot \exp(-\kappa \sqrt{\log x})), \quad \kappa > 0 \, , \qquad (9.79)$$

wobei das logarithmische Integral Li(x) schon von Gauß als Näherungswert für $\pi(x)$ aufgrund umfangreicher Berechnungen von Primzahltafeln vermutet worden ist. Eine elegante Kurzzusammenfassung wichtiger Resultate zur Primzahlverteilung findet man in Zagiers Aufsatz [44].

Wir wählen hier einen anderen Zugang zum Primzahlsatz, der zwar nur auf die schwächere Beziehung (9.75) führt, aber dafür einen interessanten Tauberschen Satz für allgemeinere Dirichlet-Reihen liefert, den Satz von Wiener-Ikehara. Norbert Wiener hat eine neue Methode entwickelt, um Taubersche Sätze mit Hilfe der Fouriermethode behandeln zu können, und diese Ergebnisse findet man in seiner 100 Seiten starken Arbeit [43]. Taubersche Sätze erlauben es, unter bestimmten Voraussetzungen aus Mittelwerten einer Funktion bzw. ihrer Integraltransformierten, etwa mit der Fourier-Laplace Transformation, Rückschlüsse über das asymptotische Verhalten der Ausgangsfunktion zu ziehen. Für eine allgemeine Einführung in die Theorie Tauberscher Sätze verweisen wir auf die Monographie von Boos [4, Chapter 4].

Mit Hilfe der Resultate von Wiener hat Shikao Ikehara in [23] einen Beweis des heute nach Wiener und ihm benannten Satzes gewonnen, der dann von Bochner in [3] stark vereinfacht worden ist. Hierzu zitieren wir aus [3]:

> *„Durch den Einbau des Beweises von Ikehara in die allgemeinen Betrachtungen von Wiener sieht er komplizierter aus, als er in Wirklichkeit ist. Wir wollen diesen Beweis in einer stark vereinfachten und in manchen Punkten vervollständigten Fassung wiederholen und dabei den Gebrauch von Fourierschen Integralen - auf denen die Methode von Wiener basiert - beträchtlich einschränken."*

Wir haben den Bochnerschen Beweis in neun übersichtliche Zwischenschritte (A)-(I) zerlegt und dabei noch einige kleinere Beweislücken ausgefüllt. Während der Bochnersche Beweis nur einfache Kenntnisse der Analysis I und II und der komplexen Zahlen erfordert, benötigen wir für die Anwendung des Wiener Ikehara Satzes auf den Primzahlsatz etwas Funktionentheorie, da hierbei die Riemannsche Zeta-Funktion betrachtet wird.

Riemann hat in [36] diese nach ihm benannte Funktion benutzt, um mit Hilfe der Nullstellen der ζ-Funktion eine frappierende explizite Formel für die Primzahlfunktion $\pi(x)$ zu erhalten, hat aber selber, ebenso wie Gauß, den Primzahlsatz nicht bewiesen. Aus dem Studium der ins Komplexe fortgesetzten Riemannschen ζ-Funktion und ihrer Nullstellen erhält man nämlich für $\pi_*(x) := \sum_{k=1}^{\infty} \frac{1}{k} \pi(\sqrt[k]{x})$ die folgende explizite Formel, die außer an den Primzahlpotenzen für alle $x > 1$ gilt:

$$\pi_*(x) = \mathrm{Li}(x) - \lim_{T \to \infty} \sum_{\substack{\rho\,:\,\zeta(\rho)=0 \\ 0 < \mathrm{Re}\rho < 1 \\ |\mathrm{Im}\rho| \le T}} \mathrm{Ei}(\rho \log x) + \int_{x}^{\infty} \frac{\mathrm{d}t}{t(t^2-1)\log t} - \log 2, \qquad (9.80)$$

siehe (9.76), (9.77) und (9.78) für die auf der rechten Seite verwendeten Funktionen. In (9.80) wird auf der rechten Seite über die Nullstellen ρ der ζ-Funktion im sogenannten kritischen Streifen $0 < \mathrm{Re}\rho < 1$ gemäß ihrer Vielfachheit summiert.

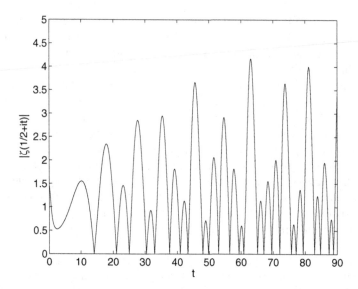

Abbildung 9.24: Absolutbetrag der Zeta-Funktion auf der kritischen Geraden.

In der Literatur ist diese Formel falsch wiedergegeben, wenn die Terme $\mathrm{Ei}(\rho \log x)$ irrtümlich durch $\mathrm{Li}(x^\rho)$ ersetzt worden sind, siehe [29].

Aus der obigen Formel für $\pi_*(x)$, die in Riemann's Aufsatz [36] mit $f(x)$ bezeichnet wird, erhält man auch explizite Darstellungen für $\pi(x)$ mit Hilfe der Möbiusschen Umkehrformel

$$\pi(x) = \sum_{k=1}^\infty \frac{\mu(k)}{k} \pi_*(\sqrt[k]{x}).$$

Die Möbiussche μ-Funktion verwenden wir auch in Beispiel 9.12(a). In der Arbeit [36] wird auch die nach Riemann benannte berühmte Vermutung ausgesprochen, dass die nichttrivialen Nullstellen der in den Streifen $0 < \mathrm{Re}(s) < 1$ analytisch fortgesetzten ζ-Funktion allesamt auf der Geraden $\mathrm{Re}(s) = \frac{1}{2}$ liegen. In Abbildung 9.24 ist der Absolutbetrag der ζ-Funktion auf der kritischen Geraden $\mathrm{Re}(s) = \frac{1}{2}$ geplottet, wobei man eine mit wachsendem Imaginärteil zunehmende Verdichtung der Nullstellen erkennen kann.

Nimmt man die Gültigkeit der Riemannschen Hypothese an, so kann man sogar

$$\pi(x) = \mathrm{Li}(x) + O(x^{\frac{1}{2}+\varepsilon}) \tag{9.81}$$

für jedes noch so kleine $\varepsilon > 0$ folgern. Die Aussage (9.81) geht dabei weit über (9.79) hinaus, da sie sogar äquivalent zur Riemannschen Hypothese ist, siehe hierzu das Lehrbuch von Edwards [8, Chapter 5.5]. Im Lehrbuch [8] findet man eine ausführliche Behandlung der Riemannschen ζ-Funktion , wobei Riemanns Artikel [36] der Leitfaden für [8] ist.

Wir brauchen aber für die Anwendung des Satzes von Wiener-Ikehara zum Beweis des Primzahlsatzes (9.75) in der Hauptsache nur die entscheidende Aussage der Nullstellenfreiheit von $\zeta(s)$ auf der Achse $\mathrm{Re}(s) = 1$, die auf Hadamard zurückgeht und hier in Aufgabe 9.12(c) bewiesen wird. Im Aufgabenteil vollziehen wir den Übergang zum Primzahlsatz in Form von vier Übungsaufgaben zur Funktionentheorie mit Lösungen.

Satz 9.11: Der Satz von Wiener-Ikehara

Es seien folgende Voraussetzungen erfüllt:

(i) $\alpha(x)$ ist monoton wachsend für $1 \leq x < \infty$,

(ii) $f(s) := \int_1^\infty x^{-s} \, d\alpha(x)$ ist für alle $s \in \mathbb{C}$ mit $\mathrm{Re}(s) > 1$ konvergent,

(iii) $f(s) - \frac{A}{s-1}$ ist für $\mathrm{Re}(s) > 1$ stetig und konvergiert für $\mathrm{Re}(s) \to 1$ auf jedem endlichen Intervall $-a \leq \mathrm{Im}(s) \leq a$ gleichmäßig. Hier ist $A \in \mathbb{R}$ eine reelle Konstante.

Dann gilt: $A = \lim\limits_{x \to \infty} \dfrac{\alpha(x)}{x}$. $\qquad\square$

Bemerkung: In der zweiten Voraussetzung dieses Satzes tritt das Stieltjes-Integral für die Darstellung von $f(s)$ auf. Eine gute Einführung in die Theorie der Stieltjes-Integrale findet der Leser in den Lehrbüchern von Fichtenholz [10, Kapitel XV, §5] und Natanson [33, Kapitel VIII, §6]. $\qquad\square$

Der folgende Beweis orientiert sich an der Arbeit [3] von Bochner.

Beweis: Im Folgenden setzen wir $s := 1 + \varepsilon + it$ mit $\varepsilon > 0, t \in \mathbb{R}$.

(A) Substitution in (ii): $x = e^\xi$. Wir definieren $\beta : \mathbb{R}_0^+ \to \mathbb{R}$ mit

$$\beta(\xi) := \int_0^\xi e^{-\eta} \, d\alpha(e^\eta) \;\Rightarrow\; d\beta(\xi) = e^{-\xi} \, d\alpha(e^\xi) \geq 0, \; f(s) = \int_0^\infty e^{-it\xi} e^{-\varepsilon\xi} \, d\beta(\xi).$$

(B) Mit Hilfe von $h_\varepsilon : \mathbb{R} \to \mathbb{C}$, $\varepsilon > 0$,

$$h_\varepsilon(t) := \int_0^\infty e^{-it\xi} e^{-\varepsilon\xi} \, d\beta(\xi) - A \int_0^\infty e^{-it\xi} e^{-\varepsilon\xi} \, d\xi = \int_0^\infty e^{-it\xi} e^{-\varepsilon\xi} \, d\beta(\xi) - \frac{A}{s-1}$$

läßt sich (iii) folgendermaßen formulieren: Die Familie *stetiger* Funktionen h_ε konvergiert für $\varepsilon \downarrow 0$ lokal gleichmäßig gegen eine stetige Grenzfunktion $h : \mathbb{R} \to \mathbb{C}$.

(C) Für jedes $\lambda > 0$ besitzt die symmetrische Dreiecks-Hutfunktion

$$H_\lambda(t) := \begin{cases} \frac{1}{\sqrt{2\pi}}\left(1 - \frac{|t|}{2\lambda}\right) & , \quad |t| \leq 2\lambda \\ 0 & , \quad \text{sonst} \end{cases}$$

den folgenden nichtperiodischen Fejér-Kern als Fourier-Transformierte

$$K_\lambda(\xi) = \frac{1}{\sqrt{2\pi}} \int_{-\infty}^{\infty} H_\lambda(t) \mathrm{e}^{\pm it\xi}\, \mathrm{d}t = \frac{\lambda}{\pi}\left(\frac{\sin(\lambda\xi)}{\lambda\xi}\right)^2$$

mit $K_\lambda(\xi) \geq 0$, $\int_{-\infty}^{\infty} K_\lambda(\xi)\,\mathrm{d}\xi = 1$.

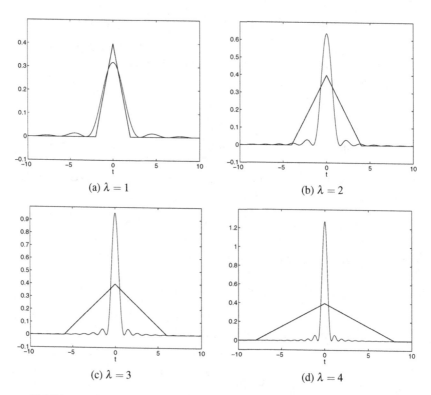

(a) $\lambda = 1$

(b) $\lambda = 2$

(c) $\lambda = 3$

(d) $\lambda = 4$

Abbildung 9.25: Hutfunktionen H_λ und Fejér-Kerne K_λ für $\lambda = 1, 2, 3, 4$.

Im Folgenden werden wir von den Ungleichungen $K_\lambda(\xi) \geq 0$ und $\mathrm{d}\beta(\xi) \geq 0$ öfters Gebrauch machen. Zur Illustration der Hutfunktionen und ihrer Fourier-Transformierten siehe Abbildung 9.25.

(D)   Wir bilden die Fourier-Transformierte von $h_\varepsilon(t)H_\lambda(t)$ und erhalten für alle $\varepsilon, \lambda > 0$ und reelles η:

$$\frac{1}{\sqrt{2\pi}} \int\limits_{-2\lambda}^{2\lambda} h_\varepsilon(t)H_\lambda(t)e^{it\eta}\,dt$$

$$= \frac{1}{\sqrt{2\pi}} \int\limits_{-2\lambda}^{2\lambda} \left[\int\limits_{0}^{\infty} e^{-it\xi}e^{-\varepsilon\xi}\,d\beta(\xi)H_\lambda(t)e^{it\eta} - A\int\limits_{0}^{\infty} e^{-it\xi}e^{-\varepsilon\xi}\,d\xi\, H_\lambda(t)e^{it\eta}\right]dt\,.$$

Wir erhalten mit Hilfe des Satzes von Fubini für Stieltjes-Integrale:

$$\frac{1}{\sqrt{2\pi}} \int\limits_{-2\lambda}^{2\lambda} h_\varepsilon(t)H_\lambda(t)e^{it\eta}\,dt$$

$$= \int\limits_{0}^{\infty} \left\{\frac{1}{\sqrt{2\pi}} \int\limits_{-2\lambda}^{2\lambda} e^{it(\eta-\xi)}H_\lambda(t)\,dt\right\} e^{-\varepsilon\xi}\,d\beta(\xi)$$

$$-A\int\limits_{0}^{\infty} \left\{\frac{1}{\sqrt{2\pi}} \int\limits_{-2\lambda}^{2\lambda} e^{it(\eta-\xi)}H_\lambda(t)\,dt\right\} e^{-\varepsilon\xi}\,d\xi$$

$$= \int\limits_{0}^{\infty} K_\lambda(\eta-\xi)e^{-\varepsilon\xi}\,d\beta(\xi) - A\int\limits_{0}^{\infty} K_\lambda(\eta-\xi)e^{-\varepsilon\xi}\,d\xi\,.$$

Nach Voraussetzung ist für $\varepsilon > 0$ das Integral $f(1+\varepsilon) = \int\limits_{0}^{\infty} e^{-\varepsilon\xi}\,d\beta(\xi)$ wohldefiniert, und damit konvergiert nach der integralen Dreiecksungleichung das uneigentliche Integral $\int\limits_{0}^{\infty} e^{-it\xi}e^{-\varepsilon\xi}\,d\beta(\xi)$ absolut und gleichmäßig in t gegen $f(1+\varepsilon+it)$. Die obengemachte Anwendung des Satzes von Fubini-Stieltjes läßt sich somit komplett auf kompakte Rechtecke im t-ξ Raum reduzieren.

(E)   Wir bilden in (D) ein für allemal den Limes für $\varepsilon \downarrow 0$,

$$\lim_{\varepsilon\downarrow 0} \frac{1}{\sqrt{2\pi}} \int\limits_{-2\lambda}^{2\lambda} h_\varepsilon(t)H_\lambda(t)e^{it\eta}\,dt = \frac{1}{\sqrt{2\pi}} \int\limits_{-2\lambda}^{2\lambda} h(t)H_\lambda(t)e^{it\eta}\,dt$$

mit der lokal gleichmäßigen Konvergenz (iii) auf $[-2\lambda, 2\lambda]$, und mit dem Bochnerschen Hilfssatz im nachfolgenden Zusatz 9.8:

$$\lim_{\varepsilon\downarrow 0} \int\limits_{0}^{\infty} K_\lambda(\eta-\xi)e^{-\varepsilon\xi}\,d\beta(\xi) = \int\limits_{0}^{\infty} K_\lambda(\eta-\xi)\,d\beta(\xi),$$

für $\gamma(\xi) := \beta(\xi)$ und in $\varepsilon > 0$ monoton wachsendem $\chi_\varepsilon(\xi) = K_\lambda(\eta - \xi)e^{-\varepsilon\xi}$, und ebenso, diesmal mit $\gamma(\xi) := \xi$ in Hilfssatz 9.8 :

$$\lim_{\varepsilon \downarrow 0} \int_0^\infty K_\lambda(\eta - \xi)e^{-\varepsilon\xi}\,\mathrm{d}\xi = \int_0^\infty K_\lambda(\eta - \xi)\,\mathrm{d}\xi.$$

Wir fassen zusammen:

$$\frac{1}{\sqrt{2\pi}} \int_{-2\lambda}^{2\lambda} h(t)H_\lambda(t)e^{it\eta}\,\mathrm{d}t = \int_0^\infty K_\lambda(\eta - \xi)\,d\beta(\xi) - A \int_0^\infty K_\lambda(\eta - \xi)\,\mathrm{d}\xi.$$

Von jetzt ab befinden wir uns auf der Achse $\mathrm{Re}(s) = 1$.

(F)   Wir wollen in der letzten Gleichung von (E) den Limes $\eta \to \infty$ bilden, und benötigen dazu den folgenden

Hilfssatz: Ist $W : [a,b] \to \mathbb{C}$ stetig, so ist $\lim\limits_{\eta \to \infty} \int_a^b W(t)e^{it\eta}\,\mathrm{d}t = 0.$ $\square$

Beweis: Wegen der Stetigkeit von $\mathrm{Re}, \mathrm{Im} : \mathbb{C} \to \mathbb{R}$ genügt es, den Hilfssatz für reellwertiges W zu zeigen, was wir nun annehmen. Der Hilfssatz ist richtig für konstantes W wegen

$$\left| \int_a^b e^{it\eta}\,\mathrm{d}t \right| = \left| \left[\frac{e^{it\eta}}{i\eta} \right]_{t=a}^{t=b} \right| \le \frac{2}{\eta} \xrightarrow[\eta \to \infty]{} 0.$$

Damit stimmt die Behauptung auch für den Fall, dass W eine beliebige Treppenfunktion (mit nur endlich vielen Sprüngen) ist. Die stetige, reellwertige Funktion W läßt sich auf dem Kompaktum $[a,b]$ gleichmäßig durch Treppenfunktionen approximieren, siehe z.B. das Lehrbuch [13] von Forster, dort §11, Satz 5. Sei $W_\varepsilon : [a,b] \to \mathbb{R}$ für $\varepsilon > 0$ eine Treppenfunktion mit

$$\max_{a \le t \le b} |W(t) - W_\varepsilon(t)| \le \varepsilon.$$

Wir erhalten

$$\left| \int_a^b W(t)e^{it\eta}\,\mathrm{d}t \right| \le \left| \int_a^b (W(t) - W_\varepsilon(t))\,e^{it\eta}\,\mathrm{d}t \right| + \left| \int_a^b W_\varepsilon(t)e^{it\eta}\,\mathrm{d}t \right|$$

$$\le \int_a^b |W(t) - W_\varepsilon(t)| \cdot 1\,\mathrm{d}t + \left| \int_a^b W_\varepsilon(t)e^{it\eta}\,\mathrm{d}t \right|$$

$$\le \varepsilon(b - a) + \left| \int_a^b W_\varepsilon(t)e^{it\eta}\,\mathrm{d}t \right|$$

mit

$$\lim_{\eta\to\infty}\left|\int_a^b W_\varepsilon(t)e^{it\eta}\,dt\right| = \left|\lim_{\eta\to\infty}\int_a^b W_\varepsilon(t)e^{it\eta}\,dt\right| = 0$$

und

$$\limsup_{\eta\to\infty}\left|\int_a^b W(t)e^{it\eta}\,dt\right| \le \varepsilon(b-a) \qquad \forall\varepsilon>0.$$

Hieraus folgt die Behauptung des Hilfssatzes. ∎

Anwendung auf (E) liefert wegen der Stetigkeit von $h(t)H_\lambda(t)$:

$$\lim_{\eta\to\infty}\frac{1}{\sqrt{2\pi}}\int_{-2\lambda}^{2\lambda} h(t)H_\lambda(t)e^{it\eta}\,dt = 0.$$

Wegen $\displaystyle\lim_{\eta\to\infty}\int_0^\infty K_\lambda(\eta-\xi)\,d\xi = \int_{-\infty}^{+\infty} K_\lambda(\xi)\,d\xi = 1$ folgt

$$\lim_{\eta\to\infty}\int_0^\infty K_\lambda(\eta-\xi)\,d\beta(\xi) = A.$$

Wir ziehen noch weitere wichtige Schlussfolgerungen aus (E):

$$0 \le \int_0^\infty K_\lambda(\eta-\xi)\,d\beta(\xi) \le \frac{1}{\sqrt{2\pi}}\int_{-2\lambda}^{2\lambda}|h(t)||H_\lambda(t)\cdot 1\,dt + |A| \le C(\lambda)$$

mit einer von η unabhängigen oberen Schranke $C(\lambda)$, wobei $\displaystyle\int_0^\infty K_\lambda(\eta-\xi)\,d\beta(\xi)$

stetig von η abhängt.

Für $\ell \ge 0$ und $\lambda := 1$ ist $\displaystyle\int_\ell^{\ell+1}\underbrace{K_1(\ell-\xi)}_{\ge K_1(1)>0}\,d\beta(\xi) \le C(1)$, und somit

$$\int_\ell^{\ell+1} d\beta(\xi) \le \frac{C(1)}{K_1(1)} \qquad \forall\ell \ge 0. \tag{9.82}$$

(G) Es sei $R:\mathbb{R}\to\mathbb{R}_0^+$ eine nicht-negative stetige Funktion, die mit einer Konstanten $L>0$ der folgenden Wachstumsbeschränkung genügt:

$$0 \le R(u) \le \frac{L}{1+u^2} \qquad \forall u \in \mathbb{R}. \tag{9.83}$$

Für festes $\lambda > 0$ definieren wir die Funktionen $\varphi, \psi : \mathbb{R} \to \mathbb{R}$ mit

$$\varphi(\eta) := \int_0^\infty K_\lambda(\eta - \xi)\, d\beta(\xi) - A,$$

$$\psi(\eta) := \int_{-\infty}^{+\infty} \varphi(\eta - u) R(u)\, du = (\varphi * R)(\eta). \qquad (9.84)$$

Wegen der Beschränktheit

$$|\varphi(\eta)| \le C_\varphi \qquad \forall \eta \in \mathbb{R}, \qquad (9.85)$$

der Stetigkeit von φ und R und der Abklingbedingung (9.83) für R ist ψ wohldefiniert. Wir zeigen: $\lim\limits_{\eta \to \infty} \psi(\eta) = 0$. Wegen $\lim\limits_{\eta \to \infty} \varphi(\eta) = 0$ gibt es für jedes $\varepsilon > 0$ ein $\eta_0(\varepsilon) \in \mathbb{R}$ mit

$$|\varphi(\eta)| \le \varepsilon \qquad \forall \eta \ge \eta_0(\varepsilon). \qquad (9.86)$$

Für alle $\eta \ge \tilde{\eta}_0(\varepsilon) := \eta_0(\varepsilon) + \frac{1}{\varepsilon}$ gilt dann folgende Abschätzung mit $R(u) \ge 0$:

$$|\psi(\eta)| \le \int_{-\infty}^{-1/\varepsilon} |\varphi(\eta - u)| R(u)\, du + \int_{-1/\varepsilon}^{1/\varepsilon} |\varphi(\eta - u)| R(u)\, du$$

$$+ \int_{1/\varepsilon}^\infty |\varphi(\eta - u)| R(u)\, du,$$

also mit Verwendung von (9.83), (9.85) und (9.86):

$$|\psi(\eta)| \le 2LC_\varphi \int_{1/\varepsilon}^\infty \frac{du}{1 + u^2} + \varepsilon \int_{-1/\varepsilon}^{1/\varepsilon} R(u)\, du$$

$$\le 2LC_\varphi \int_{1/\varepsilon}^\infty \frac{du}{u^2} + \varepsilon L \int_{-\infty}^{+\infty} \frac{du}{1 + u^2} = \varepsilon L(2C_\varphi + \pi),$$

und es folgt

$$\lim_{\eta \to \infty} \psi(\eta) = 0. \qquad (9.87)$$

Für das Faltungsintegral in (9.84) ist

$$\psi(\eta) = \lim_{n \to \infty} \int_{-n}^n \left[\int_0^\infty K_\lambda(\eta - u - \xi)\, d\beta(\xi) \right] R(u)\, du - A \int_{-\infty}^\infty R(u)\, du.$$

Nach dem Satz von Fubini-Stieltjes und mit dem Bochnerschen Hilfssatz aus Zusatz 9.8, angewendet auf die monotonen Funktionenfolge

$$\chi_n(\xi) := \int\limits_{-n}^{n} R(u) K_\lambda(\eta - \xi - u) \, du,$$

folgt hieraus

$$\psi(\eta) = \lim_{n\to\infty} \int\limits_{0}^{\infty} \left[\int\limits_{-n}^{n} R(u) K_\lambda(\eta - u - \xi) \, du \right] d\beta(\xi) - A \int\limits_{-\infty}^{\infty} R(u) \, du$$

$$= \int\limits_{0}^{\infty} \left[\int\limits_{-\infty}^{\infty} R(u) K_\lambda(\eta - u - \xi) \, du \right] d\beta(\xi) - A \int\limits_{-\infty}^{\infty} R(u) \, du.$$

Mit Verwendung von (9.87) erhalten wir für alle $\lambda > 0$:

$$\lim_{\eta\to\infty} \int\limits_{0}^{\infty} (R * K_\lambda)(\eta - \xi) \, d\beta(\xi) = A \int\limits_{-\infty}^{+\infty} R(u) \, du, \qquad (9.88)$$

und dies für jede stetige Funktion R, die mit einer passenden Konstanten L die Ungleichungskette (9.83) erfüllt.

(H)   Es sei $R : \mathbb{R} \to \mathbb{R}_0^+$ eine nicht-negative stetige Funktion, die (9.83) erfüllt. Im Folgenden sei $\lambda \geq 1$ fest gewählt. Für $t \geq 0$ folgt

$$|(R * K_\lambda)(t) - R(t)| = \left| \int\limits_{-\infty}^{\infty} (R(u) - R(t)) K_\lambda(t - u) \, du \right|$$

$$\leq \int\limits_{-\infty}^{\infty} \left| R(t) - R(t - \frac{\xi}{\lambda}) \right| \frac{\sin^2 \xi}{\pi \xi^2} \, d\xi$$

$$\leq \int\limits_{-\sqrt{\lambda}}^{\sqrt{\lambda}} \left| R(t) - R(t - \frac{\xi}{\lambda}) \right| \frac{\sin^2 \xi}{\pi \xi^2} \, d\xi$$

$$+ \int\limits_{-\infty}^{-\sqrt{\lambda}} \frac{2L}{1 + t^2} \frac{d\xi}{\pi \xi^2}$$

$$+ \int\limits_{\sqrt{\lambda}}^{\infty} \left\{ \frac{L}{1 + t^2} + \frac{L}{1 + (t - \frac{\xi}{\lambda})^2} \right\} \frac{d\xi}{\pi \xi^2} .$$

Wir erhalten

$$|(R * K_\lambda)(t) - R(t)| = \int\limits_{-1}^{1} \left| R(t) - R(t - \frac{u}{\sqrt{\lambda}}) \right| K_{\sqrt{\lambda}}(u)\, du + \frac{1}{\sqrt{\lambda}} \frac{3L}{\pi(1+t^2)}$$

$$+ \frac{L}{\pi} \int\limits_{\sqrt{\lambda}}^{\infty} \frac{d\xi}{\xi^2(1 + (t - \frac{\xi}{\lambda})^2)}$$

$$\leq \max_{-1 \leq u \leq 1} \left| R(t) - R(t - \frac{u}{\sqrt{\lambda}}) \right| \int\limits_{-\infty}^{\infty} K_{\sqrt{\lambda}}(u)\, du + \frac{1}{\sqrt{\lambda}} \frac{3L}{\pi(1+t^2)}$$

$$+ \frac{L}{\pi} \int\limits_{\sqrt{\lambda}}^{\infty} \frac{d\xi}{\xi^2(1 + (t - \frac{\xi}{\lambda})^2)} .$$

Nun ist aber $\int\limits_{-\infty}^{\infty} K_{\sqrt{\lambda}}(u)\, du = 1$ sowie

$$\int \frac{d\xi}{\xi^2 \left(1 + \left(t - \frac{\xi}{\lambda}\right)^2\right)} = -\frac{1}{\xi}\frac{1}{1+t^2} + \frac{1}{\lambda}\frac{t^2-1}{(t^2+1)^2}\arctan\left(\frac{\xi}{\lambda} - t\right)$$

$$+ \frac{t}{\lambda}\frac{1}{(t^2+1)^2}\log\frac{\left(\frac{\xi}{\lambda}\right)^2}{1 + \left(\frac{\xi}{\lambda} - t\right)^2},$$

und hiermit für $t \geq 1$, $\lambda \geq 1$:

$$\int\limits_{\sqrt{\lambda}}^{\infty} \frac{d\xi}{\xi^2 \left(1 + \left(t - \frac{\xi}{\lambda}\right)^2\right)} \leq \frac{1}{\sqrt{\lambda}}\frac{1}{t^2+1} + \frac{1}{\lambda}\frac{\pi}{t^2+1} + \frac{\sqrt{|t|^2+1}}{t^2+1} \cdot \frac{\log\left(\lambda\,(t^2+1)\right)}{\lambda\,(t^2+1)}$$

$$\leq \frac{1}{\sqrt{\lambda}}\frac{1}{t^2+1} + \frac{1}{\lambda}\frac{\pi}{t^2+1} + \frac{1}{\sqrt{\lambda}}\frac{1}{t^2+1} \cdot 2\frac{\log\sqrt{\lambda\,(t^2+1)}}{\sqrt{\lambda\,(t^2+1)}}$$

$$\leq \frac{C}{\sqrt{\lambda}\,(t^2+1)}$$

mit einer von t, λ unabhängigen Konstanten $C > 0$. Für $0 \leq t \leq 1$ folgt mühelos eine entsprechende Ungleichung.

Es folgt für alle $t \geq 0$ und $\lambda \geq 1$ die entscheidende Ungleichung mit einer von t, λ unabhängigen Konstanten $\gamma > 0$:

$$|(R * K_\lambda)(t) - R(t)| \leq \frac{\gamma}{\sqrt{\lambda}\,(t^2+1)} + \max_{-1 \leq u \leq 1} \left| R(t) - R(t - \frac{u}{\sqrt{\lambda}}) \right|. \qquad (9.89)$$

Diese ist auch für $t < 0$ richtig, denn mit R erfüllt auch $R^-(t) := R(-t)$ die Ungleichung (9.83) mit

$$\left(R^- * K_\lambda\right)(t) = \int\limits_{-\infty}^{\infty} R(u) K_\lambda(t+u)\,\mathrm{d}u = (R * K_\lambda)(-t).$$

Es seien $a, \varepsilon > 0$ fest gewählt.

Wegen der Stetigkeit der Abbildung $\mathbb{R} \ni \omega \mapsto \max\limits_{-a \le t \le a} |R(t) - R(t-\omega)| \ge 0$, die für $\omega := 0$ den Wert 0 liefert, gibt es ein $r > 0$ mit

$$|\omega| < r \ \Rightarrow\ \max\limits_{-a \le t \le a} |R(t) - R(t-\omega)| < \varepsilon.$$

Für jedes $\lambda > \dfrac{1}{r^2}$ gilt dann

$$|t| \le a \ \Rightarrow\ \max\limits_{-1 \le u \le 1} \left| R(t) - R\left(t - \frac{u}{\sqrt{\lambda}}\right) \right| < \varepsilon,$$

so dass bei festem $a > 0$ nach (9.89) gleichmäßig für $-a \le t \le a$ gilt:

$$\lim\limits_{\lambda \to \infty} (R * K_\lambda)(t) = R(t). \tag{9.90}$$

Aus (9.89), (9.90) und der Abklingbedingung für R folgt nun, dass es zu jedem $\varepsilon > 0$ ein $\lambda \ge 1$ gibt, so dass für alle $\eta \in \mathbb{R}$ gilt:

$$\sum\limits_{n \in \mathbb{Z}} \max\limits_{n \le \xi \le n+1} |(R * K_\lambda)(\eta - \xi) - R(\eta - \xi)| < \varepsilon.$$

Da nun $\int\limits_{\ell}^{\ell+1} \mathrm{d}\beta(\xi) \le C$ mit einer von $\ell \ge 0$ unabhängigen Konstanten $C > 0$ gilt, vgl. (9.82), so folgt für dieses λ unabhängig von η:

$$\left| \int\limits_{0}^{\infty} (R * K_\lambda)(\eta - \xi)\,\mathrm{d}\beta(\xi) - \int\limits_{0}^{\infty} R(\eta - \xi)\,\mathrm{d}\beta(\xi) \right|$$

$$\le \sum\limits_{n=0}^{\infty} \int\limits_{n}^{n+1} |(R * K_\lambda)(\eta - \xi) - R(\eta - \xi)|\,\mathrm{d}\beta(\xi)$$

$$< C \cdot \varepsilon,$$

und da $\varepsilon > 0$ beliebig klein sein darf, folgt mit der letzten Ungleichung aus (9.88):

$$\lim\limits_{\eta \to \infty} \int\limits_{0}^{\infty} R(\eta - \xi)\,\mathrm{d}\beta(\xi) = A \int\limits_{-\infty}^{\infty} R(u)\,\mathrm{d}u. \tag{9.91}$$

(I)   Wir definieren für $0 < \delta < 1$ und $u \in \mathbb{R}$ die drei Funktionen

(i) $R_\delta^-(u) := \begin{cases} 0, & u \leq 0 \\ ue^{-\delta}/\delta, & 0 < u \leq \delta \\ e^{-u}, & u > \delta, \end{cases}$

(ii) $R_0(u) := \begin{cases} 0, & u \leq 0 \\ e^{-u}, & u > 0, \end{cases}$

(iii) $R_\delta^+(u) := \begin{cases} 0, & u \leq -\delta \\ 1 + u/\delta, & -\delta < u \leq 0 \\ e^{-u}, & u > 0. \end{cases}$

Während die beiden Funktionen $R_\delta^\pm$ stetig sind, besitzt R_0 eine Unstetigkeit in $u = 0$, so dass ihre Verwendung als Testfunktion in (9.91) nicht zulässig ist. Es gilt aber die Ungleichungskette

$$0 \leq R_\delta^-(u) \leq R_0(u) \leq R_\delta^+(u) \qquad \forall \delta \in (0,1)\, \forall u \in \mathbb{R},$$

sowie für genügend großes $L = $ konstant:

$$R_\delta^\pm(u), R_0(u) \leq \frac{L}{1 + u^2} \qquad \forall \delta \in (0,1)\, \forall u \in \mathbb{R}.$$

In Verbindung mit der Ungleichungskette

$$1 - \delta \leq \int\limits_{-\infty}^{\infty} R_\delta^-(u)\,du \leq \int\limits_{-\infty}^{\infty} R_0(u)\,du = 1 \leq \int\limits_{-\infty}^{\infty} R_\delta^+(u)\,du \leq 1 + \delta$$

folgt dann leicht aus (9.91), angewendet auf $R_\delta^\pm(u)$, da $\delta > 0$ beliebig kein sein darf:

$$\lim_{\eta \to \infty} \int\limits_{0}^{\infty} R_0(\eta - \xi)\,d\beta(\xi) = A \int\limits_{-\infty}^{\infty} R_0(u)\,du = A \qquad \forall \lambda > 0.$$

Für das linke Riemann-Stieltjes-Integral erhalten wir wegen $d\beta(\xi) = e^{-\xi}\,d\alpha(e^\xi)$:

$$\int\limits_{0}^{\infty} R_0(\eta - \xi)\,d\beta(\xi) = \int\limits_{0}^{\eta} e^{\xi - \eta}\,d\beta(\xi) = e^{-\eta}\left(\alpha(e^\eta) - \alpha(e^0)\right),$$

$$\lim_{\eta \to \infty} \int\limits_{0}^{\infty} R_0(\eta - \xi)\,d\beta(\xi) = \lim_{\eta \to \infty} \frac{\alpha(e^\eta)}{e^\eta} = \lim_{x \to \infty} \frac{\alpha(x)}{x} = A.$$

Somit ist der Satz von Wiener-Ikehara bewiesen.   ∎

Vereinfachung der dritten Voraussetzung des Wiener-Ikehara Satzes

Die Voraussetzungen (i)-(iii) des Wiener Ikehara Satzes sind klassisch und finden sich auch in der Arbeit [3] von Bochner. Modernere Darstellungen dieses Satzes, z.B. in Edwards [8], verwenden jedoch anstelle von (iii) eine vereinfachte Voraussetzung (iii)', die sich folgendermaßen formulieren lässt:

(iii)' $f(s) - \frac{A}{s-1}$ ist für $\mathrm{Re}(s) > 1$ stetig und läßt sich stetig auf die Achse $\mathrm{Re}(s) = 1$ fortsetzen. Hier ist $A \in \mathbb{R}$ eine reelle Konstante.

Zur Begründung formulieren wir den allgemeineren
Hilfssatz: Es sei $w : \mathbb{R}_0^+ \times \mathbb{R} \to \mathbb{K}$ stetig, wobei $\mathbb{K} = \mathbb{R}$ bzw. $K = \mathbb{C}$ ist. Setze

$$h_\varepsilon(t) := w(\varepsilon, t) \quad \text{und} \quad h(t) := w(0, t)$$

für $\varepsilon > 0, t \in \mathbb{R}$. Dann konvergiert die Familie stetiger Funktionen $h_\varepsilon : \mathbb{R} \to \mathbb{K}$ für $\varepsilon \downarrow 0$ lokal gleichmäßig gegen die Grenzfunktion $h : \mathbb{R} \to \mathbb{K}$. □

Beweis: Angenommen, h_ε konvergiert nicht gleichmäßig gegen h auf einem kompakten Intervall $[a,b]$ mit $a < b$. Dann gibt es ein $r > 0$ und Zahlenfolgen

$$0 < \varepsilon(n) \leq \frac{1}{n}, \quad t(n) \in [a,b],$$

so dass gilt:
$$\left| h(t(n)) - h_{\varepsilon(n)}(t(n)) \right| \geq r \quad \forall n \in \mathbb{N}. \tag{9.92}$$

Nach dem Satz von Bolzano-Weierstraß gibt es eine konvergente Teilfolge $t_k = t(n_k)$ mit $t_* := \lim_{k \to \infty} t_k$, für die $\varepsilon_k = \varepsilon(n_k)$ Nullfolge ist. Die Ungleichung (9.92) widerspricht nun der Stetigkeit von w in $(0, t_*)$. ∎

Bemerkung: Wichtig im obigen Hilfssatz ist die Stetigkeit von $w(\varepsilon, t)$ für $\varepsilon = 0$, wie das folgende Beispiel zeigt. Wir definieren $w : \mathbb{R}_0^+ \times \mathbb{R} \to \mathbb{R}$ mit

$$w(\varepsilon, t) := \begin{cases} 0, & \varepsilon = 0 \\ \max(0, 1 - \frac{1}{\varepsilon}|t - (1+\varepsilon)|), & \varepsilon > 0. \end{cases}$$

Es ist punktweise $\lim_{\varepsilon \downarrow 0} w(\varepsilon, t) = w(0, t) = 0 \ \forall t \in \mathbb{R}$, aber w ist unstetig in $(0, 1)$. □

Wir können nun diesen Hilfssatz unter der vereinfachten Voraussetzung (iii)' auf die für $\varepsilon = 0$ stetig fortgesetzte Funktion $w : \mathbb{R}_0^+ \times \mathbb{R} \to \mathbb{R}$ mit

$$w(\varepsilon, t) := f(1 + \varepsilon + it) - \frac{A}{\varepsilon + it} \quad \text{für } \varepsilon > 0, t \in \mathbb{R}$$

anwenden, um problemlos die ursprüngliche Aussage (iii) zurückzugewinnen.

Herleitung des Primzahlsatzes aus dem Satz von Wiener-Ikehara

Aufgabe 9.11: Verschiedene Darstellungen der Riemannschen ζ-Funktion

(a) Man zeige, dass für $s \in \mathbb{C}$ mit $\mathrm{Re}(s) > 1$ durch $\zeta(s) := \sum\limits_{n=1}^{\infty} \dfrac{1}{n^s}$
eine absolut konvergente Reihe gegeben ist.

   Bemerkung: Diese Reihe definiert die Riemannsche ζ-Funktion. Unser Ziel ist
   das Studium des Verhaltens dieser Funktion für $\mathrm{Re}(s) \to 1$, um daraus Rückschlüsse auf die Verteilung der Primzahlen zu gewinnen.

(b) Für $k \geq 1$ sei p_k die k-te Primzahl, also $p_1 = 2$, $p_2 = 3$, $p_3 = 5, \ldots$.
   Man beweise die für $\mathrm{Re}(s) > 1$ gültige Eulersche Identität

$$\zeta(s) = \prod_{k=1}^{\infty} \frac{1}{1 - p_k^{-s}}\,.$$

(c) Man zeige für $\mathrm{Re}(s) > 1$

$$\zeta(s) = \frac{1}{s-1} + \frac{1}{2} - s \int_{1}^{\infty} \frac{\xi - \lfloor \xi \rfloor - \frac{1}{2}}{\xi^{s+1}}\,\mathrm{d}\xi\,,$$

   und dass das letzte Integral sogar für $\mathrm{Re}(s) > 0$ absolut konvergiert bzw. für
   $\mathrm{Re}(s) \geq \varepsilon > 0$ gleichmäßig absolut konvergiert, womit die ζ-Funktion mero-
   morph nach $\mathrm{Re}(s) > 0$ fortgesetzt ist, d.h. die Riemannsche Zeta-Funktion ist
   in $\{s \in \mathbb{C} : \mathrm{Re}(s) > 0 \text{ und } s \neq 1\}$ holomorph.

Hinweis: Berechnung des Integrals von k bis $k+1$ für ganzes $k \geq 1$.

Lösung:

(a) $\zeta(s) := \sum\limits_{n=1}^{\infty} \dfrac{1}{n^s}$ mit $n^s = e^{s \log n}$, ist nur für $\mathrm{Re}(s) > 1$ absolut konvergent wegen

$$|n^s| = n^{\mathrm{Re}(s)} \text{ und } \sum_{n=1}^{\infty} \left| \frac{1}{n^s} \right| = \sum_{n=1}^{\infty} \frac{1}{n^{\mathrm{Re}(s)}} < 1 + \int_{1}^{\infty} \frac{1}{\xi^{\mathrm{Re}(s)}}\,\mathrm{d}\xi\,.$$

(b) Jede natürliche Zahl $m \geq 2$ hat eine eindeutige Produktdarstellung

$$m = \prod_{k=1}^{\infty} p_k^{\alpha_k(m)}$$

mit der k-ten Primzahl p_k und ganzen Exponenten $\alpha_k(m) \geq 0$. Setze

$$\Pi_n(s) := \prod_{k=1}^{n} \frac{1}{1 - p_k^{-s}} = \prod_{k=1}^{n} \sum_{j=0}^{\infty} \frac{1}{p_k^{js}} = \sum_{m=1}^{n} \frac{1}{m^s} + \sum_{m \in S_n} \frac{1}{m^s}$$

mit der Menge

$$S_n := \{m \in \mathbb{N} : \; m > n \, , \; m \text{ hat nur Primfaktoren } p_k \text{ mit Index } k \leq n \}.$$

Wegen $\sum\limits_{m \in S_n} \left| \dfrac{1}{m^s} \right| \leq \sum\limits_{m > n} \dfrac{1}{m^{\mathrm{Re}(s)}} \longrightarrow 0$ für $n \to \infty$ konvergiert $\Pi_n(s)$ gegen $\zeta(s)$ für $n \to \infty$ und $\mathrm{Re}(s) > 1$.

(c) Es ist $-s \displaystyle\int\limits_1^\infty \dfrac{\xi - \lfloor \xi \rfloor - \frac{1}{2}}{\xi^{s+1}} \, d\xi = \sum\limits_{k=1}^\infty a_k(s)$ mit

$$a_k(s) := -s \int\limits_k^{k+1} \dfrac{\xi - \lfloor \xi \rfloor - \frac{1}{2}}{\xi^{s+1}} \, d\xi = -s \int\limits_k^{k+1} \dfrac{\xi - k - \frac{1}{2}}{\xi^{s+1}} \, d\xi \,.$$

Daraus folgt

$$a_k(s) = \frac{1}{2} \left(\frac{1}{(k+1)^s} + \frac{1}{k^s} \right) + \frac{1}{s-1} \left(\frac{1}{(k+1)^{s-1}} - \frac{1}{k^{s-1}} \right)$$

$$= \frac{1}{2} \left(\frac{1}{(k+1)^s} + \frac{1}{k^s} \right) - \int\limits_k^{k+1} \frac{d\xi}{\xi^s} \tag{9.93}$$

mit

$$\sum\limits_{k=1}^\infty a_k(s) = \frac{1}{2} (\zeta(s) - 1 + \zeta(s)) - \int\limits_1^\infty \frac{d\xi}{\xi^s} = \zeta(s) - \frac{1}{2} - \frac{1}{s-1} \,.$$

Dies entspricht der Behauptung.

Bemerkung: Es ist $\zeta(s) = \frac{1}{s-1} + \frac{1}{2} + \sum\limits_{k=1}^\infty a_k(s)$, wobei $|a_k(s)| \leq \frac{c(s)}{k^{\mathrm{Re}(s)+2}}$ wegen (9.93) gilt und die zuletzt genannte Reihe schon für $\mathrm{Re}(s) > -1$ absolut konvergiert. □

Aufgabe 9.12: Logarithmierung der Riemannschen Zeta-Funktion

Wir definieren für ganzes $n \geq 1$ die *von Mangoldtsche Funktion*

$$\Lambda(n) := \begin{cases} \log p & , \quad \text{für } n = p^m, \, m \geq 1, \, p \text{ Primzahl} \\ 0 & , \quad \text{sonst}, \end{cases}$$

sowie für jedes reelle $x \geq 1$ die für das Studium der Primzahlverteilung wichtigen Funktionen

$$\psi(x) := \sum\limits_{n \leq x} \Lambda(n), \quad \pi(x) := \sum\limits_{p \leq x} 1, \quad \pi_*(x) := \sum\limits_{1 < n \leq x} \frac{\Lambda(n)}{\log n} = \sum\limits_{n=1}^\infty \frac{\pi(\sqrt[n]{x})}{n},$$

wobei $\pi(x)$ die Anzahl der Primzahlen $\leq x$ ist und der Index p die Primzahlen durchläuft.

(a) Man zeige zunächst durch Logarithmieren der Eulerschen Identität, dass für *reelles* $s > 1$ die ζ-Funktion sowie ihre logarithmische Ableitung gegeben sind durch

$$\zeta(s) = \exp\left(\sum_{n=2}^{\infty} \frac{\Lambda(n)}{\log n} n^{-s}\right) = \exp\left(s \int_1^{\infty} \frac{\pi_*(x)}{x^{s+1}} \, dx\right), \qquad (9.94)$$

$$-\frac{\zeta'(s)}{\zeta(s)} = \sum_{n=2}^{\infty} \Lambda(n) n^{-s} = s \int_1^{\infty} \frac{\psi(x)}{x^{s+1}} \, dx. \qquad (9.95)$$

(b) Man zeige nun, dass die Beziehungen (9.94) und (9.95) sogar für jedes *komplexe* s mit $\mathrm{Re}(s) > 1$ gültig sind, wobei die Reihen bzw. Integrale jeweils absolut konvergieren.

(c) Man zeige, dass $\zeta(1 + it) \neq 0$ für alle $t \in \mathbb{R} \setminus \{0\}$ gilt.
    Hinweis: Für festes $t \in \mathbb{R} \setminus \{0\}$ definiere man die Hilfsfunktion

$$h_t : (1, \infty) \to \mathbb{R} \quad \text{mit} \quad h_t(x) := |\zeta(x)^3 \, \zeta(x + it)^4 \, \zeta(x + 2it)|.$$

Mit der ersten Gleichung von (9.94) leite man eine Abschätzung für h_t her und untersuche das Verhalten dieser Hilfsfunktion für $x \to 1$.

Lösung: Wir halten zunächst fest: Alle auftretenden Integrale in (9.94) bzw. (9.95) sind sogar für $s \in \mathbb{C}$ mit $\mathrm{Re}(s) > 1$ absolut konvergent bzw. für $\mathrm{Re}(s) \geq 1 + \varepsilon > 1$ sind die Integrale gleichmäßig konvergent aufgrund der (sehr groben) Abschätzungen

$$\pi_*(x) := \sum_{n \leq \frac{\log x}{\log 2}} \frac{\pi(\sqrt[n]{x})}{n} \leq x \frac{\log x}{\log 2}, \qquad \psi(x) := \sum_{n \leq x} \Lambda(n) \leq x \log x.$$

(a) Aus $\zeta(s) = \prod_{k=1}^{\infty} \frac{1}{1 - p_k^{-s}}$ folgt für *reelles* $s > 1$ wegen der absoluten Konvergenz:

$$\log \zeta(s) = -\sum_{k=1}^{\infty} \log\left(1 - p_k^{-s}\right) = \sum_{k=1}^{\infty} \sum_{m=1}^{\infty} \frac{1}{m} \left(\frac{1}{p_k}\right)^{ms}$$

$$= \sum_{k,m=1}^{\infty} \frac{1}{m} \left(\frac{1}{p_k^m}\right)^s = \sum_{k,m=1}^{\infty} \frac{\Lambda(p_k^m)}{\log(p_k^m)} \left(\frac{1}{p_k^m}\right)^s = \sum_{n=2}^{\infty} \frac{\Lambda(n)}{\log(n)} n^{-s}$$

aufgrund der eindeutigen Primfaktorzerlegung der natürlichen Zahlen.

Es folgt für $s > 1$: $\zeta(s) = \exp\left(\sum_{n=2}^{\infty} \frac{\Lambda(n)}{\log(n)} n^{-s}\right)$. Nun ist

$$s \int\limits_1^\infty \frac{\pi_*(x)}{x^{s+1}} \, dx = s \sum_{k=1}^\infty \int\limits_k^{k+1} \frac{\pi_*(k)}{x^{s+1}} \, dx = s \sum_{k=1}^\infty \pi_*(k) \left[\frac{x^{-s}}{(-s)} \right]_{x=k}^{x=k+1}$$

$$= \sum_{k=1}^\infty \pi_*(k) \left(\frac{1}{k^s} - \frac{1}{(k+1)^s} \right) = \sum_{k=2}^\infty \frac{\pi_*(k)}{k^s} - \sum_{k=1}^\infty \frac{\pi_*(k)}{(k+1)^s} \,.$$

Wir erhalten wegen $\pi_*(1) = 0$:

$$s \int\limits_1^\infty \frac{\pi_*(x)}{x^{s+1}} \, dx = \sum_{k=1}^\infty \frac{\pi_*(k+1) - \pi_*(k)}{(k+1)^s}$$

$$= \sum_{k=1}^\infty \frac{\Lambda(k+1)/\log(k+1)}{(k+1)^s}$$

$$= \sum_{n=2}^\infty \frac{\Lambda(n)}{\log n} \cdot \frac{1}{n^s} \,.$$

Völlig analog wird $s \int\limits_1^\infty \frac{\psi(x)}{x^{s+1}} \, dx = \sum_{n=2}^\infty \Lambda(n) n^{-s}$ gezeigt, wobei die Reihe $\sum_{n=2}^\infty \Lambda(n) n^{-s}$

für $-\frac{\zeta'(s)}{\zeta(s)}$ sofort durch gliedweises Differenzieren der Reihe für $\log \zeta(s)$ folgt.

(b) Da alle auftretenden Integrale und Reihen für $s \in \mathbb{C}$ mit $\mathrm{Re}(s) > 1$ absolut konvergieren, bestimmen sie in der Halbebene $\mathrm{Re}(s) > 1$ holomorphe Funktionen, die für $s \in \mathbb{R}$, $s > 1$ übereinstimmen. Aus dem Identitätssatz 8.20 folgt die Behauptung.

(c) Aus (9.94) und (b) folgt sofort mit $t \in \mathbb{R} \backslash \{0\}$, $x > 1$:

$$h_t(x) := \left| \zeta(x)^3 \zeta(x+it)^4 \zeta(x+2it) \right|$$

$$= \left| \exp \left(\sum_{n=2}^\infty \underbrace{\frac{\Lambda(n)}{\log n}}_{=c_n \geq 0} (3n^{-x} + 4n^{-x-it} + n^{-x-2it}) \right) \right|$$

$$= \exp \left(\sum_{n \geq 2} \frac{c_n}{n^x} (3 + 4\cos(t \log n) + \cos(2t \log n)) \right)$$

$$= \exp \left(\sum_{n \geq 2} \frac{2c_n}{n^x} (1 + \cos(t \log n))^2 \right) \geq 1 \,.$$

Hätte ζ für $1 + it$ eine Nullstelle, so hätte die Kombination $h_t(x)$ für $x \downarrow 1$ gemäß

(3-facher Pol)·(mindestens 4-fache Nullstelle)·(reguläre Funktion)

mindestens eine einfache Nullstelle, im Widerspruch zu dem oben Gezeigten.

Aufgabe 9.13: Anwendung des Wiener-Ikehara Satzes

(a) Es sei $g : \{s \in \mathbb{C} : \operatorname{Re}(s) > 0\} \to \mathbb{C}$ definiert gemäß $g(s) := (s-1)\,\zeta(s)$ für $s \neq 1$ sowie $g(1) = 1$. Man zeige mit Hilfe der Aufgaben 9.11 und 9.12, dass g holomorph ist und für $\operatorname{Re}(s) = 1$ nullstellenfrei. Außerdem zeige man die für $\operatorname{Re}(s) > 1$ gültige Beziehung

$$\frac{g'(s)}{g(s)} = \frac{\zeta'(s)}{\zeta(s)} + \frac{1}{s-1} = -1 + s \int\limits_{1}^{\infty} \frac{1 - \frac{\psi(x)}{x}}{x^s}\, dx.$$

Man zeige: Wenn $\lim\limits_{x \to \infty} \frac{\psi(x)}{x}$ existiert, so muß dieser Grenzwert 1 sein.

(b) Der *Satz von Wiener-Ikehara* hat die Voraussetzungen:

(i) $\alpha(\xi)$ ist monoton wachsend in $1 \leq \xi < \infty$,

(ii) $f(s) := \int\limits_{1}^{\infty} x^{-s}\, d\alpha(x)$ ist für alle $s \in \mathbb{C}$ mit $\operatorname{Re}(s) > 1$ konvergent,

(iii)' $f(s) - \frac{A}{s-1}$ ist für $\operatorname{Re}(s) > 1$ stetig und läßt sich stetig auf die Achse $\operatorname{Re}(s) = 1$ fortsetzen. Hier ist $A \in \mathbb{R}$ eine reelle Konstante.

Seine Aussage lautet:

$$A = \lim_{x \to \infty} \frac{\alpha(x)}{x}.$$

Man zeige mit Hilfe von (a) und dem Satz von Wiener-Ikehara, dass

$$\lim_{x \to \infty} \frac{\psi(x)}{x} = 1.$$

Hinweis: Man verwende Aufgabe 9.12.

Lösung:

(a) Es sei $g : \{s \in \mathbb{C} : \operatorname{Re}(s) > 0\} \to \mathbb{C}$ mit $g(s) := (s-1)\zeta(s)$ für $s \neq 1$ sowie $g(1) := 1$. Aus Aufgabe 9.11(c) folgt:

$$g(s) = 1 + \frac{s-1}{2} - s(s-1) \int\limits_{1}^{\infty} \frac{\xi - \lfloor \xi \rfloor - \frac{1}{2}}{\xi^{s+1}}\, d\xi$$

mit $g(1) = 1$ ist *holomorph* für $\operatorname{Re}(s) > 0$. Wegen $g(1) \neq 0$ und

$$g(s) = (s-1)\zeta(s) \neq 0$$

für $\operatorname{Re}(s) = 1$ und $s \neq 1$ (nach Aufgabe 9.12(c)) ist auch $\frac{g'(s)}{g(s)}$ holomorph in einer Umgebung von $\operatorname{Re}(s) = 1$ inklusive $s = 1$.

Die für $\mathrm{Re}(s) > 1$ gültige Beziehung

$$\frac{g'(s)}{g(s)} = \frac{\zeta'(s)}{\zeta(s)} + \frac{1}{s-1} = -1 + s \int\limits_1^\infty \frac{1 - \frac{\psi(x)}{x}}{x^s}\, dx$$

folgt mit $\int\limits_1^\infty \frac{1}{x^s}\, dx = \frac{1}{s-1}$ aus (9.95) in Aufgabe 9.12.

Wir nehmen an, dass $A := \lim\limits_{x\to\infty} \frac{\psi(x)}{x} \geq 0$ existiert, aber *nicht* 1 ist.

Fall (i): $A < 1$
Wähle für festes A' mit $A < A' < 1$, etwa $A' := \frac{A+1}{2}$, $x_0 > 1$ so groß, dass $\frac{\psi(x)}{x} \leq A'$ für alle $x \geq x_0$ gilt. Dann folgt für jedes *reelle* $s > 1$:

$$\frac{g'(s)}{g(s)} \geq -1 + s \int\limits_1^{x_0} \frac{1 - \frac{\psi(x)}{x}}{x^s}\, dx + s \int\limits_{x_0}^\infty \frac{1 - A'}{x^s}\, dx$$

$$= -1 + s \int\limits_1^{x_0} \frac{A' - \frac{\psi(x)}{x}}{x^s}\, dx + \frac{s(1 - A')}{s-1} \longrightarrow \infty \quad (s \downarrow 1),$$

im Widerspruch zur Regularität von $\frac{g'(s)}{g(s)}$ in $s = 1$.

Fall (ii): $A > 1$
Dieser Fall wird analog zum Widerspruch geführt. Wähle A' mit $A > A' > 1$ so, dass $\frac{\psi(x)}{x} \geq A'$ für genügend großes x. Damit folgt $\lim\limits_{s \downarrow 1} \frac{g'(s)}{g(s)} = -\infty$.

(b) Nach (9.95) gilt mit der monoton wachsenden Funktion $\psi(x) = \sum\limits_{n \leq x} \Lambda(n)$, die für $x \geq 1$ erklärt ist:

$$f(s) := -\frac{\zeta'(s)}{\zeta(s)} = \sum\limits_{n=2}^\infty \Lambda(n) n^{-s} = \int\limits_1^\infty x^{-s}\, d\psi(x), \quad \mathrm{Re}(s) > 1.$$

Aufgrund der bereits gelösten Teilaufgabe (a) läßt sich weiterhin die für $\mathrm{Re}(s) > 1$ holomorphe Funktion $f(s) - \frac{1}{s-1} = -\frac{g'(s)}{g(s)}$ holomorph nach $\mathrm{Re}(s) = 1$ fortsetzen.
Für $\alpha(x) := \psi(x)$ und $A := 1$ sind dann die Voraussetzungen (i) bis (iii)' des Satzes von Wiener-Ikehara erfüllt. Der Satz von Wiener-Ikehara liefert die behauptete Konvergenzaussage

$$\lim\limits_{x\to\infty} \frac{\psi(x)}{x} = 1.$$

Aufgabe 9.14: Der Primzahlsatz

(a) Es sei $\vartheta(x) := \sum_{p \leq x} \log p$. Man zeige die Gleichung $\psi(x) = \sum_{n=1}^{\lfloor \frac{\log x}{\log 2} \rfloor} \vartheta(\sqrt[n]{x})$, und
hiermit unter Verwendung der Resultate aus Aufgabe 9.13, dass gilt:

$$\lim_{x \to \infty} \frac{\vartheta(x)}{x} = 1.$$

(b) Man zeige für jedes α mit $0 < \alpha < 1$ und jedes $x > 1$ die Ungleichung

$$\alpha \, \pi(x) \log x \leq \vartheta(x) + \alpha x^\alpha \log x.$$

Hinweis: Man zeige zunächst $(\pi(x) - \pi(x^\alpha)) \log x^\alpha \leq \vartheta(x)$.

(c) Mit (a) und (b) zeige man den *Primzahlsatz*

$$\lim_{x \to \infty} \frac{\pi(x) \log x}{x} = 1.$$

Hinweis: Schätze den Limes-Inferior bzw. Limes-Superior für $x \to \infty$ von
$\frac{\pi(x) \log x}{x}$ mit $\pi(x) \log x \geq \vartheta(x)$ bzw. (b) ab und verwende (a).

Lösung:

(a) Wie zuvor bedeutet ein auftretender Index p Summation über die Primzahlen.
Wir nennen $\vartheta(x) := \sum_{p \leq x} \log p$ die *Tschebyscheffsche ϑ-Funktion*. Es gilt

$$\psi(x) = \sum_{n \leq x} \Lambda(n) = \sum_{p^m \leq x} \log p$$

$$= \sum_{m=1}^{\infty} \sum_{p \leq \sqrt[m]{x}} \log p = \sum_{m=1}^{\infty} \vartheta(\sqrt[m]{x}) = \sum_{m=1}^{\lfloor \frac{\log x}{\log 2} \rfloor} \vartheta(\sqrt[m]{x}),$$

denn $\sqrt[m]{x} \geq 2 \Leftrightarrow m \leq \frac{\log x}{\log 2} \Leftrightarrow m \leq \lfloor \frac{\log x}{\log 2} \rfloor$ und $\vartheta(\sqrt[m]{x}) = 0$ für $\sqrt[m]{x} < 2$. Es folgt

$$\psi(x) \leq \vartheta(x) + \frac{\log x}{\log 2} \vartheta(\sqrt{x}) \leq \vartheta(x) + \frac{\log x}{\log 2} \psi(\sqrt{x}),$$

$$\frac{\psi(x)}{x} - \frac{1}{\sqrt{x}} \frac{\log x}{\log 2} \frac{\psi(\sqrt{x})}{\sqrt{x}} \leq \frac{\vartheta(x)}{x} \leq \frac{\psi(x)}{x},$$

und aus $\lim_{x \to \infty} \frac{\psi(x)}{x} = 1$ folgt

$$\lim_{x \to \infty} \frac{\vartheta(x)}{x} = 1.$$

(b) Es sei $0 < \alpha < 1$ und $x > 1$. Dann gelten die Abschätzungen:

$$(\pi(x) - \pi(x^\alpha)) \log x^\alpha = \sum_{x^\alpha < p \le x} \log x^\alpha$$

$$\le \sum_{x^\alpha < p \le x} \log p = \vartheta(x) - \vartheta(x^\alpha) \le \vartheta(x),$$

sowie aufgrund von $x^\alpha \ge \pi(x^\alpha)$:

$$\pi(x) \log x^\alpha - x^\alpha \log x^\alpha \le \pi(x) \log x^\alpha - \pi(x^\alpha) \log x^\alpha$$

$$= (\pi(x) - \pi(x^\alpha)) \log x^\alpha \le \vartheta(x).$$

Daraus folgt:

(c)

$$\alpha \pi(x) \log x \le \vartheta(x) + \alpha x^\alpha \log x \qquad (9.96)$$

und

$$\pi(x) \log x \ge \vartheta(x). \qquad (9.97)$$

Die Ungleichung (9.96) liefert $\limsup\limits_{x \to \infty} \left\{ \pi(x) / \left(\frac{x}{\log x} \right) \right\} \le \frac{1}{\alpha} \lim\limits_{x \to \infty} \frac{\vartheta(x)}{x} = \frac{1}{\alpha}$ für alle

$\alpha \in (0,1)$, und aus (9.97) folgt $\liminf\limits_{x \to \infty} \left\{ \pi(x) / \left(\frac{x}{\log x} \right) \right\} \ge \lim\limits_{x \to \infty} \frac{\vartheta(x)}{x} = 1$.

Man erhält dann die Aussage des Primzahlsatzes:

$$\lim_{x \to \infty} \frac{\pi(x) \log x}{x} = 1, \quad \text{d.h.} \quad \pi(x) \sim \frac{x}{\log x} \quad \text{für } x \to \infty.$$

Zusatz 9.8: Bochners Hilfssatz
Die nicht-negativen Funktionen $\chi_n, \chi : [0, \infty) \to \mathbb{R}$ seien stetig mit $\chi_n(\xi) \le \chi_{n+1}(\xi)$,
$n = 1, 2, 3, \ldots$, und $\chi(\xi) = \lim\limits_{n \to \infty} \chi_n(\xi)$ für alle $\xi \ge 0$.
Für eine monoton wachsende Funktion $\gamma : [0, \infty) \to \mathbb{R}$ und eine von n unabhängige
Konstante $C > 0$ sei

$$\int_0^\infty \chi_n(\xi) \, d\gamma(\xi) \le C \qquad \forall n \in \mathbb{N}.$$

Dann gelten die folgenden Aussagen:

(i) Die Folge der stetigen χ_n konvergiert auf jedem kompakten Teilintervall $[0, a]$
gleichmäßig gegen die stetige Grenzfunktion χ.

(ii) $\lim\limits_{n \to \infty} \int_0^\infty \chi_n(\xi) \, d\gamma(\xi) = \int_0^\infty \chi(\xi) \, d\gamma(\xi) \le C.$ $\qquad \square$

Beweis:

(i) Im Folgenden sei $\varepsilon > 0$ fest gewählt.

Für jedes $\xi_0 \in [0,a]$ wähle man aufgrund der punktweisen Konvergenz von $\chi_n(\xi_0)$ gegen $\chi(\xi_0)$ ein $n_0(\xi_0) \in \mathbb{N}$ mit

$$|\chi(\xi_0) - \chi_n(\xi_0)| < \frac{\varepsilon}{3} \qquad \forall n \geq n_0(\xi_0).$$

Wegen der Stetigkeit von $\chi, \chi_{n_0(\xi_0)}$ gibt es für jedes $\xi_0 \in [0,a]$ ein offenes Intervall $I(\xi_0)$ um ξ_0, so dass die folgenden beiden Ungleichungen gelten:

$$|\chi_{n_0(\xi_0)}(\xi) - \chi_{n_0(\xi_0)}(\xi_0)| < \frac{\varepsilon}{3} \qquad \forall \xi \in [0,a] \cap I(\xi_0),$$

$$|\chi(\xi) - \chi(\xi_0)| < \frac{\varepsilon}{3} \qquad \forall \xi \in [0,a] \cap I(\xi_0).$$

Es folgt für jedes $\xi \in [0,a] \cap I(\xi_0)$ mittels der Dreiecksungleichung

$$|\chi(\xi) - \chi_{n_0(\xi_0)}(\xi)|$$
$$= |(\chi(\xi) - \chi(\xi_0)) + (\chi(\xi_0) - \chi_{n_0(\xi_0)}(\xi_0)) + (\chi_{n_0(\xi_0)}(\xi_0) - \chi_{n_0(\xi_0)}(\xi))| \leq \varepsilon.$$

Aufgrund der punktweise monotonen Konvergenz $\chi_n(\xi) \uparrow \chi(\xi)$ erhält man aus der letzten Ungleichung bereits

$$|\chi(\xi) - \chi_n(\xi)| = \chi(\xi) - \chi_n(\xi) \leq \varepsilon \quad \forall n \geq n_0(\xi_0), \, \forall \xi \in [0,a] \cap I(\xi_0). \quad (9.98)$$

Wegen der Kompaktheit von $[0,a]$ gibt es endlich viele $\xi_1, ..., \xi_j \in [0,a]$, so dass die zugehörigen Intervalle $I(\xi_1), ..., I(\xi_j)$ eine offene Überdeckung von $[0,a]$ bilden. Definieren wir hiermit $n_0 := \max_{k \in \{1,...,j\}} n_0(\xi_k)$, so folgt die gleichmäßige Konvergenz auf $[0,a]$ aus (9.98):

$$|\chi(\xi) - \chi_n(\xi)| \leq \varepsilon \quad \forall n \geq n_0, \, \forall \xi \in [0,a].$$

(ii) Im zweiten Beweisteil verwenden wir stets $\chi, \chi_n, \mathrm{d}\gamma \geq 0$. Für jedes $a \geq 0$ folgt aus der gleichmäßigen Konvergenz der χ_n gegen χ auf dem Intervall $[0,a]$ und der Fundamentalungleichung für Riemann-Stieltjes-Integrale bereits:

$$\lim_{n \to \infty} \int_0^a \chi_n(\xi) \, \mathrm{d}\gamma(\xi) = \int_0^a \chi(\xi) \, \mathrm{d}\gamma(\xi) \leq C. \qquad (9.99)$$

Wegen des Monotonieprinzips gilt jedoch, da C nicht von a abhängt:

$$\lim_{a \to \infty} \int_0^a \chi(\xi) \, \mathrm{d}\gamma(\xi) = \int_0^\infty \chi(\xi) \, \mathrm{d}\gamma(\xi) \leq C.$$

Mit der monotonen Konvergenz $\chi_n(\xi) \uparrow \chi(\xi)$ erhält man

$$\int\limits_0^a \chi_n(\xi)\,\mathrm{d}\gamma(\xi) \le \int\limits_0^a \chi_{n+1}(\xi)\,\mathrm{d}\gamma(\xi) \le \int\limits_0^\infty \chi(\xi)\,\mathrm{d}\gamma(\xi),$$

und hieraus mit dem Monotonieprinzip im Limes $a \to \infty$:

$$\int\limits_0^\infty \chi_n(\xi)\,\mathrm{d}\gamma(\xi) \le \int\limits_0^\infty \chi_{n+1}(\xi)\,\mathrm{d}\gamma(\xi) \le \int\limits_0^\infty \chi(\xi)\,\mathrm{d}\gamma(\xi). \tag{9.100}$$

Das Monotonieprinzip, angewendet auf (9.100), liefert im Limes $n \to \infty$:

$$\lim_{n\to\infty} \int\limits_0^\infty \chi_n(\xi)\,\mathrm{d}\gamma(\xi) \le \int\limits_0^\infty \chi(\xi)\,\mathrm{d}\gamma(\xi). \tag{9.101}$$

Für jedes $a \ge 0$ gilt außerdem nach (9.99)

$$\int\limits_0^a \chi(\xi)\,\mathrm{d}\gamma(\xi) = \lim_{n\to\infty} \int\limits_0^a \chi_n(\xi)\,\mathrm{d}\gamma(\xi) \le \lim_{n\to\infty} \int\limits_0^\infty \chi_n(\xi)\,\mathrm{d}\gamma(\xi),$$

und hieraus folgt im Limes $a \to \infty$ die Ungleichung

$$\int\limits_0^\infty \chi(\xi)\,\mathrm{d}\gamma(\xi) \le \lim_{n\to\infty} \int\limits_0^\infty \chi_n(\xi)\,\mathrm{d}\gamma(\xi). \tag{9.102}$$

Nun ist (ii) eine direkte Folge von (9.101) und (9.102). ∎

Zusatz 9.9: Dirichlet-Reihen mit multiplikativen Koeffizienten
Wir betrachten zwei formale Dirichlet-Reihen, d.h. Reihen von der Form

$$f(s) := \sum_{n=1}^\infty \frac{a_n}{n^s}, \quad g(s) := \sum_{n=1}^\infty \frac{b_n}{n^s},$$

wobei zunächst noch nichts über Konvergenz gesagt wird, und die Koeffizienten $a_n = a(n)$, $b_n = b(n)$ allgemeinen sogenannten zahlentheoretischen bzw. arithmetischen Funktionen $a, b : \mathbb{N} \to \mathbb{C}$ entsprechen.
Deren Produkt ist wieder eine formale Reihe von derselben Bauart, denn es gilt

$$f(s)g(s) = \sum_{n=1}^\infty \frac{c_n}{n^s}$$

mit den neuen Koeffizienten

$$c_n = (a * b)_n := \sum_{d|n} a_d\, b_{\frac{n}{d}} \quad \forall n \in \mathbb{N}$$

der sogenannten arithmetischen *Faltungsfunktion* $c = a * b$. Wir betrachten nun den Fall, dass die Koeffizienten der formalen Dirichlet-Reihen die Werte einer *multiplikativen* zahlentheoretischen Funktion sind, d.h. $a(1) = 1$ und

$$a(p_1^{k_1} p_2^{k_2} \ldots p_m^{k_m}) = a(p_1^{k_1})a(p_2^{k_2}) \ldots a(p_m^{k_m})$$

für die Primfaktor-Zerlegung der natürlichen Zahl $n = p_1^{k_1} p_2^{k_2} \ldots p_m^{k_m}$ mit den paarweise verschiedenen Primteilern $p_1, p_2, \ldots, p_m$. Man beachte dabei, dass die Multiplikativität $a(nm) = a(n)a(m)$ i.a. nur für teilerfremde natürliche Zahlen m, n gefordert wird.

Dann gilt auch für die zugehörige Dirichlet-Reihe eine formale Eulersche Produktdarstellung, wobei p alle Primzahlen durchläuft:

$$\sum_{n=1}^{\infty} \frac{a(n)}{n^s} = \prod_p \left(1 + \frac{a(p)}{p^s} + \frac{a(p^2)}{p^{2s}} + \ldots \right).$$

Im konkreten Falle wird man die oben genannten Identitäten für Dirichlet-Reihen verwenden, die für $\mathrm{Re}(s) > \sigma_0$ mit einer Konstanten $\sigma_0 > 0$ absolut konvergent sind.

Beispiel 9.12: Weitere Anwendungen des Wiener-Ikehara Satzes
In den folgenden Beispielen betrachten wir nur Dirichlet-Reihen mit multiplikativen Koeffizientenfunktionen.

(a) Aus der Eulerschen Produktdarstellung der Zeta-Funktion erhalten wir sofort durch Ausmultiplizieren die für $\mathrm{Re}(s) > 1$ gültige Darstellung

$$\frac{1}{\zeta(s)} = \prod_p \left(1 - \frac{1}{p^s} \right) = \sum_{n=1}^{\infty} \frac{\mu(n)}{n^s}$$

mit der multiplikativen Möbius-Funktion $\mu : \mathbb{N} \to \mathbb{C}$, wobei $\mu(1) = 1$ ist und

$$\mu(n) = \begin{cases} (-1)^m & \text{für quadratfreies} \quad n = p_1 \ldots p_m, \\ 0 & \text{sonst}. \end{cases}$$

Diese Anwendung verdankt der erste Autor einem Hinweis von Wolfgang Schwarz (deutscher Zahlentheoretiker, 21.04.1934-19.07.2013):
Wir definieren die monoton wachsende Funktion $\alpha_1(x) := \sum_{n \leq x} (1 + \mu(n))$ für $x > 0$, und erhalten für $\mathrm{Re}(s) > 1$:

$$\zeta(s) + \frac{1}{\zeta(s)} = \int_1^{\infty} \frac{d\alpha_1(x)}{x^s} = s \int_1^{\infty} \frac{\alpha_1(x)}{x^{s+1}} \, dx.$$

Diese Funktion hat bei $s = 1$ einen einfachen Pol mit Residuum 1, und

$$\zeta(s) + \frac{1}{\zeta(s)} - \frac{1}{s-1}$$

läßt sich holomorph und damit auch stetig nach $\mathrm{Re}(s) = 1$ fortsetzen. Aus dem Satz von Wiener-Ikehara folgt daher $\lim\limits_{x\to\infty} \dfrac{\alpha_1(x)}{x} = 1$, d.h. die Funktion

$$M : (0,\infty) \to \mathbb{R} \quad \text{mit} \quad M(x) := \sum_{n\leq x} \mu(n)$$

erfüllt die asymptotische Beziehung

$$\lim_{x\to\infty} \frac{M(x)}{x} = 0.$$

(b) Die multiplikative Eulersche Funktion $\varphi : \mathbb{N} \to \mathbb{N}$ liefert für jedes Argument n die Anzahl $\varphi(n)$ der zu n teilerfremden natürlichen Zahlen $\leq n$.
Dann gilt für $\mathrm{Re}(s) > 2$ die Identität

$$\frac{\zeta(s-1)}{\zeta(s)} = \prod_p \frac{1-p^{-s}}{1-p^{1-s}} = \prod_p \left(1 + \sum_{k=1}^{\infty} \frac{(p-1)p^{k-1}}{p^{ks}}\right) = \sum_{n=1}^{\infty} \frac{\varphi(n)}{n^s}.$$

Ersetzen wir hierin s durch $s+1$, so gilt für $\mathrm{Re}(s) > 1$

$$\frac{\zeta(s)}{\zeta(s+1)} = \sum_{n=1}^{\infty} \frac{\varphi(n)/n}{n^s}.$$

Da die Zeta-Funktion bei $s = 1$ einen einfachen Pol mit Residuum 1 hat, ist der Ausdruck $\dfrac{\zeta(s)}{\zeta(s+1)} - A/(s-1)$ mit $A := \dfrac{1}{\zeta(2)} = \dfrac{6}{\pi^2}$ für $\mathrm{Re}(s) > 1$ stetig und läßt sich stetig auf die Achse $\mathrm{Re}(s) = 1$ fortsetzen. Alle drei Voraussetzungen des Satzes von Wiener-Ikehara sind mit $\alpha_2(x) := \sum\limits_{n\leq x} \dfrac{\varphi(n)}{n}$, $x > 0$, erfüllt, so dass wir erhalten: $\lim\limits_{x\to\infty} \dfrac{\alpha_2(x)}{x} = \dfrac{6}{\pi^2}$.

Bemerkung: Dieses Ergebnis kann man etwas salopp so interpretieren, dass die Wahrscheinlichkeit für die Teilerfremdheit zweier natürlicher Zahlen m und n durch $\dfrac{6}{\pi^2}$ gegeben ist. □

(c) In diesem Beispiel zeigen wir, dass $\dfrac{6}{\pi^2}$ auch die asymptotische Dichte der quadratfreien natürlichen Zahlen ist: Für $\mathrm{Re}(s) > 1$ gilt die Identität

$$\frac{\zeta(s)}{\zeta(2s)} = \prod_p \left(1 - p^{-s}\right)^{-1} \prod_p \left(1 - p^{-2s}\right) = \prod_p \left(1 + p^{-s}\right) = \sum_{n=1}^{\infty} \frac{|\mu(n)|}{n^s}.$$

Wieder sind die Voraussetzungen des Satzes von Wiener-Ikehara erfüllt mit

$$\alpha_3(x) := \sum_{n \leq x} |\mu(n)|, \quad x > 0,$$

und $A := \dfrac{1}{\zeta(2)} = \dfrac{6}{\pi^2}$ wie vorher, so dass wir auch hier erhalten:

$$\lim_{x \to \infty} \frac{\alpha_3(x)}{x} = \frac{6}{\pi^2}.$$

Literaturverzeichnis

1. G. E. Andrews, R. Askey, R. Roy, „Special functions", Cambridge University Press, 2000.
2. E. Artin, „The Gamma function", Holt, Rinehart and Winston, New York, 1964.
3. S. Bochner, „Ein Satz von Landau und Ikehara", Math. Z. 37, 1-9, 1933.
4. J. Boos, „Classical and modern methods in summability", Oxford University Press, 2006.
5. R. Brigola, „Fourieranalysis, Distributionen und Anwendungen", Vieweg, 1997.
6. C. K. Chui, „An introduction to wavelets", Academic Press, 1992.
7. J. B. Conway, „Functions of one complex variable", Second edition. Graduate Texts in Mathematics, Volume 11, Springer, New York-Berlin, 1978.
8. H. M. Edwards, „Riemann's Zeta Function", Dover Publications, New York, 2001.
9. A. Fetzer, H. Fränkel, „Mathematik 2: Lehrbuch für ingenieurwissenschaftliche Studiengänge", Springer, 2012.
10. G.M. Fichtenholz, „Differential- und Integralrechnung III", VEB Deutscher Verlag der Wissenschaften, Berlin, 1973.
11. W. Fischer, I. Lieb, „Funktionentheorie: Komplexe Analysis in einer Veränderlichen", Vieweg, 9. Auflage, 2005.
12. W. Fischer, I. Lieb, „Ausgewählte Kapitel aus der Funktionentheorie", Vieweg, 1988.
13. O. Forster, „Analysis 1", Springer Spektrum, 11. Auflage, 2013.
14. O. Forster, „Analysis 2", Springer Spektrum, 10. Auflage, 2013.
15. O. Forster, „Analysis 3", Springer Spektrum, 7. Auflage, 2012.
16. W. Forst, D. Hoffmann, „Funktionentheorie erkunden mit Maple®", Springer, 2. Aufl. 2012
17. J. B. Garnett, „Bounded analytic functions", Revised first edition. Graduate Texts in Mathematics, 236. Springer, New York, 2007.
18. H. Heuser, „Lehrbuch der Analysis, Teil 1", Vieweg+Teubner, 17. Auflage, 2009.
19. H. Heuser, „Lehrbuch der Analysis, Teil 2", Vieweg+Teubner, 14. Auflage, 2008.
20. D. Hilbert, „Über Flächen von constanter Gaußscher Krümmung", Transactions of the American Mathematical Society, Vol. 2, No. 1, 87-99, 1901.
21. O. Hittmair, „Lehrbuch der Quantentheorie", Verlag Karl Thiemig, München, 1972.
22. K. Hoffman, „Banach spaces of analytic functions", Dover Publication, 2007.
23. S. Ikehara, „An extension of Landau's theorem in the analytic theory of numbers", J. Math. and Phys. 10, 1-12, 1931.
24. K. Jänich, „Funktionentheorie: Eine Einführung", Springer, 2004.
25. G. Kirchhoff, „Vorlesungen über Mathematische Physik", Zweiter Band, Mathematische Optik, Teubner, 1891.
26. K. Königsberger, „Analysis 1", Springer, 6. Auflage, 2004.
27. K. Königsberger, „Analysis 2", Springer, 5. Auflage, 2004.
28. P. Koosis, „Introduction to H_p-spaces", second edition, Cambridge University Press, Cambridge, 1998.

29. M. Kunik, „On the formulas of $\pi(x)$ and $\psi(x)$ of Riemann and von-Mangoldt", Preprint Nr. 09/2005, Otto-von-Guericke Universität Magdeburg, Fakultät für Mathematik, 2005.

30. R. Meise, D. Vogt, „Einführung in die Funktionalanalysis", Vieweg+Teubner, 2. Auflage, 2011.

31. K. Meyberg, P. Vachenauer, „Höhere Mathematik 1", Springer, 6. Auflage, 2001.

32. K. Meyberg, P. Vachenauer, „Höhere Mathematik 2", Springer, 4. Auflage, 2001.

33. I.P. Natanson, „Theorie der Funktionen einer reellen Veränderlichen", Verlag Harri Deutsch, 1981.

34. R. Remmert, G. Schumacher, „Funktionentheorie 1", Springer, 5. Auflage, 2002.

35. R. Remmert, G. Schumacher, „Funktionentheorie 2", Springer, 3. Auflage, 2007.

36. B. Riemann, „Ueber die Anzahl der Primzahlen unter einer gegebenen Grösse" (1859), in „Gesammelte Werke", Teubner, Leipzig (1892), wieder aufgelegt in Dover Books, New York, 1953.

37. W. Rudin, „Real and complex analysis", McGraw-Hill Science, 1986.

38. J. Schwinger, „Quantum Mechanics, Symbolism of Atomic Measurements", Springer, 2001.

39. H. Triebel, „Höhere Analysis", Deutsch (Harri), 1980.

40. W. Walter, „Analysis 1", Grundwissen Mathematik, Springer, 7. Auflage, 2004.

41. W. Walter, „Analysis 2", Grundwissen Mathematik, Springer, 5. Auflage, 2002.

42. S. Weinberg, „Gravitation and Cosmology", John Wiley, 1972.

43. N. Wiener, „Tauberian theorems", Ann. of Math. 33, 1-100, 1932.

44. Don B. Zagier, „Die ersten fünfzig Millionen Primzahlen", Basel: Birkhäuser, 1977.

45. H. Zeitler, „Hyperbolische Geometrie", Bayerischer Schulbuch-Verlag, 1970.

Indexverzeichnis